看视频！轻松学做
蓝带面包

甘智荣◎编著

烹饪大师的小窍门，法式面包在家轻松做

SPM 南方出版传媒 广东人民出版社
·广州·

图书在版编目（CIP）数据

看视频！轻松学做蓝带面包 / 甘智荣编著. —广州：广东人民出版社，2018.5（2019.6重印）
ISBN 978-7-218-12225-0

Ⅰ.①看… Ⅱ.①甘… Ⅲ.①面包—制作 Ⅳ.①TS213.2

中国版本图书馆CIP数据核字（2017）第271138号

Kan Shipin! Qingsong Xuezuo Landai Mianbao
看视频！轻松学做蓝带面包

甘智荣 编著

出 版 人：肖风华

责任编辑：严耀峰 李辉华
封面设计：青葫芦
摄影摄像：深圳市金版文化发展股份有限公司
策划编辑：深圳市金版文化发展股份有限公司
责任技编：周 杰

出版发行：广东人民出版社
地 址：广州市海珠区新港西路204号2号楼（邮政编码：510300）
电 话：（020）85716809（总编室）
传 真：（020）85716872
网 址：http://www. gdpph. com
印 刷：中闻集团福州印务有限公司
开 本：710毫米×1000毫米 1/16
印 张：13 字 数：150千
版 次：2018年5月第1版 2019年6月第2次印刷
定 价：39.80元

如发现印装质量问题，影响阅读，请与出版社（020-32449105）联系调换。
售书热线：020-83780517

Preface 前言

烘焙的流行像一阵风一样刮遍全球，越来越多的人已经不单单满足于面包店里现成的美味，而是想亲手做出美味的面包给自己和家人品尝。面包出炉，闻着满屋的飘香，看到亲朋好友品尝过后赞叹的笑容，无比满足又幸福的甜美感觉在心里蔓延。为了将亲手做烘焙的幸福带给更多的人，我们特地编了这本《看视频！轻松学做蓝带面包》。

“蓝带”的名称可以追溯到1578年，当时的法国国王亨利三世编组了精英骑士团，并授予每位骑士一个系着蓝带的十字勋章，也就是现在的“蓝带”标志。这些骑士以美食家闻名，专门为宫廷庆典准备美味佳肴。“蓝带”也由此成为卓越厨艺的象征。本书以“蓝带”为名，是希望每位读者都能通过学习这本书，做出烘焙大师专属的美味面包，为您和家人带去烘焙的乐趣和幸福的美味。

首先，本书向读者初步展示了面包的世界，包括基本的烘焙工具、常用的烘焙原料等。其次，介绍了81款面包的制作，涵盖了简易面包、吐司面包、调理面包、花式面包、欧式面包、丹麦面包，以及天然酵母面包等七大类面包。每款面包的烘焙都采用图文并茂的形式，不仅有详细的制作步骤，更配有关键的步骤图，循序渐进地让初学者就能轻易学会，而烘焙技艺已经很高的读者也可以反复揣摩其中关键点，让自己的技艺更上一层楼。

本书有一个最显著的特色，就是利用现如今最流行的二维码元素，将面包的制作与动态视频紧密结合，巧妙分解每一种面包的制作方法，让大师手把手教您做面包，大大提高烘焙的成功率，既是初学者入门的宝典，也是专业人士学习更多面包制作技艺的经典。

如果您是一位美食爱好者，如果面包是您餐桌上不可或缺的，如果您享受亲手做烘焙的过程，如果您想通过亲手做面包将爱意传达给家人，那就从这本书开始，走上幸福的烘焙之路吧！用自己一双巧手，对着本书边学边做，或干脆拿起手机扫扫二维码，跟着视频来制作，您会发现，原来烘焙也可以这么简单！

Contents 目录

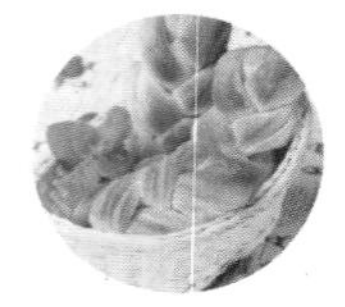

Part 1 面包基础

Part 2 简易面包

Part 3 吐司面包

Part 4 调理面包

Part 5 花式面包

Part 6 欧式面包

Part 7 丹麦面包

Part 8 天然酵母面包

Part 1 面包基础

面包是我们日常生活中经常接触的食品，对于喜欢自己在家做面包的人来说，如何将面包做得尽善尽美、有滋有味是一直所追求的。本章主要为大家介绍制作面包的基本工具、基本材料、和面方法以及一些不同种类面包的制作过程等内容，让您能够更好地做出不同风味的面包。

烘焙工具

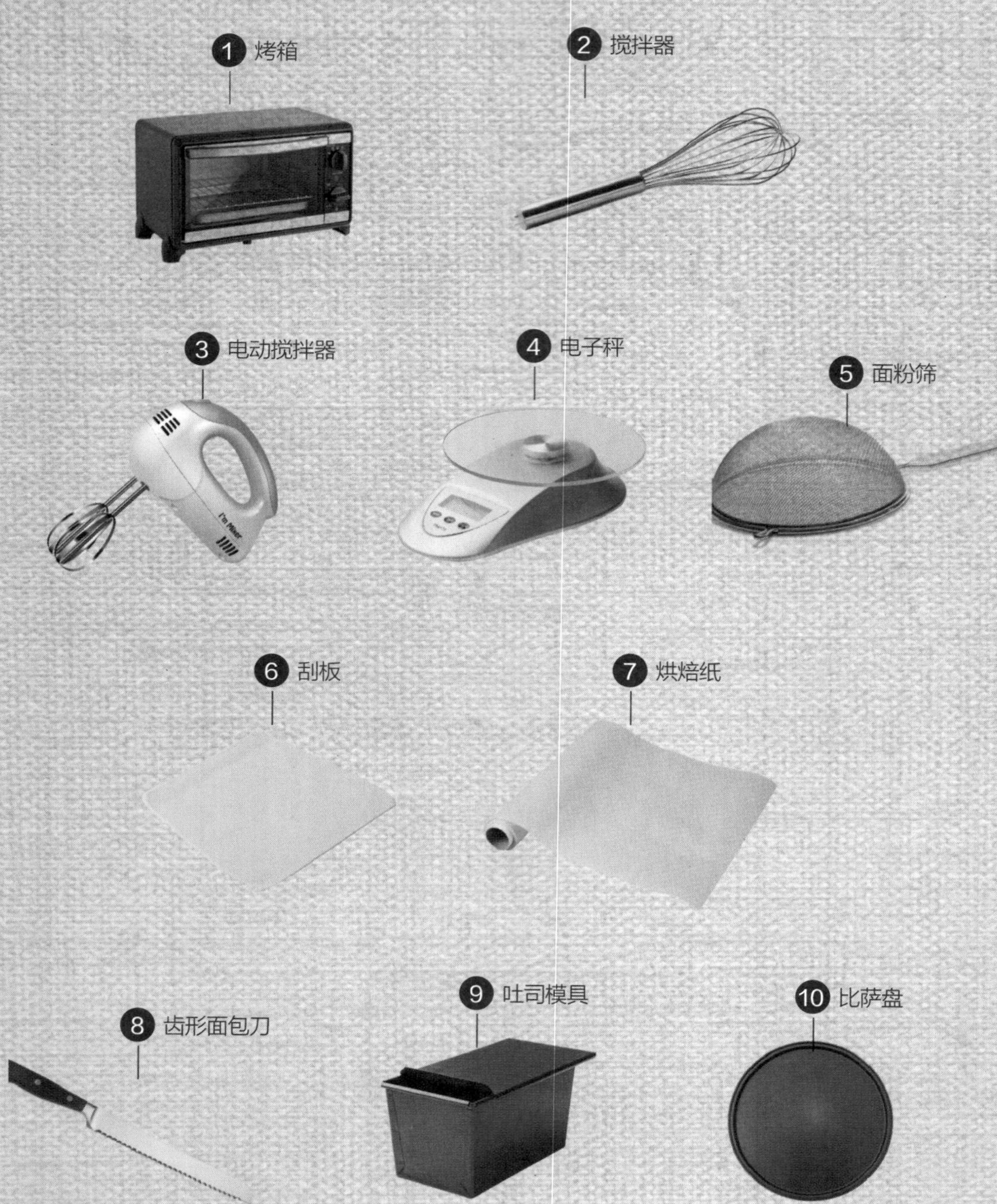

❶ 烤箱

烤箱在家庭中使用时一般都用来烤制一些饼干、点心和面包等食物。它是一种密封的电器，同时也具备烘干的作用。一般的烤箱能够调节上下火温度以及烘焙时间，也有些迷你烤箱没有上下火之分。

❷ 搅拌器

搅拌器是制作西点时必不可少的烘焙工具之一，可以用于打发蛋白、黄油等，制作一些简易小蛋糕，但使用时费时费力。此外，搅拌器打发蛋白、奶油需要一定的技巧，成功率对于初学者而言较低。

❸ 电动搅拌器

电动搅拌器包含一个电机身，配有打蛋头和搅面棒两种搅拌头。电动搅拌器可以使搅拌工作更加快速，材料搅拌得更加均匀。搅拌器虽然可以打发蛋白和奶油，却没有电动搅拌器来得快速简便。

❹ 电子秤

电子秤，又叫电子计量秤，在西点制作中用来称量各式各样的粉类（如面粉、抹茶粉等）、细砂糖等需要准确称量的材料。普通电子秤能够精确到0.1克，令烘焙更加精细。

❺ 面粉筛

面粉筛一般都是不锈钢制成，用来过滤面粉的烘焙工具，面粉筛底部都是漏网状的，一般做蛋糕或饼类时会用到。用面粉筛筛选过后的面粉制作出来的面包或蛋糕，口感更细腻。

❻ 刮板

刮板又称面铲板，是一块接近方形的板，常见的用塑料制成。它是制作面团后刮净盆子或面板上剩余面团的工具，也可以用来切割面团及修整面团的四边。

❼ 烘焙纸

烘焙纸是一种耐高温的纸，主要用于烤箱内烘烤食物时垫在底部，能够防止食物粘在模具上导致清洗困难。其好处是能保证食品干净卫生，在制作饼干时尤为适用。

❽ 齿形面包刀

齿形面包刀的形状如同普通的厨具小刀，但是刀面带有分布整齐的齿锯。这些齿锯令面包刀更为锋利，在切面包时，能够切出十分平滑的横截面。一般用来切面包，也有一些人用来切蛋糕。

❾ 吐司模具

吐司模具，顾名思义便是做吐司所需要的模具，主要作用是帮助吐司成形。除了在烤箱中使用，吐司模具也可以放在某些面包机桶内烘烤吐司。生活中我们可以选择金色的不粘吐司模具，方便我们的烘烤。

❿ 比萨盘

比萨盘是一种圆盘，主要用于烤制比萨，材质则有铝合金制和铁制等。它的尺寸大小不一，分别有6寸、7寸、8寸、9寸和10寸等。在选择比萨盘时，我们可以根据烤箱的大小选取合适的尺寸。

烘焙原料

❶ 高筋面粉

高筋面粉的蛋白质含量在12.5%～13.5%，色泽偏黄，颗粒较粗，不容易结块。高筋面粉因为蛋白质含量较高，所以比较容易产生筋性，适合用来做面包。

❷ 低筋面粉

低筋面粉简称低粉。它的蛋白质含量在8.5%左右，色泽偏白，颗粒较细，容易结块。因为蛋白质含量较低，所以适合制作蛋糕、饼干等。选用低粉做出来的海绵蛋糕，十分松软可口。

❸ 全麦面粉

全麦面粉主要用来制作全麦面包和小西饼等，是指小麦粉中包含其外层的麸皮，使其内胚乳和麸皮的比例与小麦原料成分相同。比起普通面粉，全麦面粉会散发出自身独特的麦香，并且具备更高的营养价值。

❹ 细砂糖

细砂糖是经过提取和加工以后结晶颗粒较小的糖。适当食用细砂糖有利于提高机体对钙的吸收，但不宜多吃，糖尿病患者忌吃。此外，在烘焙中选择细腻的细砂糖，能够令成品更加细腻光滑。

❺ 黄油

黄油又叫乳脂、白脱油，是将牛奶中的稀奶油和脱脂乳分离后，使稀奶油成熟并经搅拌而成的。黄油一般应该置于冰箱存放。冬天的气温较低，打发黄油前应将之放在温暖的地方以便节省打发的精力与时间。

❻ 鸡蛋

鸡蛋营养丰富、用途广泛，含有高质量的蛋白质，是日常生活中营养价值最高的天然食品之一。鸡蛋可使面包柔软，改善组织，增强面团的弹性。鸡蛋的蛋白经由打发过后，能够使制作出来的蛋糕蓬松。

❼ 葡萄干

葡萄干是由葡萄加工而成的，主要产于新疆等地方。它的味道较甜，不仅可以直接食用，还可以被放在糕点中加工成食品供人品尝，比如：葡萄干方包、葡萄干饼干等。

❽ 杏仁

杏仁可分为甜杏仁和苦杏仁。选购时，以色泽棕黄、颗粒均匀、无臭味者为佳，青色、有干涩皱纹的为次品。在烘焙中，杏仁既可以用来充当主要的原材料，也能够起修饰作用。

❾ 核桃仁

核桃仁营养价值极高，它的口感略甜，带有浓郁的香气，是巧克力点心的最佳伴侣。烘烤前先用低温烤5分钟溢出香气，再加入面团中会更加美味。

❿ 红豆

红豆富含淀粉，是人们生活中不可或缺的高营养杂粮。红豆一定要提前几个小时泡发后再用来做面包馅料。

常用酱料

日式乳酪酱

原料 水100毫升，蛋糕油5克，糖粉50克，低筋面粉100克，奶粉10克

工具： 电动搅拌器、长柄刮板各1个，玻璃碗2个

做法

1. 取一个玻璃碗，加入水和糖粉，用电动搅拌器拌匀。
2. 倒入蛋糕油、奶粉、低筋面粉，将材料稍稍拌匀。
3. 开动搅拌器快速搅拌3分钟至酱料细滑。
4. 取另一个玻璃碗和长柄刮板。
5. 用长柄刮板将拌好的酱料装入玻璃碗中即可。

☆ Point **加入蛋糕油后搅拌时间不宜过长，不然会产生气泡，影响成品的口感。**

巧克力酱

原料 巧克力120克，奶油55克，白砂糖30克，白兰地20毫升，牛奶100毫升

工具： 搅拌器、奶锅各1个

做法

1. 奶锅中倒入奶油、白兰地。
2. 加入白砂糖，用搅拌器稍稍搅拌。
3. 倒入牛奶，用小火煮至材料溶化。
4. 放入巧克力，搅拌至溶化即可。

☆ Point **牛奶可最后放入，以免煮制时间过长破坏其营养。**

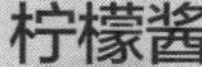

柠檬酱

原料 柠檬丝30克，柠檬汁30毫升，白砂糖150克，奶油60克，鸡蛋2个

工具：搅拌器、奶锅、玻璃碗各1个

做法

1. 奶锅中倒入柠檬丝，放入白砂糖，用搅拌器稍稍拌匀。
2. 倒入柠檬汁，用小火拌匀至白砂糖溶化。
3. 缓缓倒入鸡蛋，不停搅拌。
4. 加入奶油，搅拌均匀。
5. 关火后将煮好的柠檬酱装入玻璃碗即可。

☆ **Point** **可适量增加白砂糖用量，以中和柠檬的酸味。**

番茄酱

原料 西红柿丁80克，白砂糖30克

工具：搅拌器、奶锅、玻璃碗各1个

做法

1. 奶锅中倒入西红柿丁，用小火煮至其微微出汁。
2. 放入白砂糖。
3. 用搅拌器搅碎至酱汁浓稠。
4. 关火后将煮好的番茄酱装入玻璃碗即可。

☆ **Point** **口味喜好偏酸的话，可以适量挤入柠檬汁。**

馅料制作

奶油核桃馅

原料：奶油50克，白砂糖50克，鸡蛋50克，核桃粉60克

工具：搅拌器、奶锅、玻璃碗各1个

做法

1. 奶锅中放入奶油，用小火煮至溶化。
2. 倒入白砂糖，加入核桃粉，搅拌均匀。
3. 倒入鸡蛋，用搅拌器搅拌均匀。
4. 关火后将煮好的奶油核桃馅装入玻璃碗。

☆ Point　可加入适量核桃碎，加强口感。

紫薯馅

原料：熟紫薯泥200克，白砂糖30克，白奶油20克

工具：玻璃碗1个，勺子1把

做法

1. 熟紫薯泥中倒入白奶油，搅拌均匀。
2. 加入白砂糖，用勺子搅拌均匀。
3. 拌至白砂糖与紫薯泥充分融合即可。

☆ Point　紫薯泥中可能会有一些块状物，可用勺子按压再搅拌。

椰蓉馅

原料 白砂糖200克，全蛋75克，椰蓉300克，奶油225克，奶粉75克

工具：搅拌器、奶锅各1个

做法

1. 奶锅中倒入奶油，用小火煮至溶化。
2. 加入白砂糖，搅拌至与奶油融合。
3. 放入全蛋，用搅拌器搅拌均匀。
4. 倒入奶粉，搅拌均匀。
5. 加入椰蓉，搅匀至材料融合即可。

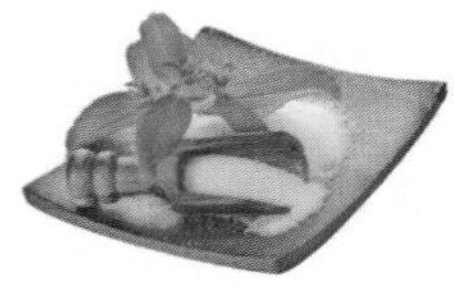

☆ **Point** 可加入适量椰丝搅拌，以增强口感及味道。

乳酪馅

原料 芝士200克，糖粉75克，玉米淀粉21克，奶油70克，牛奶50毫升

工具：搅拌器、奶锅各1个

做法

1. 奶锅中倒入芝士，用小火煮至微微溶化。
2. 放入奶油稍微搅拌。
3. 倒入牛奶，用搅拌器搅拌均匀。
4. 倒入糖粉，拌匀。
5. 放入玉米淀粉搅拌至材料融合即可。

☆ **Point** 糖粉可用细砂糖代替。

汤种面团制作

原料 A.汤种部分：高筋面粉20克，清水20毫升

B.主面团部分：高筋面粉280克，低筋面粉50克，酵母3克，细砂糖40克，盐3克，奶粉10克，蛋液25克，白奶油25克，清水116毫升

工具：刮板、玻璃碗各1个

A. 汤种做法（1~3）

高筋面粉倒在案台上，开窝，加入清水。

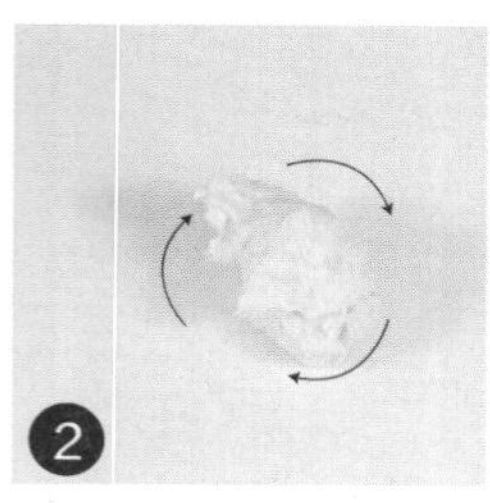

揉搓均匀，汤种制成。

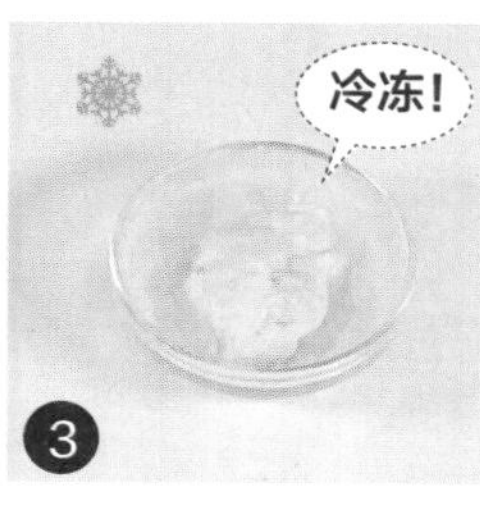

将做好的汤种装入玻璃碗，放入冰箱中冷冻1小时至定型。

B. 主面团做法（4~9）

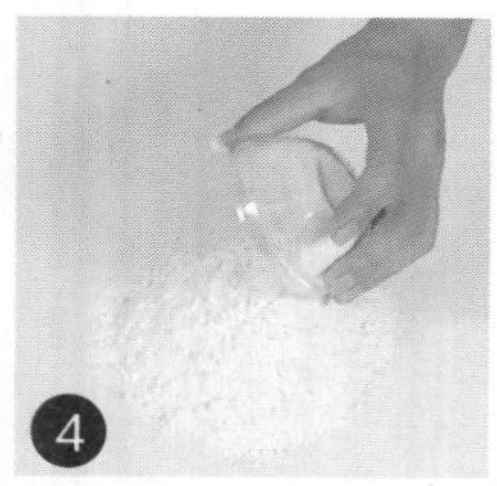

案台上倒入高筋面粉，加入低筋面粉。

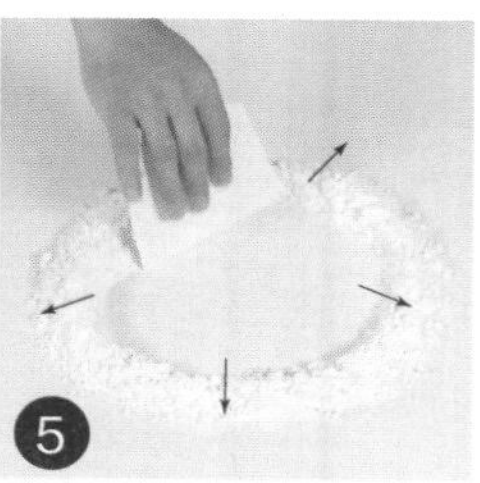

放入酵母、奶粉，用刮板开窝。

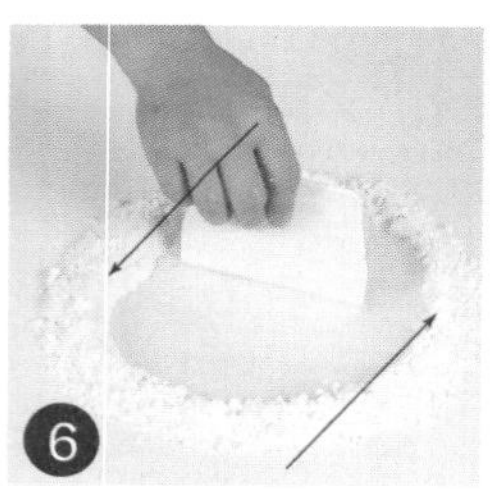

倒入盐、细砂糖、清水，搅拌均匀。

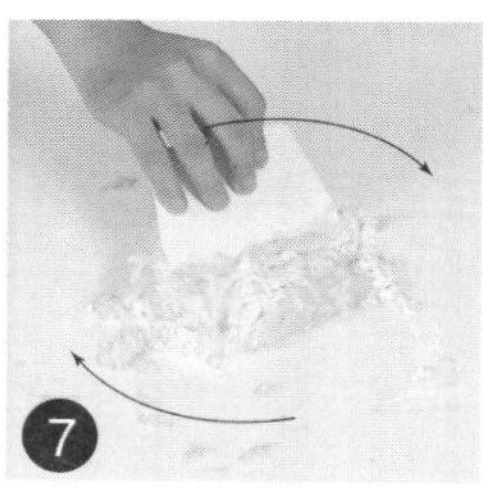

加入蛋液，混匀，刮入面粉，混匀。

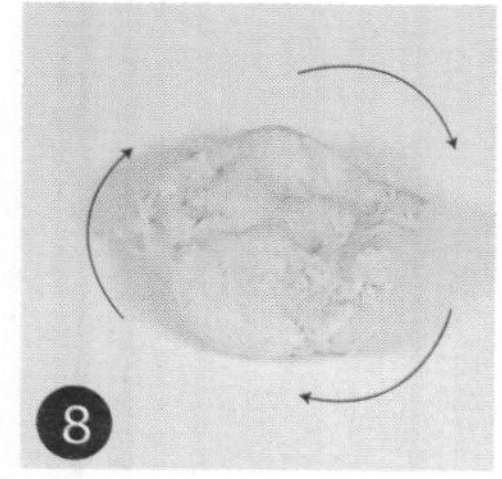

将混合物揉制均匀。

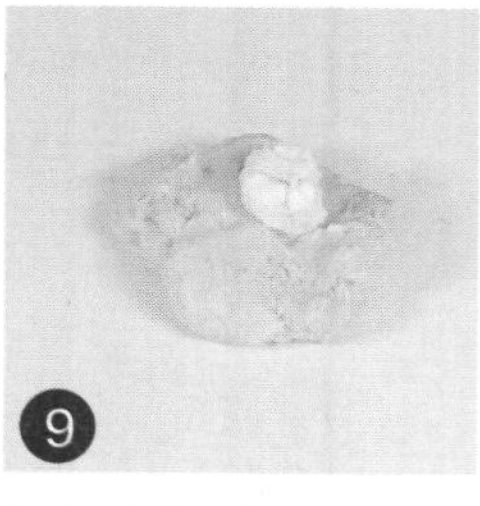

加入白奶油，揉制均匀至成面团。

A+B. 组合

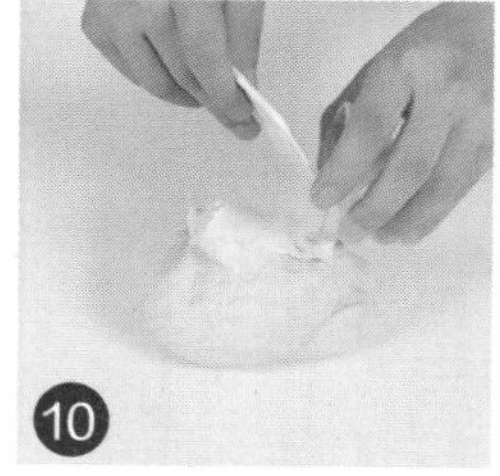

加入汤种，混合揉匀至成纯滑面团即可。

☆ **Point** 若无低粉，可用高筋面粉和玉米淀粉进行配制，比例为1：1。

丹麦面团制作

原料：高筋面粉170克，低筋面粉30克，黄油20克，鸡蛋40克，片状酥油70克，清水80毫升，细砂糖50克，酵母4克，奶粉20克

工具：擀面杖1根，刮板1个，刀1把

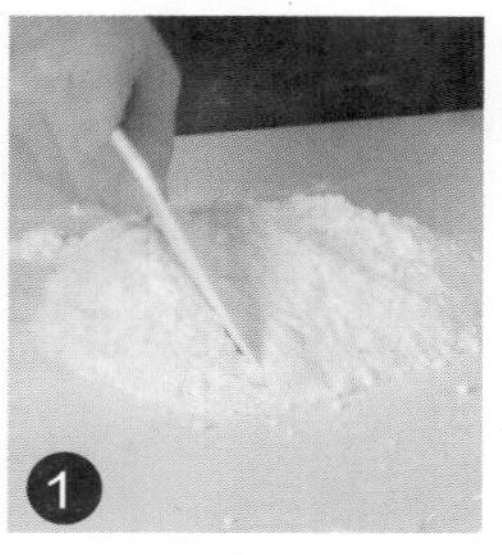

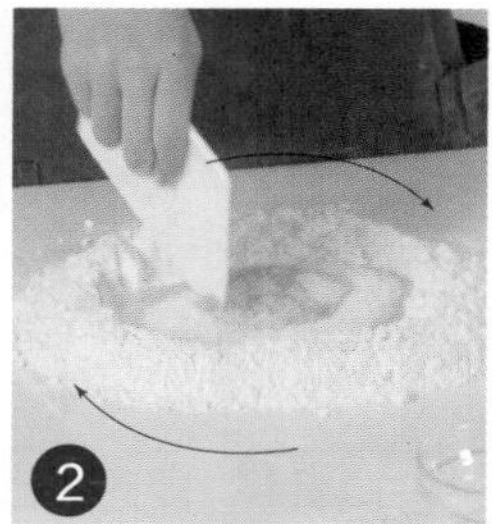

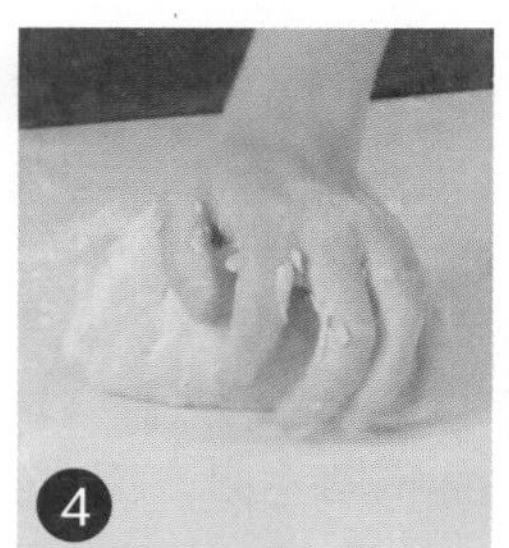

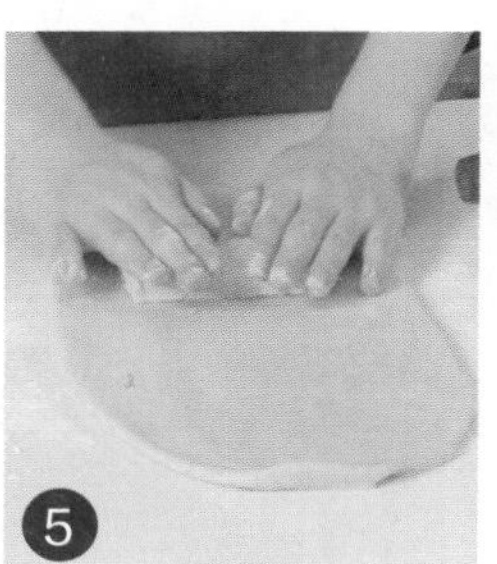

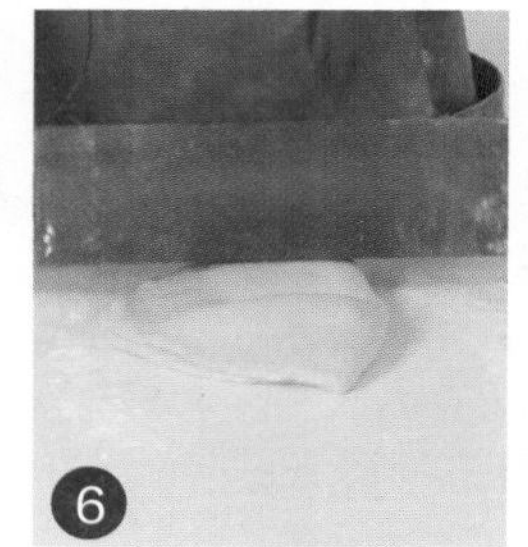

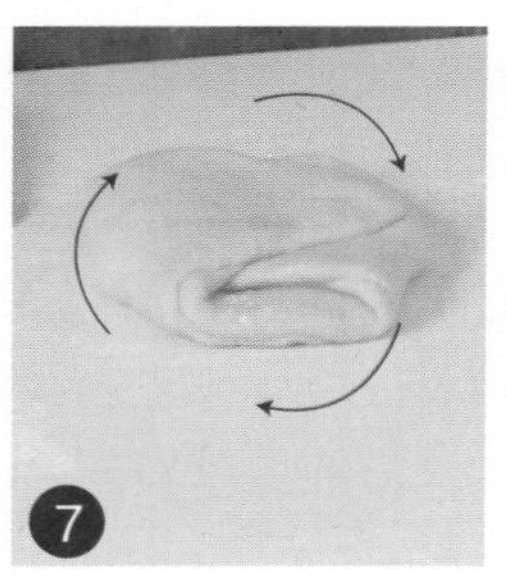

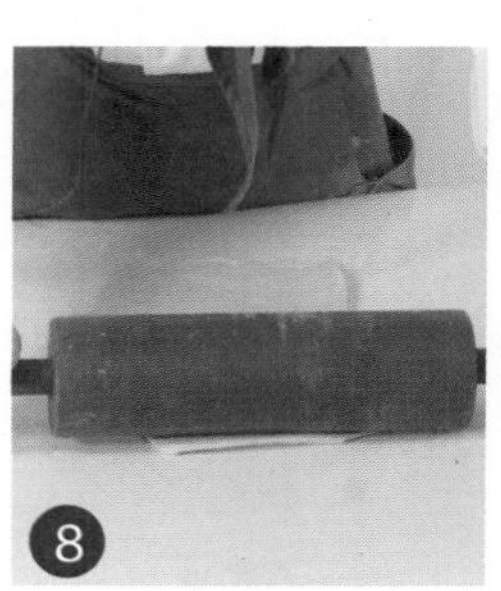

做法

1. 将高筋面粉、低筋面粉、奶粉、酵母倒在案台上，搅拌均匀。
2. 用刮板在中间掏一个窝，倒入备好的细砂糖、鸡蛋，将其拌匀。
3. 倒入清水，将内侧一些的粉类跟水搅拌匀。
4. 再倒入黄油，一边翻搅一边按压，制成表面平滑的面团。
5. 将揉好的面团擀成长形面片，放入备好的片状酥油。
6. 将另一侧面片覆盖，把四周的面片封紧，擀至酥油分散均匀。
7. 将擀好的面片叠成三层，再放入冰箱冰冻10分钟。
8. 10分钟后取面片擀薄，依此擀薄冰冻3次，最后擀薄擀大。
9. 擀好的面片切成4等份，装入盘中即可。

☆ Point **揉制面团的时候力度最好一致，这样烤出来的口感会更好。**

面包的制作原理

❶ 搅拌

为避免面粉里面有杂质或粗糙物质，首先应将面粉过筛，然后充分混合面粉、水及所有原料，使面粉等原料得到完全的水化作用，使其均匀分布，通过不断地揉搓面团，可以加速面筋的形成，成为一个质地完全均匀的面筋，最后再扩展，使面团成为既有一定的弹性又有一定的延伸性的面团，有利于面团膨胀，可以使烤出来的面包更有韧劲以及有更佳的口感。

❷ 发酵

发酵是继搅拌后面包制作过程中的第二个重要环节，面团发酵的好与否，直接对烤制出来的面包成品的口感有极为重要的影响。面团的发酵是个复杂的系列化反应过程，其中温度、湿度、食料（即酵母营养物质）等环境因素对整个发酵过程影响比较大。

面团在发酵期间，酵母吸取面团的糖，释放出二氧化碳气体，使面团膨胀，其体积约原来的5倍左右，形成疏松、似海绵状的物质。

❸ 整形

面团的整形制作，是为了把已经发酵好的面团通过称量分割和整形使其变成符合成品的形状初形。

面团完成发酵后可以进行面团分割，分割是通过电子秤把大面团分切成所需分割重量的小面团，把大面团搓成（或切成）适当大小的块状，再按重量分切成小面团。

❹ 醒发

醒发，是面包进炉烘烤前最后一个阶段，也是影响面包品质的一个关键环节。醒发，是使面包重新产气、膨松，以得到制成品所需的形状，并使面包成品有较好的食用品质。

面团经过整形操作后尤其是经压薄、卷折、压紧后，面团内的气体大部分已被赶出，面筋也失去原有的柔软性而显得硬、脆，若此时立即进炉烘烤，面包成品必然是体积小、内部组织粗糙、颗粒紧密，且顶部会形成一层壳，所以要做出体积大、组织好的面包，必须使整形后的面团进行醒发，重新再产生气体，使面筋柔软，得到大小适当的体积。

❺ 烘烤

烘烤是面包制作的最后一道工序，也是最为关键的一个阶段，在烤箱的内热能的作用下，生的面包坯从不能食用变成了松软、多孔、易于消化和味道芳香的可食用的诱人食品。

整个烘烤过程，包括了很多的复杂作用。在这个过程中，直至醒发时间仍在不断进行的生物活动被制止，微生物及酶被破坏，不稳定的胶体变成凝固物，淀粉、蛋白质的性质也由于高温而发生凝固变性。与此同时，焦糖、焦糊精、类黑素及其他使面包产生特有香味的化合物如羰基化合物等物质生成。所以，面包的烘烤是综合了物理、生物、化学、微生物等反应的变化结果。

面包的保存

❶ 甜面包、吐司

有些含馅的吐司和甜面包室温下可以保存2~3天，值得注意的是，这里的馅料指椰蓉馅、豆沙馅、沙拉馅、巧克力馅、莲蓉馅、奶酥馅等软质馅料。

不含馅的甜面包、吐司面包，是指白吐司、牛奶面包、黄油卷等，这类面包在室温下保存3天内食用口感最佳。

❷ 欧风面包

欧风面包一般是硬壳面包，当硬壳面包在出炉后面包内部的水分会不断向外部渗透，最终会导致外壳吸收水分而变软。硬壳面包要放入纸袋保存，最好不要放入塑料袋。硬壳面包在室温下保存不宜超过8小时，如超过8个小时，外壳会像皮革般难以下咽。即使重新烘烤，也难以恢复刚出炉时的口感。

❸ 重油面包

此类面包因重油重糖，故能保存较久的时间，室温下可储存7~15天。制作重油面包时不要减油减糖，否则不仅会影响口感，而且也会缩短保质期。把面包放进保鲜袋以后，放进冰箱冷冻室急速冷冻到零下18℃，可以延长面包的保质期。

❹ 丹麦面包

丹麦面包包括起酥面包和可颂面包，丹麦面包因含油量高，故保质期较长，室温条件下可以保存一周左右。但需特别注意的是，如果是火腿肠丹麦面包、肉松丹麦面包、金枪鱼丹麦面包等带肉馅的丹麦面包，其保质期是2天左右。

❺ 调理面包

调理面包是运用甜面包或白吐司面包的配方面团制成的，经最后醒发后在烘烤前，在面团表面添加各种调制好的料理，然后进炉烘烤成熟。火腿、肉酱、碎肉、虾、鱼肉、鱼子酱、蔬菜、葱、罐头等食物，都是制作调理面包的馅料。不仅可以将单一馅料包入面包直接烤制，还可以把几种不同的馅料混合加入面包中进行烤制，口感非常美味。

调理面包这类面包的馅料，如番茄、洋葱圈、酸黄瓜片、生菜、葱、火腿、碎肉、萝卜以及鱼、肉酱、玉米罐头等很容易腐败，尤其在夏天，调理面包室温下保存不得超过4小时。如果不立即吃完，可以放入冰箱冷藏，能保存1天。

❻ 贝果面包

贝果面包的制作过程非常简单，需要的烘焙材料也寻常可见：高筋面粉、糖、黄油、盐、酵母、水。

但贝果面包与其他面包最大的不同是：在烘焙之前，我们会将糖水煮沸，然后将发酵好的贝果面团置入糖水锅中，两面各煮1分钟后再沥干捞起。正是因为贝果面包经过这道与众不同的步骤，它的口感比起其他面包，咀嚼起来更加有韧性，别有一番滋味。

值得令人注意的是，贝果面包的保质期通常在一周左右。但是如果煮贝果面团所用的糖浆浓度不够，它的保质期会随之缩短。因此，在做贝果面包时，要十分注意糖浆的浓度。

Part 2 简易面包

对于喜欢自己在家做面包却没有太多时间来做面包的人来说，怎样花最少的时间做出最美味的面包是个不得不考虑的问题。本章就为大家介绍了11种简单易做的面包，让您和您的家人在紧张忙碌之余也能够品尝到不输于面包店的自制精美面包，马上尝试一下吧。

全麦面包

烘烤时间

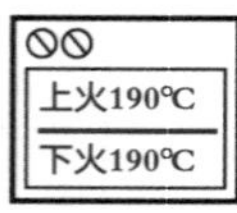

烘烤温度

全麦面包是指用全麦面粉制作的面包，全麦面粉没有去掉外面麸皮和麦胚，所以全麦面包颜色微褐，肉眼能看到很多麦麸的小粒，质地比较粗糙，但有香气。

原料 高筋面粉200克，细砂糖、全麦粉各50克，鸡蛋1个，酵母4克，黄油35克，水100毫升

工具 刮板1个，纸杯4个，电子秤1台，烤箱1台

Point 和面时要和得均匀，至面团表面光滑，发酵后的成品才会更有弹性。

做法

1. 将高筋面粉、全麦粉、酵母倒在案台上，用刮板开窝。
2. 倒入细砂糖和鸡蛋拌匀，加水拌匀，放入黄油。
3. 慢慢地搅拌一会儿，至材料完全融合在一起，再揉成面团。
4. 用备好的电子秤称取60克左右的面团。
5. 依次称取四个面团，揉圆，放入四个纸杯中，待发酵。
6. 待面团发酵至2倍大，取纸杯，放在烤盘中。
7. 烤箱预热，将烤盘推入中层。
8. 关好烤箱门，以上、下火同为190℃的温度烤约15分钟，至食材熟透。
9. 断电后取出，稍稍冷却后拿出面包，装盘即可。

杂粮包

烘烤时间

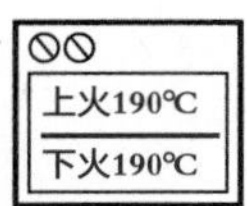

烘烤温度

杂粮包是以杂粮面粉为主要材料制作而成，相较于普通面包，它含有更加丰富的矿物质、纤维质和维生素，通常能保存几天，可以冷藏，而且味道较好。

原料 高筋面粉150克，杂粮粉350克，鸡蛋1个，黄油70克，奶粉20克，水200毫升，细砂糖100克，盐5克，酵母8克

工具 刮板1个，电子秤1台，烤箱1台

做法

1. 将杂粮粉、高筋面粉、酵母、奶粉倒在案台上，用刮板开窝。
2. 倒入细砂糖、水，用刮板拌匀。
3. 将材料混合均匀，揉搓成面团。
4. 将面团稍微压平，加入鸡蛋，并按压揉匀。
5. 加入盐、黄油，揉搓均匀。
6. 用电子秤称取数个60克的面团，待用。
7. 取两个面团揉匀，放入烤盘，使其发酵90分钟。
8. 将烤盘放入烤箱中，以上火190℃、下火190℃烤15分钟至熟。
9. 取出烤盘，将烤好的杂粮包装入盘中即可。

☆ Point **黄油可以事先溶化，这样容易与其他材料混匀。**

早餐包是一种小而简单易做的面包，特别适合喜欢吃面包的上班族做早餐，香甜味美，松软可口，还可以在中间加上自己喜欢吃的蔬菜或肉类。

☆ **Point** 揉搓面团时，如果面团粘手，可以撒上适量面粉。

早餐包

烘烤时间

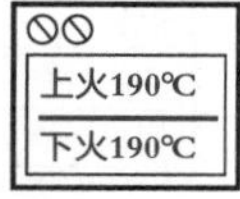

烘烤温度

原料 高筋面粉500克，黄油70克，奶粉20克，细砂糖100克，盐5克，鸡蛋1个，水200毫升，酵母8克，蜂蜜适量

工具 玻璃碗、搅拌器、刮板各1个，保鲜膜1张，电子秤1台，烤箱1台，刷子1把

做法

1 将细砂糖、水倒入玻璃碗中，用搅拌器搅拌至细砂糖溶化。

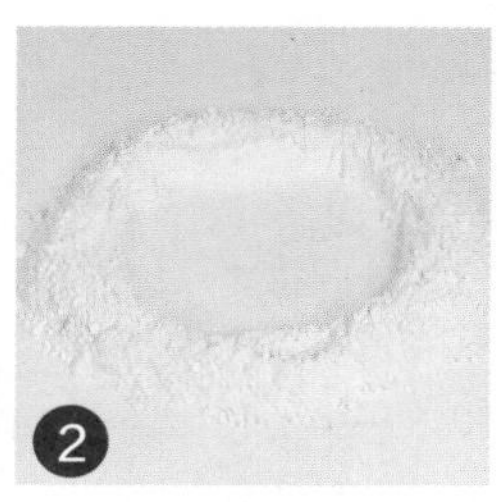
2 把高筋面粉、酵母、奶粉倒在案台上，用刮板开窝。

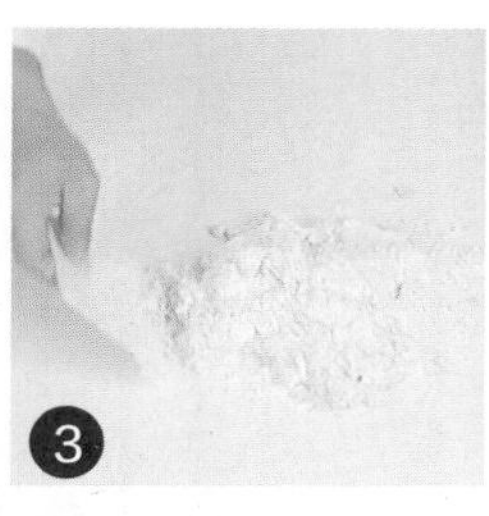
3 倒入备好的糖水，将材料混合均匀，并按压成形。

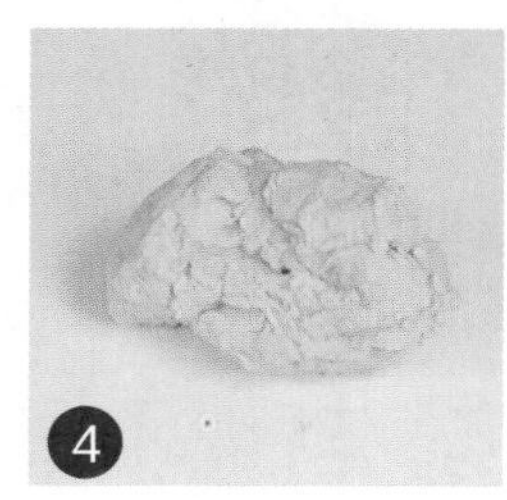
4 加入鸡蛋，将材料混合均匀，揉搓成面团。

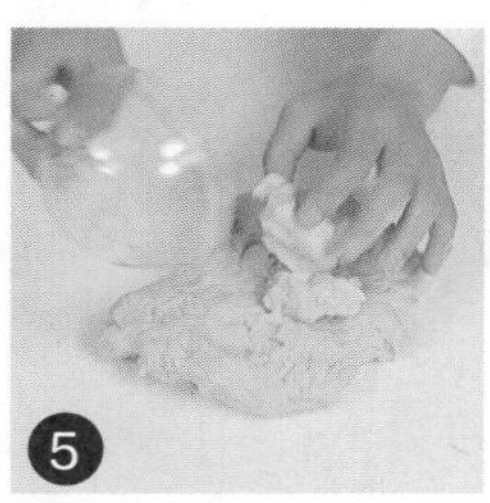
5 将面团稍微拉平，倒入黄油，揉搓均匀。

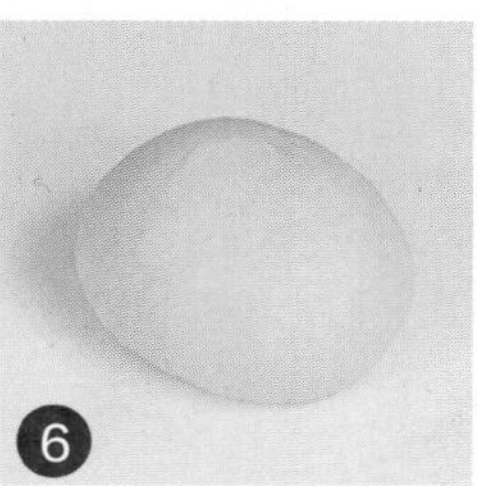
6 加入适量盐，揉搓成光滑的面团。

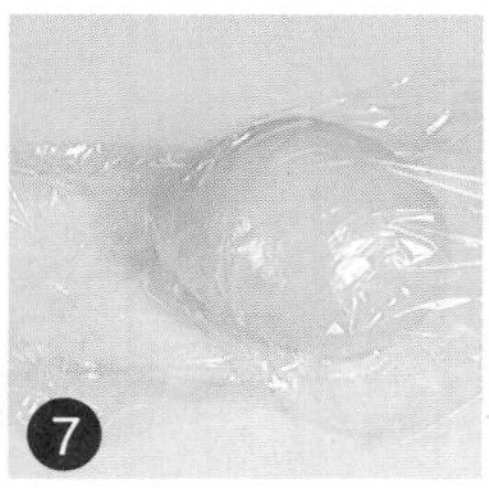
7 用保鲜膜将面团包好，静置10分钟。

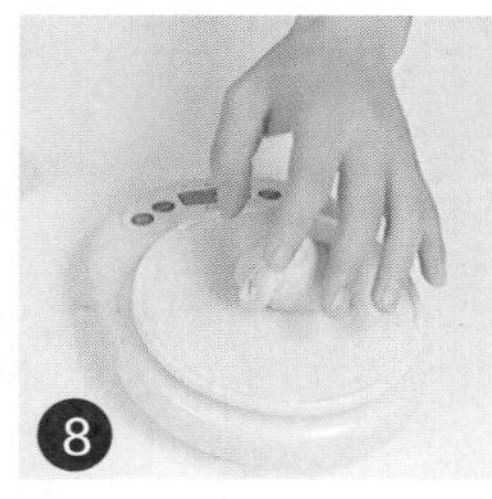
8 将面团分成数个60克一个的小面团。

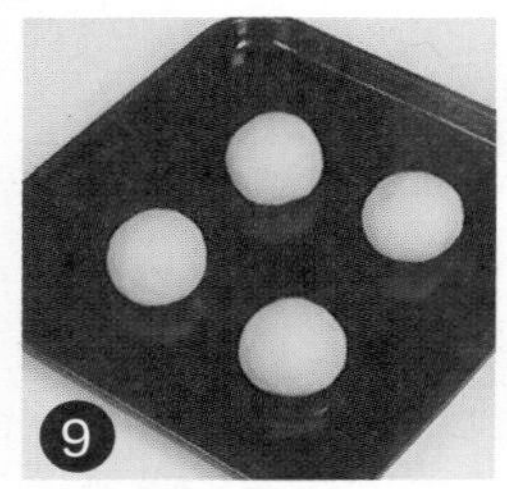
9 把小面团揉搓成圆球形，放入烤盘中，使其发酵90分钟。

10 将烤盘放入烤箱，以上火190℃、下火190℃烤15分钟至熟。

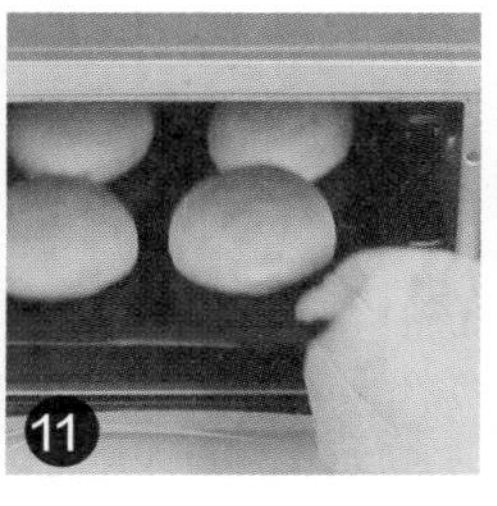
11 从烤箱中取出烤盘。

12 将烤好的早餐包装入盘中，刷上适量蜂蜜即可。

牛角包

烘烤时间

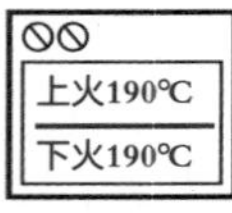

烘烤温度

牛角包相传起源于奥地利维也纳。一个面包师傅深夜发现土耳其军队秘密入侵并及时上报国王，阻止了这场入侵。为纪念他，其他面包师傅将面包做成土耳其军人佩戴的弯刀造型，以示胜利。

原料 高筋面粉500克，黄油70克，奶粉20克，细砂糖100克，盐5克，鸡蛋50克，水200毫升，酵母8克，白芝麻适量

工具 玻璃碗、刮板、搅拌器各1个，保鲜膜1张，电子秤1台，擀面杖1根，小刀1把，烤箱1台

☆ **Point** 将面团用保鲜膜包裹好，可避免面团变硬。

+备注+

因制作时面饼重复地折叠，烤制好后的牛角包如纸张般层次分明，清淡地记述了过去的味道。

做法

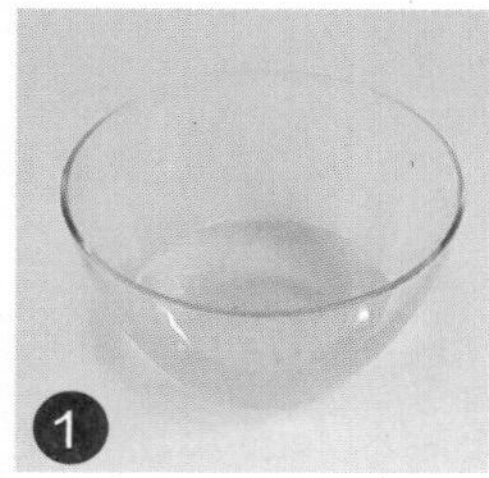

将细砂糖、水倒入玻璃碗中，用搅拌器搅拌至细砂糖溶化。

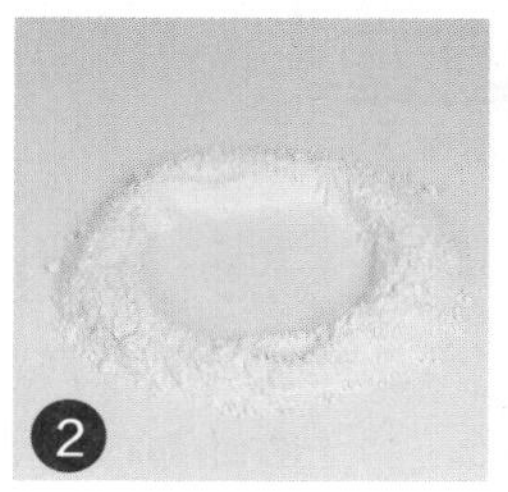

把高筋面粉、酵母、奶粉倒在案台上，用刮板开窝。

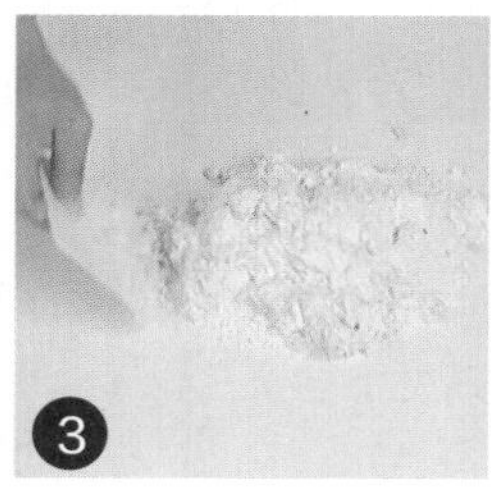

倒入备好的糖水，将材料混合均匀，并按压成形。

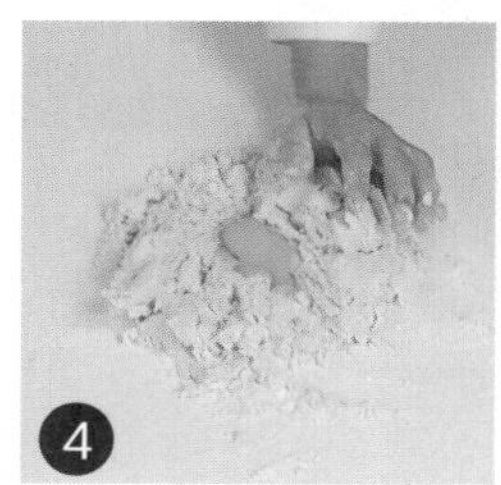

加入鸡蛋，将材料混合均匀，揉搓成面团。

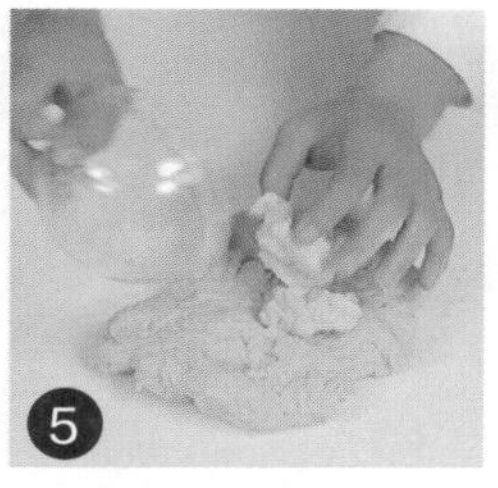

将面团稍微拉平，倒入黄油，揉搓均匀。

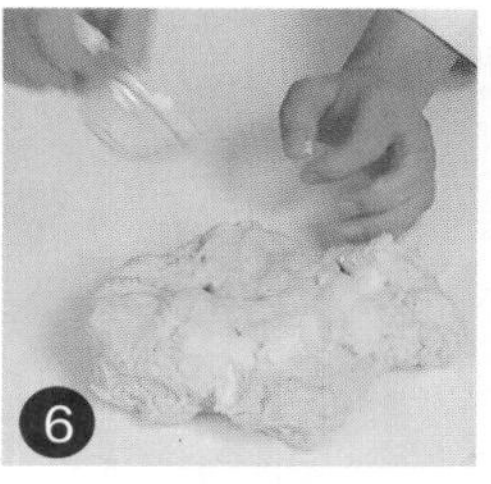

加入适量盐，揉搓成光滑的面团。

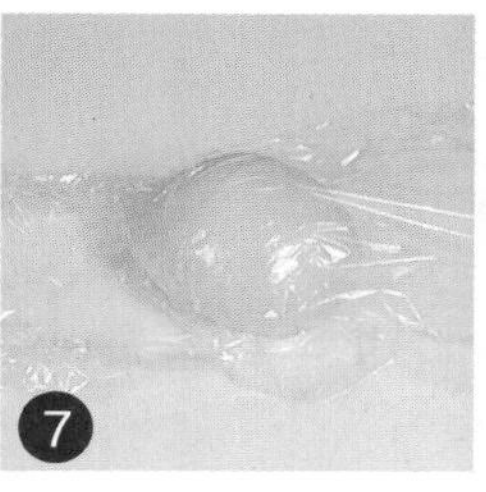

用保鲜膜将面团包好，静置10分钟。

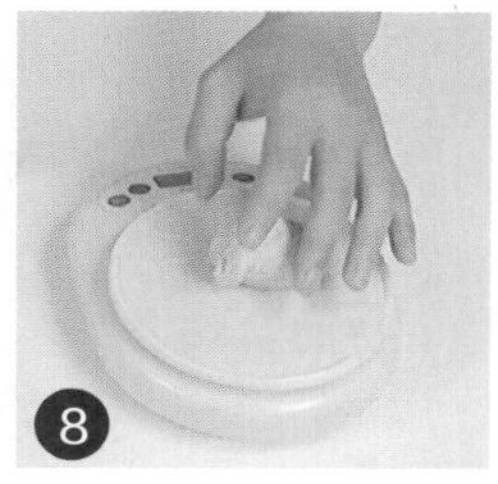

将面团分成数个60克一个的小面团。

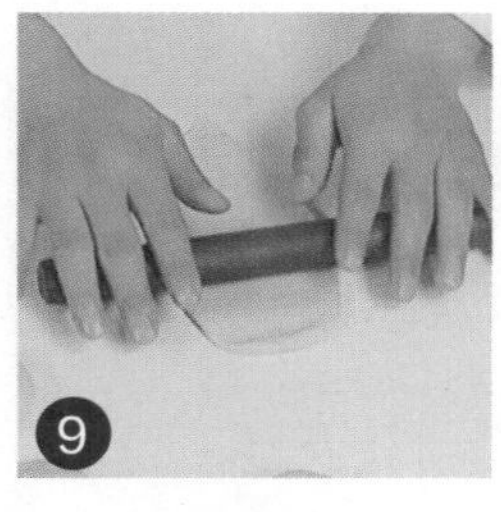

将小面团揉搓成圆球，压平，用擀面杖将面皮擀薄。

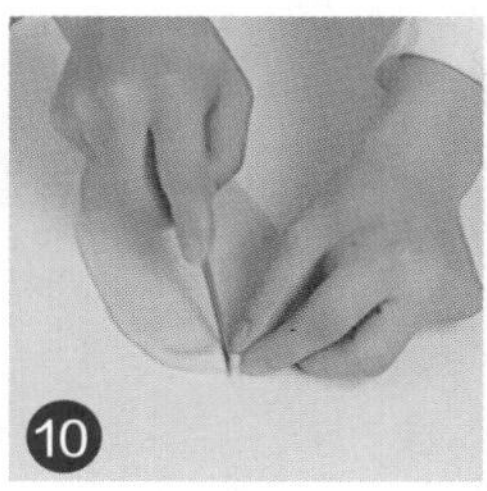

在面皮一端，用小刀切一个小口。

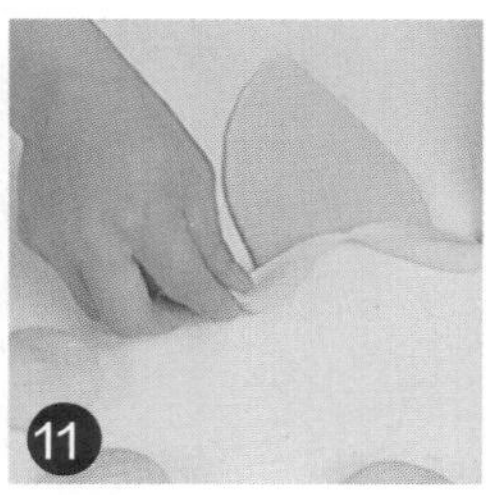

将切开的两端慢慢地卷起来，搓成细长条。

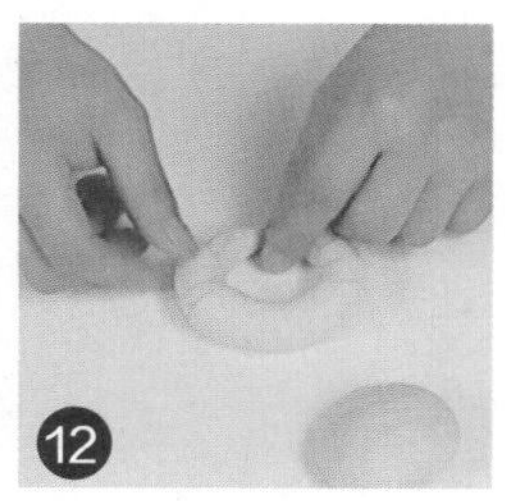

把两端连起来，围成一个圈，制成牛角包生坯。

将牛角包生坯放入烤盘，使其发酵90分钟。

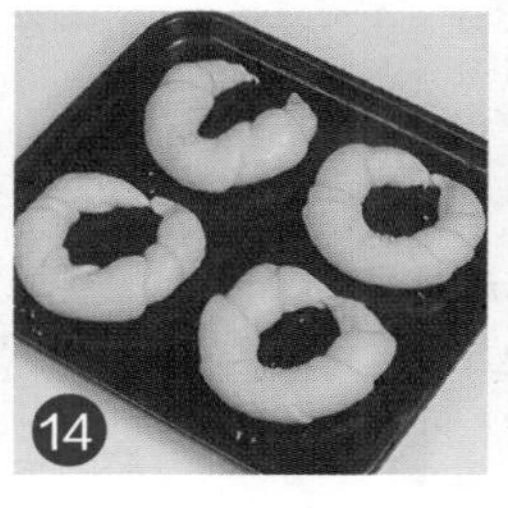

在牛角包生坯上撒适量白芝麻。

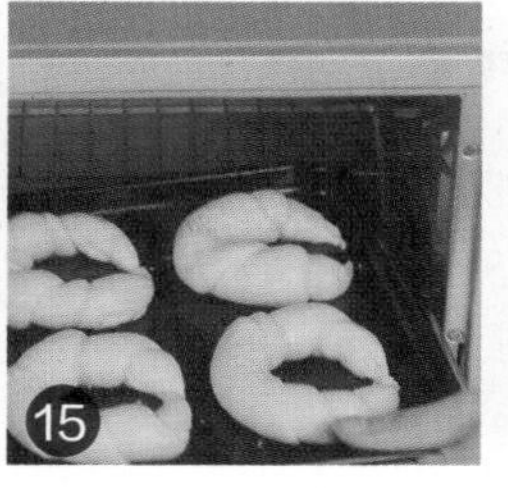

将烤盘放入烤箱，以上火190℃、下火190℃烤15分钟至熟。

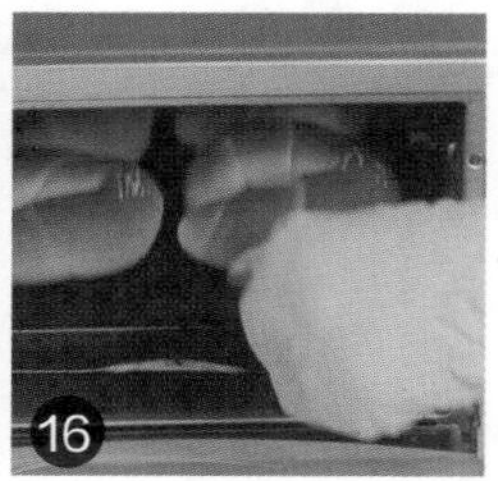

从烤箱中取出烤盘，将烤好的牛角包装入容器中即可。

法式面包

烘烤时间

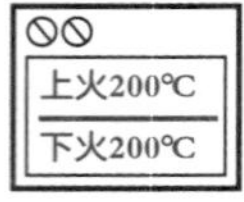

烘烤温度

原料 鸡蛋1个，黄油25克，高筋面粉260克，酵母3克，盐适量，水80毫升

工具 刮板、筛网、玻璃碗各1个，擀面杖1根，电子秤1台，小刀1把，烤箱1台

与大多数松软的面包不同，法式面包以其特别的口感为人所知，外皮和里面都很硬，并非人人喜欢，却是法国独有的味道，在细嚼慢咽中发现其隐含的惊喜。

☆ **Point** 在面包上划两刀，可起到装饰作用，也可使面包烤得更酥脆，提升口感。

做法

将酵母、适量盐放入装有250克高筋面粉的玻璃碗中，拌匀。

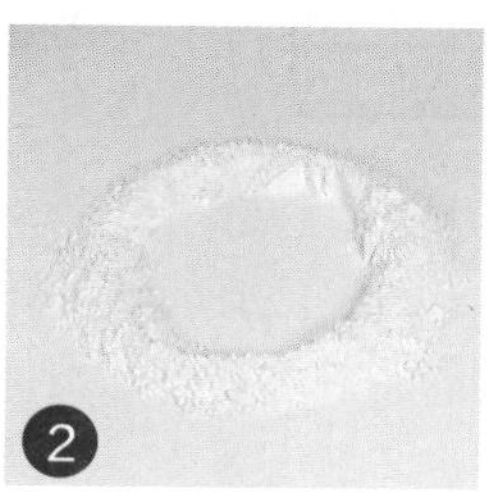

将拌好的材料倒在案台上，用刮板开窝。

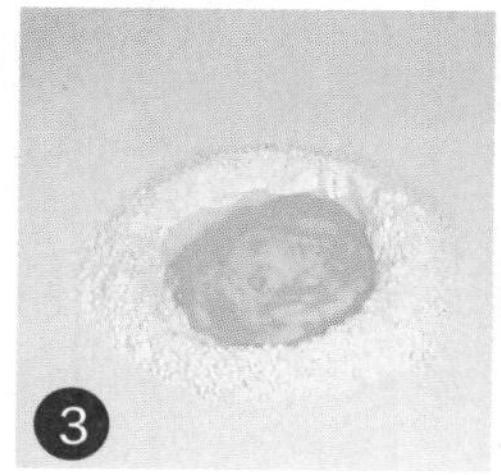

放入鸡蛋、水，按压，拌匀。

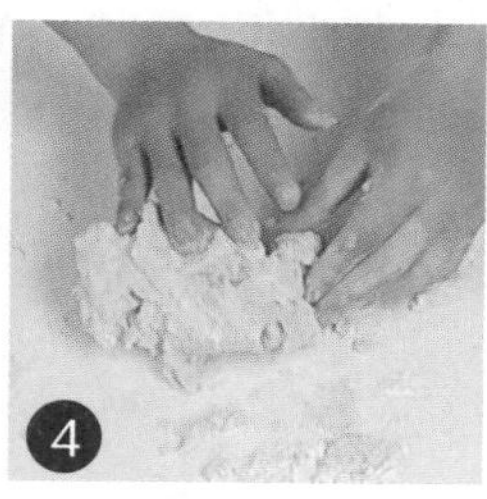

加入20克黄油，继续按压，拌匀。

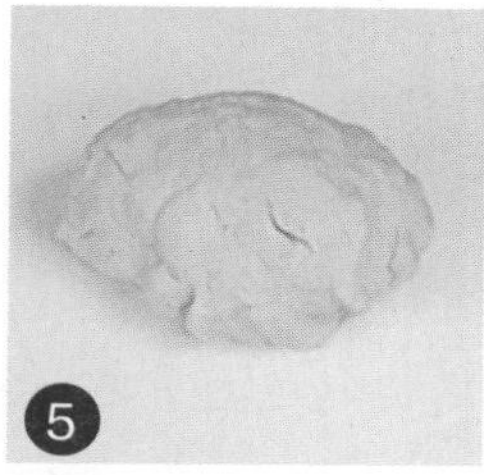

揉搓成面团，让面团静置10分钟。

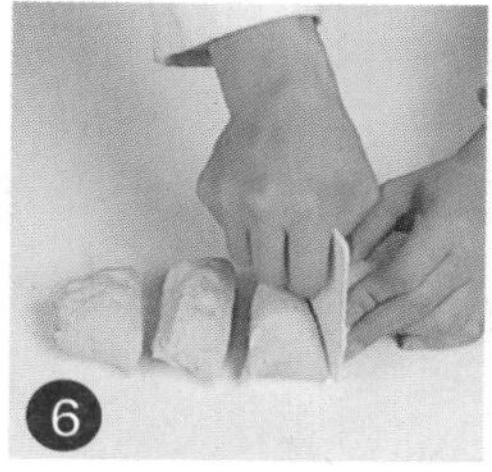

将面团揉搓成长条状，用刮板分成4个大小均等的小面团。

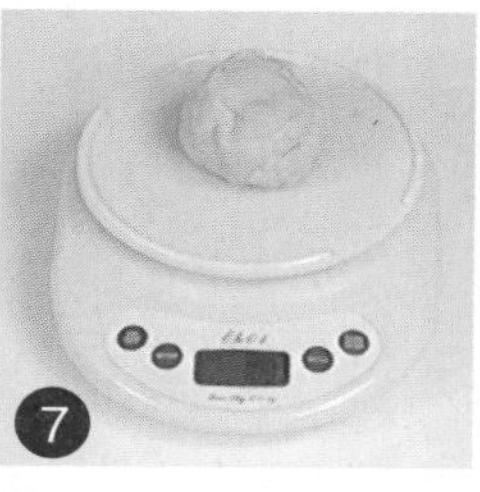

将小面团用电子秤称出2个100克的面团。

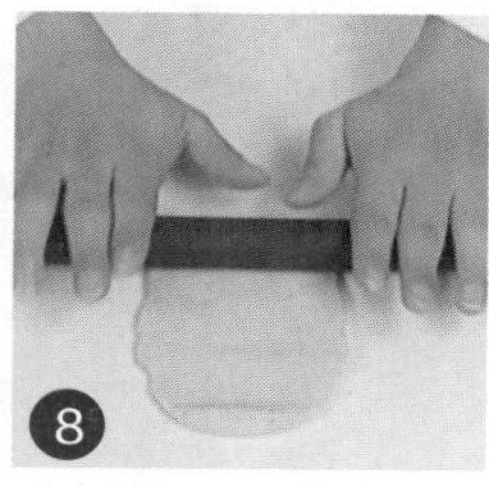

用擀面杖把面团擀成面片。

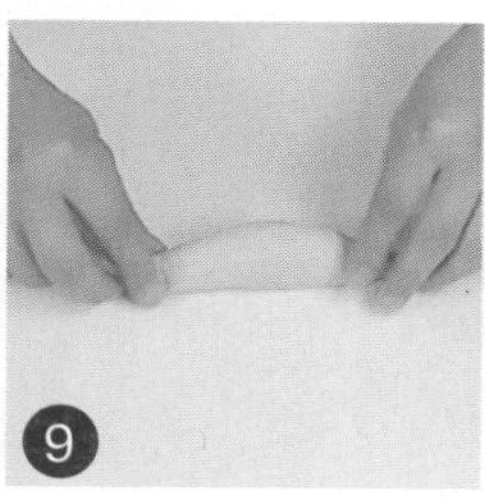

从一端开始，卷成卷，揉搓成条状。

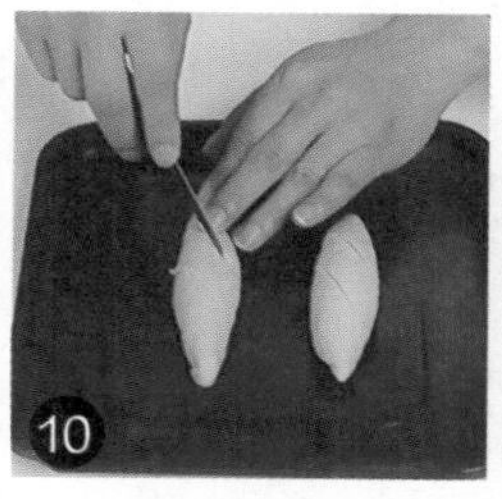

把面团放入烤盘中，用小刀在上面斜划两刀。

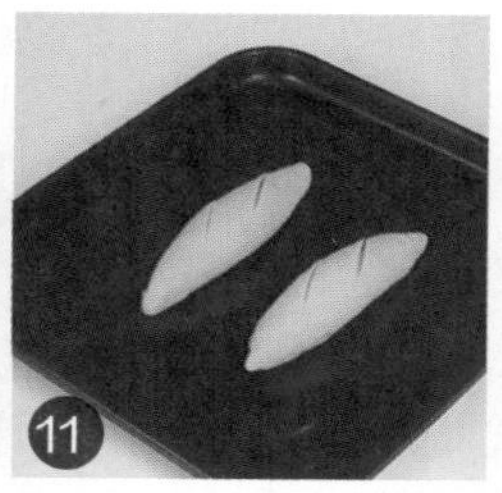

将面团发酵120分钟。

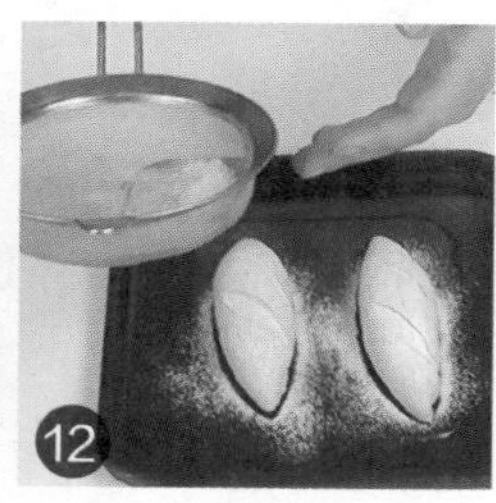

把高筋面粉过筛至面团上，放入适量黄油。

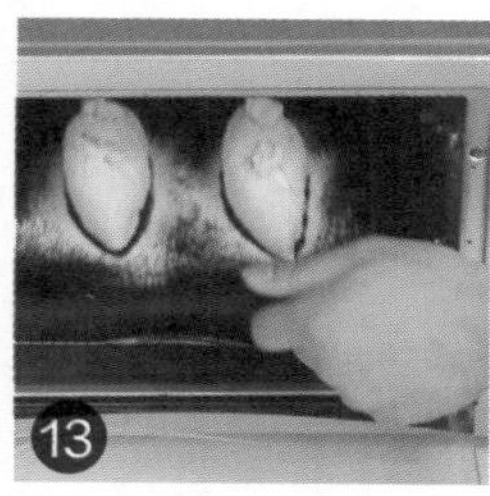

将烤盘放入烤箱，以上火200℃、下火200℃烤20分钟至熟。

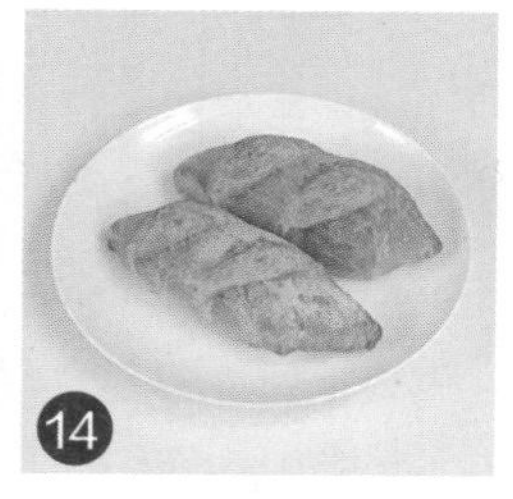

从烤箱中取烤好的面包，装入盘中即可。

+备注+

上等的法式面包，其外皮是脆而不碎，因此要掌握好烘焙的时间，小心把控。对于此款面包来说，烤得硬一点方会有最佳的口感。

奶酥面包

烘烤时间

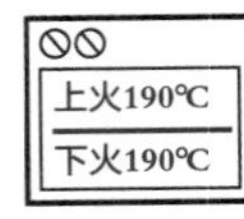

烘烤温度

奶香十足的表皮包裹而成的奶酥面包，酥软可口，糅合了黄油的浓香以及蛋奶的甜香，一口下去，满满都是忘不掉的味道。

原料

面团：

高筋面粉500克，黄油70克，奶粉20克，细砂糖100克，盐5克，鸡蛋1个，清水200毫升，酵母8克

香酥粒：

低筋面粉70克，细砂糖30克，黄油30克

工具

搅拌器、刮板各1个，保鲜膜1张，电子秤1台，纸杯4个，烤箱1台，玻璃碗2个

+备注+

为了制作美味的面包，需要用力揉搓面团，使面团内部产生谷蛋白黏胶质，这对于面团的发酵十分有利。

☆ **Point** 发酵不足面包无香味，发酵过长会有酸味。

A 面团的制作

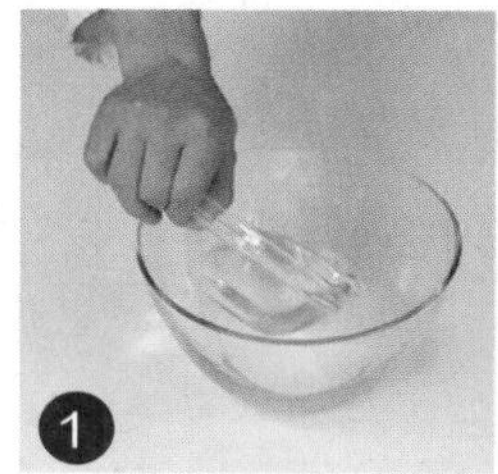

将细砂糖倒入玻璃碗中，加入清水。

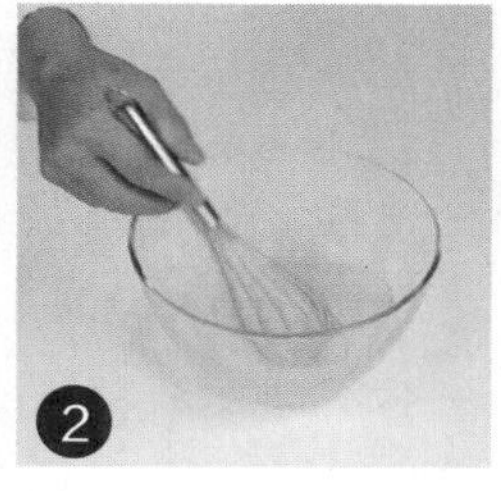

用搅拌器搅拌匀，制成糖水待用。

将高筋面粉、酵母、奶粉用刮板混合均匀，再开窝。

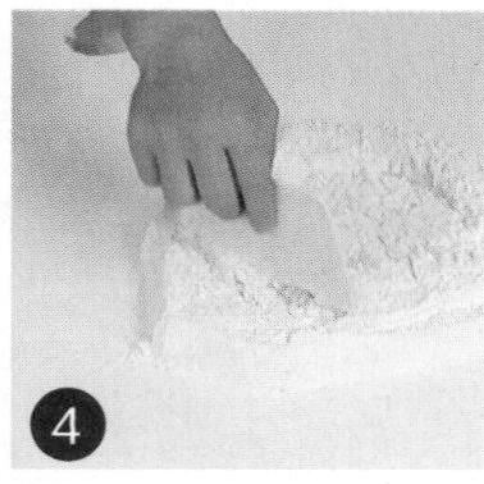

倒入糖水，刮入混合好的高筋面粉，混合成湿面团。

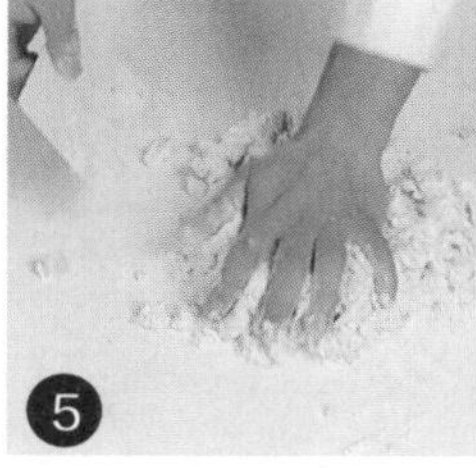

加入鸡蛋，揉搓均匀。

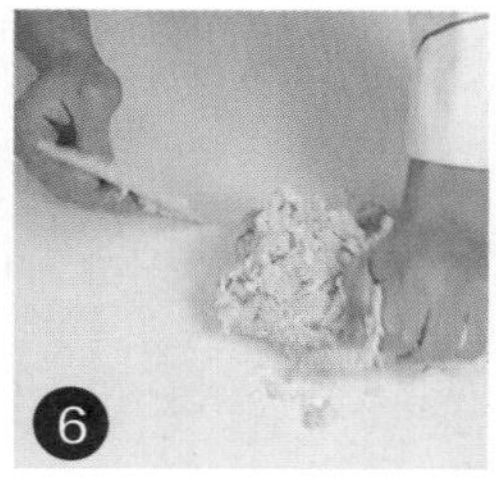

加入黄油，继续揉搓，充分混合。

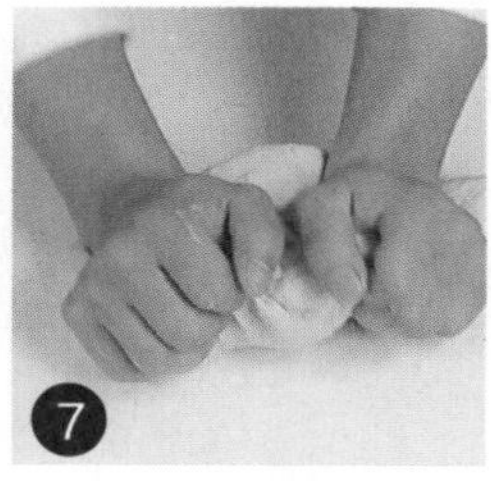

加入盐，揉搓成光滑的面团。

用保鲜膜把面团包裹好，静置10分钟醒面。

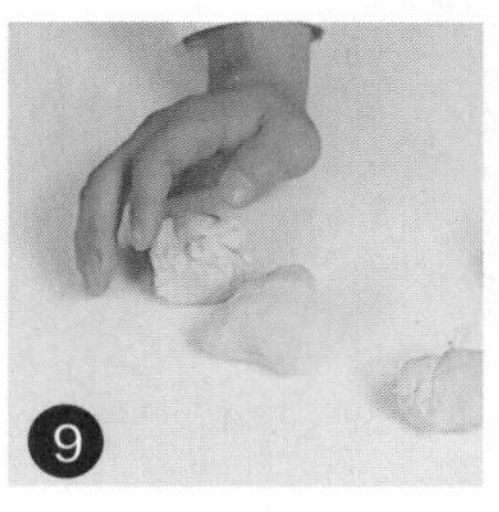

去掉面团保鲜膜，把面团搓成条状。

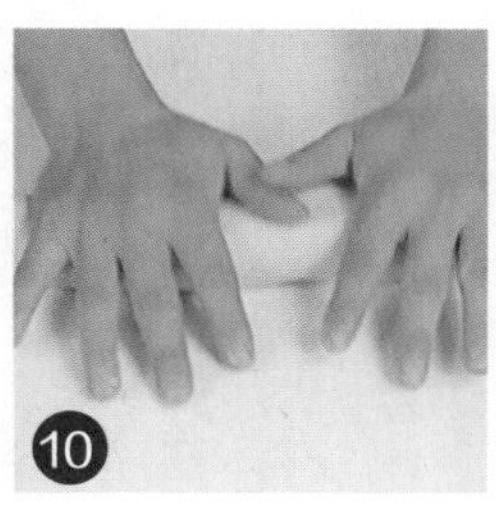

用电子秤称取数个60克的小面团，揉搓成小球状。

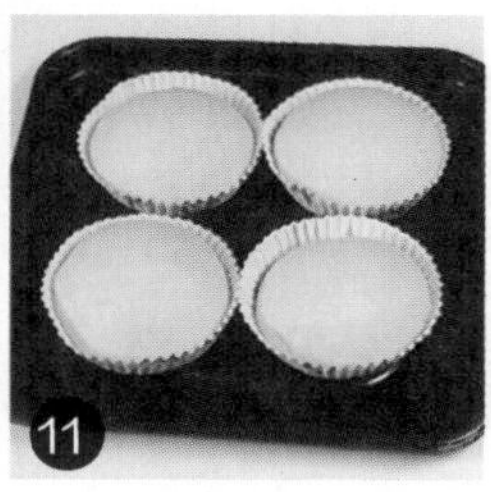

取4个面球放入烤盘的纸杯里，常温发酵90分钟。

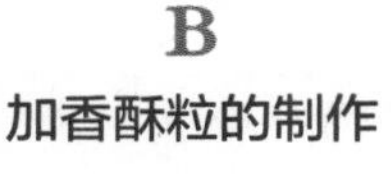

B 加香酥粒的制作

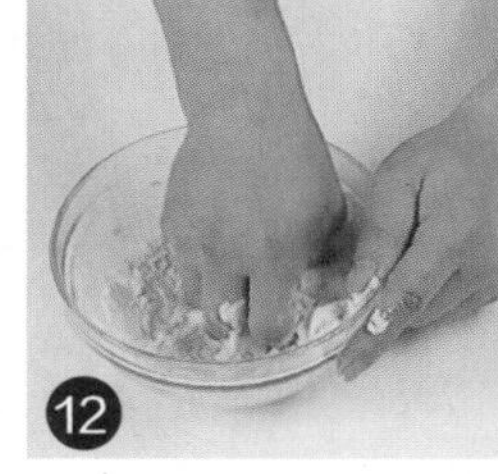

把细砂糖倒入玻璃碗中，加入黄油、低筋面粉搅匀。

揉捏成颗粒状，撒在面包生坯上。

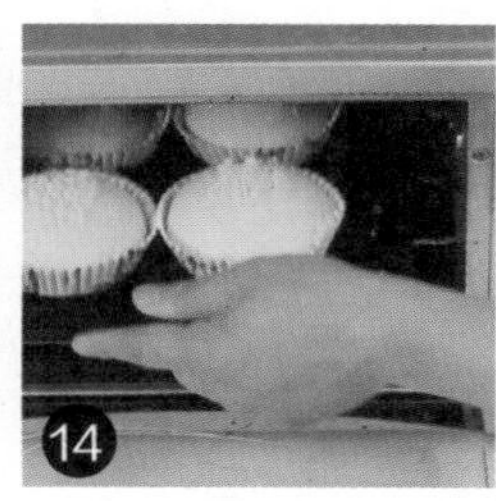

把生坯放入预热好的烤箱里，上下火均调为190℃烤10分钟。

全麦餐包具有极高的营养价值，包含丰富的天然纤维素、维生素和矿物质，有益于人们的身体健康。细细咀嚼，一股浓郁的麦香会在口腔里弥漫。

☆ Point 黄油和细砂糖不宜太多，否则会影响面包的口感。

全麦餐包

烘烤时间

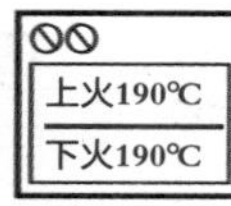

烘烤温度

原料：全麦面粉250克，高筋面粉250克，盐5克，酵母5克，细砂糖100克，水200毫升，鸡蛋1个，黄油70克

工具：刮板1个，电子秤1台，蛋糕纸杯4个，烤箱1台

做法

将全麦面粉、高筋面粉倒在案台上，用刮板开窝。

放入酵母刮在粉窝边。

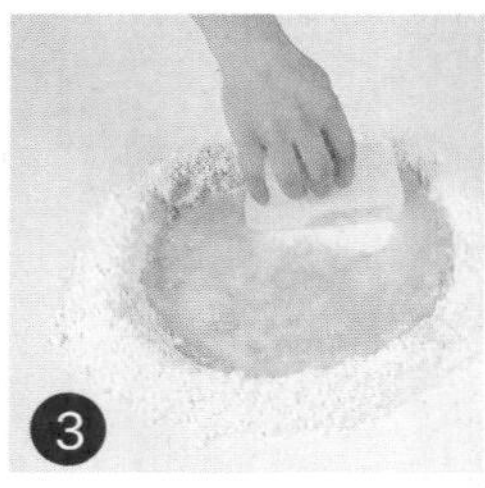

倒入细砂糖、水、鸡蛋，用刮板搅散。

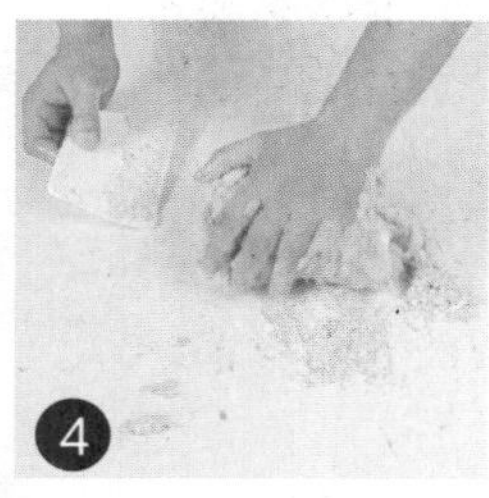

将材料混合均匀，加入黄油，揉搓均匀。

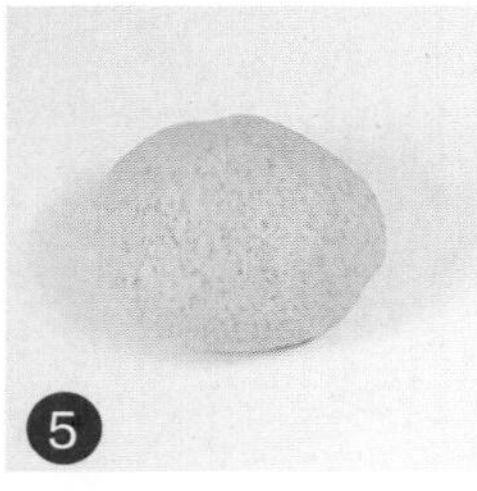

加入盐，混合均匀，揉搓成面团。

把面团切成数个60克的小剂子，搓成圆球。

取4个面团，放在蛋糕纸杯里，放入烤盘。

常温下发酵90分钟，使其发酵至原体积的2倍。

放入预热好的烤箱，上、下火均调为190℃烤15分钟至熟。

打开箱门，取出烤好的全麦餐包即可。

+备注+

以全麦为主的面包是早餐的最佳选择，当人体在夜晚消耗完营养后，一顿全麦的早餐可带来活力和惊喜。一口全麦，开启精力充沛的一天。

法棍面包

烘烤时间

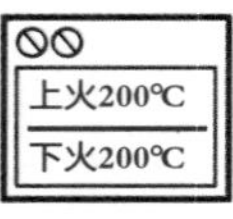

烘烤温度

因外形像一根长长的棍子，俗称“法式棍”，是世界上独一无二的法国特产的硬式面包。表皮硬实却有着松软的内里，而且越嚼越香。

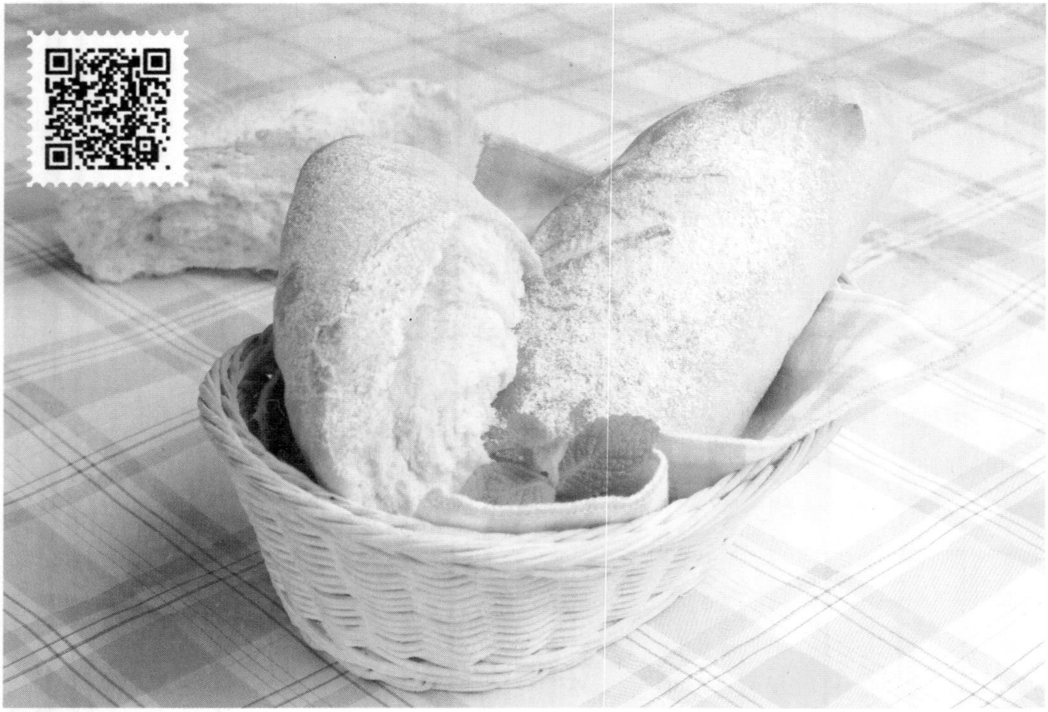

原料 高筋面粉250克，酵母5克，鸡蛋1个，细砂糖25克，水75毫升，黄油20克，糖粉适量

工具 刮板1个，擀面杖1根，小刀1把，烤箱1台

☆ **Point** **用刀在面包生坯上划几刀，利于散热。**

做法

1. 将高筋面粉、酵母倒在案台上，拌匀，开窝。
2. 倒入细砂糖和鸡蛋，用刮板拌匀，加入水，再拌匀，放入黄油。
3. 慢慢地和匀，至材料完全融合在一起，再揉成面团。
4. 将面团压扁，擀薄，卷起，把边缘搓紧，装在烤盘中，待发酵。
5. 用小刀在发酵好的面包生坯上快速划几刀。
6. 烤箱预热，把烤盘放入中层。
7. 关好烤箱门，以上、下火同为200℃的温度烤约15分钟，至食材熟透。
8. 断电后取出烤盘，稍稍冷却后拿出烤好的成品，装盘，再撒上适量糖粉即可。

亚麻籽方包

烘烤时间

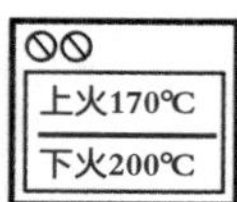

烘烤温度

亚麻籽对于人们来说兴许有些陌生，当其浓郁的香气遇上柔韧的面团，于是变成一款经典的面包呈现在我们眼前，可口的同时更拥有加倍的营养。

原料 高筋面粉250克，酵母4克，黄油35克，水90毫升，细砂糖50克，鸡蛋1个，亚麻籽适量

工具 刮板、方形模具各1个，擀面杖1根，烤箱1台

做法

1. 将高筋面粉、酵母倒在案台上，拌匀，刮板开窝。
2. 倒入鸡蛋、细砂糖，拌匀，加入水，再拌匀，放入黄油。
3. 慢慢地和匀，至材料完全融合在一起，再揉成面团。
4. 加入适量亚麻籽，继续揉至面团表面光滑。
5. 将面团压扁，擀薄，卷成橄榄形状，把口收紧。
6. 装入方形模具中，待发酵至2倍大即可。
7. 烤箱预热，放入模具，关好烤箱门。
8. 以上火170℃、下火200℃的温度烤约25分钟，至食材熟透。
9. 断电后取出模具，稍稍冷却后脱模装盘即可。

☆ Point **把口收紧时，边缘部分需稍稍压紧一下。**

沙拉包

烘烤时间

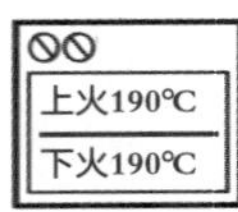

烘烤温度

原料 高筋面粉500克，黄油70克，奶粉20克，细砂糖100克，盐5克，鸡蛋50克，水200毫升，酵母8克，沙拉酱适量

工具 刮板、搅拌器、玻璃碗、裱花袋各1个，保鲜膜1张，电子秤1台，剪刀1把，烤箱1台

酥香的外皮，俏皮地挤上一层螺旋纹的沙拉酱，轻咬一口，香甜沙拉与松软面包的完美结合，化为挑剔的舌尖记录下的美味。

☆ **Point** 裱花袋的口不能剪太大，否则挤出的图形不太美观。

做法

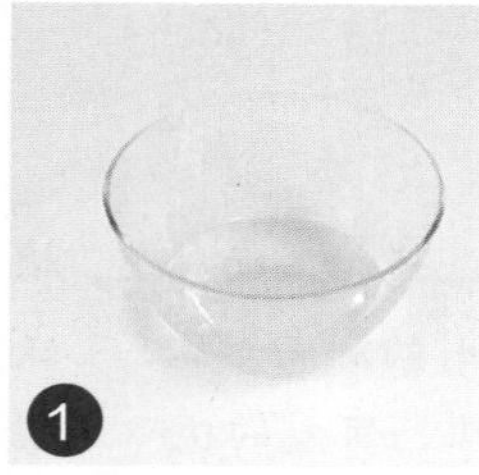

将细砂糖、水倒入玻璃碗中，用搅拌器搅拌至细砂糖溶化。

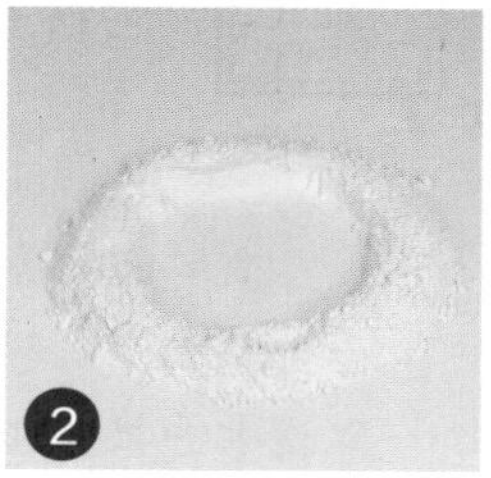

把高筋面粉、酵母、奶粉倒在案台上，用刮板开窝。

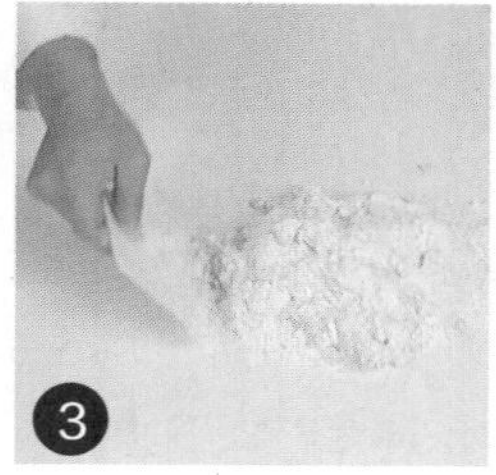

倒入备好的糖水，将材料混合均匀，并按压成形。

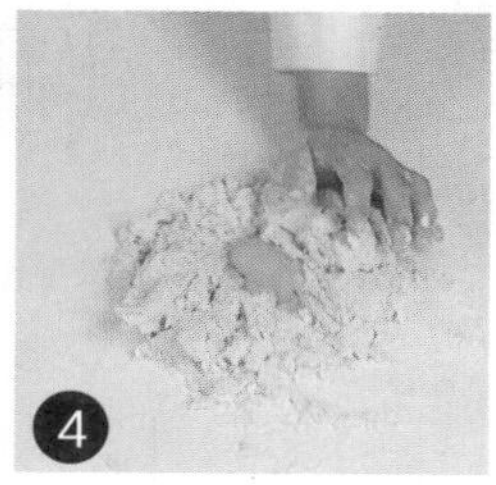

加入鸡蛋，将材料混合均匀，揉搓成面团。

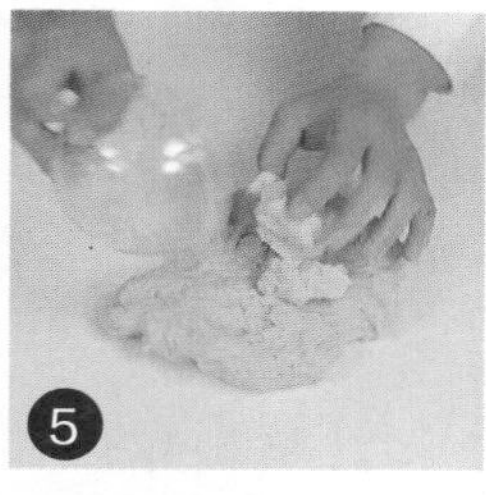

将面团稍微拉平，倒入黄油，揉搓均匀。

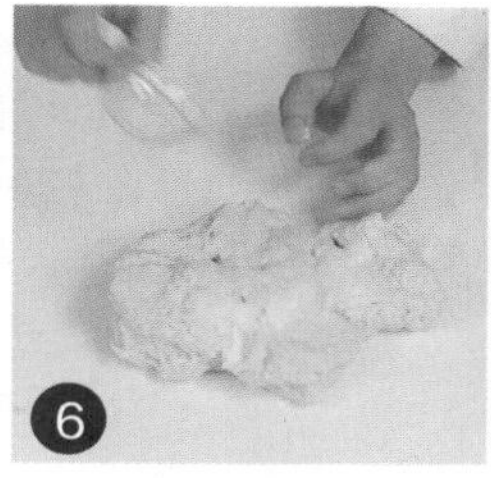

加入盐，揉搓成光滑的面团。

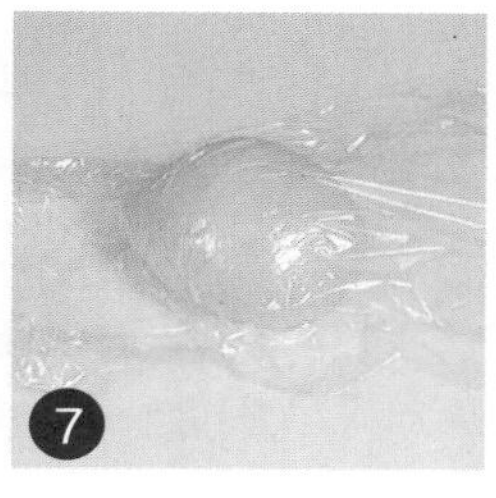

用保鲜膜将面团包好，静置10分钟。

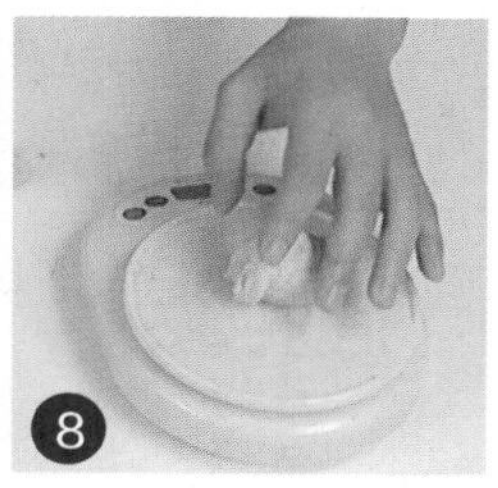

将面团分成数个60克一个的小面团，揉成圆球。

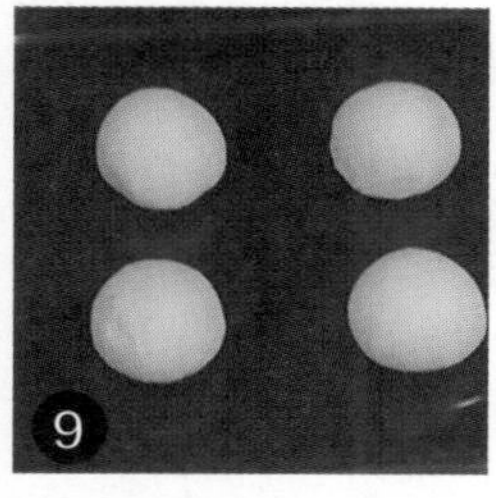

将圆球面团放入烤盘中，使其发酵90分钟。

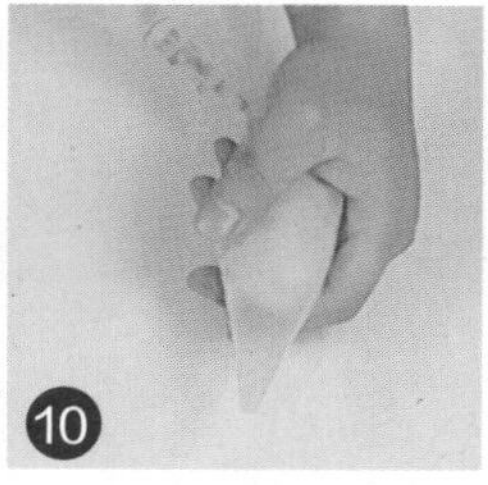

将适量沙拉酱装入裱花袋之中。

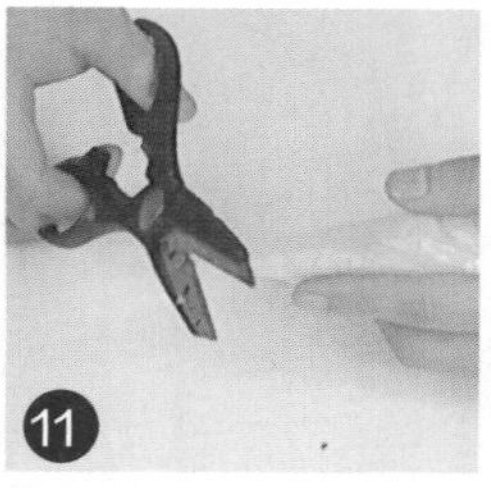

在尖端部位剪开一个小口。

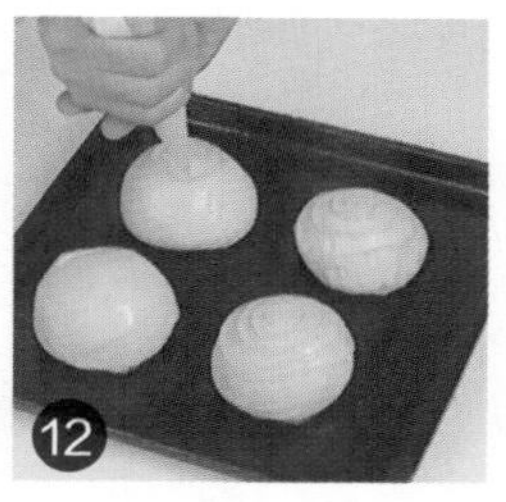

在发酵的面团上挤入沙拉酱。

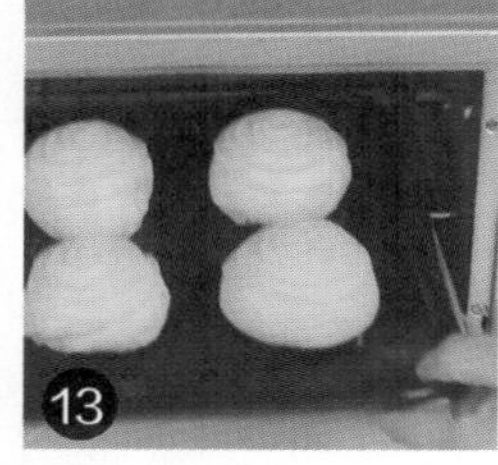

将烤箱调为上火190℃、下火190℃，预热后放入烤盘。

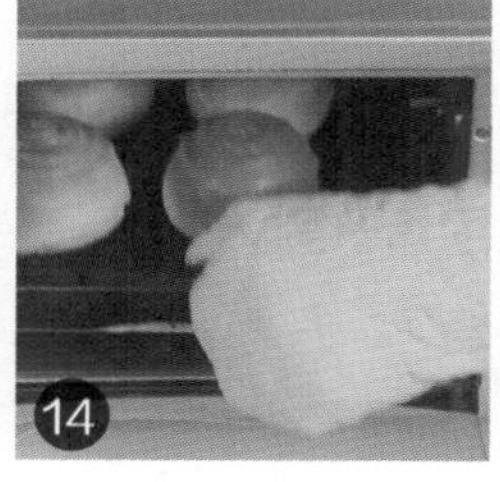

烤15分钟至熟，取出烤盘，将烤好的沙拉包装入盘中即可。

+备注+

沙拉酱虽然味道可口，可是含有较高的油脂，吃多了容易导致肥胖。因此制作这款面包时，挤上适量即可，不可贪多。

奶香桃心包

烘烤时间

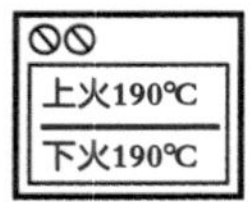

烘烤温度

原料 高筋面粉500克，黄油70克，奶粉20克，细砂糖100克，盐5克，鸡蛋50克，水200毫升，酵母8克

工具 刮板、搅拌器、玻璃碗各1个，电子秤1台，擀面杖1根，小刀1把，烤箱1台，保鲜膜1张

浓醇的奶香深深地融入面包里，桃心形状则带来制作时的满满心意，变成这道奶香桃心包。小巧可爱的桃心造型携着满身奶香而来，十分讨喜。

☆ Point　不同季节发酵时间不同，要根据气温增减发酵的时间。

做法

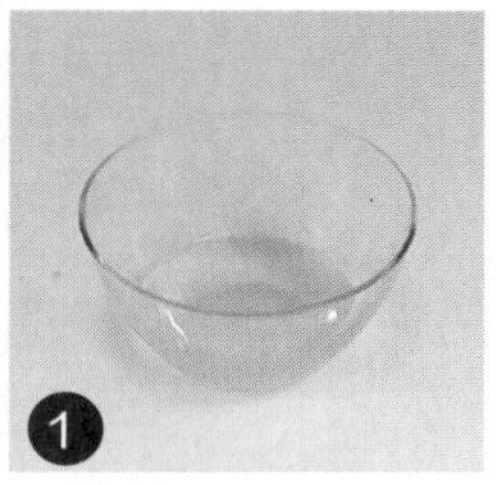

将细砂糖、水倒入玻璃碗中，用搅拌器搅拌至细砂糖溶化。

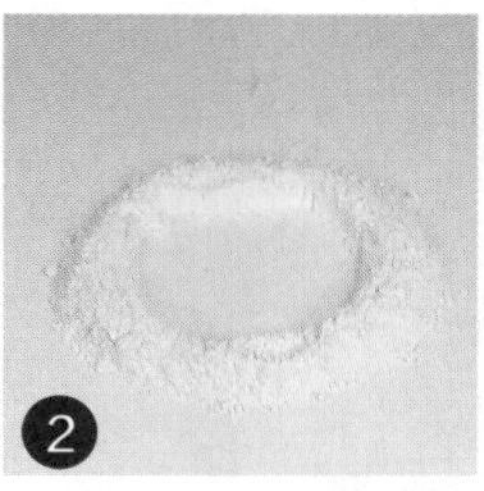

把高筋面粉、酵母、奶粉倒在案台上，用刮板开窝。

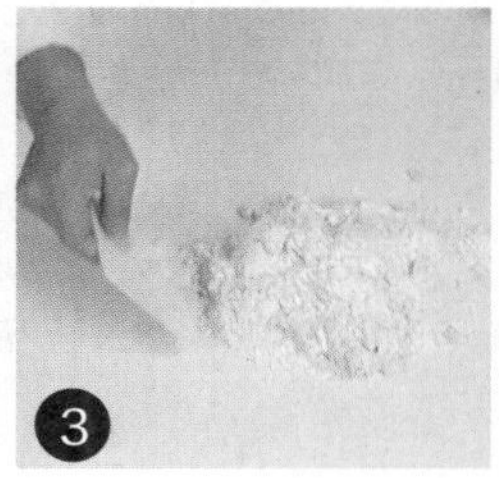

倒入备好的糖水，将材料混合均匀，并按压成形。

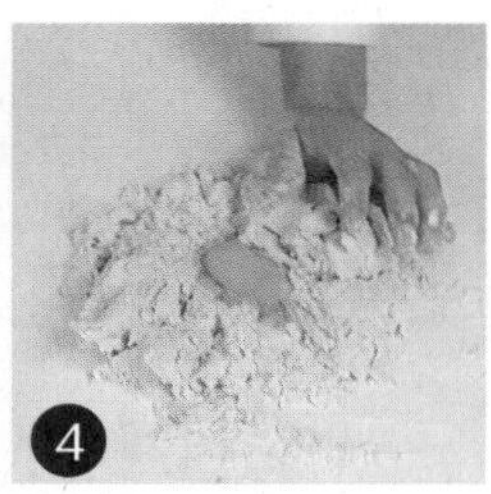

加入鸡蛋，将材料混合均匀，揉搓成面团。

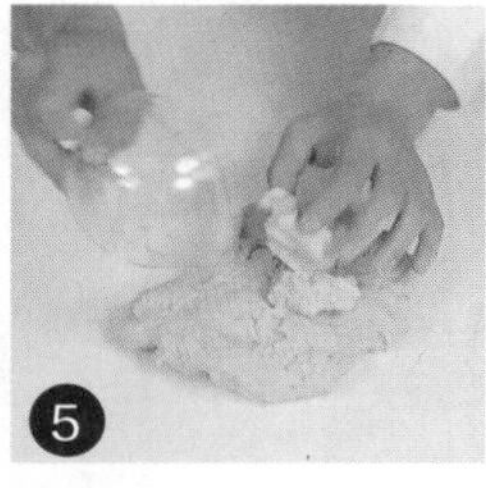

将面团稍微拉平，倒入黄油，揉搓均匀。

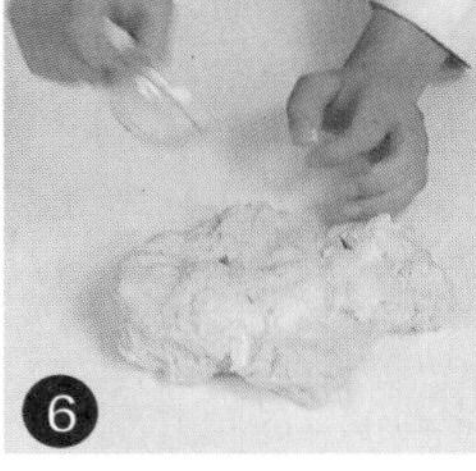

加入盐，揉搓成光滑的面团。

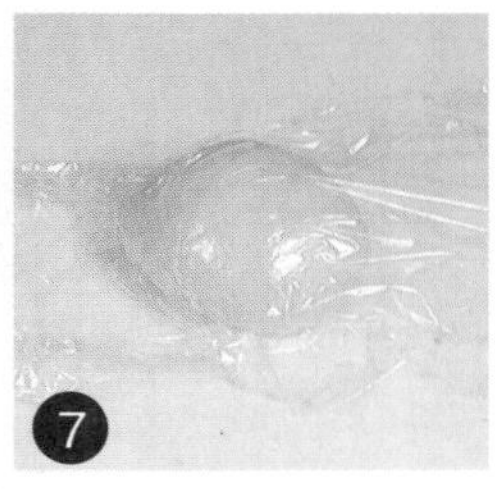

用保鲜膜将面团包好，静置10分钟。

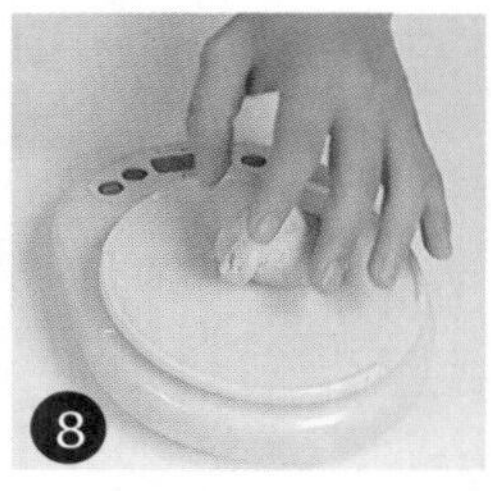

将面团分成数个60克一个的小面团。

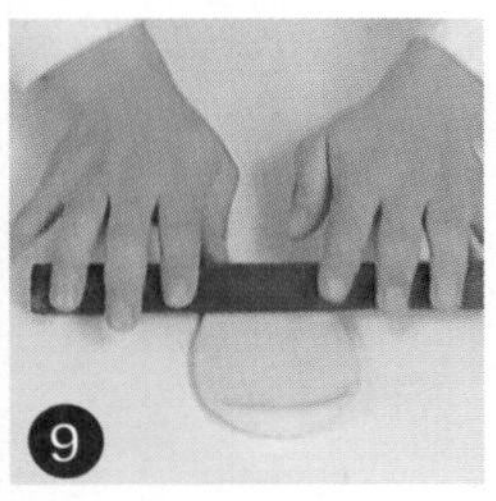

将小面团揉搓成圆球，压平，再用擀面杖擀成面皮。

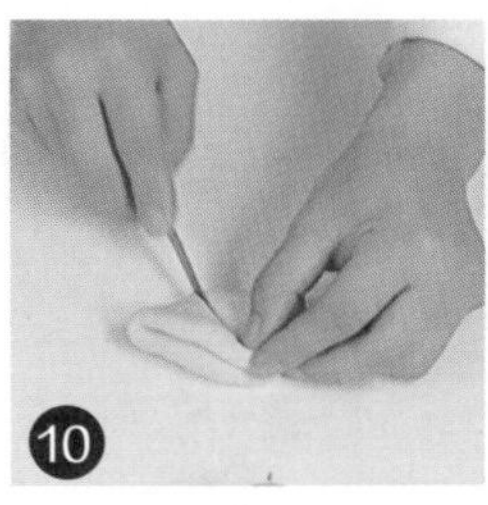

将面皮对折，用小刀从中间切开，但不切断。

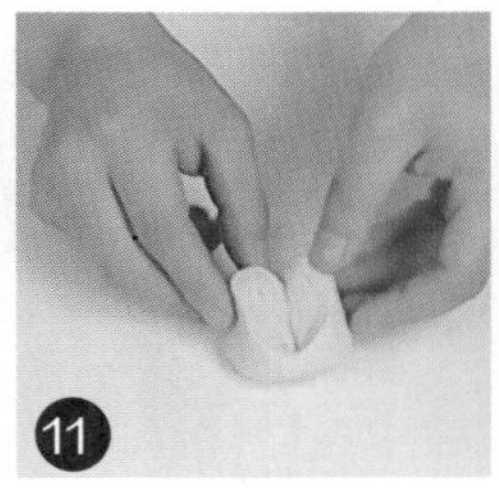

把切面翻开，呈心形，稍微压平，制成桃心包生坯。

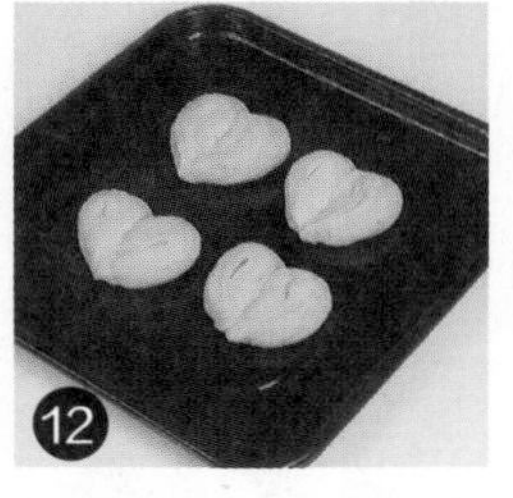

把桃心包生坯放入烤盘，使其发酵90分钟。

将烤盘放入烤箱，以上火190℃、下火190℃烤15分钟至熟。

从烤箱中取出烤盘，将烤好的桃心包装入盘中即可。

+备注+

由于桃心的形状比较特别，为了塑造美观的外表，制作时需要根据步骤慢慢来，切不可心急，以免影响面包的外观。

from paradise
WONDERFUL
COURAGE
COURAGE

Part 3 吐司面包

吐司是英文toast的音译，起源于法国，实际上就是用长方形带盖或不带盖的模具制作的长方形面包，切成片，夹入火腿或蔬菜后即为三明治。本章为大家介绍了15种常见吐司的做法，让您在家就能吃到地道的吐司面包。再夹上喜欢的蔬菜或肉类，让人流口水的三明治就做成了。

白吐司

烘烤时间

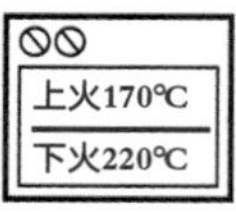

烘烤温度

白吐司是一种常见的面包，由于外形像枕头，所以又有“枕头包”之称。一层薄薄的焦皮之下，内里则是非常柔软的面包心，抹上果酱会有更佳的口感。

原料 高筋面粉500克，黄油70克，奶粉20克，细砂糖100克，盐5克，鸡蛋1个，水200毫升，酵母8克，蜂蜜适量

工具 搅拌器、方形模具、刮板、玻璃碗各1个，保鲜膜1张，刷子1把，烤箱1台

☆ Point 在面包上刷一层蜂蜜，不仅能增加亮度，还能使口感更佳。

做法

1. 将细砂糖、水倒入玻璃碗中，用搅拌器搅拌至细砂糖溶化，待用。
2. 把高筋面粉、酵母、奶粉倒在案台上，用刮板开窝。
3. 倒入备好的糖水，将材料混合均匀，并按压成形。
4. 加入鸡蛋，将材料混合均匀，揉搓成面团。
5. 将面团稍微拉平，倒入黄油，揉搓均匀。
6. 加入盐，揉搓成光滑的面团，用保鲜膜包好，静置10分钟。
7. 将面团对半切开，揉搓成两个圆球，放入抹有黄油的方形模具中，发酵90分钟。
8. 放入烤箱，以上火170℃、下火220℃烤25分钟。
9. 取出模具，将面包脱模，刷上适量蜂蜜即可。

芝士吐司

烘烤时间

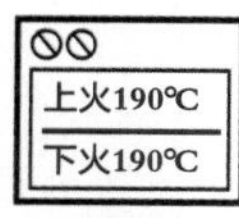

烘烤温度

奶香浓郁的芝士，给吐司穿上了一件光鲜的外衣，闪着金黄的色泽，中间夹着香嫩的火腿，造型虽与三明治相似，却有着截然不同的口感。

原料 吐司2片，火腿1片，芝士20克，黄油30克

工具 蛋糕刀1把，烤箱1台，高温布1块，白纸1张

做法

1. 取一片吐司，放在铺有高温布的烤盘里，抹上一层黄油。
2. 放上火腿片，盖上另一片吐司，铺上一层芝士。
3. 把吐司放入预热好的烤箱里。
4. 以上火190℃、下火190℃烤10分钟。
5. 取出烤好的芝士吐司。
6. 放在白纸上，用蛋糕刀将其切成三角块。
7. 将切好的芝士吐司装入盘中。

☆ **Point** 烘烤的时间不宜过长，以免将吐司烤焦。

沙沙糯糯的豆沙与组织细密的吐司，在有着暖暖阳光的午后不期而遇，于是成为人们口中念念不忘的这款豆沙吐司。

☆ Point 用小刀划刀口的速度最好快一些，这样线条会更整齐。

豆沙吐司

烘烤时间

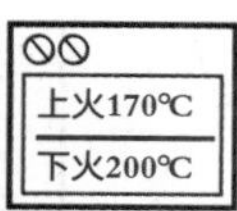

烘烤温度

原料 高筋面粉250克，清水100毫升，白糖50克，奶粉20克，酵母4克，黄油35克，蛋黄15克，豆沙80克

工具 刮板、方形模具各1个，小刀1把，擀面杖1根，烤箱1台

做法

1 将高筋面粉、酵母、奶粉倒在案台上，拌匀，用刮板开窝。

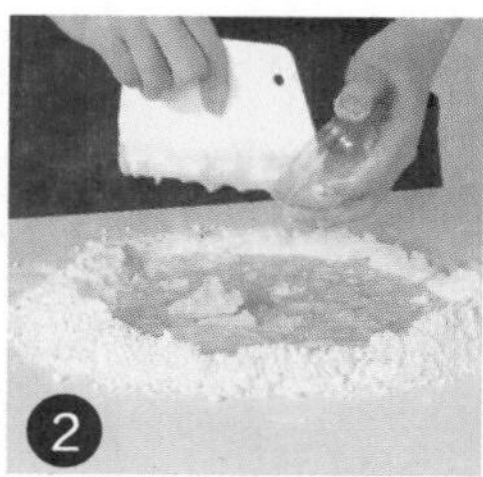
2 倒入白糖、清水、蛋黄，慢慢地搅拌匀，再放入黄油。

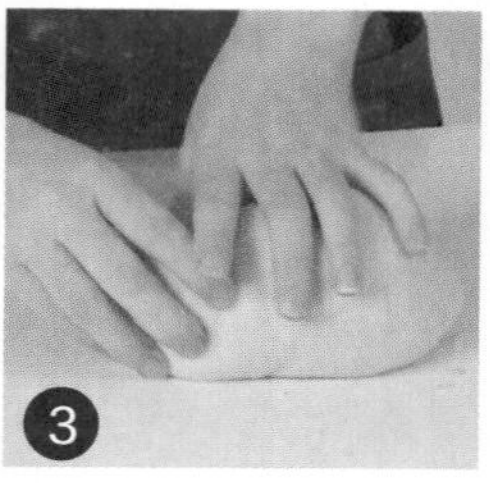
3 用力地揉一会儿，至材料成纯滑的面团。

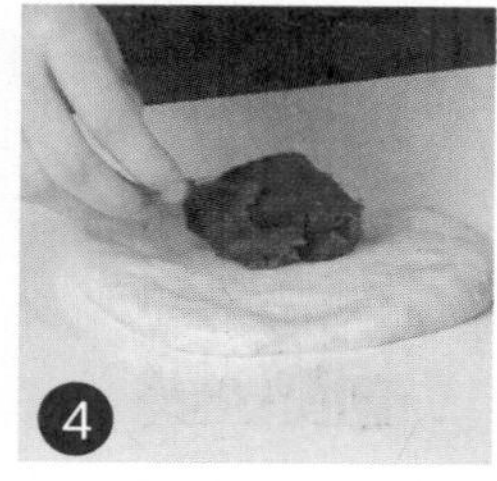
4 取备好的面团，按压平，成厚片，放入备好的豆沙。

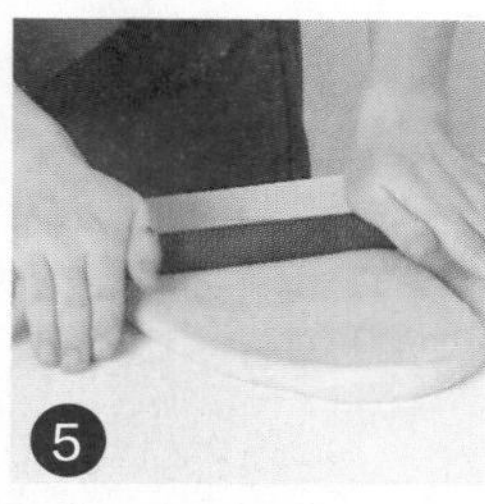
5 包好，来回地擀一会儿，使材料充分融合。

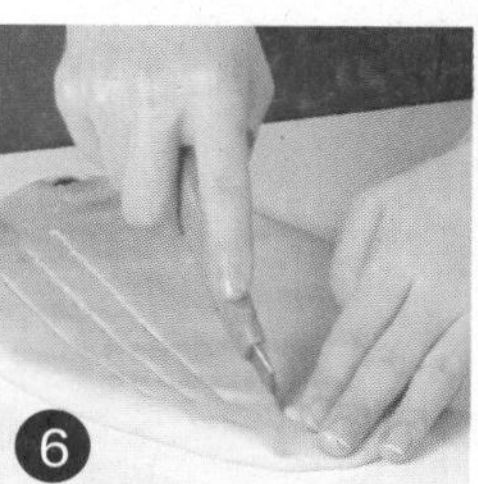
6 用小刀整齐地划出若干道小口。

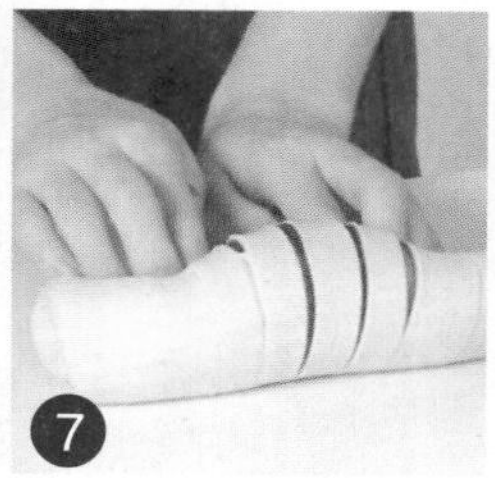
7 再翻转面片，从前端开始，慢慢往回收，卷成橄榄的形状。

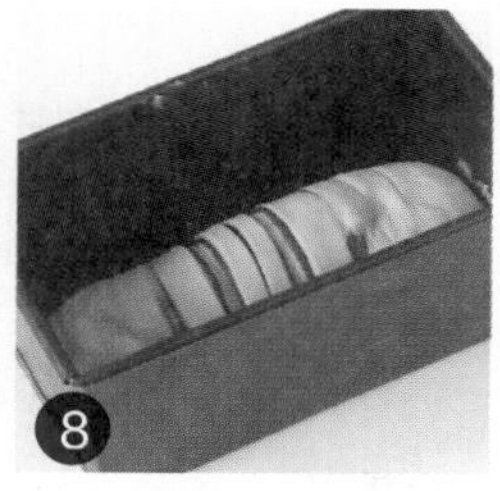
8 放入涂有黄油的方形模具静置约45分钟。

9 至材料胀发开来，即成生坯。

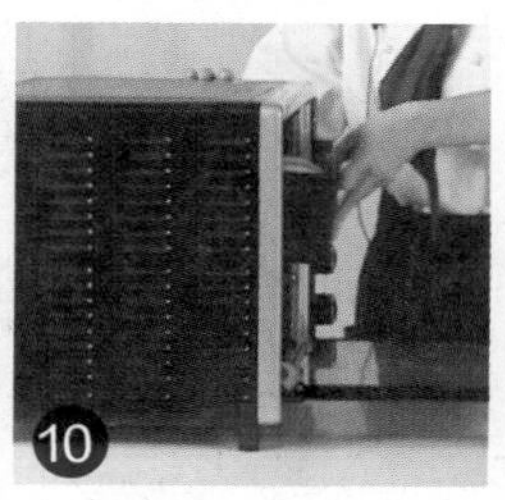
10 烤箱预热，放入做好的生坯，关好烤箱门。

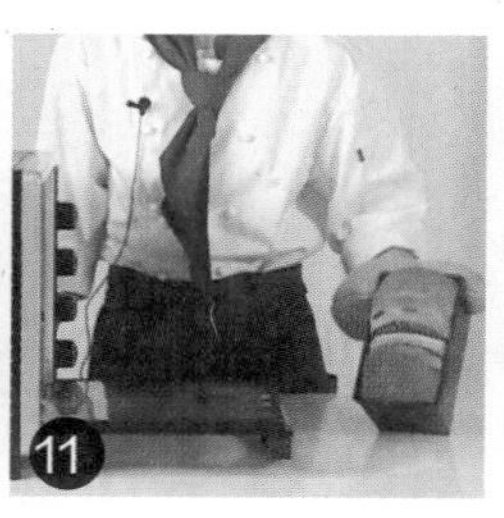
11 以上火为170℃、下火为200℃的温度烤约25分钟后取出。

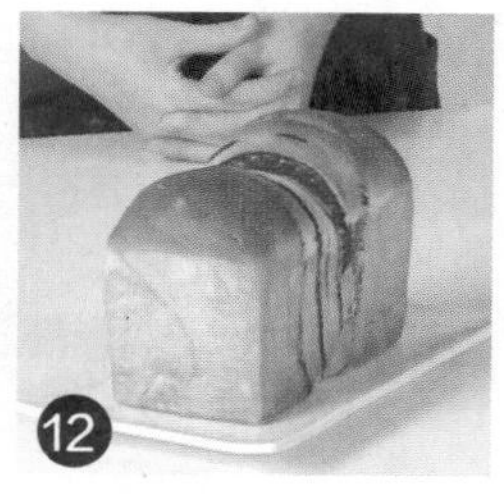
12 待凉后脱模，摆好盘即成。

蜂蜜吐司

烘烤时间

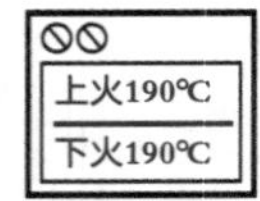

烘烤温度

原料

面团：高筋面粉500克，黄油70克，奶粉20克，细砂糖100克，盐5克，鸡蛋50克，水200毫升，酵母8克

装饰：蜂蜜适量

工具

玻璃碗、刮板、搅拌器各1个，保鲜膜1张，擀面杖1根，吐司模具1个，刷子1把，烤箱1台

在口感扎实、表皮酥脆的吐司上均匀地刷上一层细腻的蜂蜜，再细心地切开，可以看到那整整齐齐的横切面。轻咬一口，吐司的香味混杂着蜂蜜的甜味散发开来，别有一番滋味。

☆ **Point** 蜂蜜要等面包出炉后再刷，以免破坏蜂蜜的营养成分。

做法

1 将细砂糖、水倒入玻璃碗中，用搅拌器搅拌至细砂糖溶化。

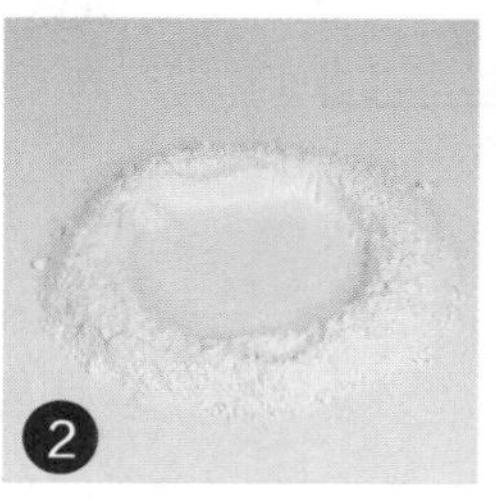
2 把高筋面粉、酵母、奶粉倒在案台上，用刮板开窝。

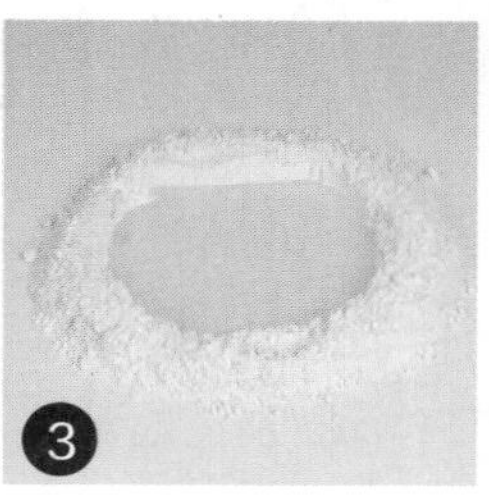
3 倒入备好的糖水，将材料混合均匀，并按压成形。

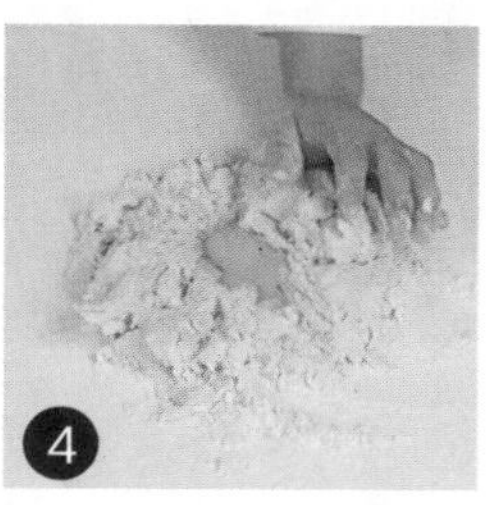
4 加入鸡蛋，将材料混合均匀，揉搓成面团。

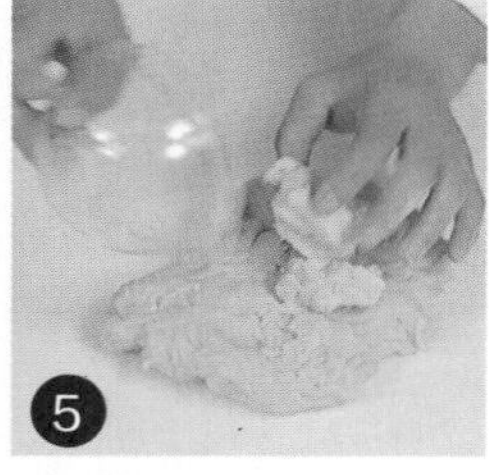
5 将面团稍微拉平，倒入黄油，揉搓均匀。

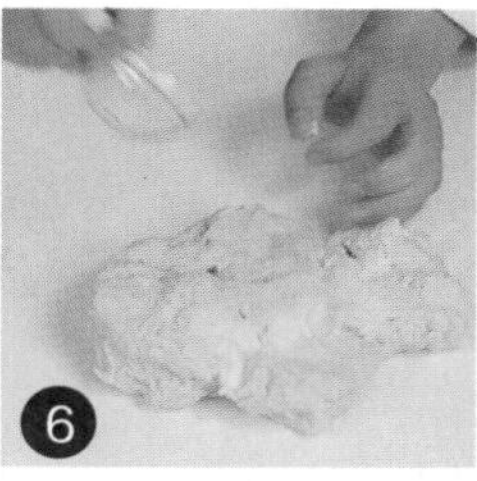
6 加入盐，揉搓成光滑的面团。

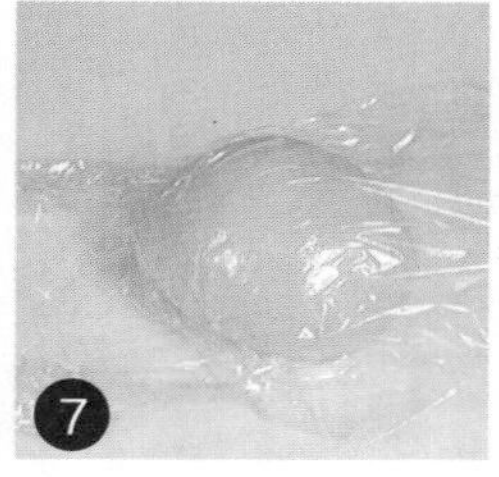
7 用保鲜膜将面团包好，静置10分钟。

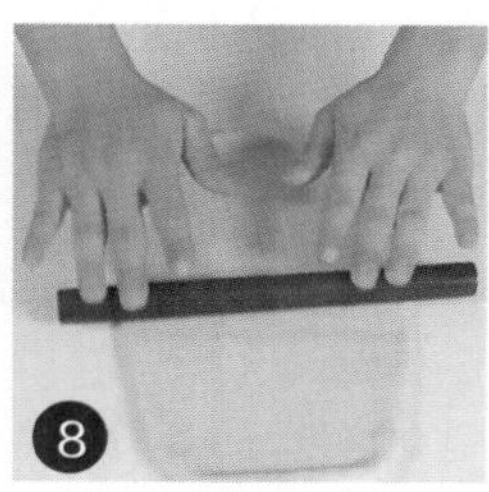
8 取适量面团，用手压扁，擀成面皮。

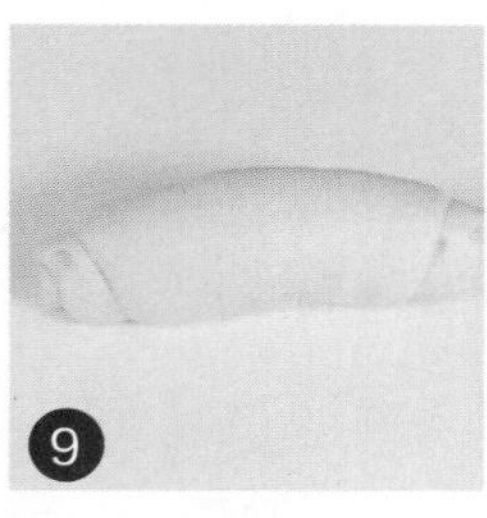
9 将面皮卷成橄榄状，制成生坯。

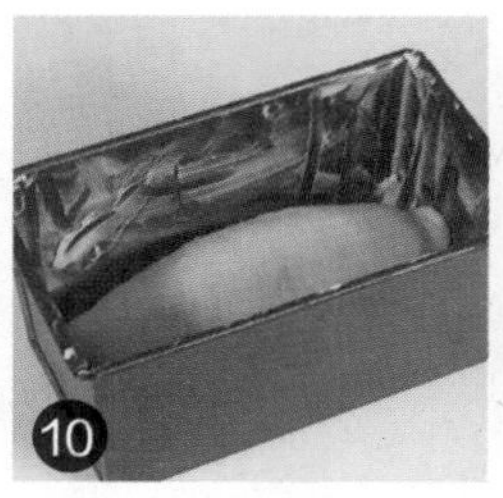
10 把生坯放入刷有黄油的吐司模具里，常温1.5小时发酵。

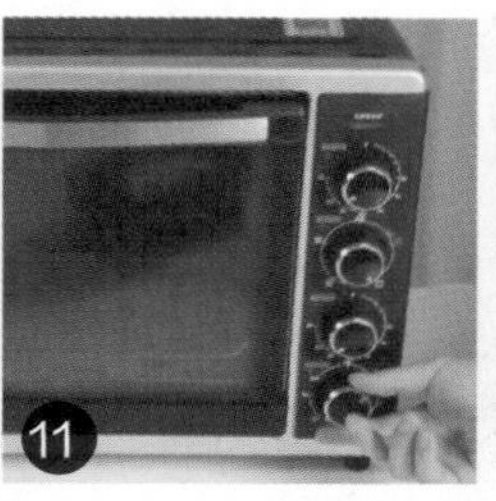
11 将烤箱上下火均调为190℃，预热5分钟。

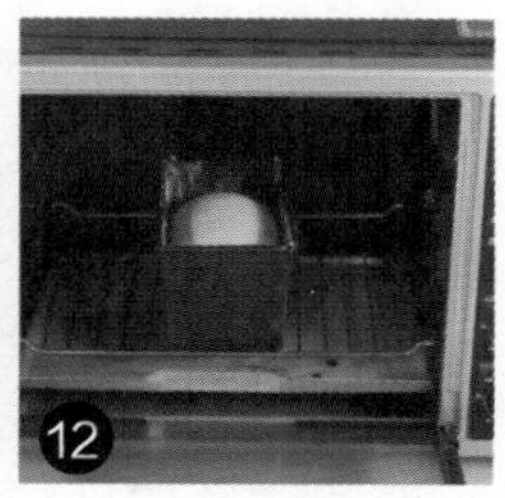
12 打开箱门，放入发酵好的生坯，关上箱门，烘烤30分钟至熟。

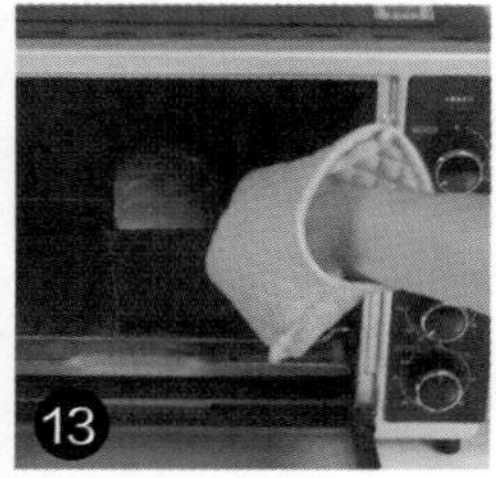
13 戴上手套，打开箱门，将烤好的吐司取出。

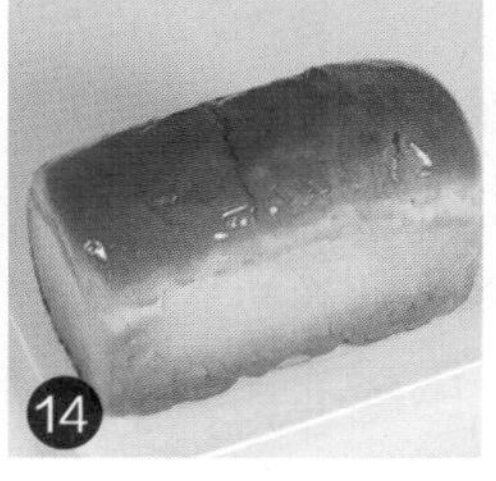
14 吐司脱模后装盘，刷上一层蜂蜜即可。

+备注+

面团的干湿度要掌控好，以光滑不黏手为佳。如果发现面团太湿，要在加黄油之前加点面粉，否则会破坏面团的面筋。

丹麦吐司

烘烤时间

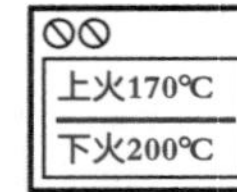

烘烤温度

原料 高筋面粉170克，低筋面粉30克，细砂糖50克，黄油20克，奶粉12克，盐3克，酵母5克，水88毫升，鸡蛋40克，片状酥油70克，糖粉适量

工具 刮板、方形模具、筛网、玻璃碗各1个，擀面杖1根，电子秤1台，刀1把，烤箱1台，油纸1张，刷子1把

质地松软的吐司，有着分明的层次，酥皮层层展开，仿佛向我们诉说一个又一个有趣的故事。奶香浓厚，散发着一股来自童话小镇的自然风味。

☆ Point 在模具中刷一层黄油，这样更方便吐司脱模。

做法

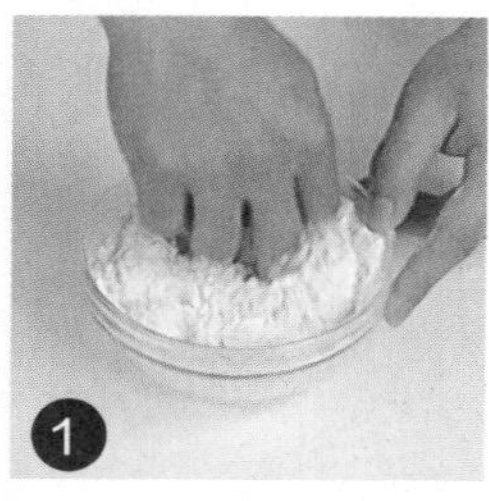

将低筋面粉倒入装有高筋面粉的玻璃碗中，搅拌匀。

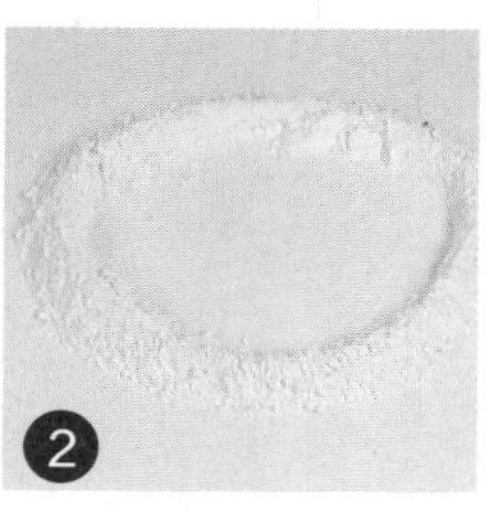

放入奶粉、酵母、盐，拌匀，倒在案台上，用刮板开窝。

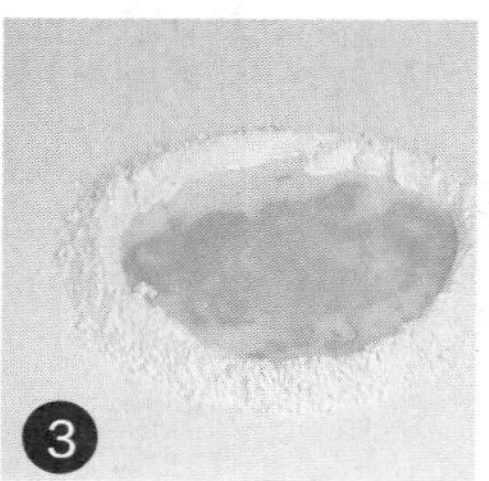

倒入水、细砂糖、鸡蛋，用刮板拌匀，揉搓成面团。

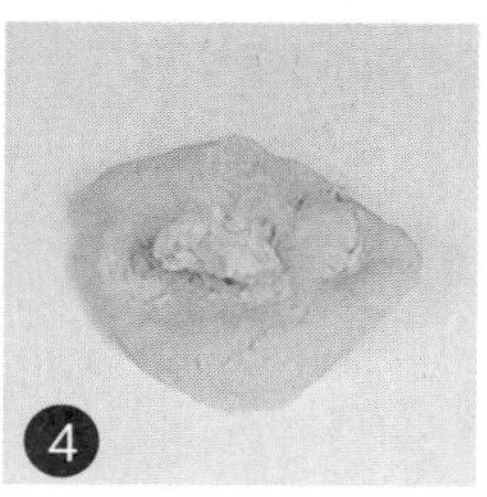

加入黄油，与面团混合均匀。

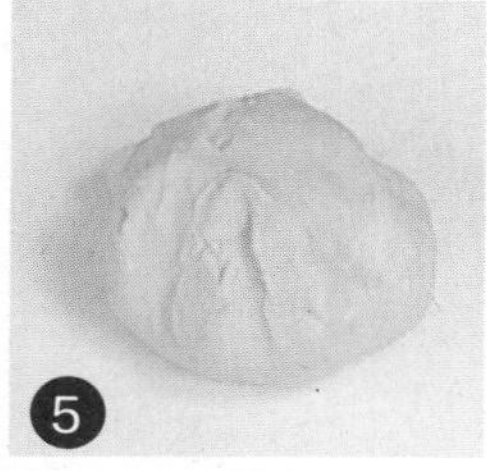

继续揉搓，直至揉成纯滑的面团。

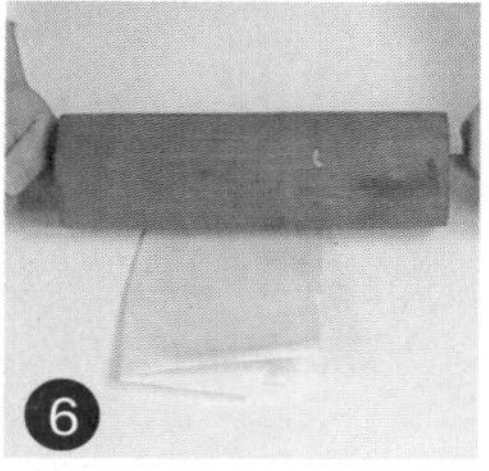

将片状酥油放在油纸上，对折油纸，略压后擀成薄片。

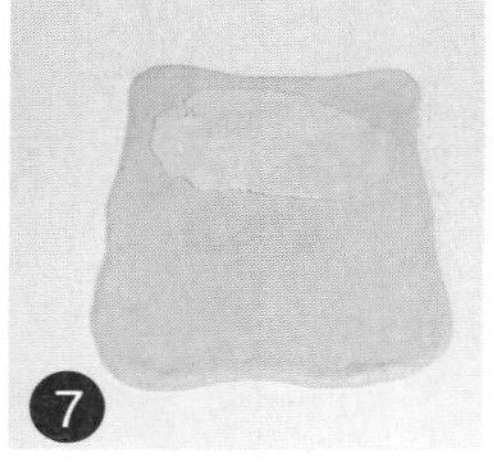

将面团擀成面皮，整理成长方形，在一侧放上酥油片。

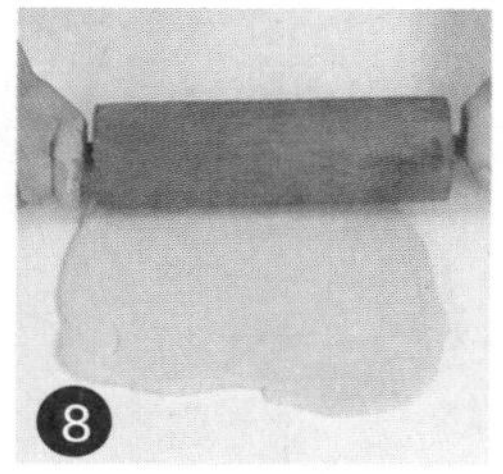

将另一侧的面皮盖上酥油片，把面皮擀平。

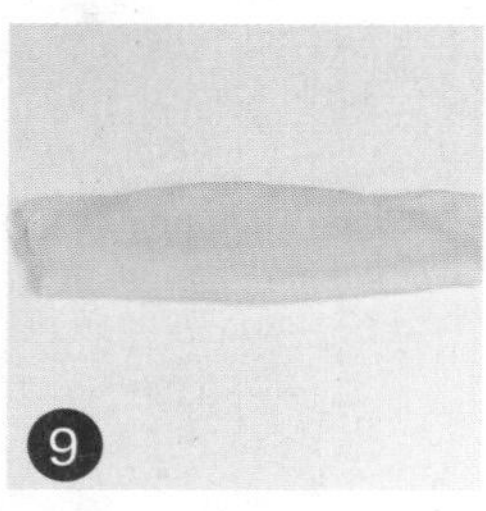

将面片对折两次，放入冰箱，冷藏10分钟取出。

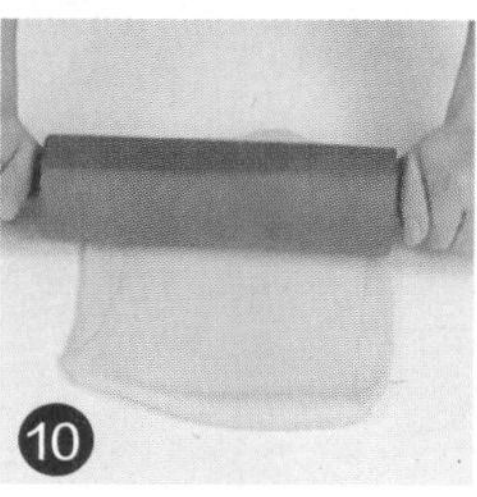

继续擀平，再对折两次，放入冰箱，冷藏10分钟。

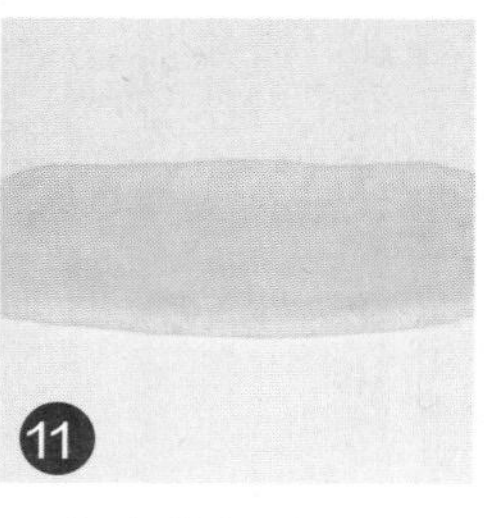

取出冷藏好的面团再次擀平，继续对折两次，即成丹麦面团。

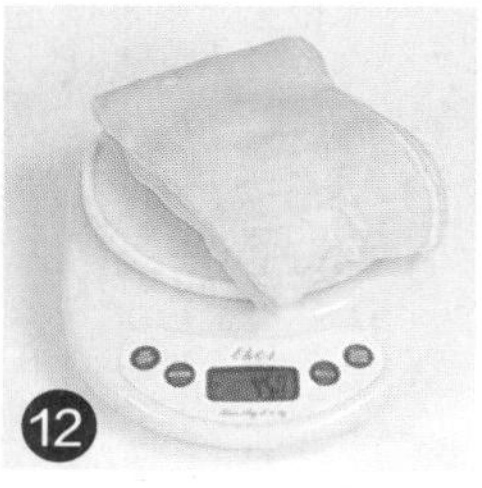

用电子秤称取一块450克的面团。

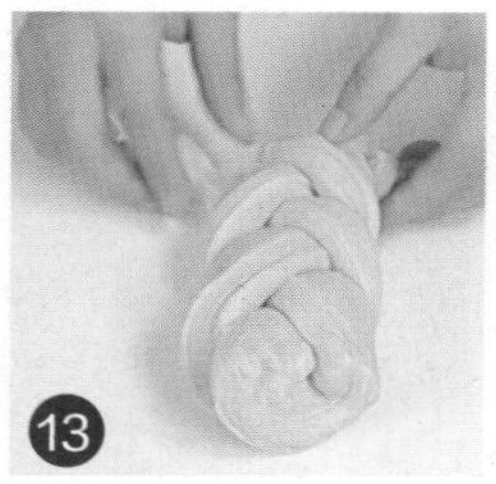

用刀在面团一端1/5处切成三条，将面条编成麻花辫形。

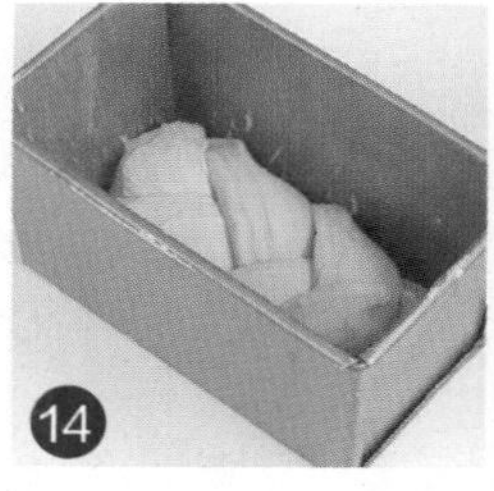

放入刷了黄油的方形模具，使其发酵90分钟。

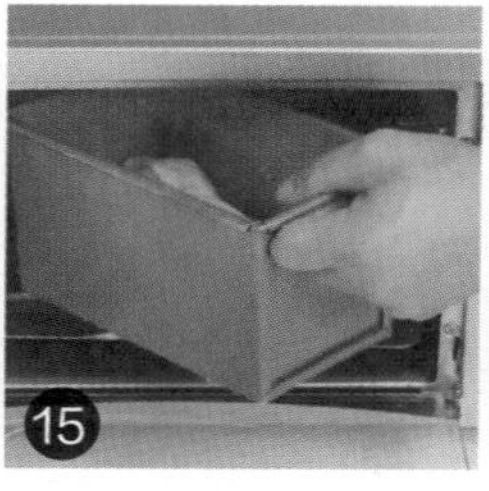

把模具放入烤箱，以上火170℃、下火200℃烤20分钟至熟。

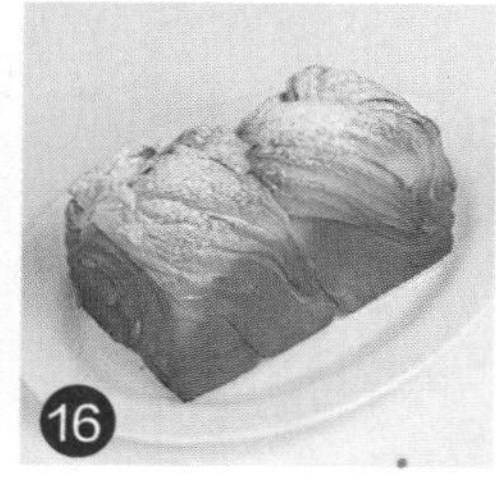

从烤箱中取出丹麦吐司，将适量糖粉过筛至吐司上即可。

保留了麸皮中大量营养的全麦吐司，拥有丰富的维生素、矿物质和纤维素。既有全麦的香气，又有吐司的软实，再抹上果酱，香味愈浓。

☆ **Point** 烤好的吐司从烤箱中取出后，趁热脱模要容易得多。

全麦吐司

烘烤时间

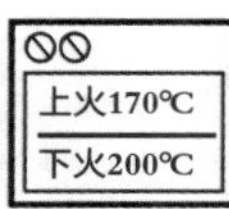

烘烤温度

原料 高筋面粉200克，全麦粉50克，清水100毫升，奶粉20克，酵母4克，细砂糖50克，蛋黄15克，黄油35克

工具 刮板、方形模具各1个，电子秤1台，刷子1把，擀面杖1根，烤箱1台

做法

1 将高筋面粉、全麦粉、奶粉、酵母混合均匀，用刮板开窝。

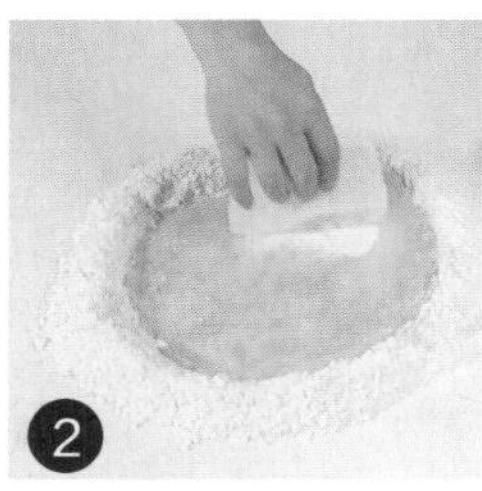
2 倒入蛋黄、细砂糖，搅拌匀。

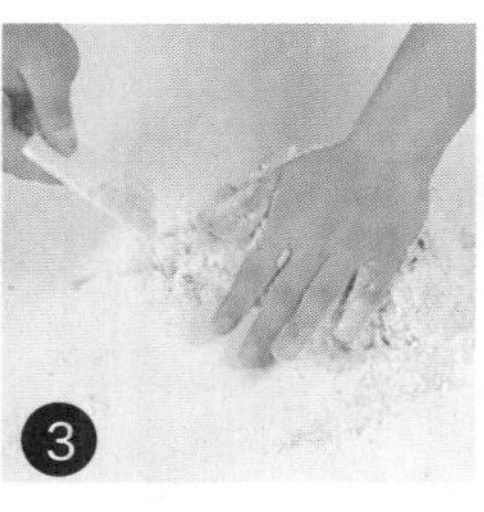
3 加入清水，拌匀，加入黄油。

4 拌入混合好的高筋面粉，搓成湿面团。

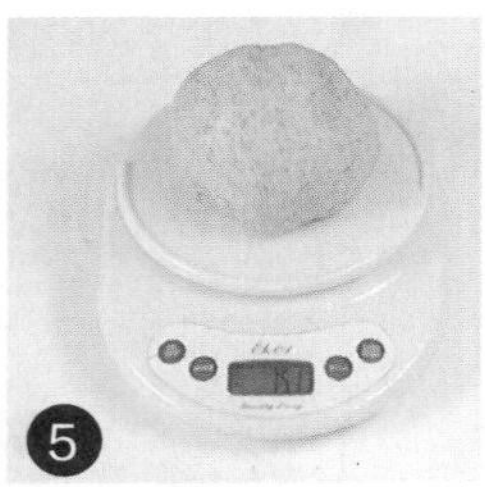
5 用电子秤称取350克的面团。

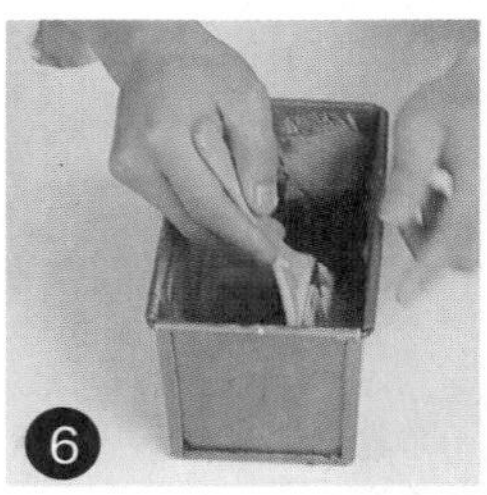
6 取方形模具，在里侧四周刷一层黄油。

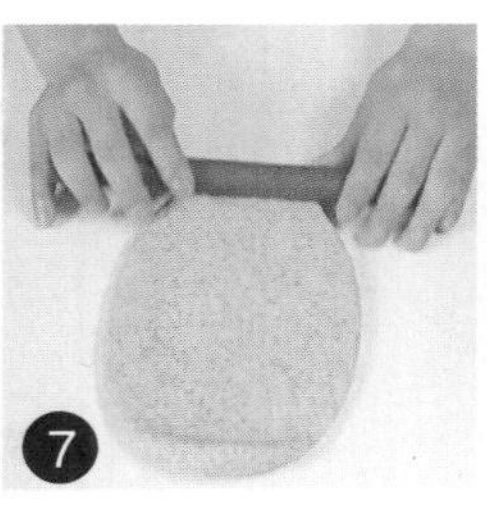
7 用擀面杖把面团擀成薄厚均匀的面皮。

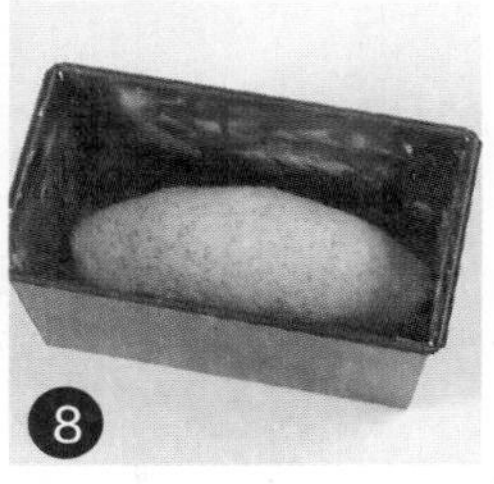
8 卷成圆筒状，放入模具里，常温1.5小时发酵。

9 生坯发酵好，约为原面团体积的2倍，准备烘烤。

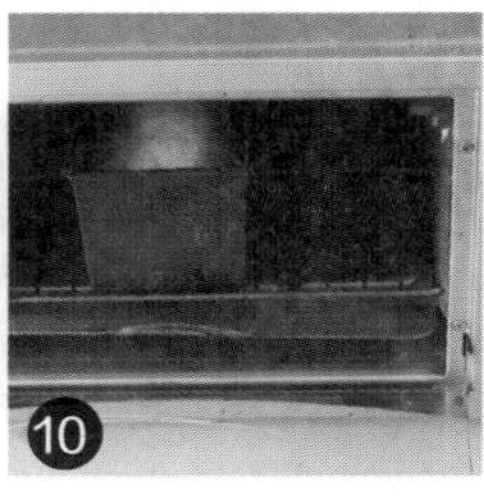
10 将生坯放入烤箱中，温度为上火170℃、下火200℃。

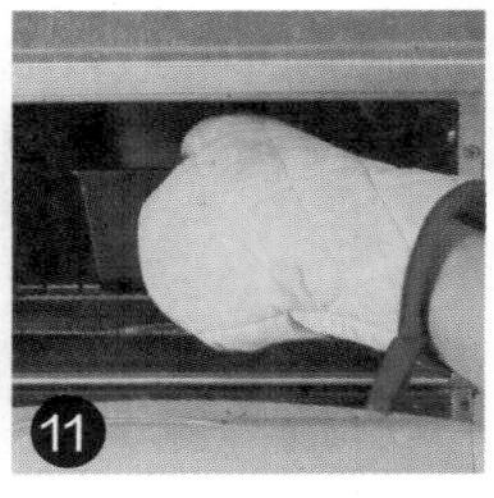
11 烤20分钟，取出烤好的全麦吐司。

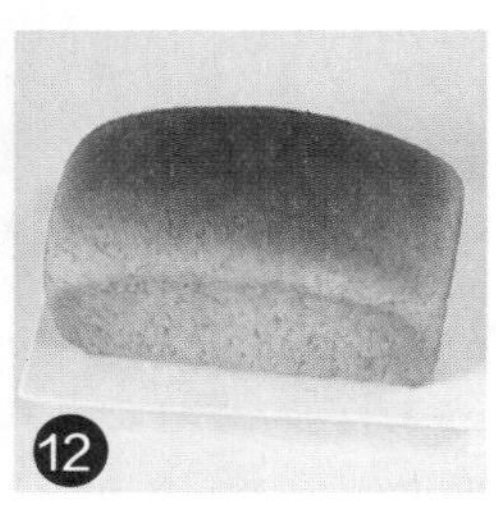
12 将烤好的全麦吐司脱模即可。

蜜红豆吐司

烘烤时间

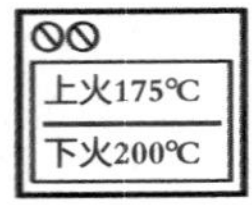

烘烤温度

原料

面团部分：高筋面粉500克，黄油70克，奶粉20克，细砂糖100克，盐5克，鸡蛋50克，水200毫升，酵母8克

馅部分：红豆100克，白糖50克，水5毫升

装饰部分：白芝麻适量

一颗颗蜜红豆点缀在组织松软的吐司里，少了红豆沙的绵密细腻，却粒粒分明，嚼起来自带一份香甜。

工具

刮板、搅拌器、方形模具各1个，保鲜膜1张，擀面杖1根，烤箱1台，玻璃碗2个，刷子1把

☆ **Point** 可用牛奶替代奶粉，加入的水分就可适当减少。

A 面团的制作

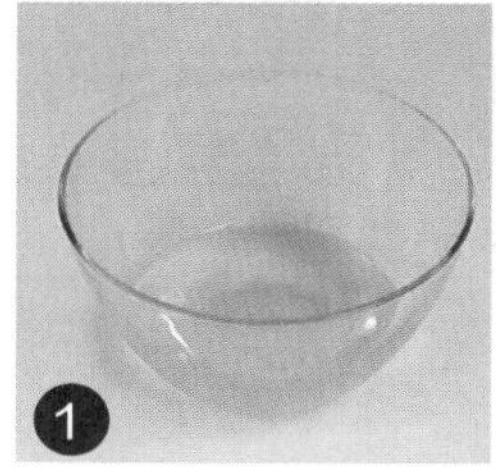

将细砂糖、水倒入玻璃碗中，用搅拌器搅拌至细砂糖溶化。

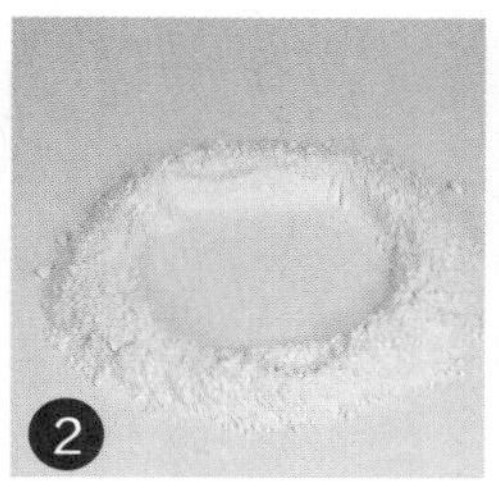

把高筋面粉、酵母、奶粉倒在案台上，用刮板开窝。

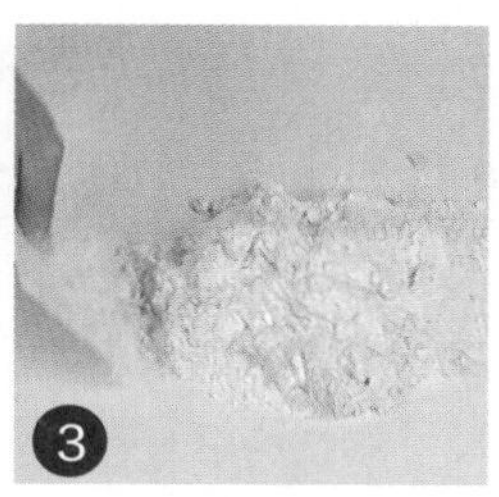

倒入备好的糖水，将材料混合均匀，并按压成形。

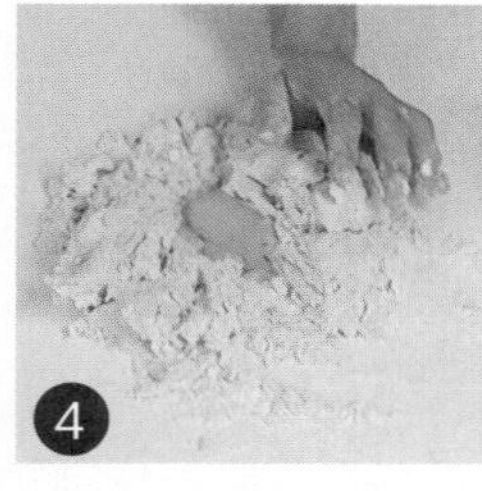

加入鸡蛋，将材料混合均匀，揉搓成面团。

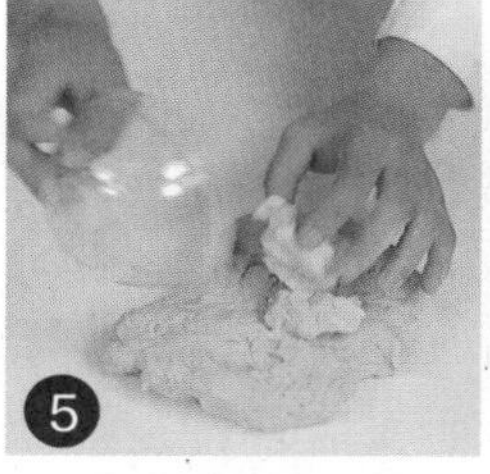

将面团稍微拉平，倒入黄油，揉搓均匀。

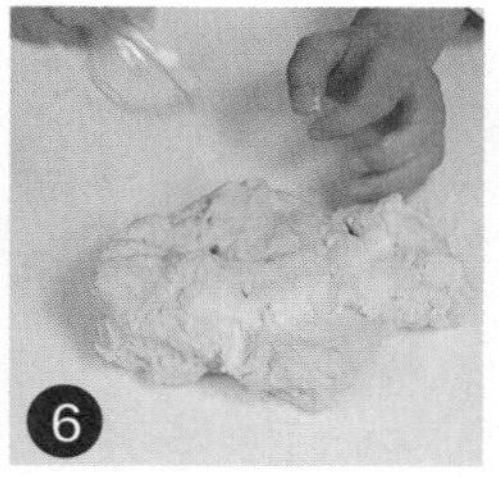

加盐，揉搓光滑。

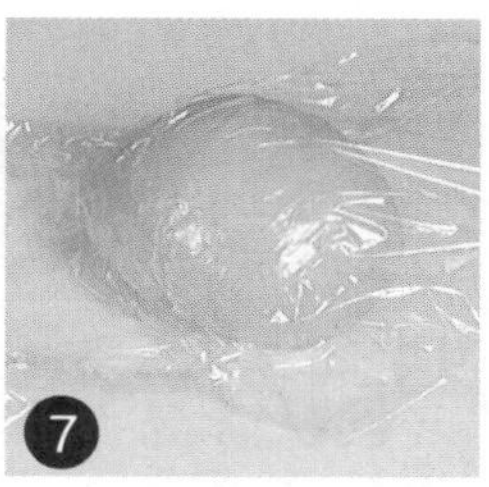

用保鲜膜将面团包好，静置10分钟。

B 加馅料的制作

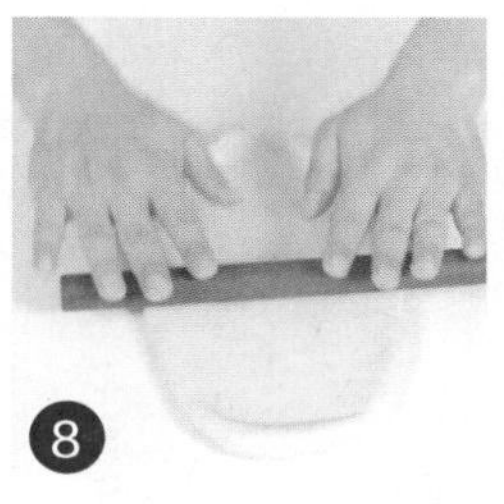

取适量面团，压扁，用擀面杖擀平制成面饼。

将白糖倒入红豆中，加入水搅拌匀，制成红豆馅料。

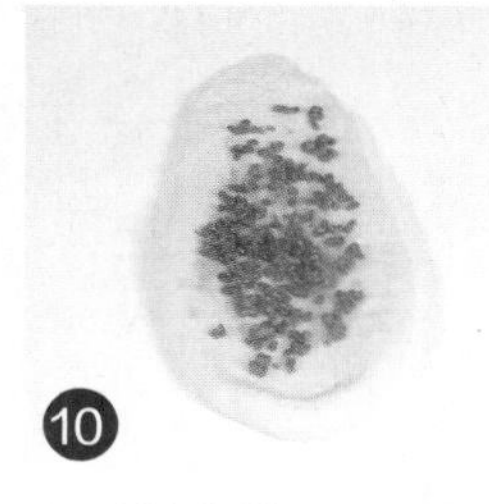

在面饼上铺一层红豆馅，续将其卷成橄榄状生坯。

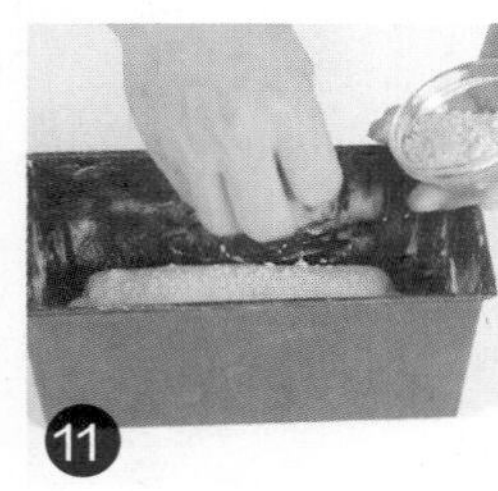

放入刷有黄油的方形模具中，撒上适量白芝麻。

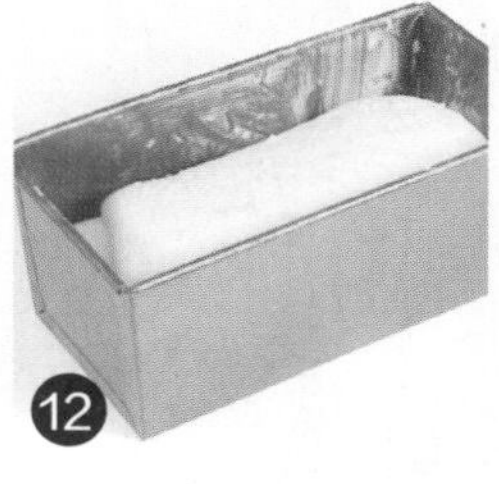

将其常温发酵1.5小时至原来2倍大。

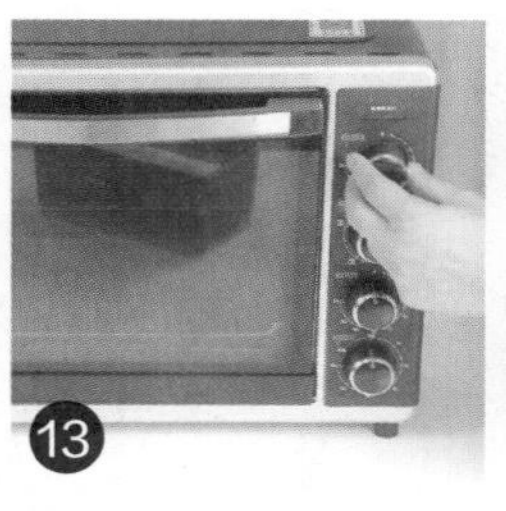

将模具放入烤箱中，以上火175℃、下火200℃烤25分钟至熟。

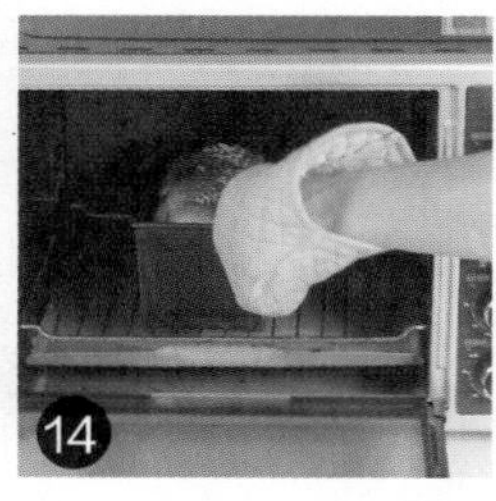

取出模具，将烤好的蜜红豆吐司装盘即可。

红豆全麦吐司

烘烤时间

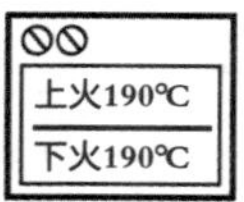

烘烤温度

原料 全麦面粉250克，高筋面粉250克，盐5克，酵母5克，细砂糖100克，水200毫升，鸡蛋1个，黄油70克，红豆粒适量

工具 刮板、方形模具各1个，刷子、小刀各1把，电子秤1台，擀面杖1根，烤箱1台

这款营养加倍的红豆全麦吐司，结合了红豆的甜软与全麦的自然香气，一粒粒小巧的红豆填在蓬松的吐司里，口感略微粗糙却唇齿留香。

☆ **Point** 制作面包一般选用高筋面粉，这样才有弹性和嚼劲。

做法

将全麦面粉、高筋面粉倒在案台上，用刮板开窝。

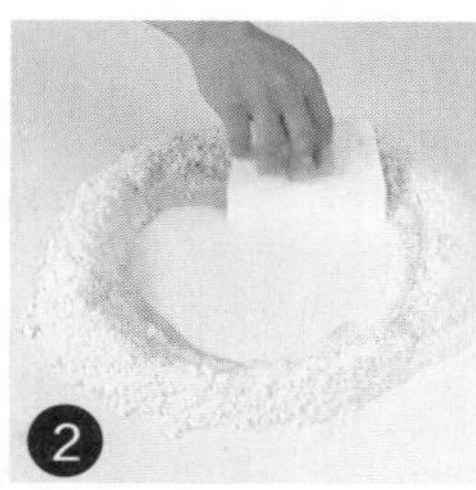
放入酵母刮在粉窝边。

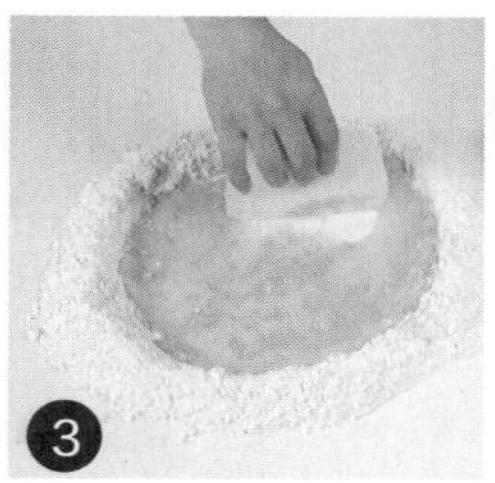
倒入细砂糖、水、鸡蛋，用刮板搅散。

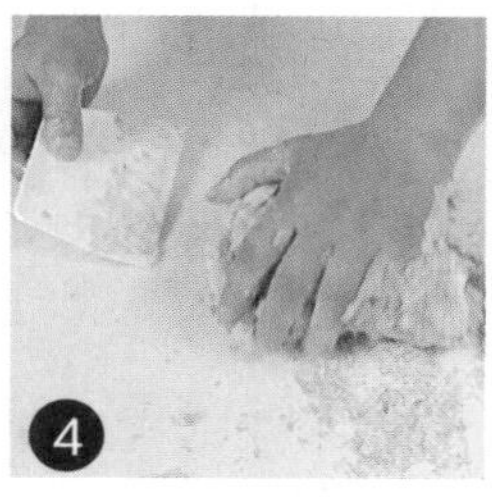
将材料混合均匀，加入黄油，揉搓均匀。

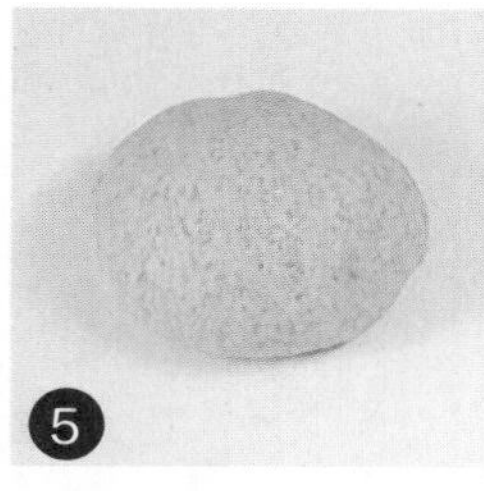
加入盐，混合均匀，揉搓成面团。

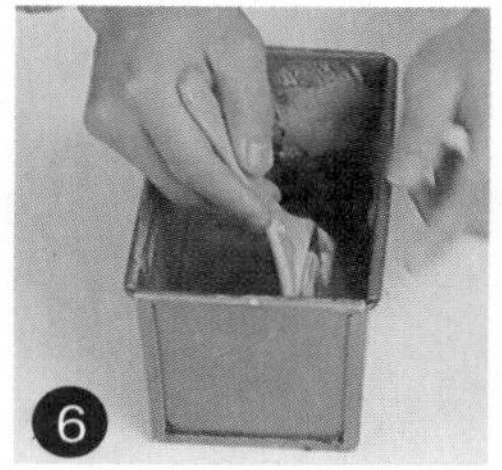
取方形模具，在内侧刷上一层黄油待用。

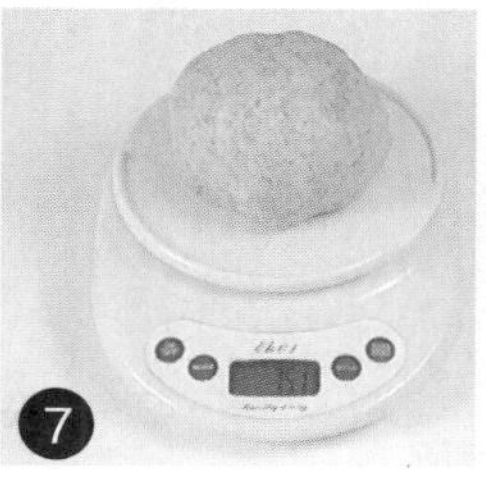
用电子秤称取350克的面团。

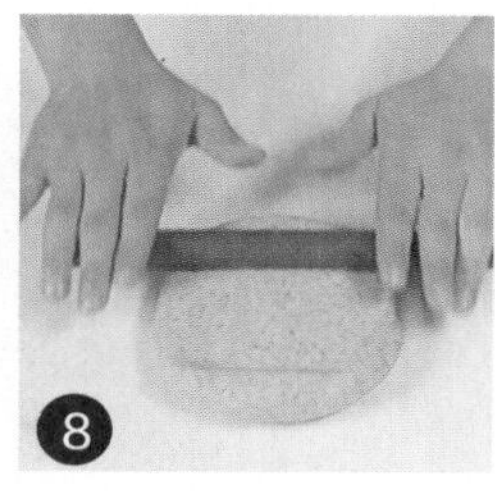
用擀面杖将面团擀平。

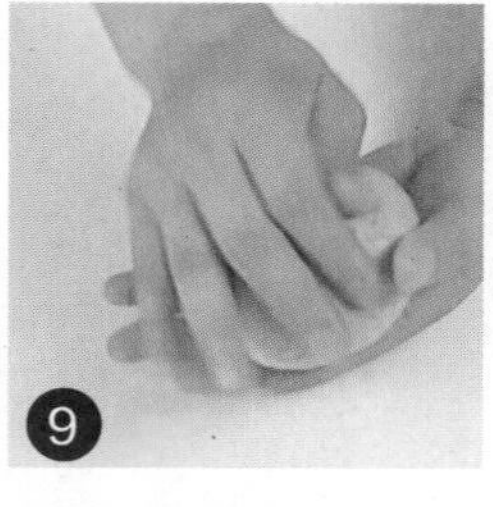
放上适量红豆粒，收口，揉成圆球。

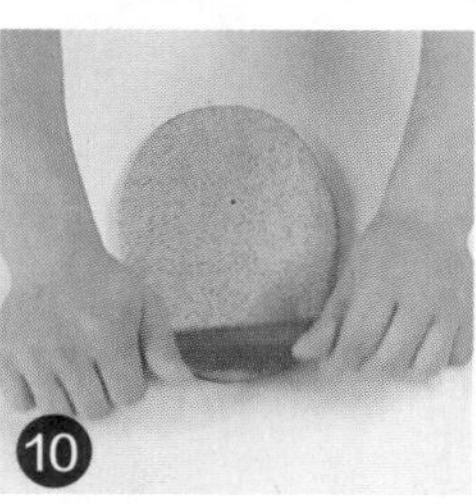
用擀面杖擀成面皮。

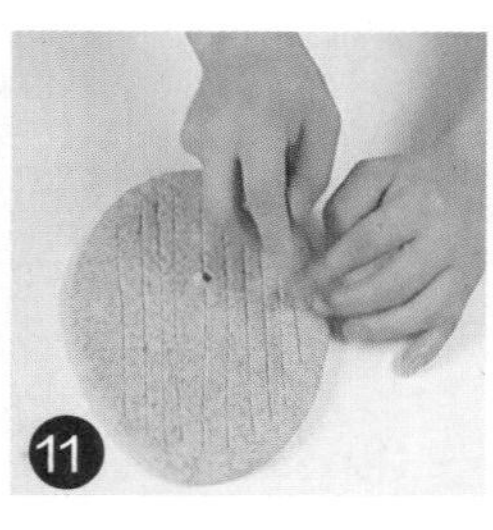
用小刀在面皮上轻轻地划上数道口子。

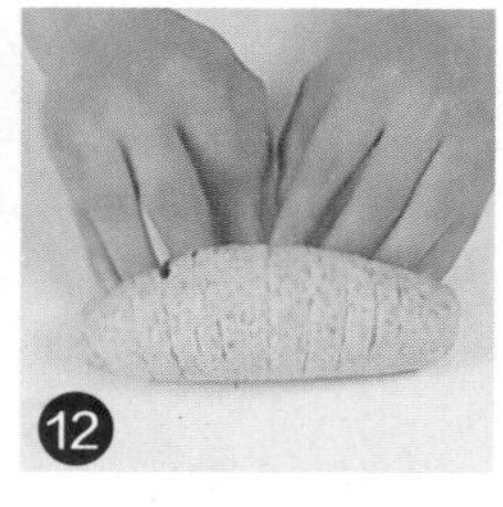
将面皮翻面，再卷成橄榄形，制成生坯。

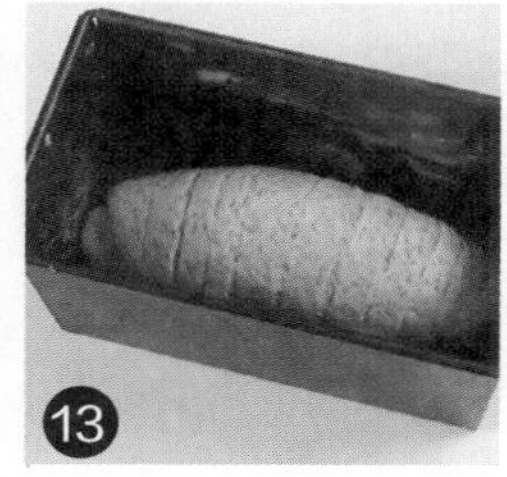
把生坯放入模具里，在常温下发酵90分钟。

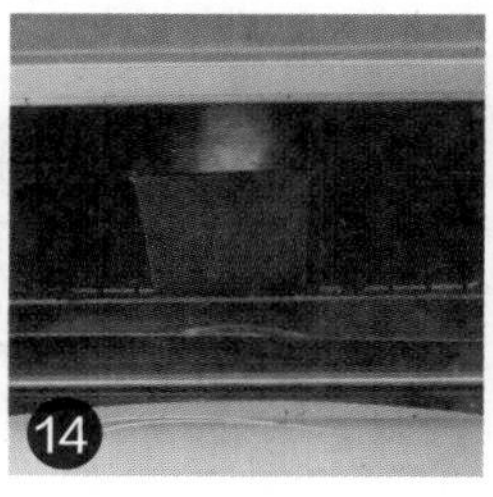
将发酵好的生坯放入预热好的烤箱里。

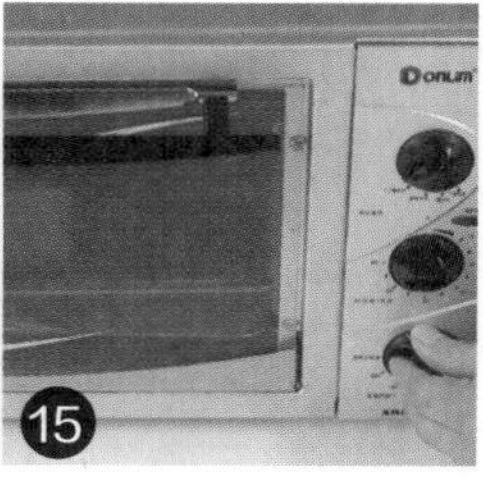
关上箱门，以上火190℃、下火190℃烤25分钟至熟。

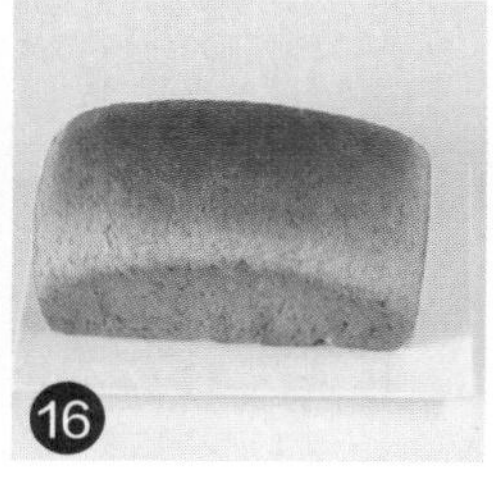
取出烤好的面包，脱模，装入盘中即可。

低糖、高营养、高能量的燕麦，与养生效果极佳的红豆相遇于组织细密的吐司里，成为健康与美味并存的燕麦红豆吐司。

☆ Point　分面团的时候注意分量均等，这样成品较为美观。

燕麦红豆吐司

烘烤时间

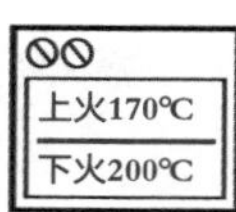

烘烤温度

原料 全麦面粉250克，高筋面粉250克，盐5克，酵母5克，细砂糖100克，水200毫升，鸡蛋1个，黄油70克，燕麦25克，熟红豆粒30克

工具 刮板1个，擀面杖1根，模具1个，刷子1把，烤箱1台

做法

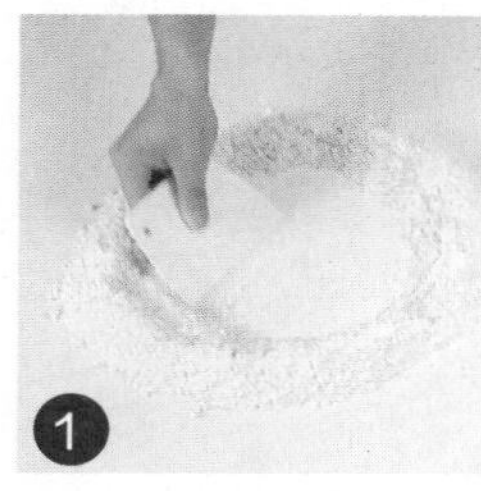
1. 将全麦面粉、高筋面粉倒在案台上，用刮板开窝。

2. 放入酵母，刮散到粉窝边，倒入细砂糖、水、鸡蛋，用刮板搅散。

3. 将材料混合均匀，加入黄油，揉搓均匀。

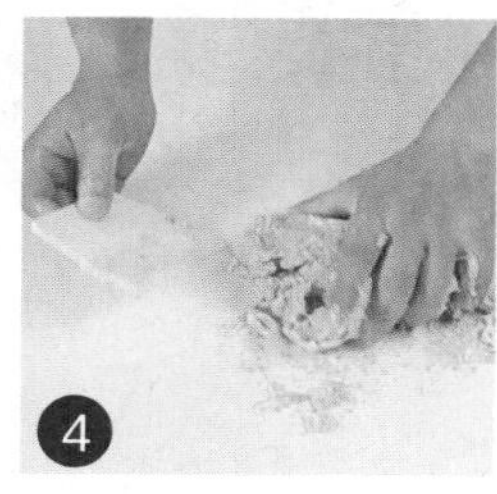
4. 加入盐，混合均匀，揉搓成面团。

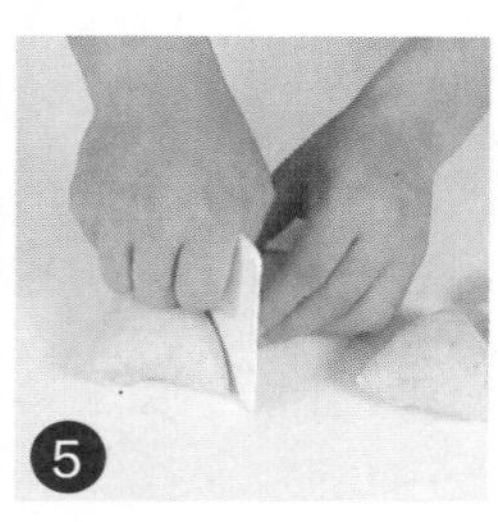
5. 取适量面团，分成4个剂子。

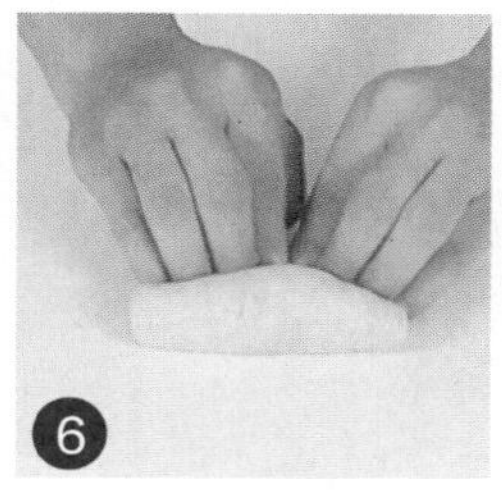
6. 用擀面杖擀成薄的面饼，均匀地撒上熟红豆粒，卷成橄榄状。

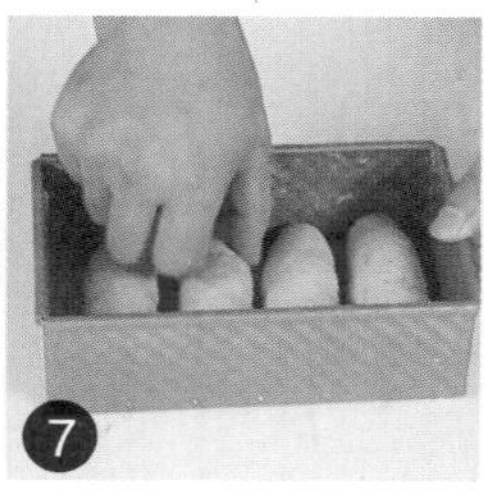
7. 在模具内刷上一层黄油，将面团放进去，常温下发酵2个小时。

8. 将备好的燕麦均匀地撒在发酵好的面团上。

9. 上火调170℃，下火调200℃，时间为25分钟。

10. 将发酵好的生坯放入预热好的烤箱内。

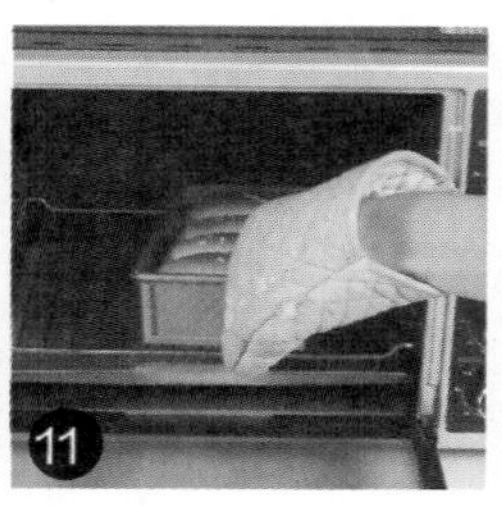
11. 待25分钟后，戴上隔热手套将模具取出。

12. 将吐司脱模，装入盘中即可食用。

全麦红枣吐司

烘烤时间

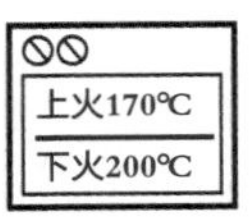

烘烤温度

具有“天然维生素”美誉的红枣，皮薄肉厚，甘甜醇香，与散发着清新麦香的全麦完美结合，带来这款美容养颜、营养丰富的全麦红枣吐司。

原料 全麦面粉250克，高筋面粉250克，盐5克，酵母5克，细砂糖100克，水200毫升，鸡蛋1个，黄油70克，红枣碎少许

工具 刮板1个，擀面杖1根，模具1个，刷子1把，烤箱1台

做法

1. 将全麦面粉、高筋面粉倒在案台上，用刮板开窝。
2. 放入酵母，刮散到粉窝边，倒入细砂糖、水、鸡蛋，用刮板搅散，将材料混合均匀。
3. 加入黄油，揉匀；加入盐，揉搓成面团。
4. 用擀面杖将面团擀成面饼，均匀地撒上少许红枣碎，卷成橄榄状。
5. 在模具内刷上一层黄油，将面团放进去，常温下发酵2个小时。
6. 将发酵好的生坯放入预热好的烤箱内。
7. 以上火170℃、下火200℃，烘烤25分钟即成。

☆ **Point** 红枣可以切成更细的枣末，面包会更香甜。

葡萄干炼乳吐司

烘烤时间

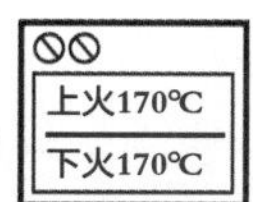

烘烤温度

一款极易上手的吐司，带给你另一番柔软的美妙滋味。酸酸甜甜的葡萄干，加上有着浓郁奶香的炼乳，将面包的绵软发挥到极致，每一口都迎来味蕾关于美味的呐喊。

原料 高筋面粉350克，酵母4克，牛奶190毫升，鸡蛋1个，盐4克，细砂糖45克，黄油35克，葡萄干70克，炼乳35克

工具 方形模具、刮板各1个，烤箱1台，擀面杖1根，刀片1把

做法

1. 倒入高筋面粉，用刮板开窝。
2. 加入牛奶、细砂糖、酵母，倒入盐、炼乳。
3. 刮入面粉，揉匀；放入鸡蛋，揉匀。
4. 倒入黄油，稍拌匀，将混合物揉匀至纯滑面团。
5. 取一半面团，用擀面杖稍擀平制成面饼，倒上葡萄干，稍稍按压。
6. 卷起面饼，用刀片在表面斜划三个口，制成吐司生坯。
7. 备好方形模具，放入生坯，发酵约90分钟至原来2倍大。
8. 将发酵好的生坯放入烤箱，温度调至上、下火170℃，烤25分钟至熟。
9. 取出模具，将烤好的吐司装盘即可。

☆ **Point** 可依个人喜好，适当增减细砂糖的用量。

简单的材料，充分突出鸡蛋的作用，蛋香与奶香的融合，成为这款储存着记忆中熟悉味道的鸡蛋吐司，搭配一杯喜欢的果蔬汁，十分营养。

☆ Point 面团揉搓应适度，将面团撑开时具有良好的韧性即可。

鸡蛋吐司

烘烤时间

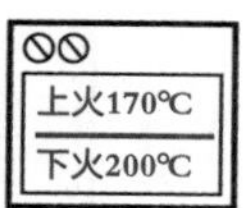

烘烤温度

原料：高筋面粉280克，酵母4克，清水85毫升，奶粉10克，黄油25克，细砂糖40克，鸡蛋2个，盐2克

工具：刮板、方形模具各1个，刷子1把，擀面杖1根，烤箱1台

做法

1 把高筋面粉倒在案台上，加入奶粉、酵母、盐。

2 用刮板混合均匀，再用刮板开窝。

3 倒入鸡蛋、细砂糖，搅匀。

4 倒入清水，搅拌均匀。

5 加入黄油，拌入高筋面粉，搓成湿面团。

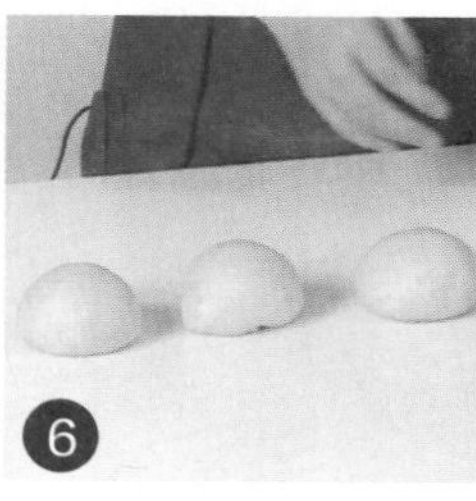
6 再揉搓成光滑的面团，把面团分成三等份。

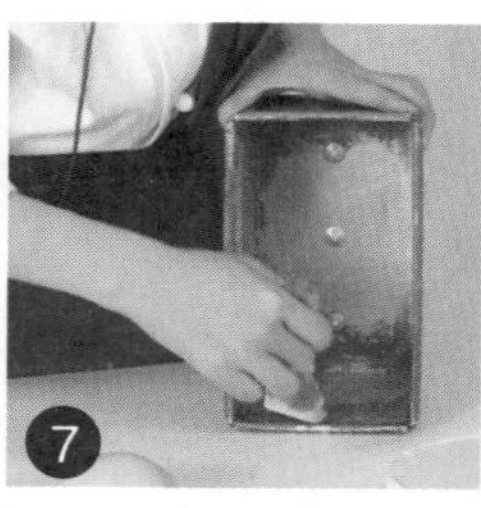
7 取方形模具，里侧四周刷上一层黄油。

8 将三个面团放入模具中，常温1.5小时发酵。

9 生坯发酵好，约为原面团体积的2倍，准备烘烤。

10 取烤箱，把发酵好的生坯放入烤箱中。

11 关上烤箱门，上火调为170℃，下火调为200℃，烘烤20分钟。

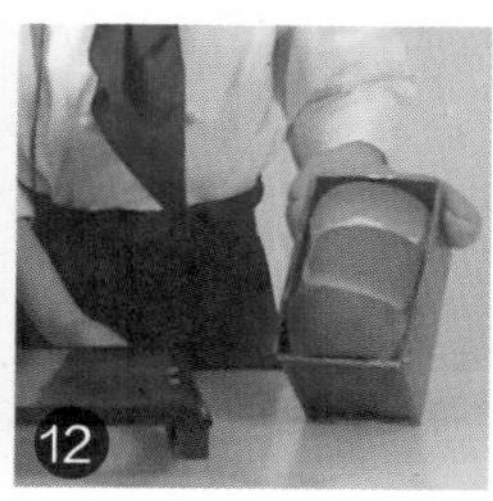
12 戴上隔热手套，打开烤箱门，把烤好的鸡蛋吐司取出。

南瓜吐司

烘烤时间

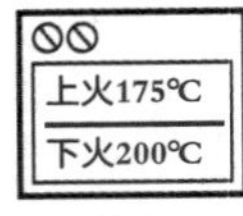

烘烤温度

切开组织蓬松的吐司，看到的是金黄色泽的南瓜，拥有丰富的维生素和果胶，养生效果极强。甘甜粉糯的口感恰到好处地夹杂在面包的香气里。

原料

面团部分： 高筋面粉500克，黄油70克，奶粉20克，细砂糖100克，盐5克，鸡蛋50克，水200毫升，酵母8克

馅部分： 南瓜泥70克

装饰部分： 燕麦片适量

工具

刮板、搅拌器、方形模具、玻璃碗各1个，保鲜膜1张，擀面杖1根，烤箱1台，勺子、刷子各1把

+备注+

南瓜具有润肺益气、化痰排脓、预防便秘的功效，并有利尿、美容等作用。

☆ Point　**制作面团时也可加入南瓜泥揉搓成面团。**

A 面团的制作

将细砂糖、水倒入玻璃碗中，用搅拌器搅拌至细砂糖溶化。

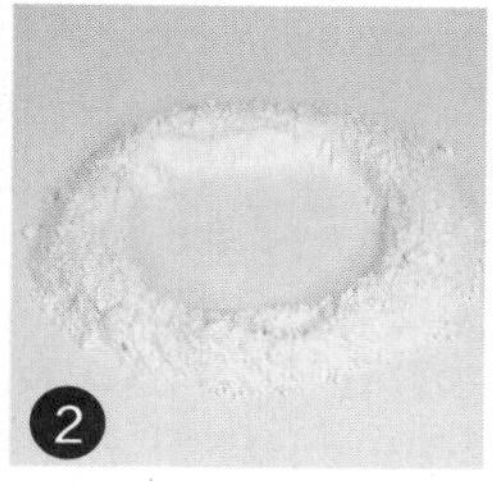

把高筋面粉、酵母、奶粉倒在案台上，用刮板开窝。

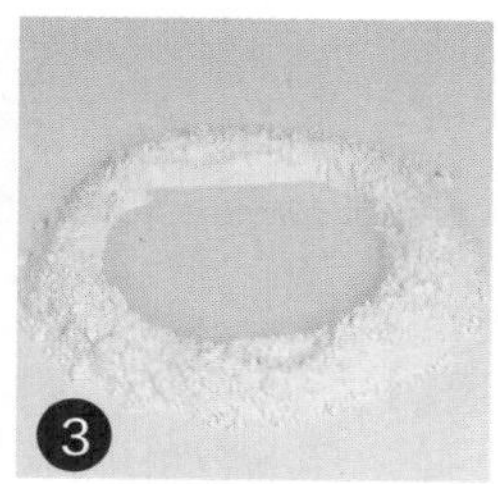

倒入备好的糖水，将材料混合均匀，并按压成形。

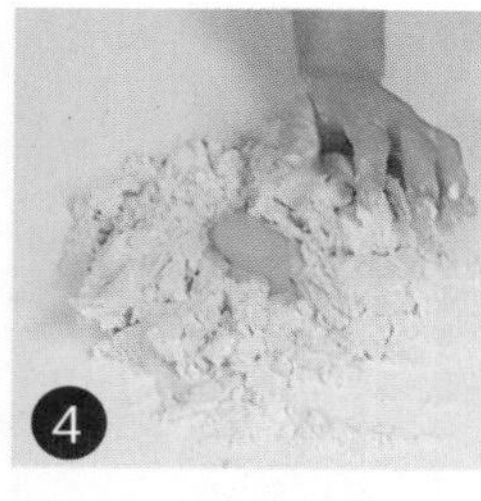

加入鸡蛋，将材料混合均匀，揉搓成面团。

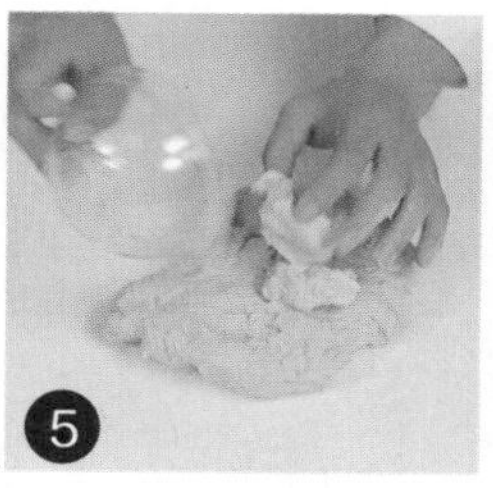

将面团稍微拉平，倒入黄油，揉搓均匀。

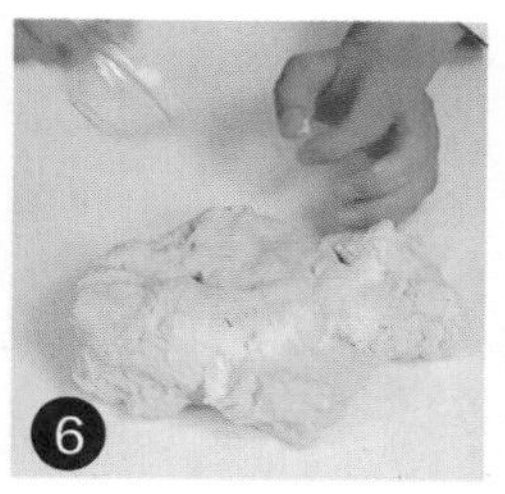

加盐，揉搓成光滑的面团。

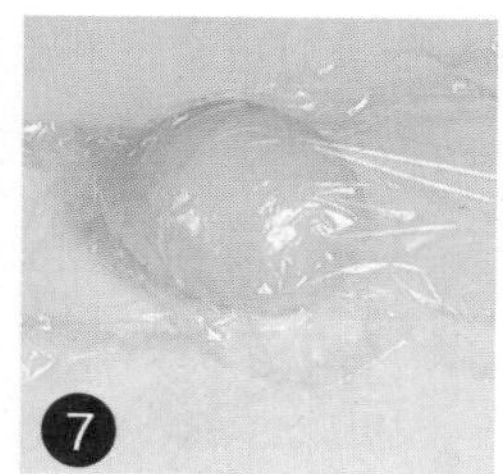

用保鲜膜包好，静置10分钟。

B 加馅料的制作

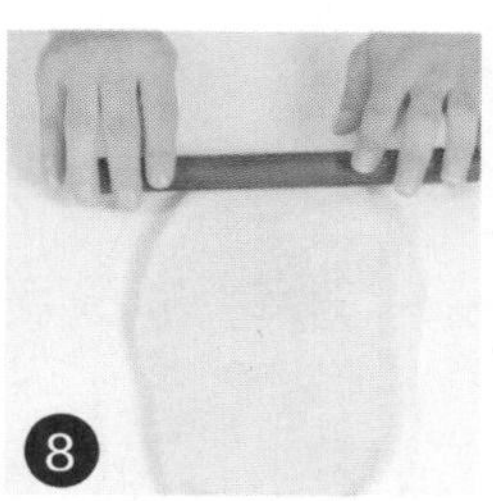

取适量面团，压扁，用擀面杖擀平制成面饼。

放上南瓜泥，用勺子涂抹平整。

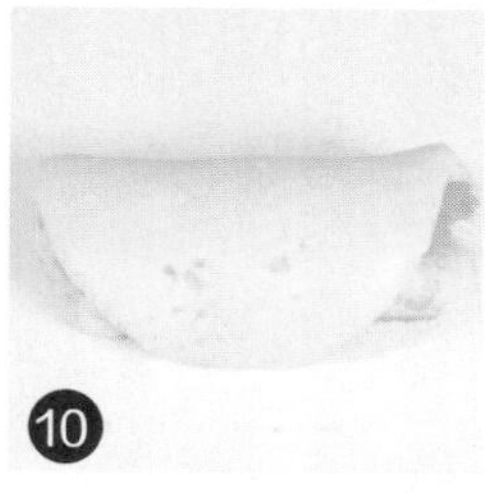

继续将其卷成橄榄状生坯。

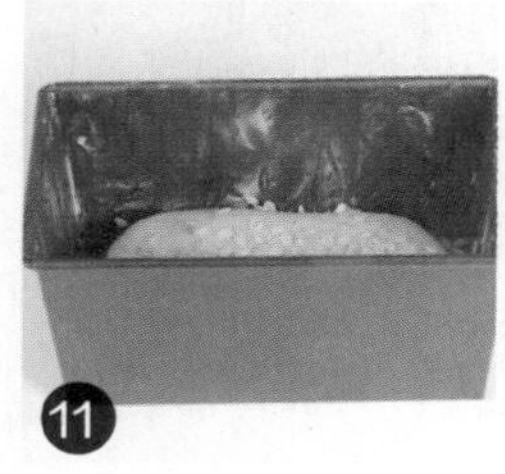

生坯放入刷有黄油的方形模具中，撒上适量燕麦片。

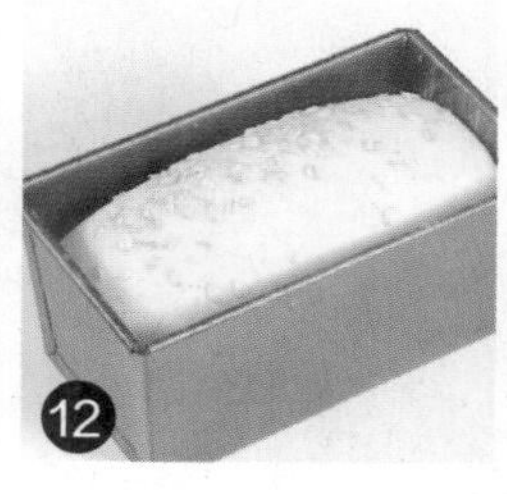

常温发酵1.5小时至原来2倍大。

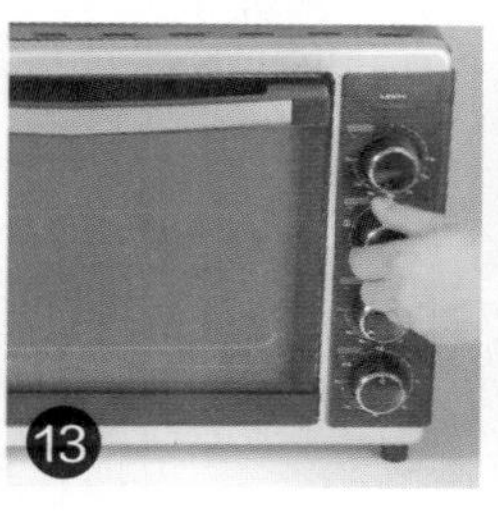

将模具放入预热好的烤箱中，上火调为175℃，下火调为200℃。

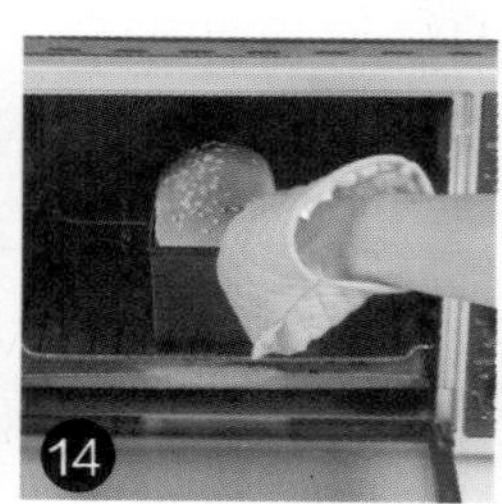

烤25分钟至熟，取出模具，将烤好的南瓜吐司装盘即可。

紫薯吐司

烘烤时间

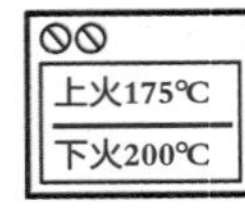

烘烤温度

原料 高筋面粉500克，黄油70克，奶粉20克，细砂糖100克，鸡蛋50克，酵母8克，盐5克，水200毫升，紫薯泥60克

工具 玻璃碗、刮板、搅拌器、方形模具各1个，保鲜膜1张，擀面杖1根，烤箱1台，刷子1把

甜糯的紫薯与面粉的相遇让吐司柔软、绵润的口感更进一层，伴随着紫薯特殊的香气、优雅的色泽，为吐司添上一件浪漫的里衣。

☆ **Point** 擀面饼的时候要注意厚度，以便更好地卷制橄榄状生坯。

做法

将细砂糖、水倒入玻璃碗中，用搅拌器搅拌至细砂糖溶化。

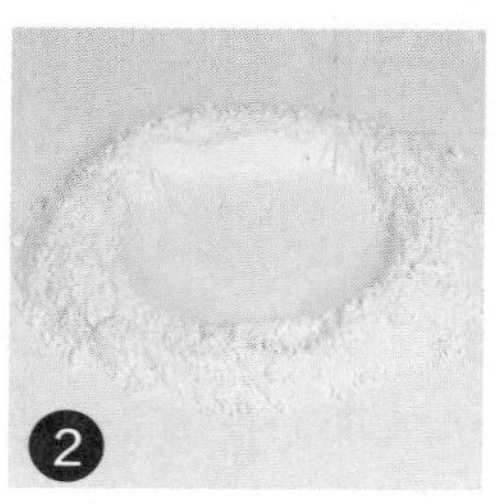

把高筋面粉、酵母、奶粉倒在案台上，用刮板开窝。

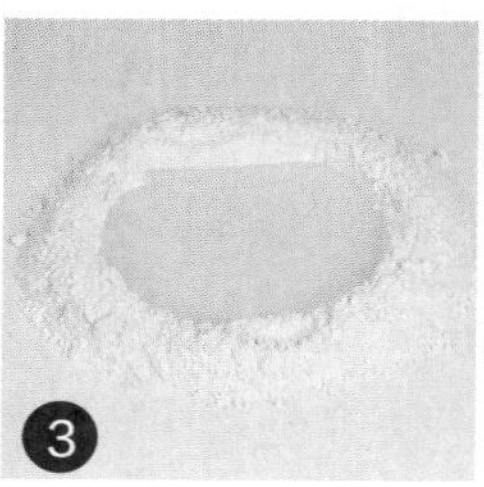

倒入备好的糖水，将材料混合均匀，并按压成形。

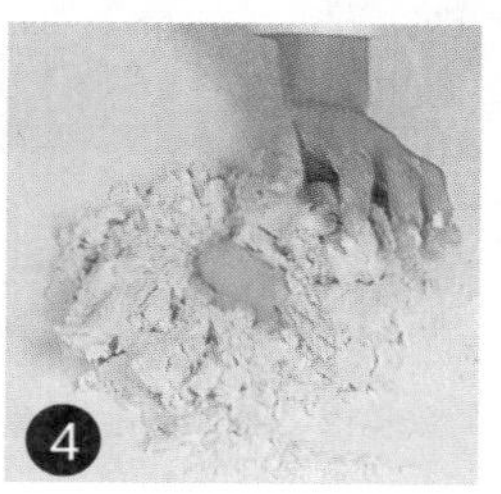

加入鸡蛋，将材料混合均匀，揉搓成面团。

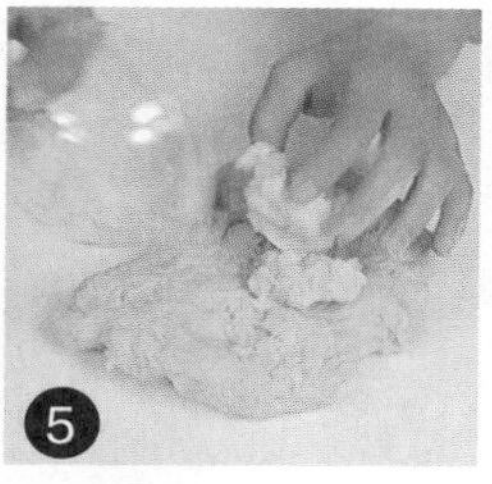

将面团稍微拉平，倒入黄油，揉搓均匀。

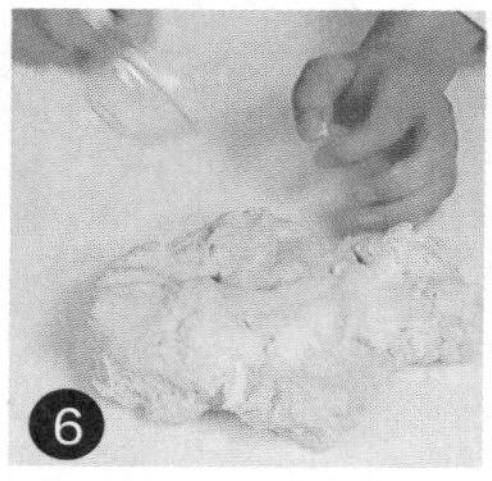

加入盐，揉搓成光滑的面团。

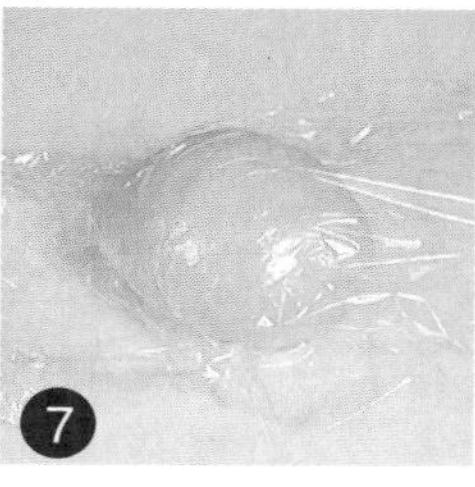

用保鲜膜将面团包好，静置10分钟。

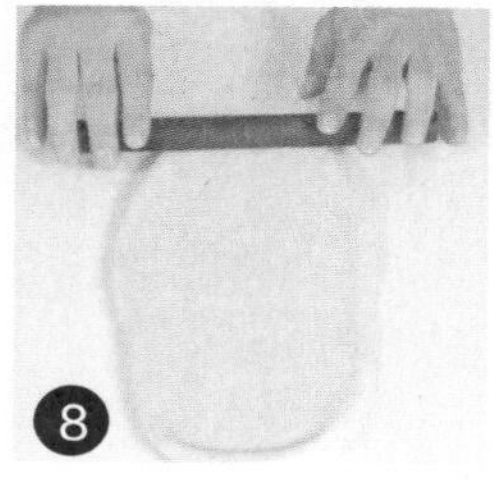

取适量面团，压扁，用擀面杖擀平制成面饼。

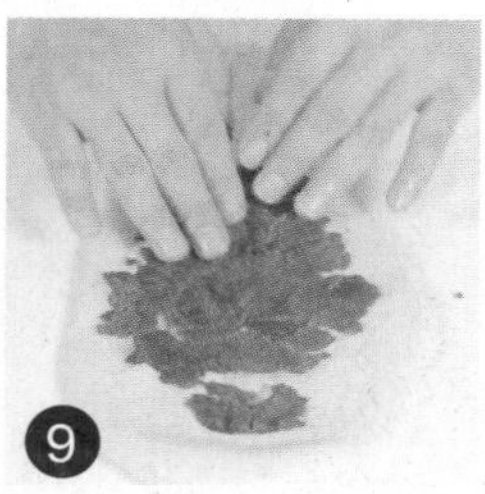

放上紫薯泥，铺平整。

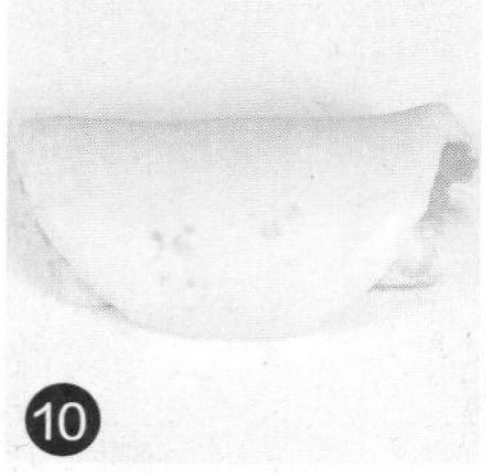

将其卷至橄榄状，制成生坯。

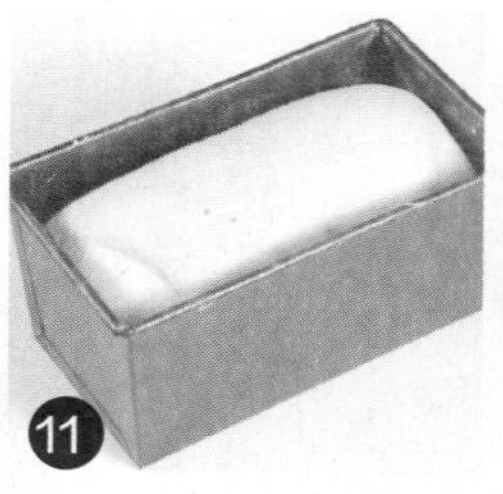

生坯放入刷有黄油的方形模具中，常温发酵1.5小时。

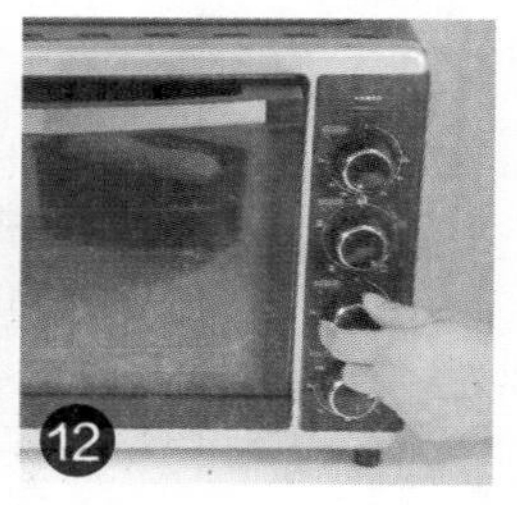

预热烤箱，温度调至上火175℃、下火200℃。

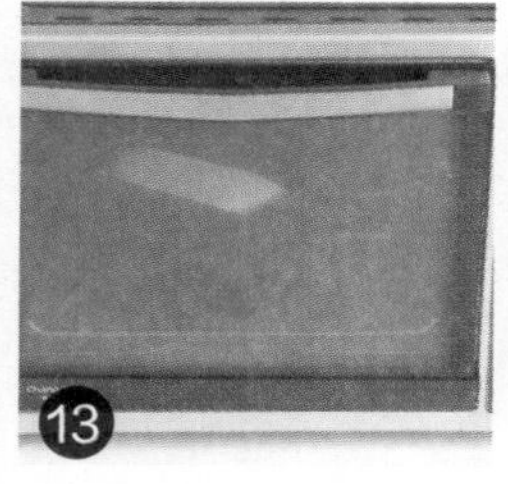

将装有生坯的模具放入预热好的烤箱中，烤25分钟至熟。

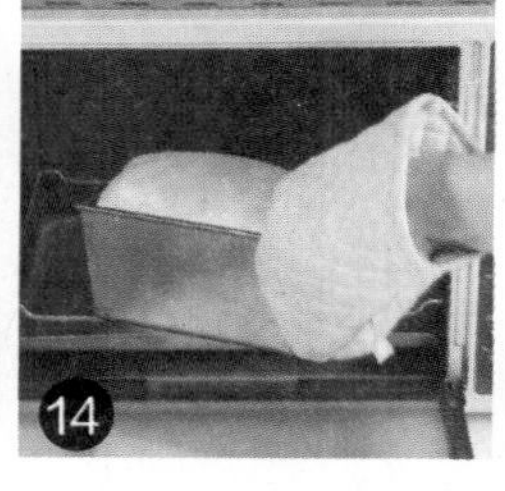

取出模具，将烤好的紫薯吐司装盘即可。

+备注+

紫薯含有蛋白质、淀粉、果胶、纤维素、氨基酸、维生素C、硒、花青素等多种营养物质，具有改善视力、提高人体抵抗力、润肠通便等作用。

椰香吐司

烘烤时间

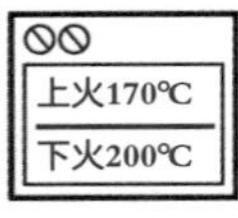

烘烤温度

散发着清新椰香的吐司，椰蓉的填入适宜地为松软的面包带来一份厚实，呈现出诱人的光泽。丰富的营养素，可口之余不失健康。再抹上果酱，更有一番风味。

原料

油皮部分：高筋面粉250克，清水100毫升，白糖50克，奶粉20克，酵母4克，黄油35克，蛋黄15克

馅料部分：椰蓉、白糖、黄油各20克

工具

刮板、方形模具、玻璃碗各1个，小刀1把，擀面杖1根，烤箱1台

☆ Point　食用时可把成品切片，这样会更方便一些。

A 油皮的制作

将高筋面粉倒在案台上，加上酵母和奶粉，拌匀，开窝。

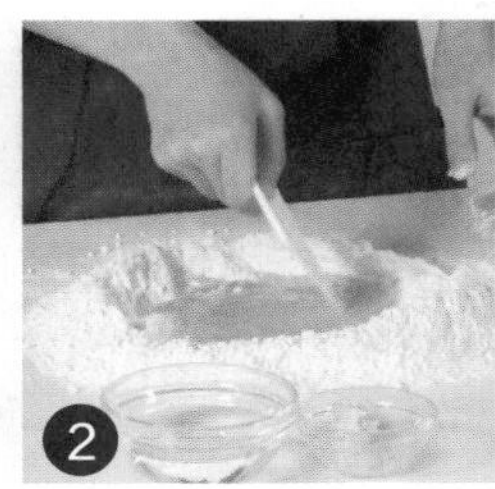

撒上白糖，注入清水，倒入备好的蛋黄，慢慢地搅拌匀。

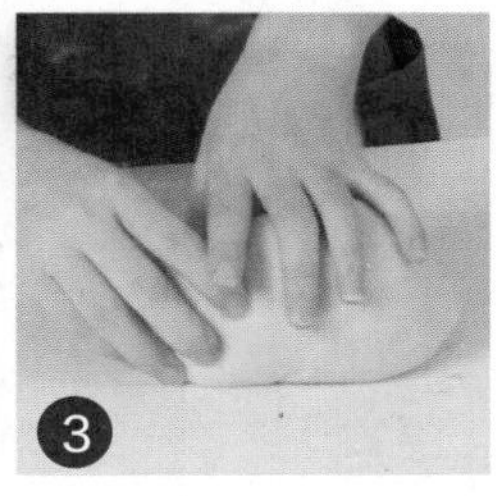

再放入黄油，用力地揉一会儿，至材料成纯滑的面团，待用。

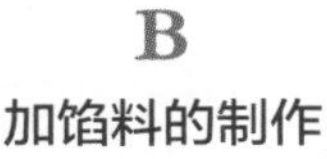

B 加馅料的制作

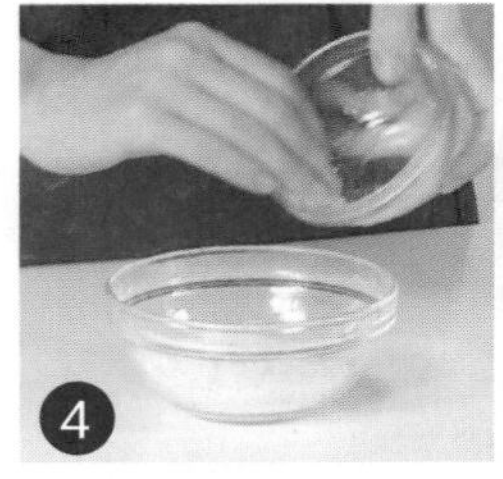

将备好的椰蓉倒入玻璃碗中，撒上白糖。

加入黄油，搅拌一会儿，至糖分溶化，制成馅料，待用。

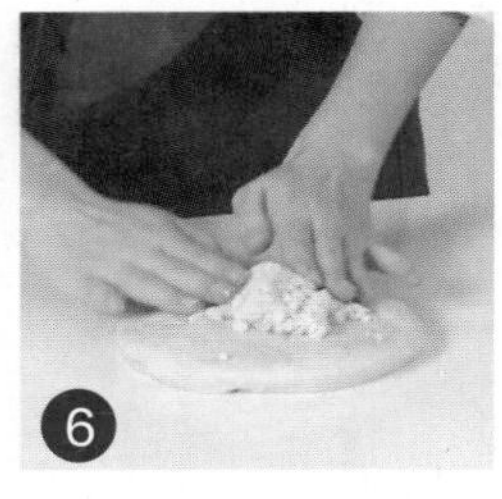

取备好的面团，压平，放入馅料。

包好，来回地擀一会儿，使材料充分融合。

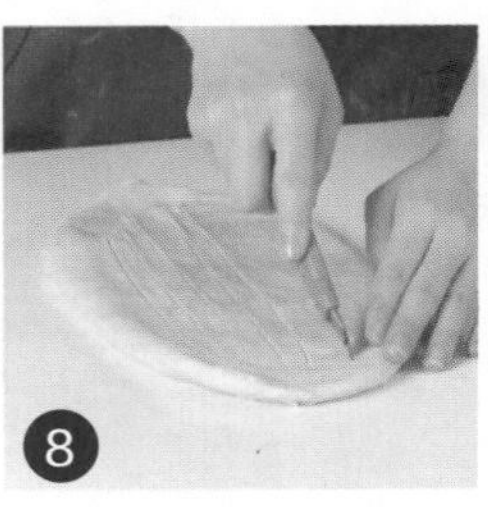

用小刀整齐地划出若干道小口。

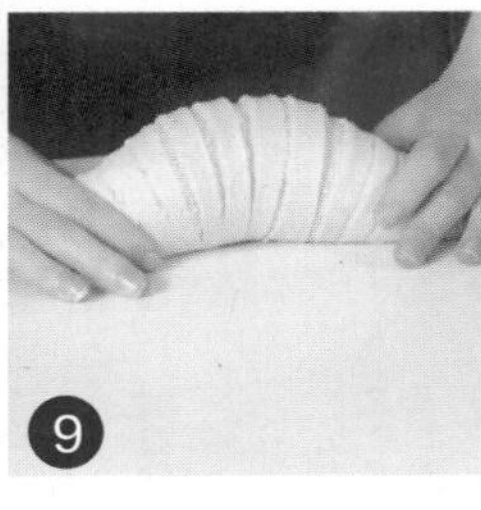

再翻转面片，从前端开始，慢慢往回收，卷好形状。

放入方形模具中，静置约45分钟，至材料胀发，再放入预热好的烤箱中。

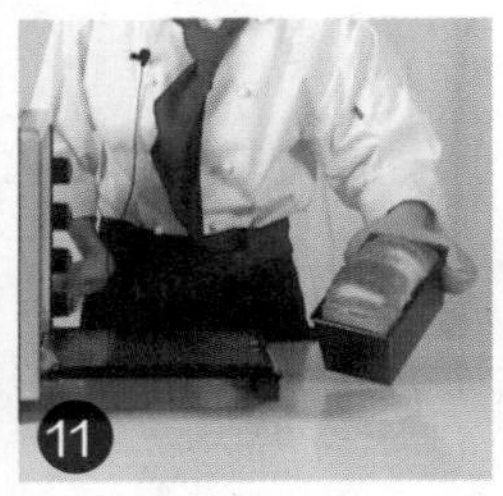

关好烤箱门，以上火为170℃、下火为200℃的温度烤约25分钟取出。

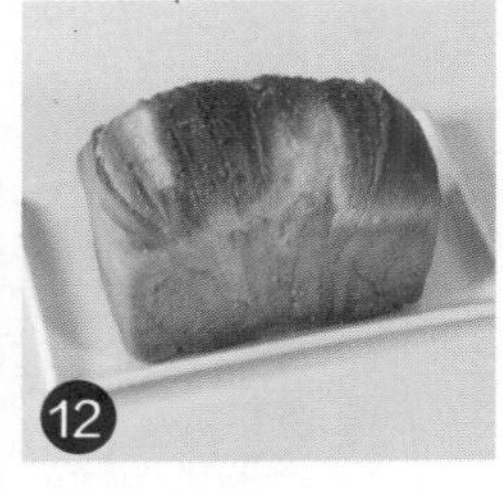

烤好的椰香吐司晾凉后脱模即可。

+备注+

椰蓉口感香浓，营养丰富，含有糖类、B族维生素、维生素C及钾、镁等微量元素，有补益脾胃、杀虫、驻颜美容等作用。

Part 4 调理面包

一般的面包是不是已经满足不了您的胃口了？没关系，本章我们就开始做带有料理的调理面包。调理面包是运用普通面包的配方面团，在烘烤前或烘烤后，在面包表面或中间添加各种调制好的料理制成的。其色、香、味俱全，符合中国人特有的口味和饮食习惯，趁热食用的味道最佳。

汉堡包

烘烤时间

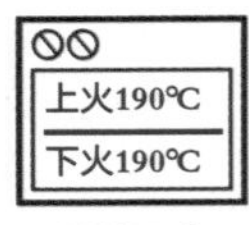

烘烤温度

一层火腿，一层煎蛋，再加上一层青菜，层层相叠，抹上适宜的沙拉酱，裹在两片紧致的面包里，变成一个料足味鲜的汉堡包。一口下去，满是惊喜。

原料 高筋面粉500克，黄油70克，奶粉20克，细砂糖100克，盐5克，鸡蛋50克，水200毫升，酵母8克，白芝麻、生菜各适量，熟火腿40克，煎鸡蛋4个，沙拉酱少许

工具 玻璃碗、刮板、搅拌器各1个，保鲜膜1张，电子秤1台，蛋糕刀1把，烤箱1台

+备注+

面包补充碳水化合物，火腿补充蛋白质和能量，生菜补充维生素和蔬菜特有的营养成分，营养全面。

☆ **Point** 还可以加入黄瓜、西红柿等，口感也很好。

做法

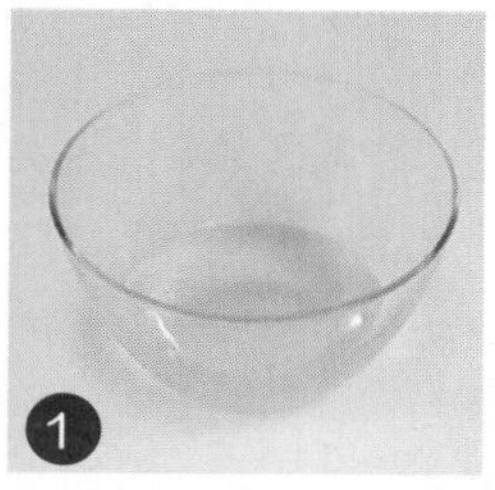

1 将细砂糖、水倒入玻璃碗中，用搅拌器搅拌至细砂糖溶化。

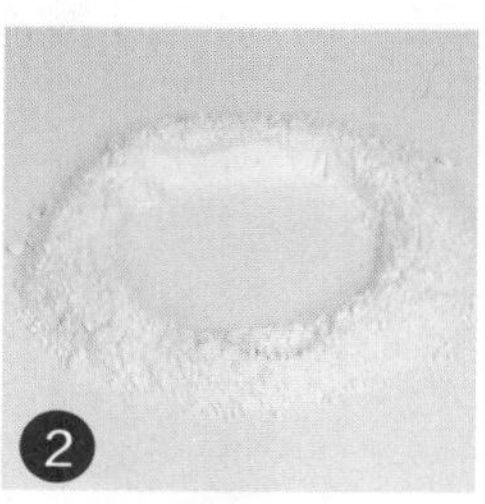

2 把高筋面粉、酵母、奶粉倒在案台上，用刮板开窝。

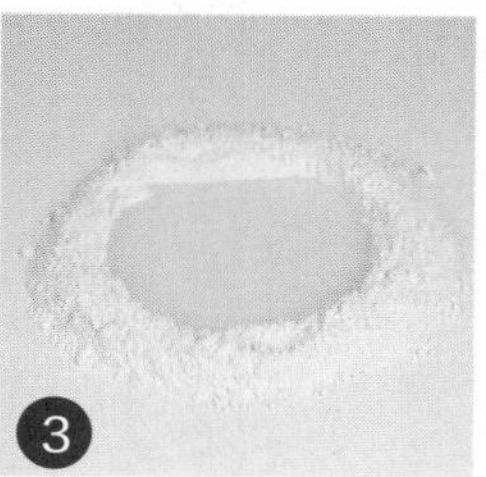

3 倒入备好的糖水，将材料混合均匀，并按压成形。

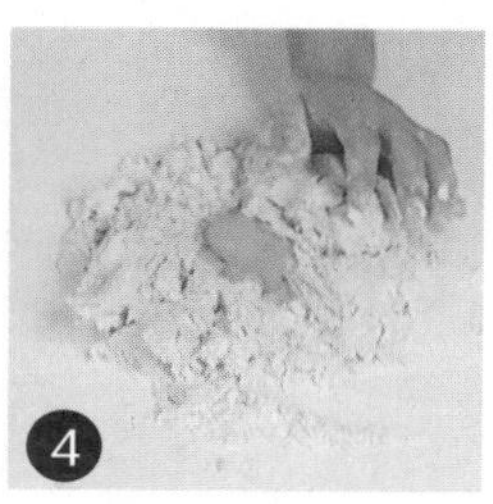

4 加入鸡蛋，将材料混合匀，揉搓成面团。

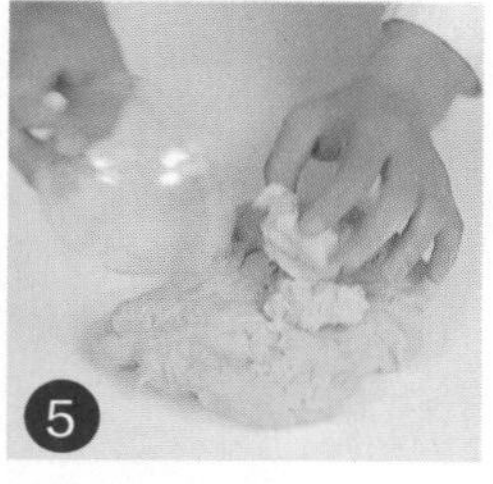

5 将面团稍微拉平，倒入黄油，揉搓均匀。

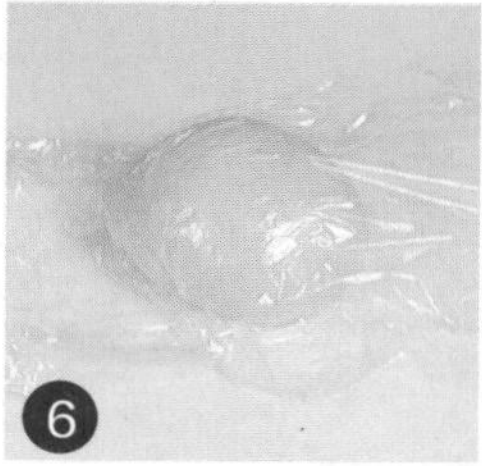

6 加入盐，揉搓成光滑的面团，用保鲜膜包好，静置10分钟。

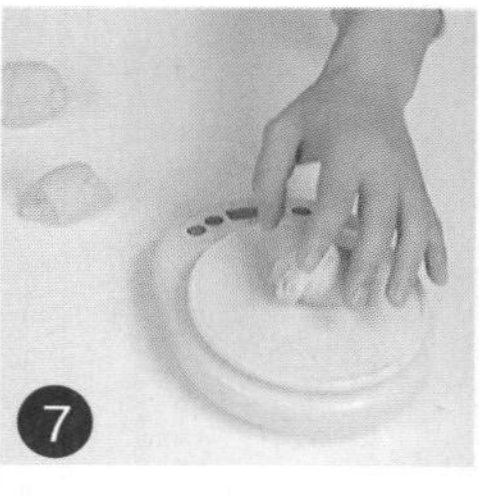

7 将面团分成数个60克一个的小面团，揉搓成圆球。

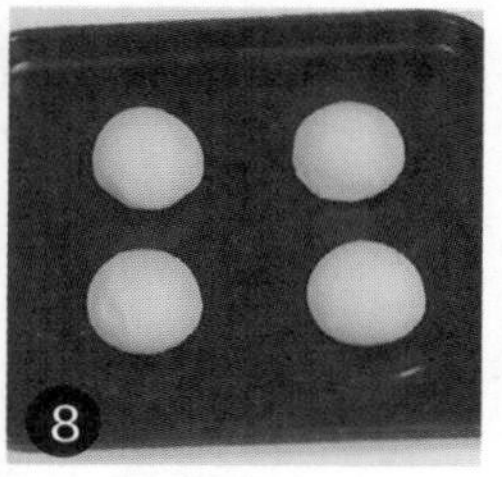

8 再放入烤盘中，使其发酵90分钟。

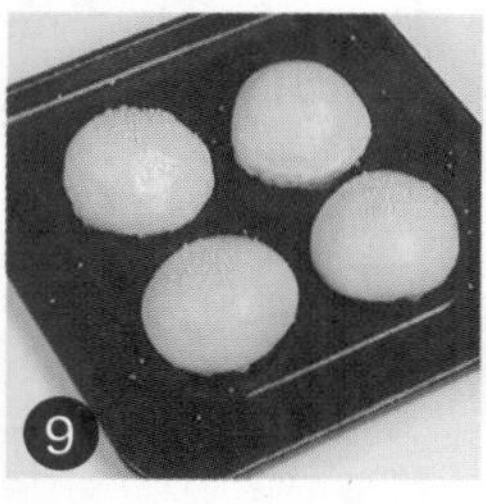

9 在发酵好的面团上撒入适量白芝麻。

10 将烤盘放入烤箱，以上火190℃、下火190℃烤15分钟至熟。

11 从烤箱中取出烤盘，将烤好的面包装入盘中，放凉待用。

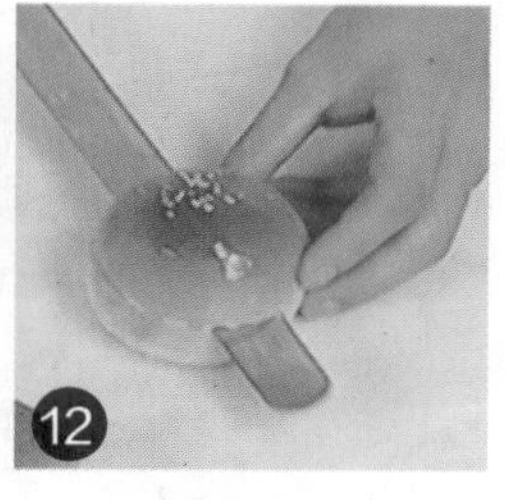

12 取出放凉的面包，用蛋糕刀平切成两半。

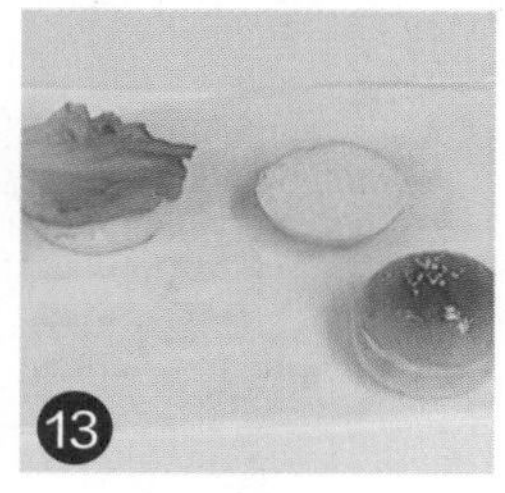

13 将面包打开，挤入少许沙拉酱，放上生菜叶。

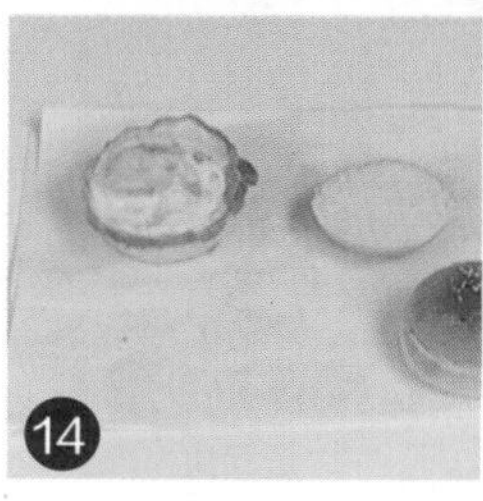

14 再挤入少许沙拉酱，放上煎鸡蛋。

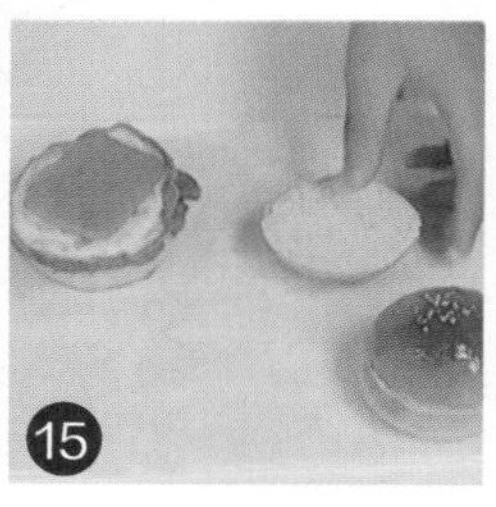

15 再挤入少许沙拉酱，放上熟火腿。

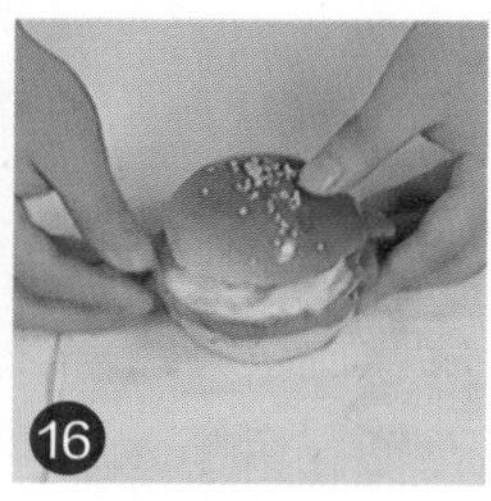

16 盖上另一块面包，制成汉堡包，将汉堡包装入盘中即可。

☆ **Point** 在面包表层刷沙拉酱，可使肉松不易掉下。

肉松包

烘烤时间

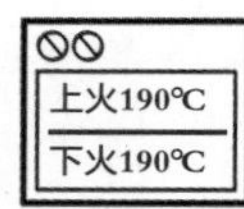

烘烤温度

蓬蓬的肉松，像一顶帽子般慵懒地扣在面包上。咬上一口，肉松的鲜甜与沙拉的酸甜搭配得恰到好处，融化在香软的面包里，余味无穷。

原料

高筋面粉500克
黄油70克
奶粉20克
细砂糖100克
盐5克
鸡蛋50克
水200毫升
酵母8克
肉松10克
沙拉酱适量

工具

玻璃碗、刮板、
搅拌器各1个
擀面杖1根
保鲜膜1张
蛋糕刀、刷子各1把
电子秤、烤箱各1台

做法

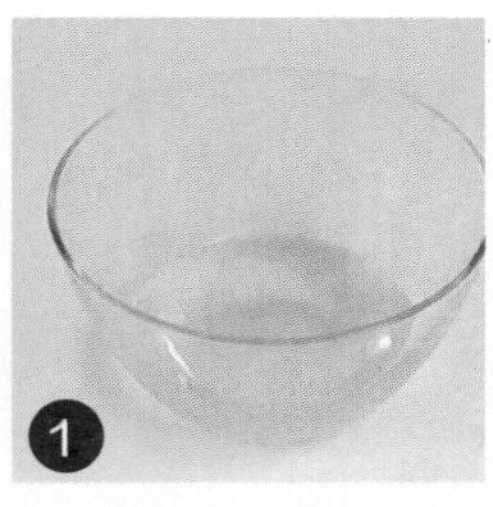
将细砂糖、水倒入玻璃碗中。

用搅拌器搅拌至细砂糖溶化。

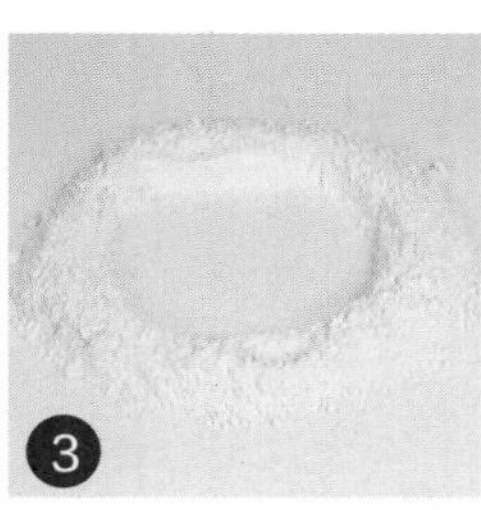
把高筋面粉、酵母、奶粉倒在案台上，用刮板开窝。

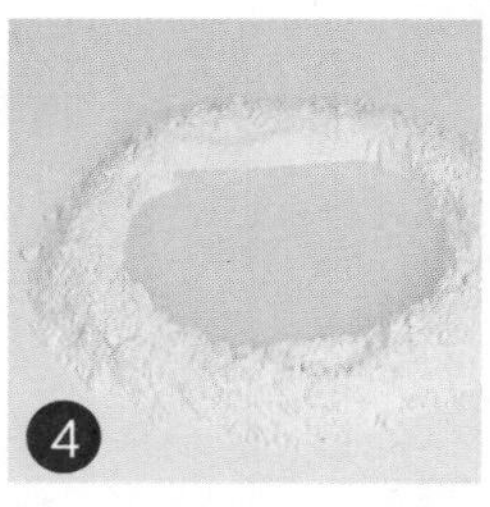
倒入备好的糖水，将材料混合均匀，并按压成形。

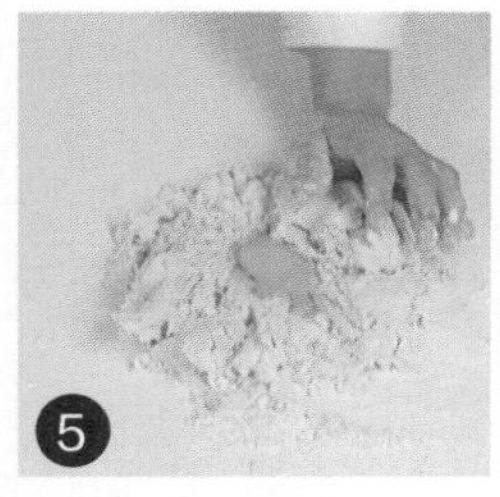
加入鸡蛋，将材料混合均匀，揉成面团。

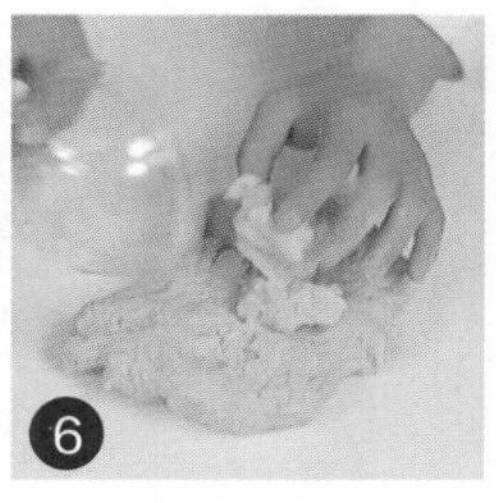
将面团稍微拉平，倒入黄油，揉搓均匀。

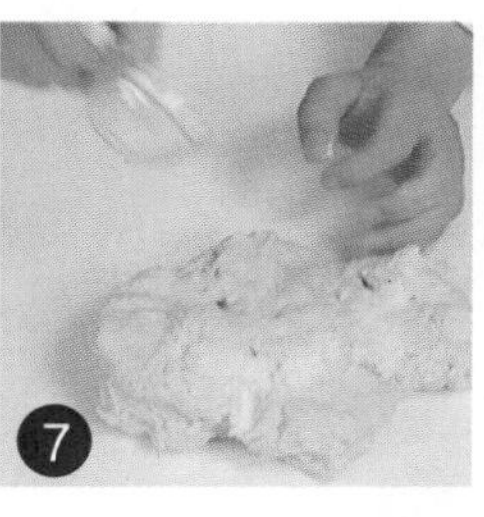
加入盐，揉搓成光滑的面团。

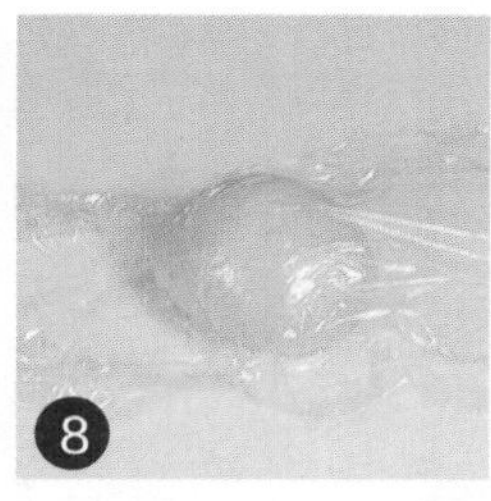
用保鲜膜将面团包好，静置10分钟。

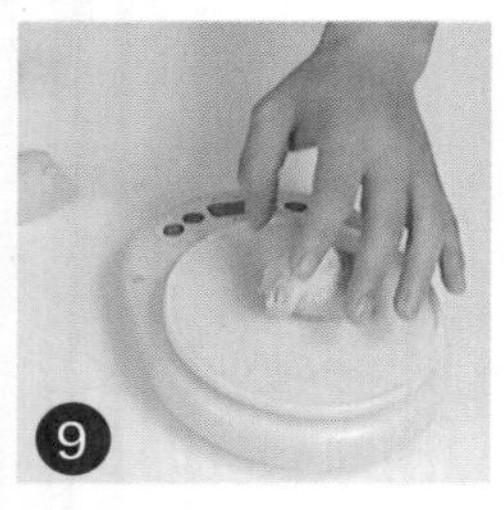

将面团分成数个60克一个的小面团。

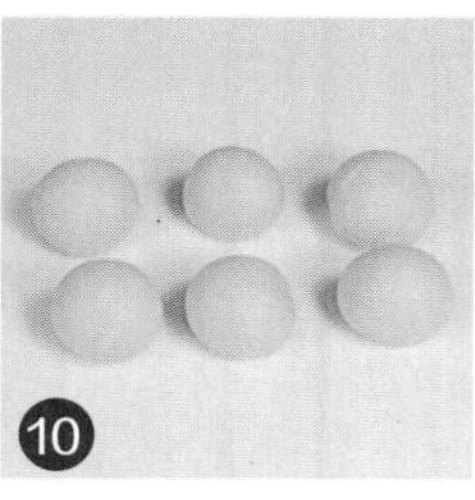

把小面团揉搓成圆形。

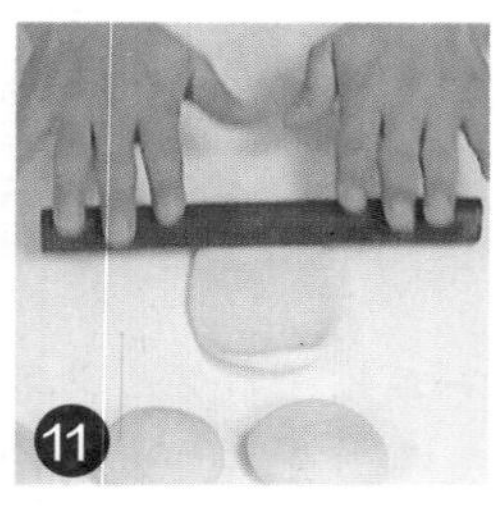

用擀面杖将揉好的面团擀平。

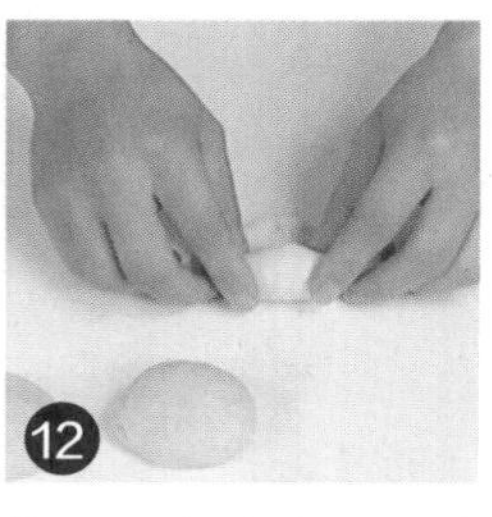

将面团卷成卷，揉成橄榄形。

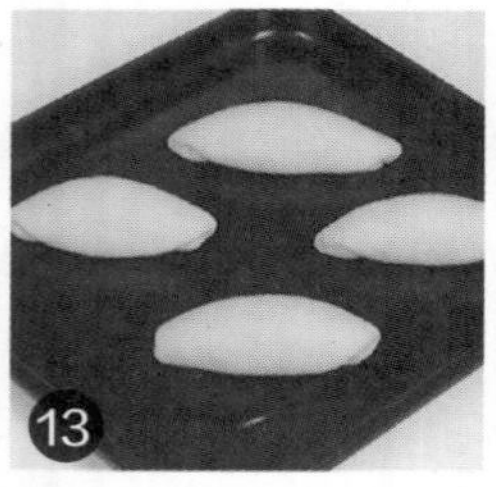

放入烤盘，使其发酵90分钟。

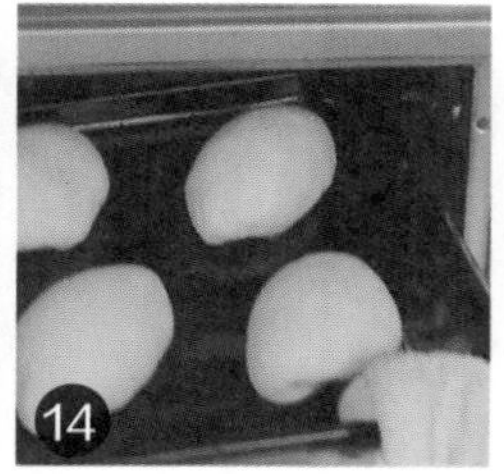

把烤盘放入预热好的烤箱中。

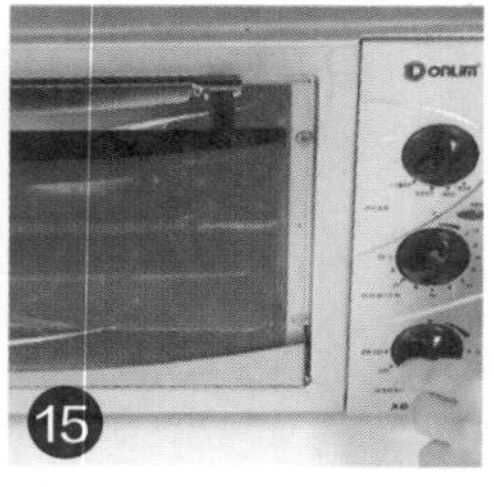

将烤箱调为上火190℃、下火190℃。

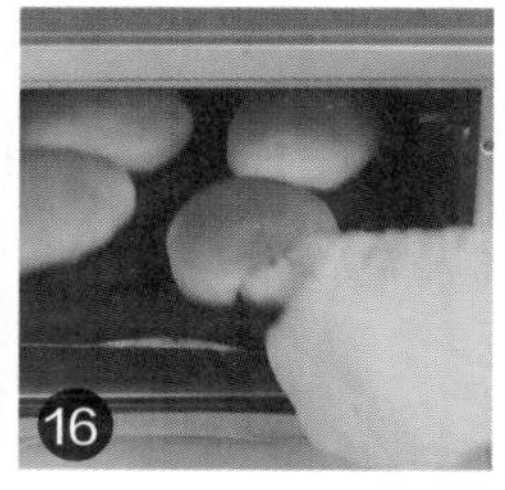

烤15分钟至熟，取出烤盘，将面包放凉待用。

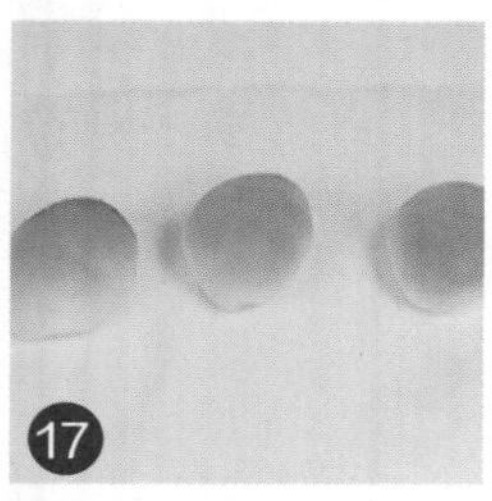

取出放凉的面包。

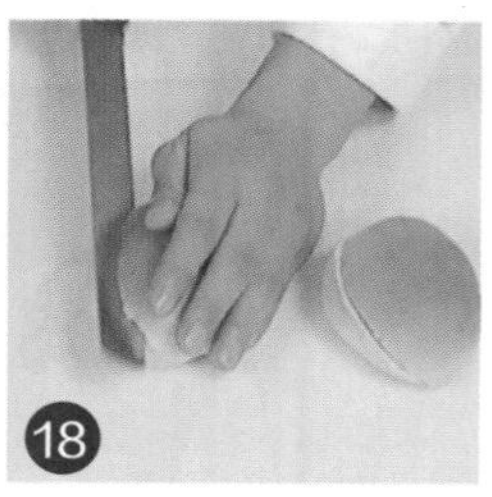

用蛋糕刀斜切面包，但不切断。

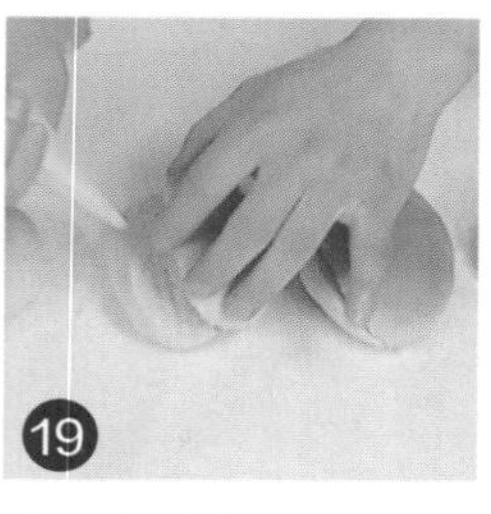

在面包中间挤入适量沙拉酱。

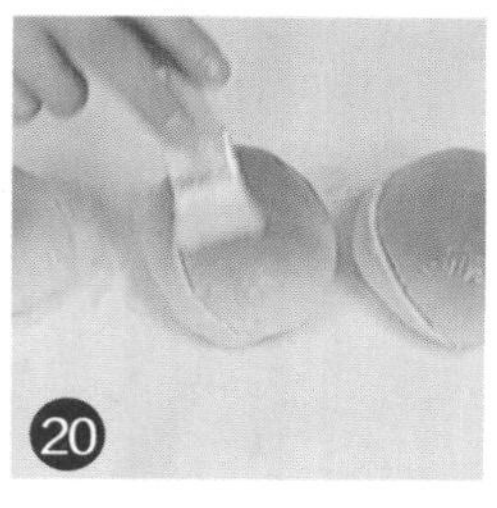

在面包表面刷上少许沙拉酱。

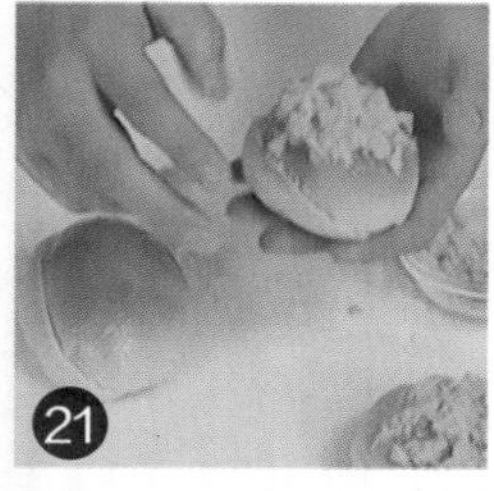

均匀地铺上适量肉松。

装入盘中即可。

+备注+

烤箱可以根据自家烤箱的温度调节，颜色深浅也可以按自己喜欢的色泽来调整时间。

火腿玉米卷

烘烤时间

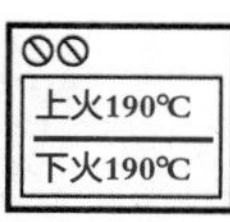

烘烤温度

当咸香热烈的火腿遇上清甜自然的玉米，让面包的口感更添一份绵软，变成这款有着诱人香味的火腿玉米卷，在明媚的早晨带来愉悦好心情。

原料

- 高筋面粉500克
- 黄油70克
- 奶粉20克
- 细砂糖100克
- 盐5克
- 鸡蛋1个
- 清水200毫升
- 酵母8克
- 美式火腿片4片
- 玉米粒20克
- 火腿粒20克
- 沙拉酱20克

工具

- 玻璃碗2个
- 搅拌器、刮板各1个
- 保鲜膜1张
- 小刀1把
- 擀面杖1根
- 蛋糕纸杯4个
- 电子秤、烤箱各1台

做法

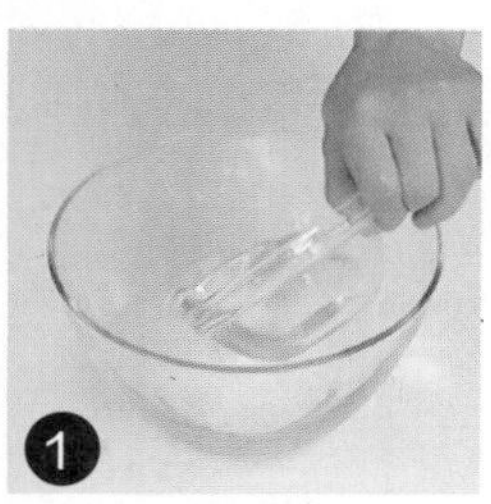

将细砂糖倒入玻璃碗中，加入清水。

用搅拌器搅拌至糖分溶化，制成糖水，待用。

将高筋面粉倒在案台上，加入酵母、奶粉。

用刮板混合均匀，再开窝。

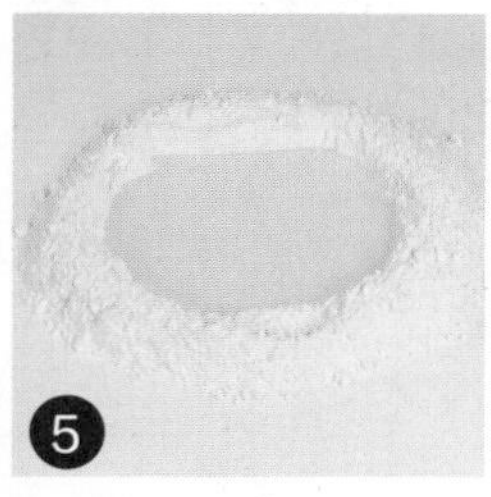

倒入糖水，将材料混合均匀，揉搓成面团。

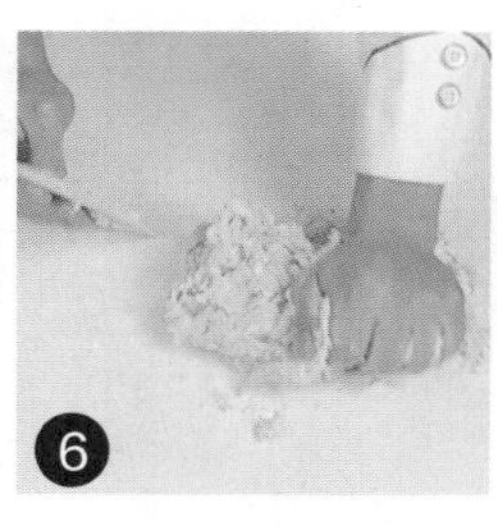

加入鸡蛋，揉搓均匀。

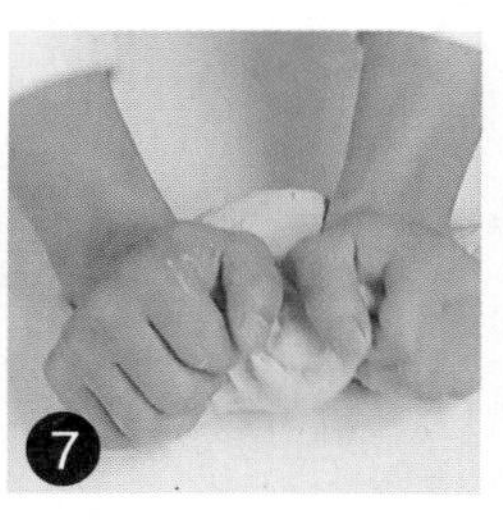

放入备好的黄油，揉搓均匀。

加入盐，揉搓成光滑的面团。

☆ Point 面包出炉后应常温下冷却，温度转变过快会破坏面包的结构。

做法

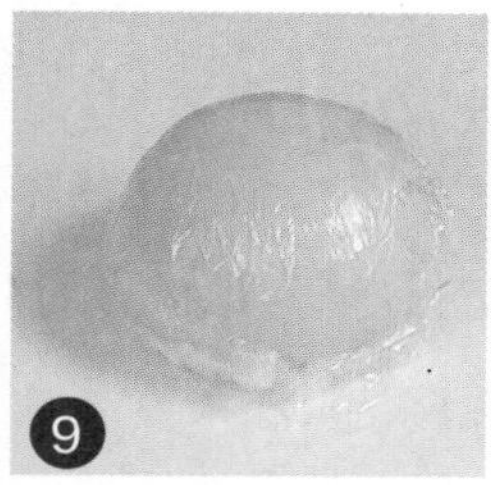

9 用保鲜膜将面团包好，静置10分钟。

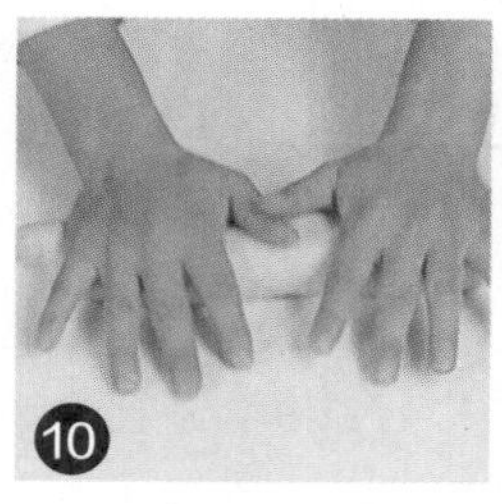

10 去掉保鲜膜，把面团搓成长条。

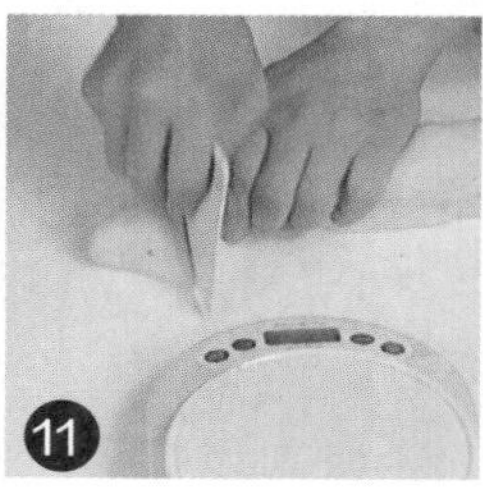

11 用刮板切一个60克的小剂子。

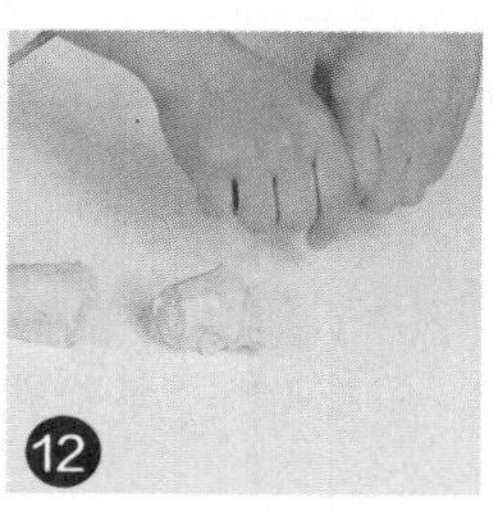

12 将余下的面团分成数个60克的小剂子。

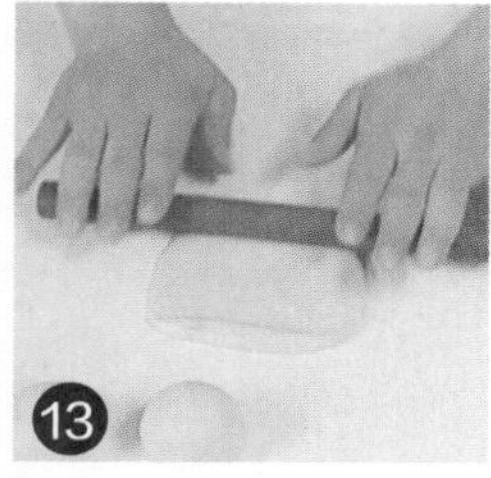

13 再揉搓成球状，擀成面皮。

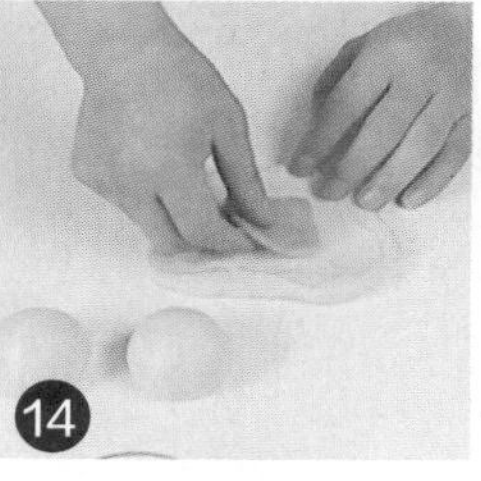

14 放上美式火腿片，包裹起来，捏成饼状。

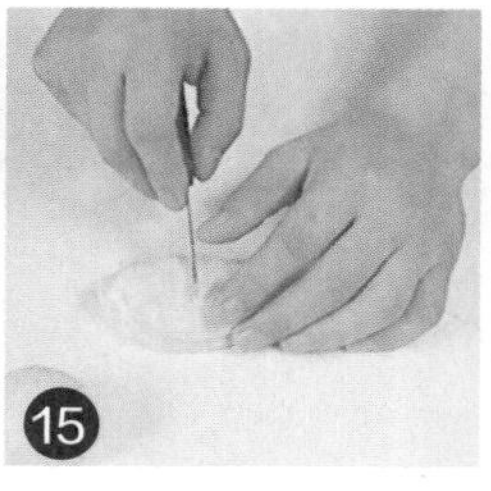

15 再对折，用小刀在中间切开一个小口。

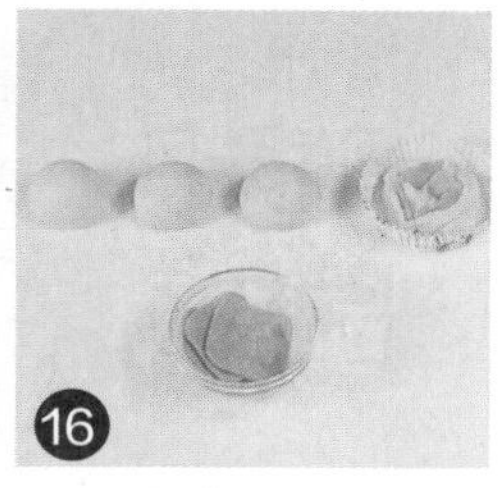

16 从切口将面饼掰开，放入蛋糕纸杯中。

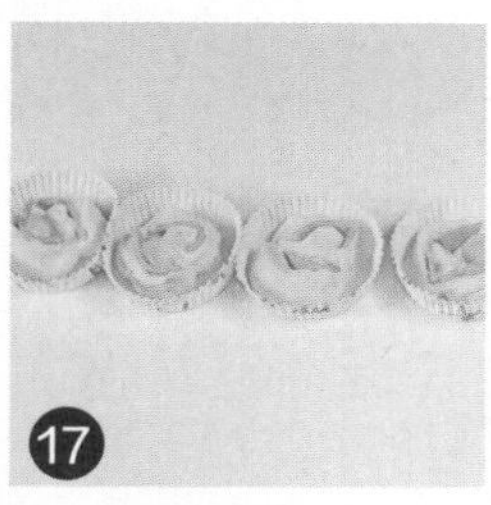

17 依此将余下的材料做成生坯。

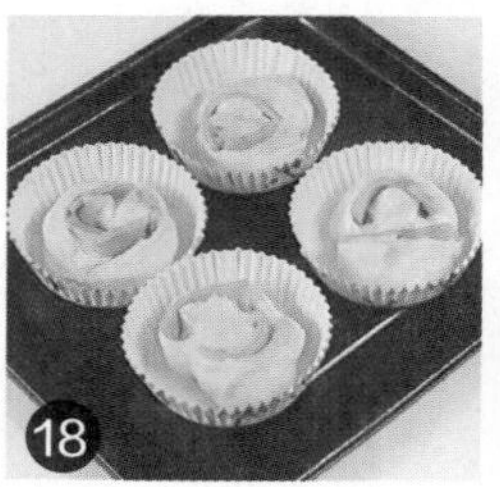

18 把生坯放入烤盘，在常温下发酵90分钟。

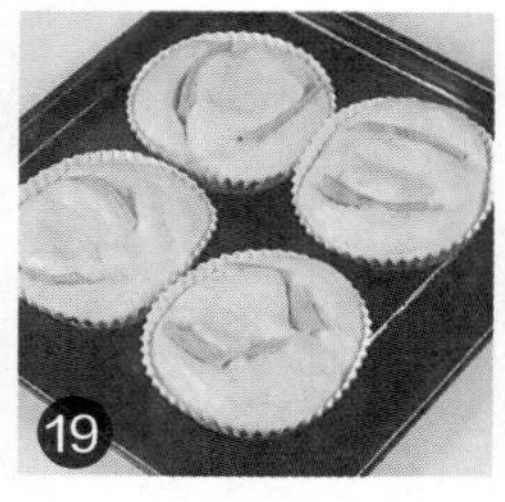

19 使其发酵至原体积的2倍即可。

20 将火腿粒、玉米粒、沙拉酱倒入玻璃碗中，搅拌匀。

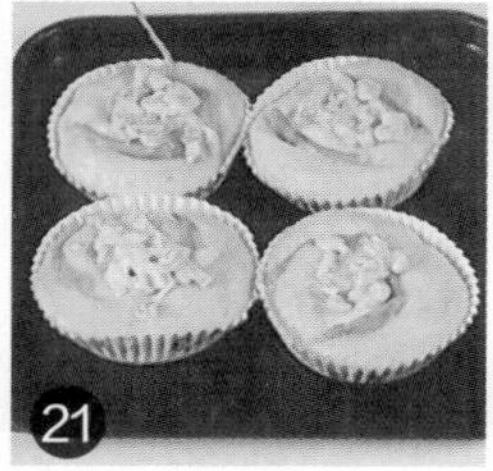

21 把制成的馅料放在生坯上。

22 将生坯放入预热好的烤箱里。

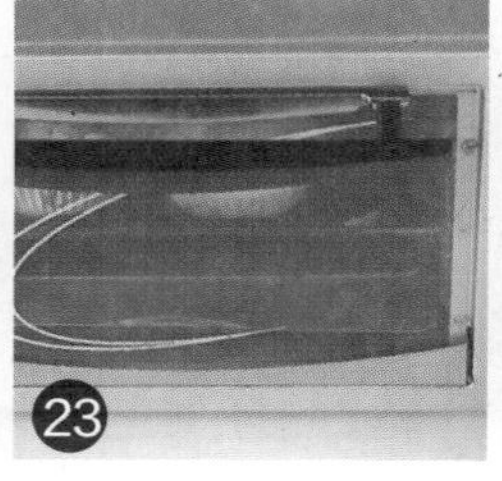

23 关上箱门，以上火190℃、下火190℃烤15分钟至熟。

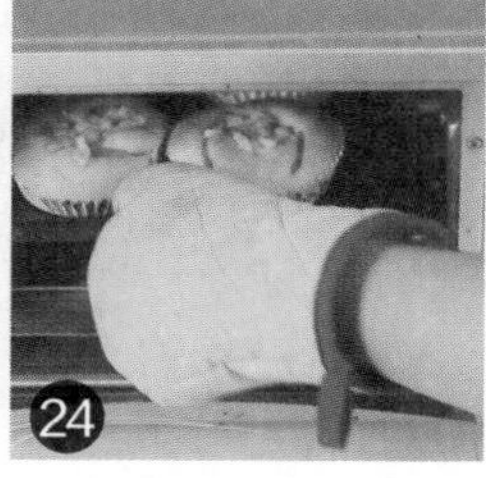

24 打开箱门，取出烤好的火腿玉米卷即成。

火腿面包

烘烤时间

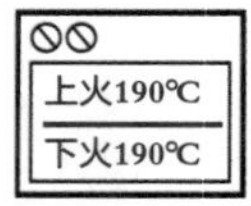

烘烤温度

原料 高筋面粉500克，黄油70克，奶粉20克，细砂糖100克，盐5克，鸡蛋50克，水200毫升，酵母8克，火腿肠4根

工具 玻璃碗、刮板、搅拌器各1个，擀面杖1根，保鲜膜1张，电子秤、烤箱各1台，刷子1把

咸香的火腿被面包所缠绕，憨态可掬。面包细腻柔软，火腿又自带风味，不怪乎成为人们早餐餐桌上的常客，搭上一杯香醇的豆浆更是为身体的营养加分。

☆ Point　**搓成的长条不宜太粗，否则不易熟透。**

做法

1 将细砂糖、水倒入玻璃碗中，用搅拌器搅拌至细砂糖溶化。

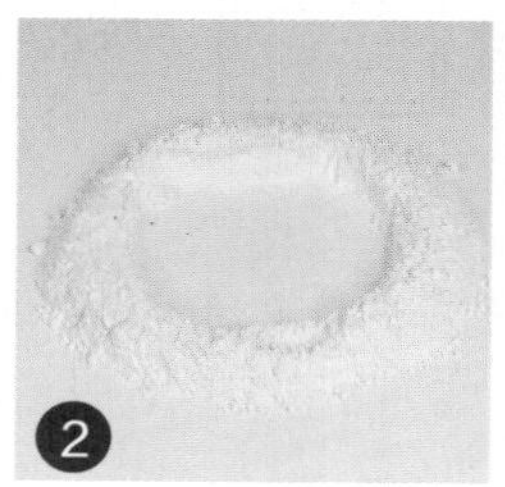

2 把高筋面粉、酵母、奶粉倒在案台上，用刮板开窝。

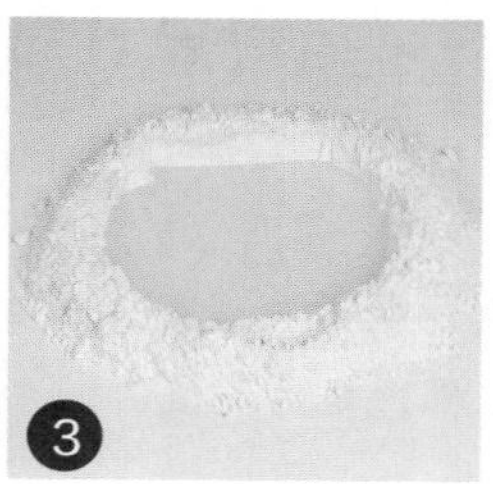

3 倒入备好的糖水，将材料混合均匀，并按压成形。

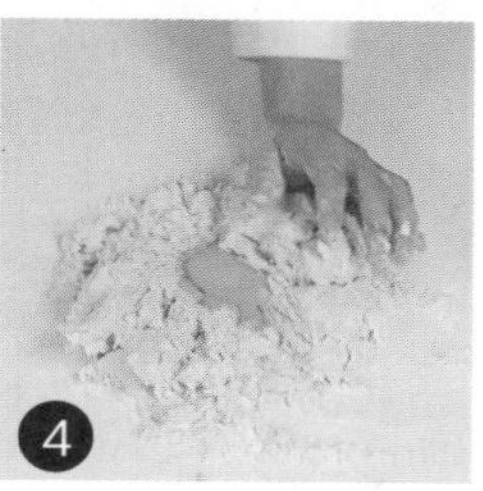

4 加入鸡蛋，将材料混合均匀，揉搓成面团。

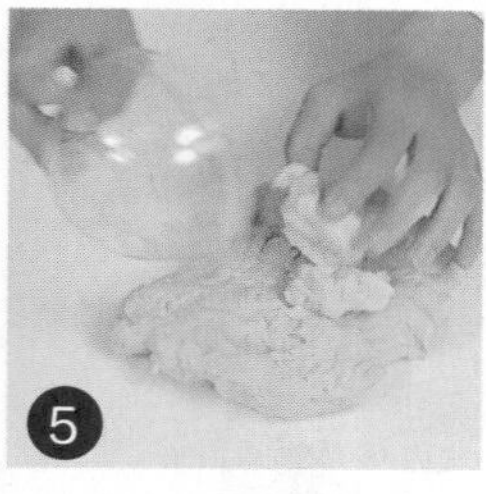

5 将面团稍微拉平，倒入黄油，揉搓均匀。

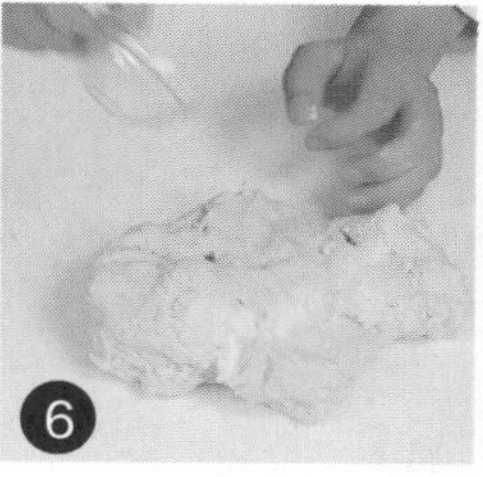

6 加盐，揉搓成光滑的面团。

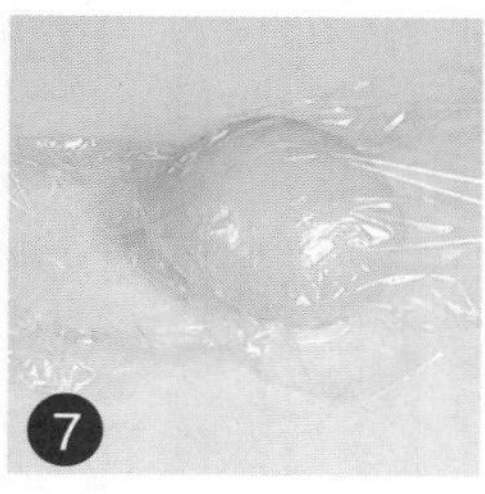

7 用保鲜膜包好，静置10分钟。

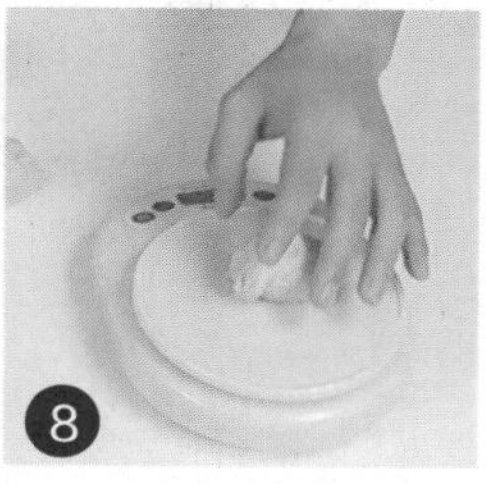

8 将面团分成数个60克一个的小面团。

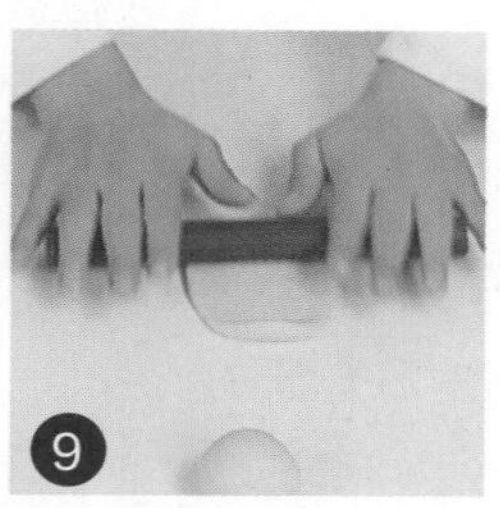

9 把小面团揉搓成圆形，用擀面杖擀平。

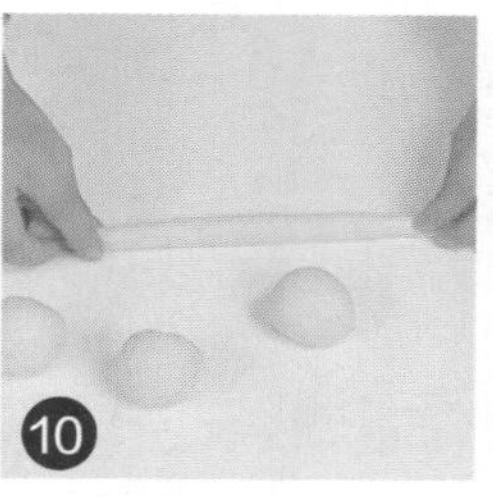

10 从一端开始，将面团卷成卷，搓成细长条状。

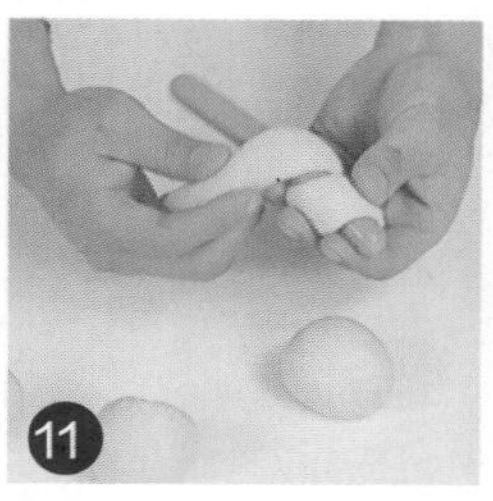

11 再沿着火腿肠卷起来，制成火腿面包生坯。

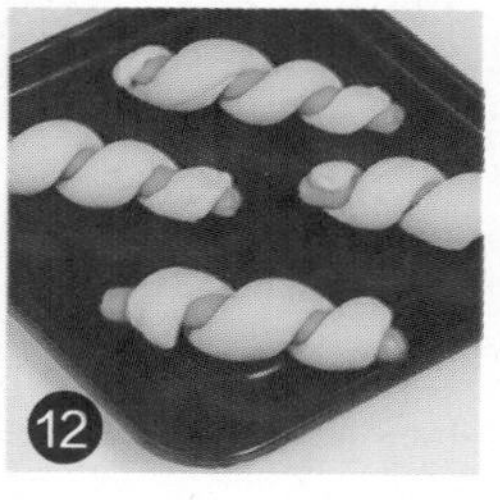

12 放入烤盘，使其发酵90分钟。

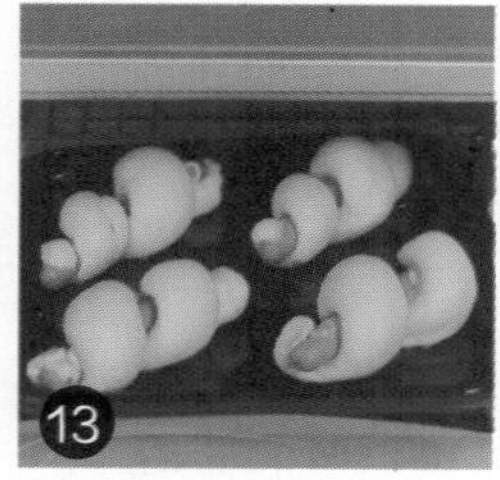

13 将烤箱调为上火190℃、下火190℃，预热后放入烤盘。

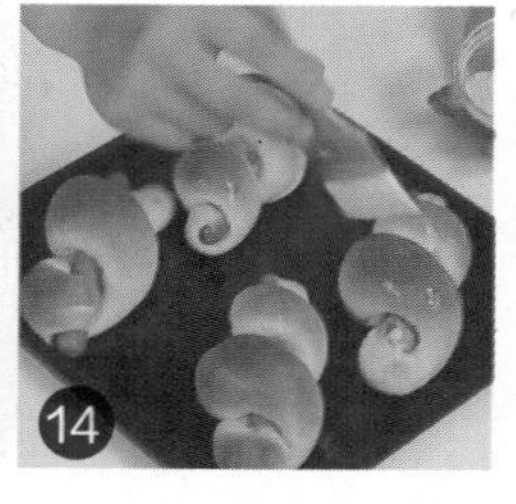

14 烤15分钟至熟，取出烤盘，在面包上刷适量黄油即可。

+备注+

制好面包生坯后，可以在面包生坯表面刷一层鸡蛋液，这样可以在烘焙后产生明亮金黄的色泽，既增加美观品相又增加食欲。

腊肠肉松包

烘烤时间

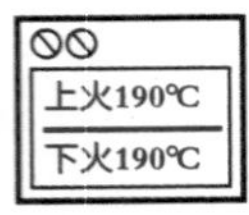

烘烤温度

腊肠以其脆韧爽弹的口感受到大众的喜爱，甜爽的口味，搭上喷香的肉松，包裹在面包的层层松软里，尤为适宜。

原料

面团部分：高筋面粉500克，黄油70克，奶粉20克，细砂糖100克，盐5克，鸡蛋1个，水200毫升，酵母8克

馅部分：腊肠50克，肉松35克

装饰部分：全蛋1个，白芝麻适量

工具

玻璃碗、刮板、搅拌器各1个，擀面杖1根，面包纸杯4个，刷子1把，烤箱1台，保鲜膜1张

+备注+

刷蛋液时要薄而均匀，才能保证烤制出来的面包成品不仅美味，而且美观。

☆ **Point** 烘烤的温度和时间可以根据自家烤箱微调。

A 面团的制作

1 将细砂糖、水倒入玻璃碗中，用搅拌器搅拌至细砂糖溶化。

2 把高筋面粉、酵母、奶粉倒在案台上，用刮板开窝。

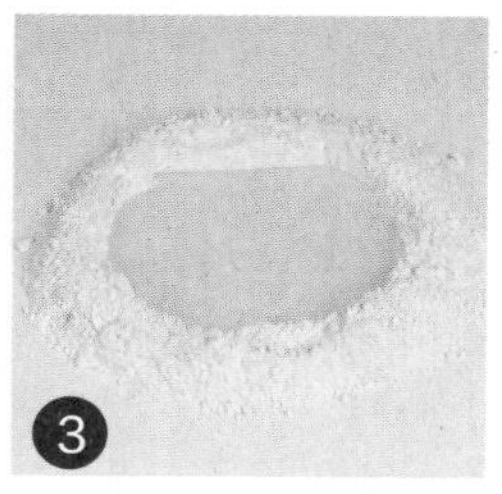
3 倒入备好的糖水，将材料混合均匀，并按压成形。

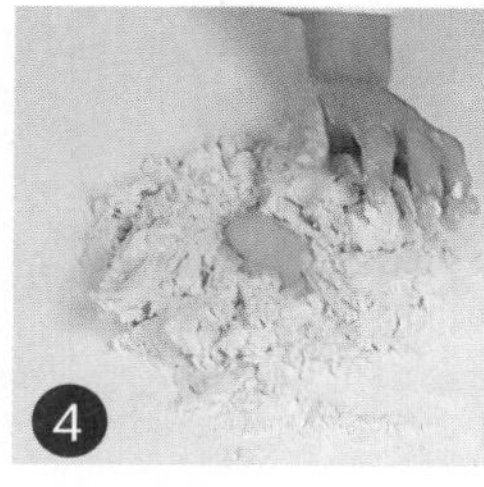
4 加入鸡蛋，将材料混合均匀，揉搓成面团。

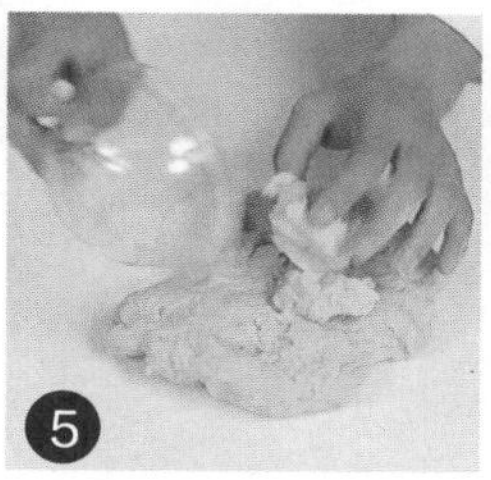
5 将面团稍微拉平，倒入黄油，揉搓均匀。

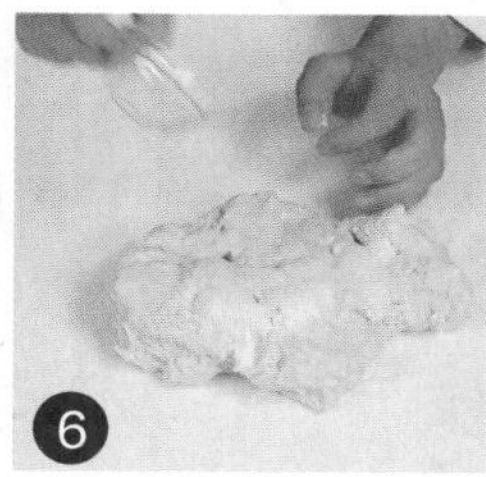
6 加入盐，揉搓成光滑的面团。

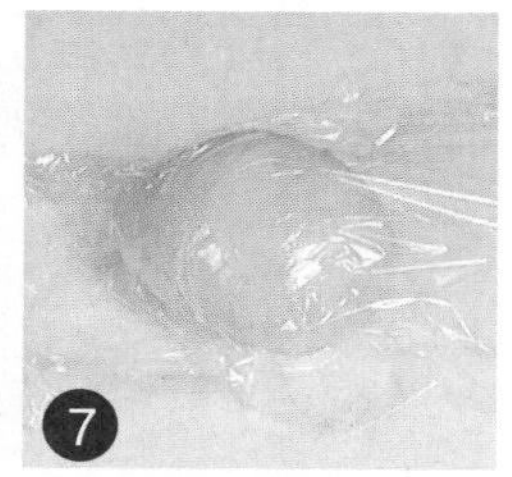
7 用保鲜膜将面团包好，静置10分钟。

B 加馅料的制作

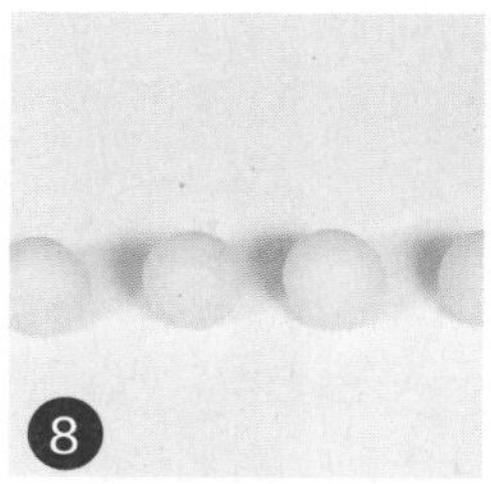
8 取出面团，分别搓圆成四个小球。

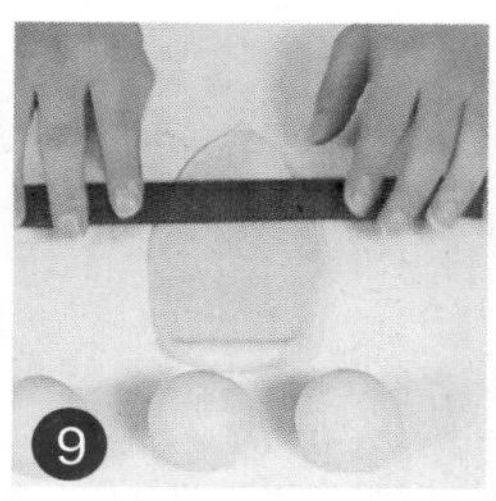
9 用擀面杖将面团擀平至成面饼。

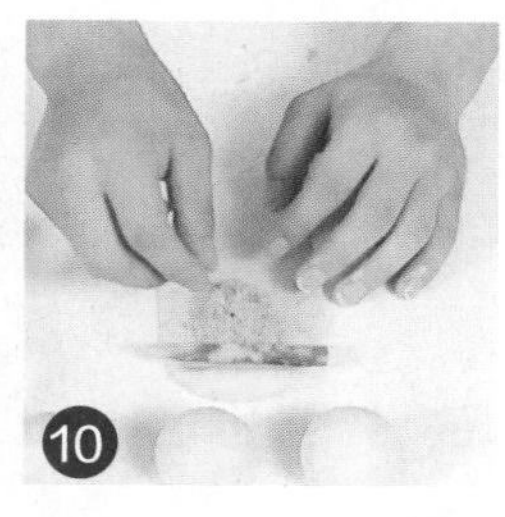
10 顶端放入腊肠，加入肉松，卷成橄榄状的生坯。

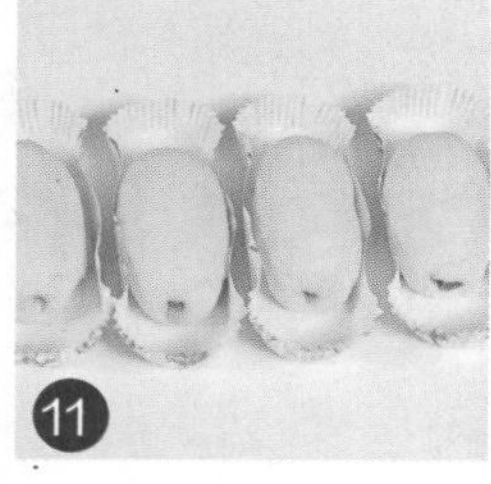
11 备好面包纸杯，放入生坯，常温发酵2小时至原来1倍大。

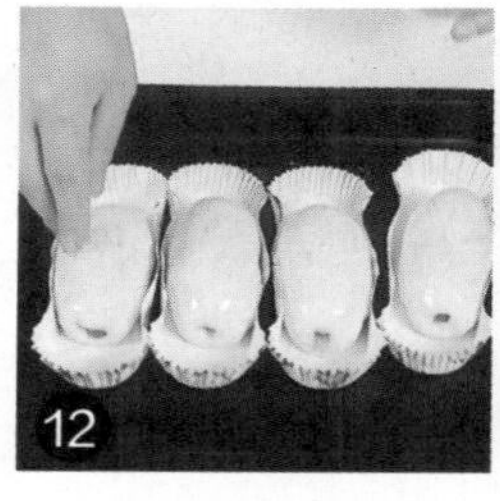
12 烤盘中放入发酵好的生坯，表面刷上蛋液，撒上适量白芝麻。

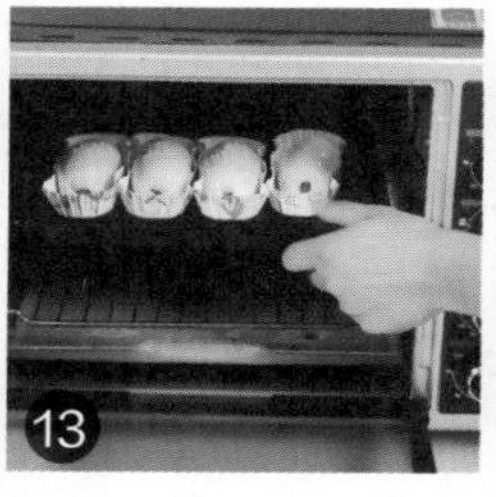
13 烤盘放入预热好的烤箱中，温度调至上火190℃、下火190℃。

14 烤10分钟至熟，取出烤好的面包即可。

黝黑的外表，在形形色色的面包里格外引人注目，顶上肉松与沙拉的陪衬，平添了一份可爱。没有想象中黑色与苦涩的挂钩，倒是意料之外的好味道。

☆ **Point** 要把握好细砂糖的用量，太多会使面包变焦，太少会变硬。

墨鱼面包

烘烤时间

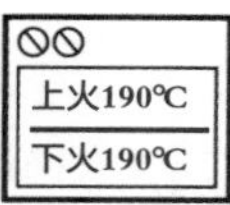

烘烤温度

原料 奶粉8克，改良剂1克，蛋白12克，酵母2克，高筋面粉100克，水44毫升，食用竹炭粉4克，细砂糖24克，盐2克，黄油16克，沙拉酱、肉松各适量

工具 刮板、玻璃碗各1个，擀面杖1根，刷子1把，烤箱1台

做法

1 将改良剂、奶粉、酵母、食用竹炭粉放入装有高筋面粉的玻璃碗中。

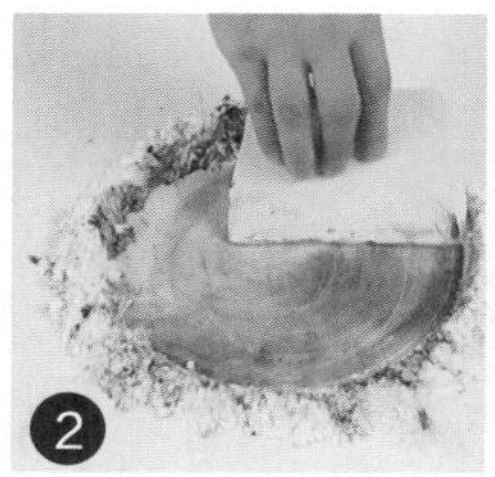
2 将混合后的面粉倒在案台上，用刮板开窝。

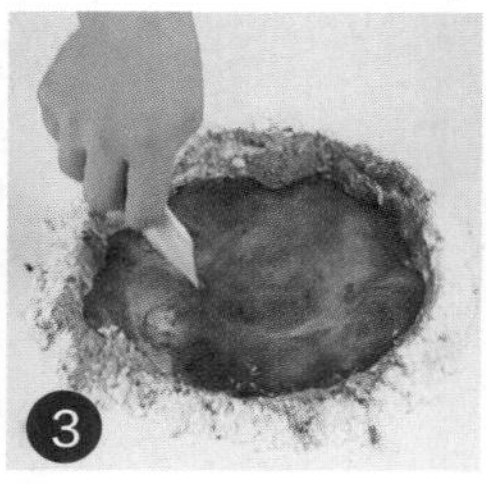
3 加入水、细砂糖、蛋白、盐，搅匀。

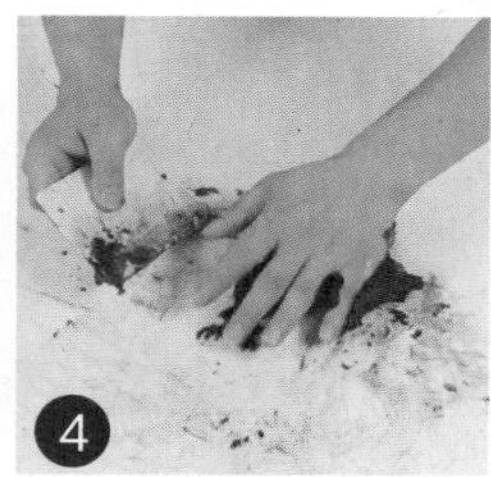
4 将材料混合均匀，加入黄油。

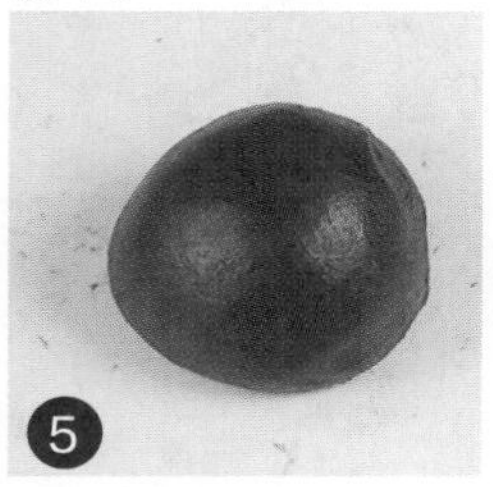
5 揉搓成光滑的面团。

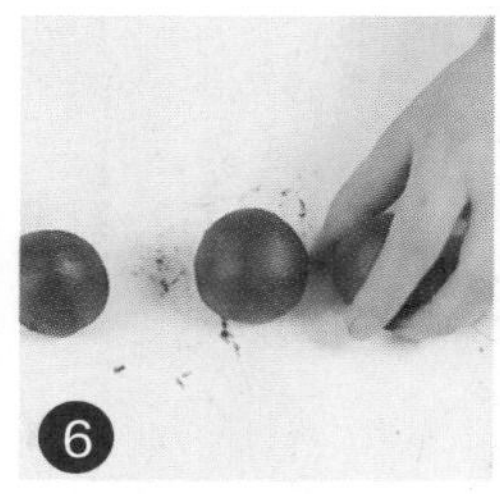
6 把面团分切成4等份，搓成球状。

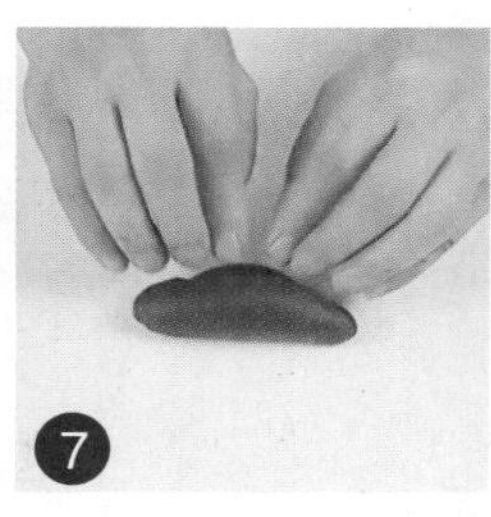
7 将面团擀成面皮，卷成橄榄形，制成生坯。

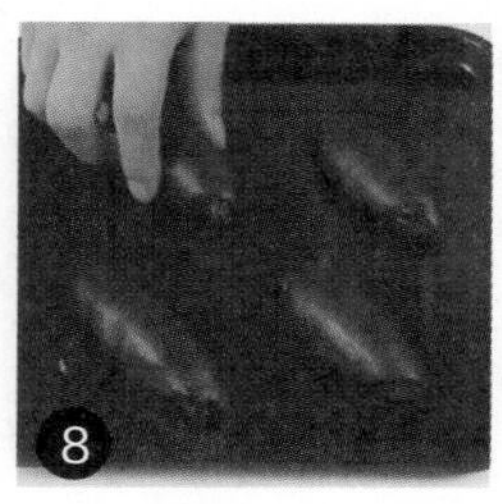
8 将生坯放入烤盘，在常温下发酵90分钟。

9 把生坯放入预热好的烤箱里。

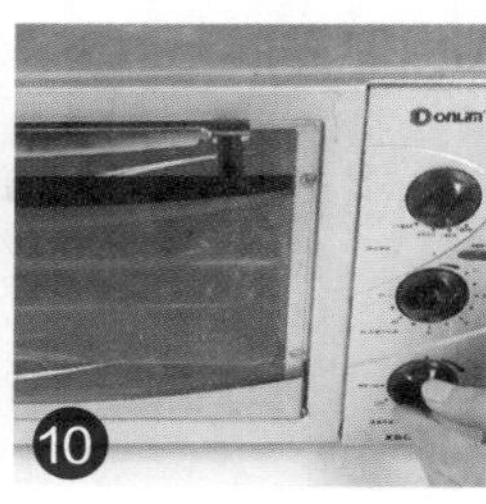
10 关上箱门，以上火190℃、下火190℃烤15分钟至熟。

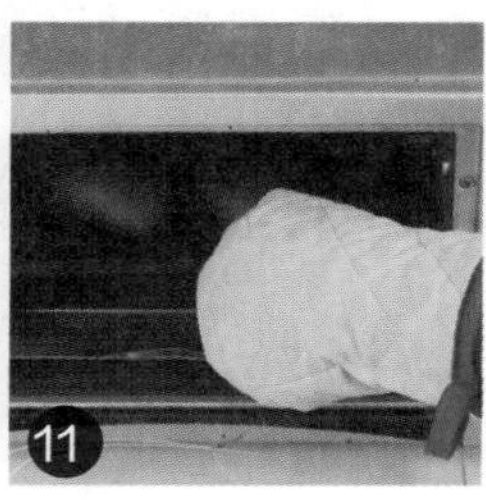
11 打开箱门，取出烤好的面包。

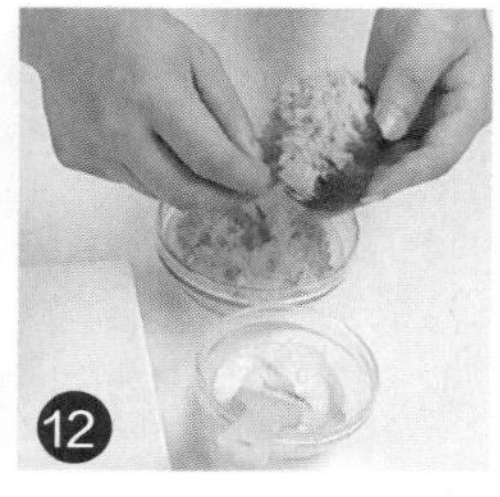
12 刷上一层沙拉酱，再粘上适量肉松，即成墨鱼面包。

香葱为浓郁的芝士加入一份特别的气味，呈现在这款芝士面包里，既不抢味也未遮掩自身的特点。葱香与奶香的融合，竟是如此适合。

☆ **Point** 在发酵好的生坯表面切一刀，塞入足量芝士，更有口感。

香葱芝士面包

烘烤时间

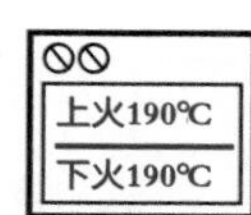

烘烤温度

原料 高筋面粉500克，黄油70克，奶粉20克，细砂糖100克，盐5克，鸡蛋1个，水200毫升，酵母8克，芝士粒、葱花、火腿、蛋液各适量

工具 玻璃碗、刮板、搅拌器各1个，保鲜膜1张，面包纸杯4个，烤箱1台

做法

1 将细砂糖、水倒入玻璃碗中，用搅拌器搅拌至细砂糖溶化。

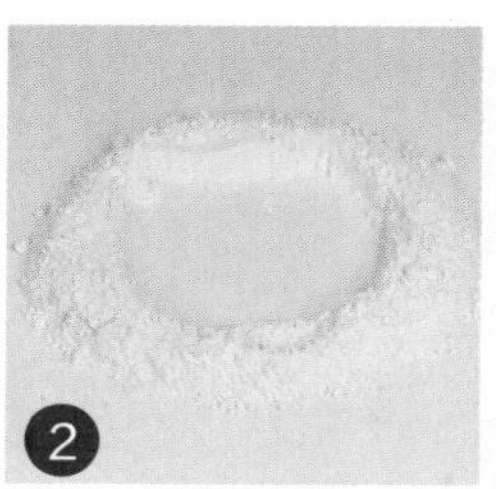

2 把高筋面粉、酵母、奶粉倒在案台上，用刮板开窝。

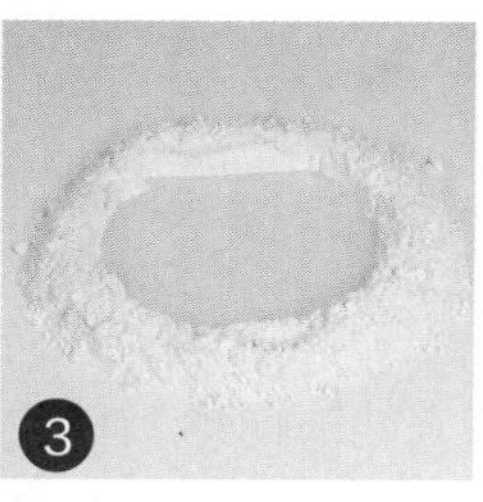

3 倒入备好的糖水，将材料混合均匀，并按压成形。

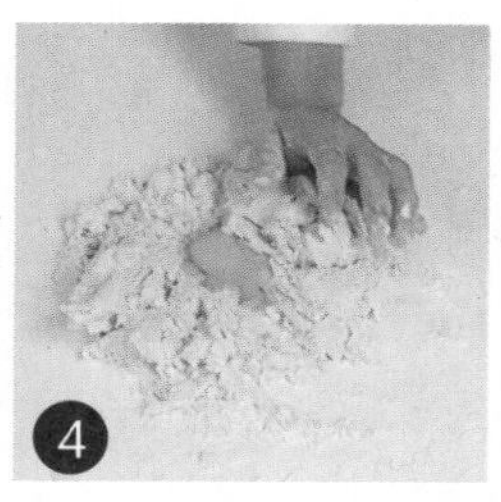

4 加入鸡蛋，将材料混合均匀，揉搓成面团。

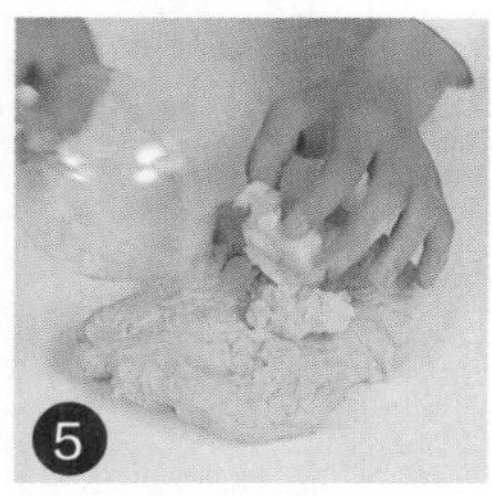

5 将面团稍微拉平，倒入黄油，揉搓均匀。

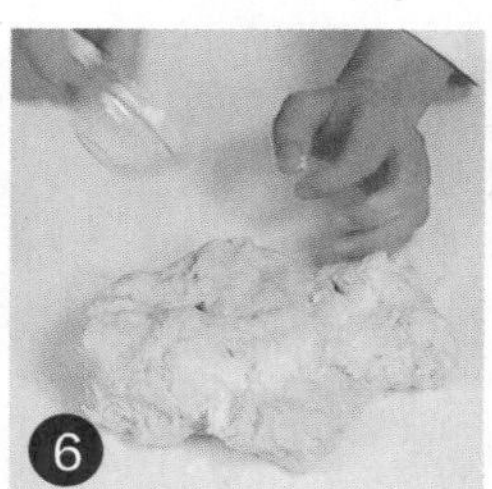

6 加入盐，揉搓成光滑的面团。

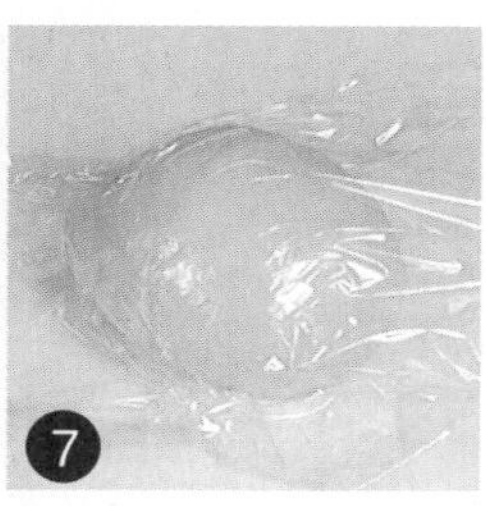

7 用保鲜膜将面团包好，静置10分钟。

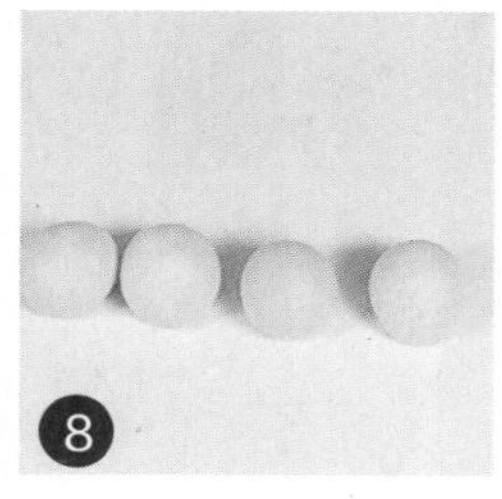

8 取适量面团，分成四个小剂子，将剂子搓成小球状，制成面包生坯。

9 备好面包纸杯，放入面包生坯，常温发酵2小时至原来1倍大。

10 发酵好的生坯放入烤盘，刷上蛋液，放上芝士粒、葱花和火腿。

11 烤盘放入预热好的烤箱中，温度调至上火190℃、下火190℃。

12 烤10分钟至熟，取出烤好的面包即可。

菠菜培根芝士卷

烘烤时间

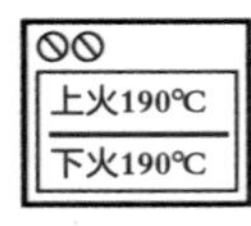

烘烤温度

富含多种营养素的菠菜，不失为为面包增色添香的原料，加上咸鲜的培根、香浓的芝士，汇成这款荤素搭配合宜的菠菜培根芝士卷。

原料

面团部分： 高筋面粉500克，黄油70克，奶粉20克，细砂糖100克，盐5克，鸡蛋1个，水200毫升，酵母8克

馅部分： 培根粒40克，芝士粒30克，菠菜汁适量

工具

玻璃碗、刮板、搅拌器各1个，保鲜膜1张，擀面杖1根，面包纸杯3个，刷子1把，烤箱1台

+备注+

芝士具有润肺、明目、增强免疫力、养颜护肤、养阴补虚等功效。

Point 揉面团时加入菠菜汁，可使面包颜色更美。

A 面团的制作

1 将细砂糖、水倒入玻璃碗中，用搅拌器搅拌至细砂糖溶化。

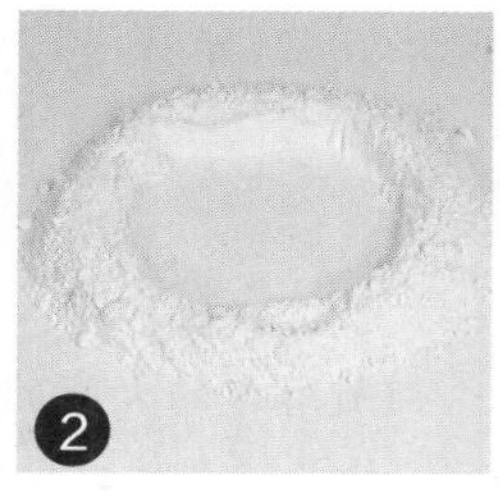

2 把高筋面粉、酵母、奶粉倒在案台上，用刮板开窝。

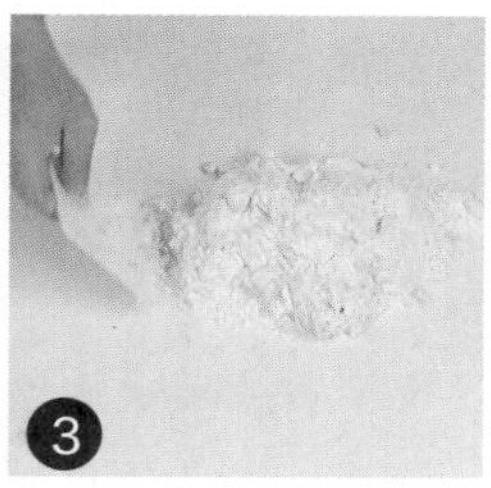

3 倒入备好的糖水，将材料混合均匀，并按压成形。

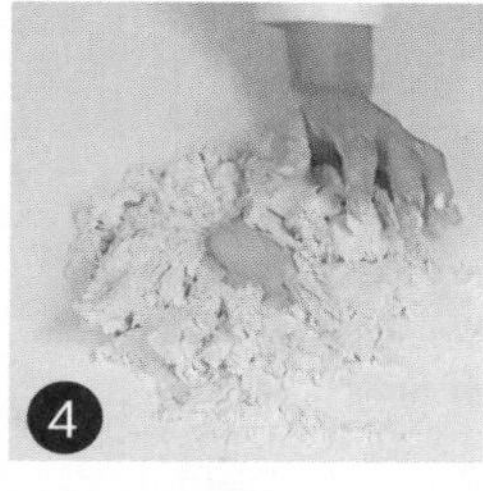

4 加入鸡蛋，将材料混合均匀，揉搓成面团。

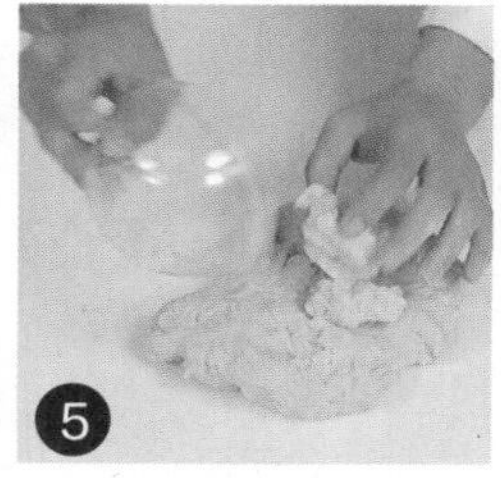

5 将面团稍微拉平，倒入黄油，揉搓均匀。

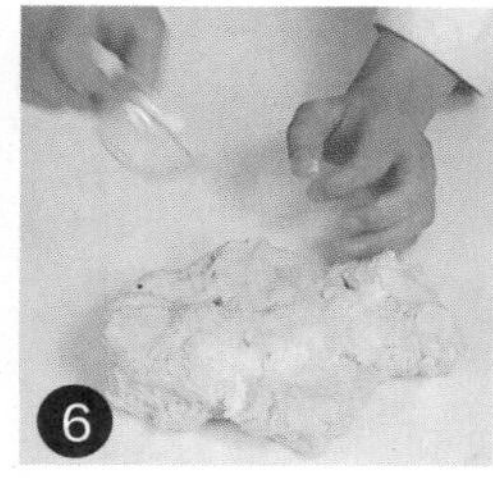

6 加入盐，揉搓成光滑的面团。

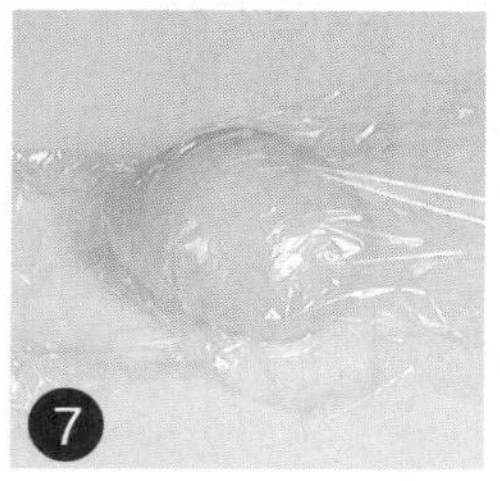

7 用保鲜膜将面团包好，静置10分钟。

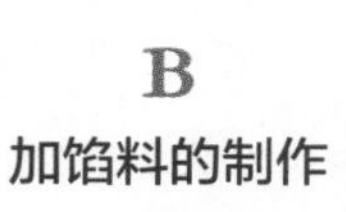

B 加馅料的制作

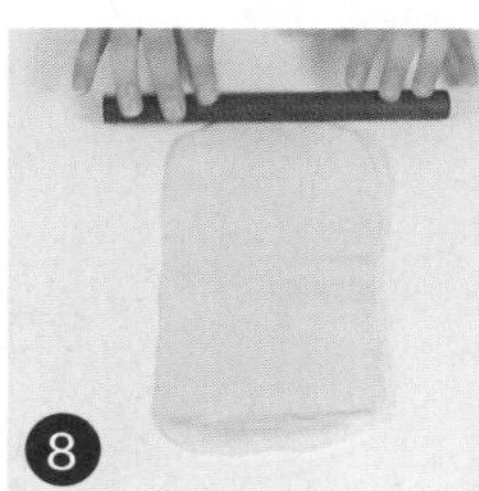

8 取适量面团，用擀面杖擀平至成面饼。

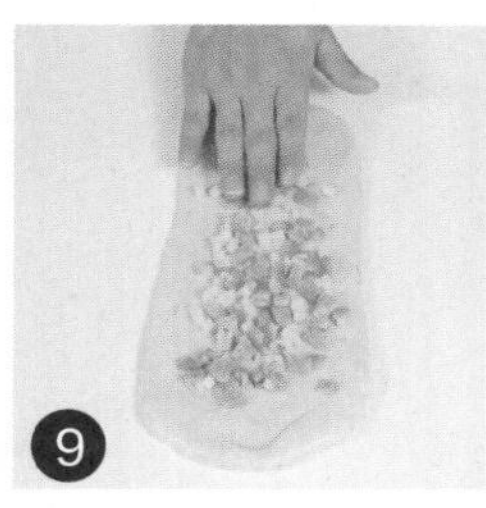

9 面饼上均匀地刷入适量菠菜汁，撒上芝士粒，放入培根粒。

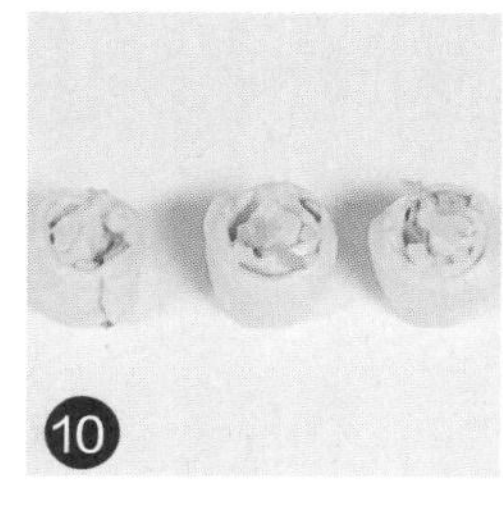

10 将放好食材的面饼卷成橄榄状生坯，切成三等份。

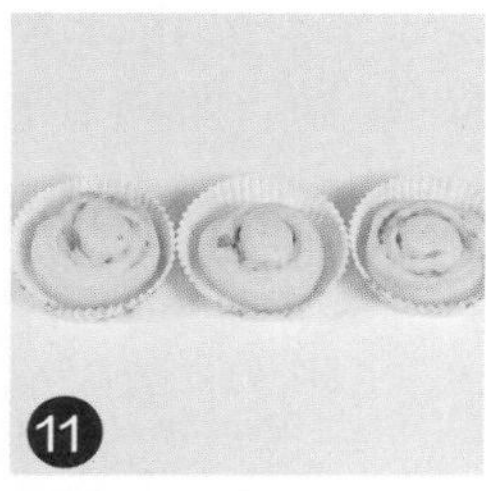

11 备好面包纸杯，放入生坯，常温发酵2小时至微微膨胀。

12 烤盘中放入生坯，再放入预热好的烤箱中。

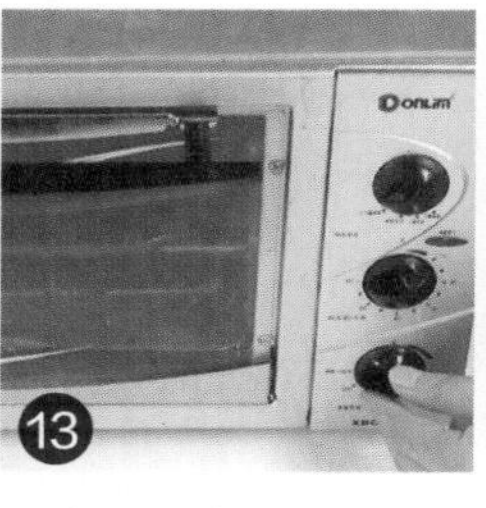

13 温度调至上火190℃、下火190℃。

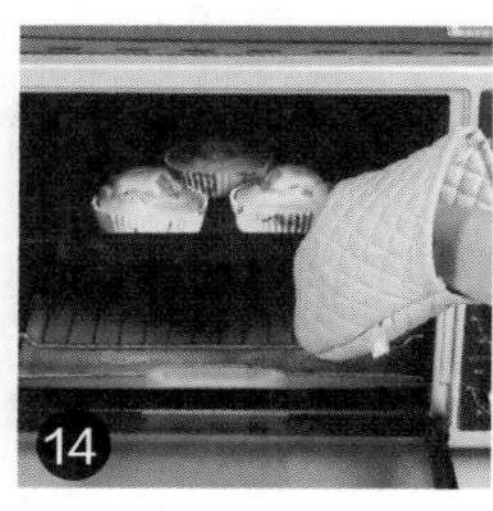

14 烤10分钟至熟，取出烤好的面包即可。

杂蔬火腿芝士卷

烘烤时间

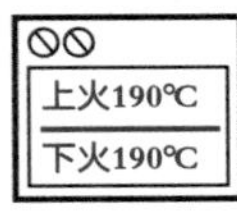

烘烤温度

鲜蔬与浓香芝士、肉质醇厚的火腿的结合，呈现出这款营养美味的杂蔬火腿芝士卷。丰富的用料，带来的是惊喜的口感。

原料

面团部分：高筋面粉500克，黄油70克，奶粉20克，细砂糖100克，盐5克，鸡蛋1个，水200毫升，酵母8克

馅部分：菜心粒20克，洋葱粒30克，玉米粒20克，火腿粒50克，芝士粒35克

装饰部分：沙拉酱适量

工具

玻璃碗、刮板、搅拌器各1个，保鲜膜1张，擀面杖1根，面包纸杯数个，刷子1把，烤箱1台

+备注+

洋葱含膳食纤维、维生素、镁等营养成分，可健胃、发汗、助消化、防癌。

☆ Point 可适当增加酵母的用量，使面包更蓬松。

A 面团的制作

将细砂糖、水倒入玻璃碗中，用搅拌器搅拌至细砂糖溶化。

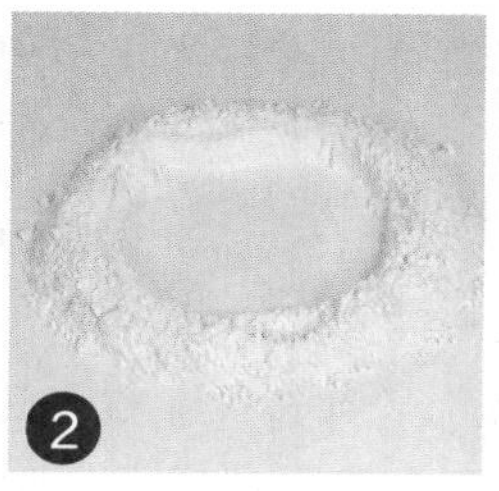

把高筋面粉、酵母、奶粉倒在案台上，用刮板开窝。

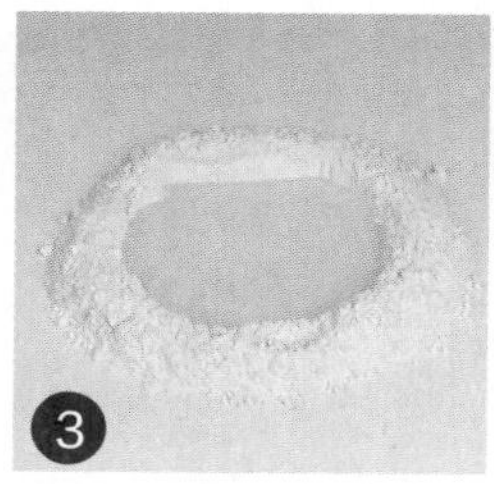

倒入备好的糖水，将材料混合均匀，并按压成形。

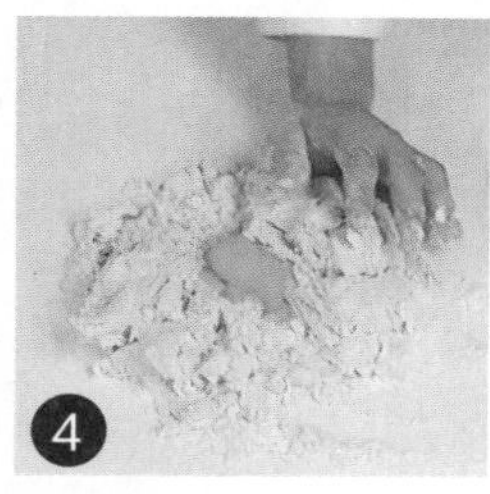

加入鸡蛋，将材料混合均匀，揉搓成面团。

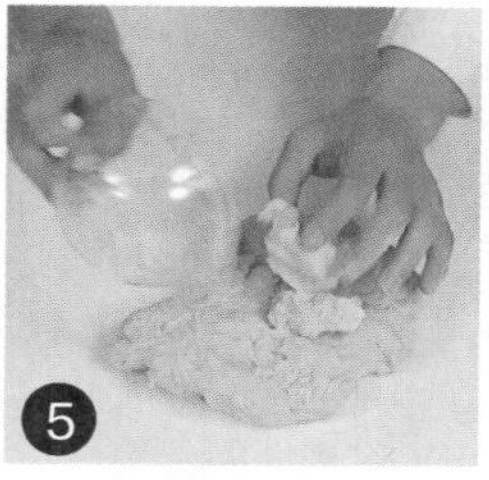

将面团稍微拉平，倒入黄油，揉搓均匀。

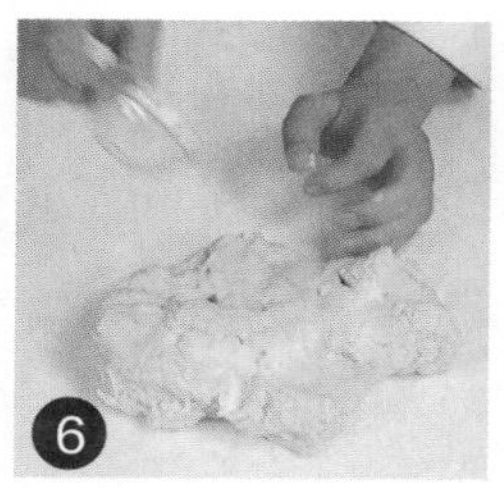

加入盐，揉搓成光滑的面团。

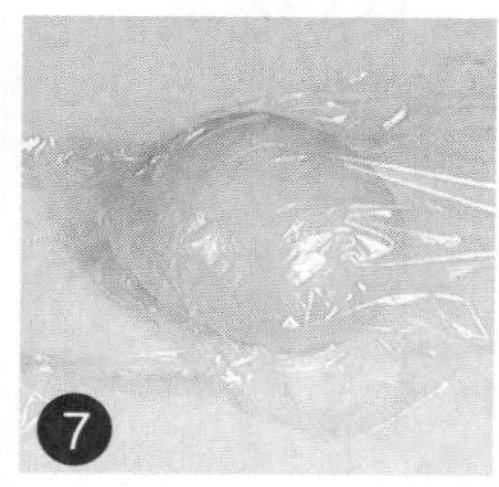

用保鲜膜将面团包好，静置10分钟。

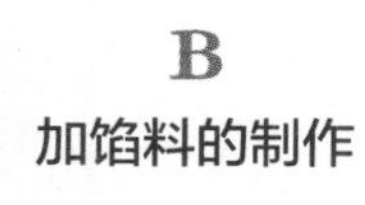

B 加馅料的制作

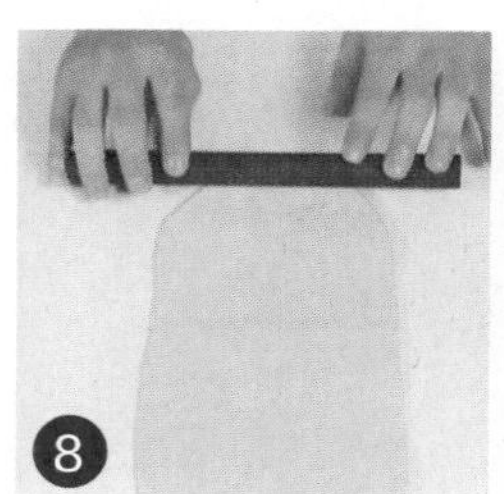

取适量面团，用擀面杖擀平至成面饼。

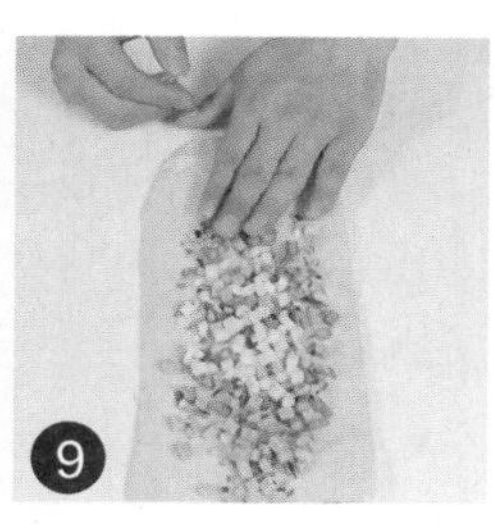

面饼上均匀铺入洋葱粒、菜心粒、火腿粒、芝士粒。

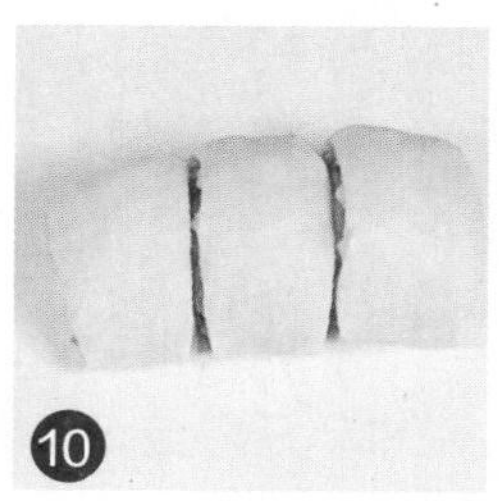

将放好食材的面饼卷成橄榄状生坯，切成三等份。

备好面包纸杯，放入生坯，撒上玉米粒。

常温发酵2小时至微微膨胀，放入烤盘，表面刷上沙拉酱。

将烤盘放入预热好的烤箱中，温度调至上火、下火均190℃。

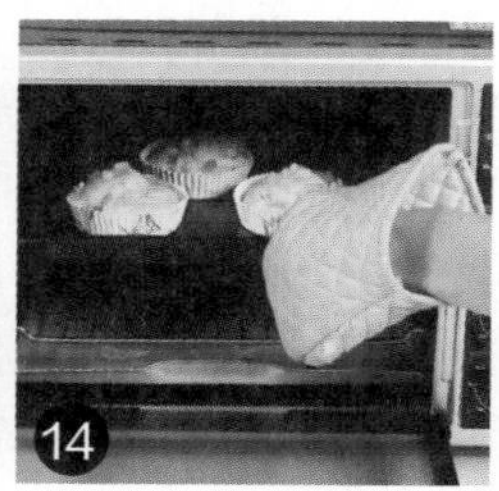

烤10分钟至熟，取出烤好的面包即可。

肉松墨西哥

烘烤时间

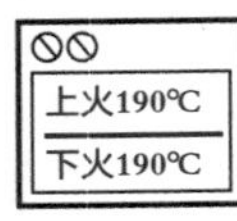

烘烤温度

乍听此名，以为是来自墨西哥的面包，其实不然，这是一种在香港茶餐厅常见的有着金黄色泽的圆形包，小巧可爱，夹着厚厚的肉松，别有风味在其中。

原料

面团部分：高筋面粉500克，黄油70克，奶粉20克，细砂糖100克，盐5克，鸡蛋1个，水200毫升，酵母8克，肉松适量

墨西哥酱料部分：黄油50克，糖粉50克，全蛋50克，低筋面粉50克

工具

刮板、搅拌器、裱花袋各1个，保鲜膜1张，擀面杖1根，剪刀1把，面包纸杯4个，烤箱1台，玻璃碗2个

+备注+

肉松含有多种营养物质，具有补充能量、增强体质、提高人体免疫力等功效。

☆ **Point** 可依个人喜好，适当增减肉松的用量。

做法

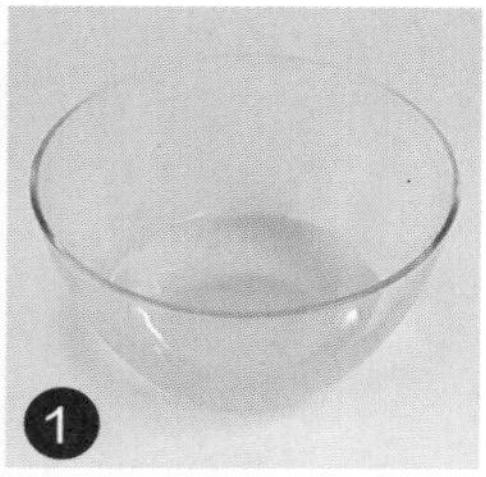

1 将细砂糖、水倒入玻璃碗中，用搅拌器搅拌至细砂糖溶化。

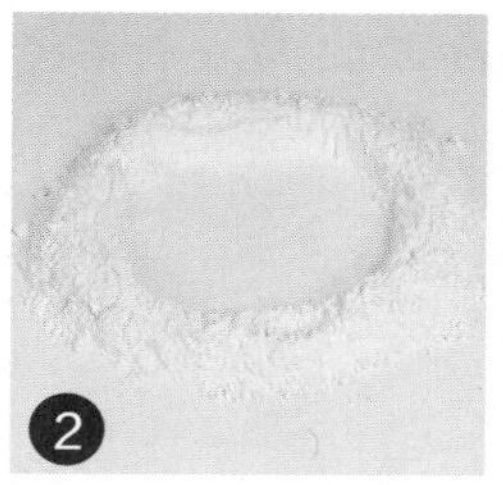

2 把高筋面粉、酵母、奶粉倒在案台上，用刮板开窝。

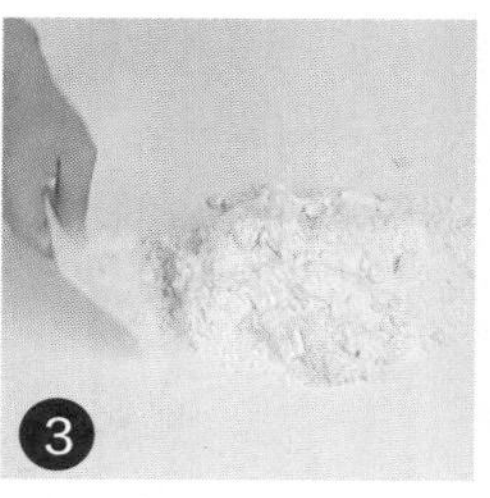

3 倒入备好的糖水，将材料混合均匀，并按压成形。

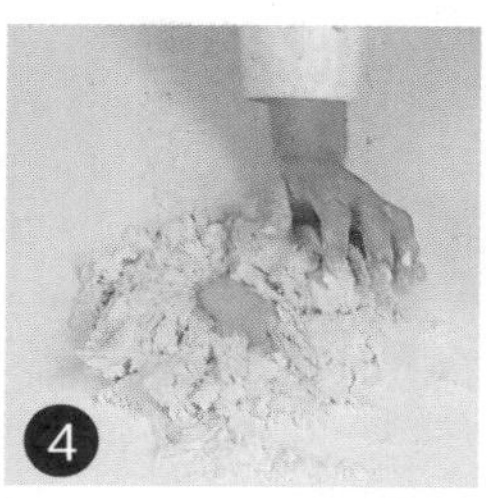

4 加入鸡蛋，将材料混合均匀，揉搓成面团。

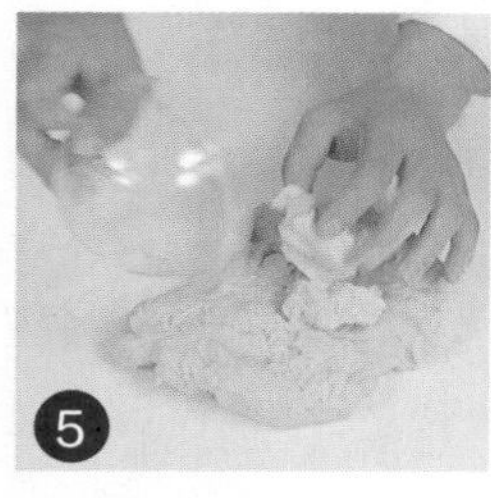

5 将面团稍微拉平，倒入黄油，揉搓均匀。

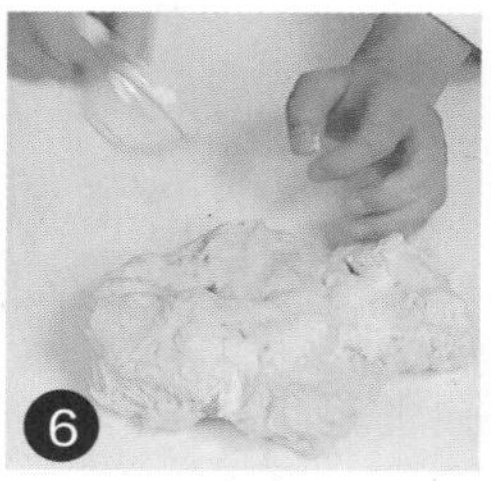

6 加入盐，揉搓成光滑的面团。

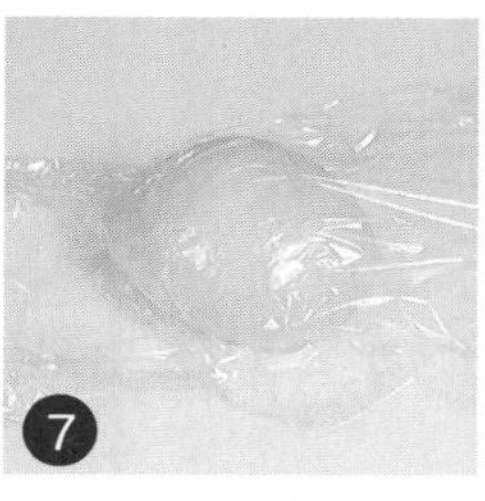

7 用保鲜膜将面团包好，静置10分钟。

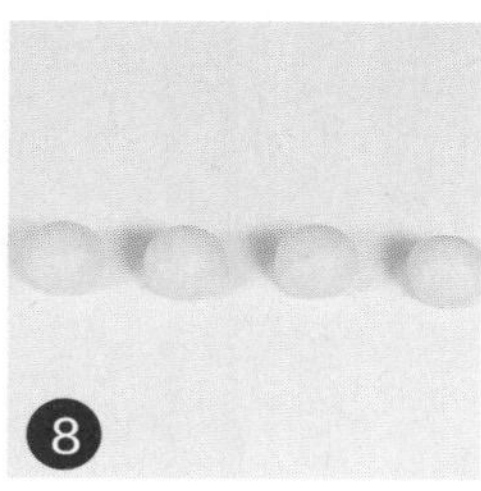

8 取适量面团，搓圆至成四个小球，逐一压扁。

9 放上肉松，将其搓揉成球状生坯。

10 备好面包纸杯，放入生坯，常温发酵2小时至原来1倍大。

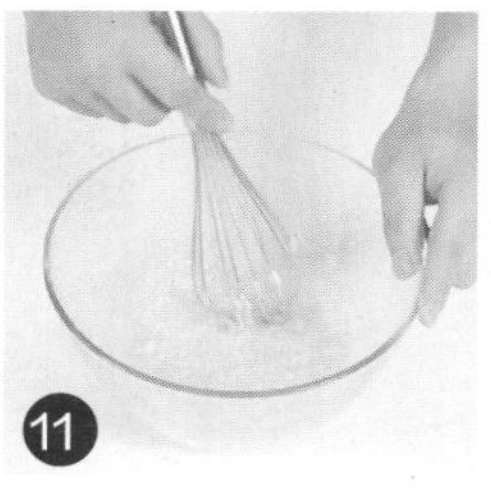

11 备一玻璃碗，倒入糖粉、全蛋、黄油，用搅拌器搅匀至面糊状。

12 加入低筋面粉，搅匀，墨西哥浆料制成。

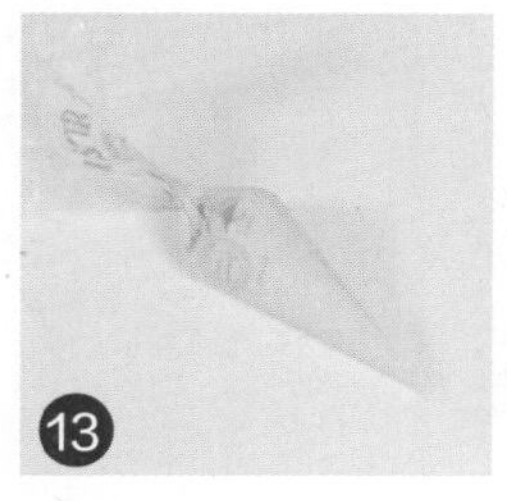

13 备好裱花袋，装入墨西哥浆料，在裱花袋尖角处剪出一个小口。

14 烤盘中放入生坯，以画圈方式将墨西哥浆料挤在生坯上。

15 烤盘放入预热好的烤箱中，温度调至上火190℃、下火190℃。

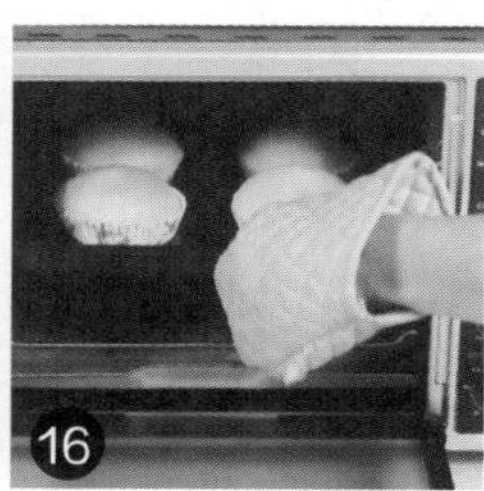

16 烤10分钟至熟，取出烤好的面包即可。

有着“心之谷”之称的红豆，是一种高营养、多功效的粗粮，加入到面包里，使面包口感柔韧之余，多了一份绵软甜香。

☆
Point 可以根据自己的口味，加入其他馅料。

红豆包

烘烤时间

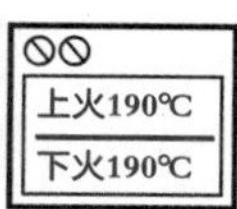

烘烤温度

原料 高筋面粉500克，黄油70克，奶粉20克，细砂糖100克，盐5克，鸡蛋50克，水200毫升，酵母8克，红豆馅50克

工具 玻璃碗、刮板、搅拌器各1个，保鲜膜1张，擀面杖1根，小刀、刷子各1把，电子秤、烤箱各1台

做法

1 将细砂糖、水倒入玻璃碗中，用搅拌器搅拌至细砂糖溶化。

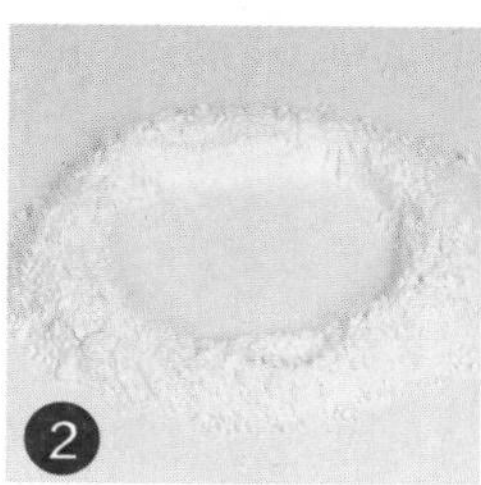
2 把高筋面粉、酵母、奶粉倒在案台上，用刮板开窝。

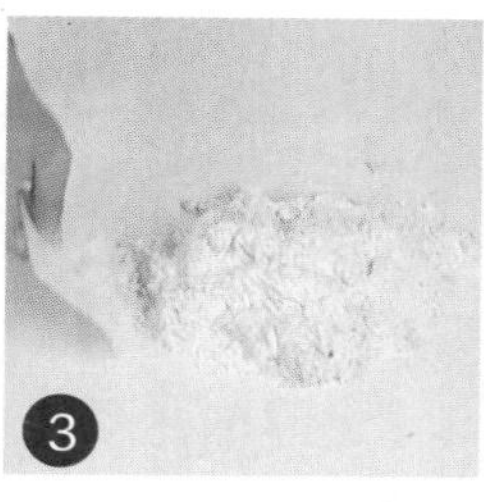
3 倒入备好的糖水，将材料混合均匀，并按压成形。

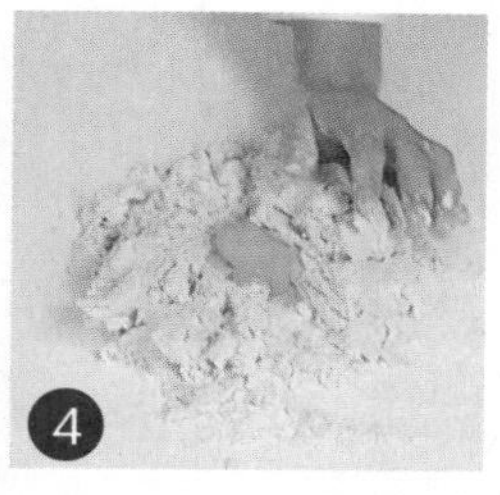
4 加入鸡蛋，将材料混合均匀，揉搓成面团。

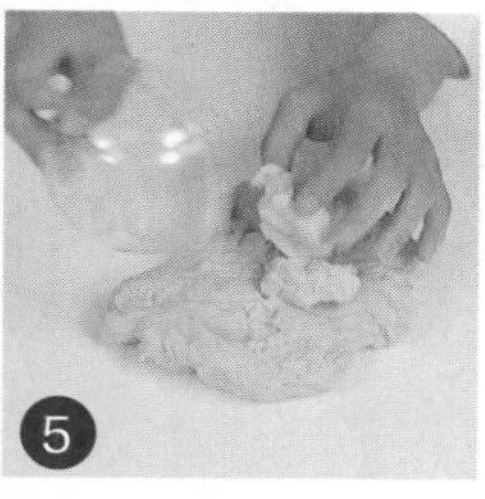
5 将面团稍微拉平，倒入黄油，揉搓均匀。

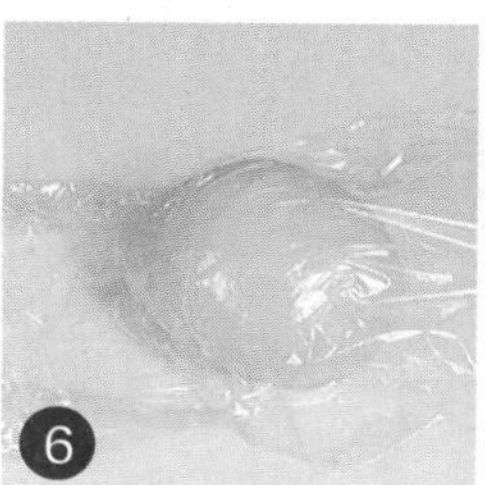
6 加盐，揉搓成光滑的面团，用保鲜膜包好，静置10分钟。

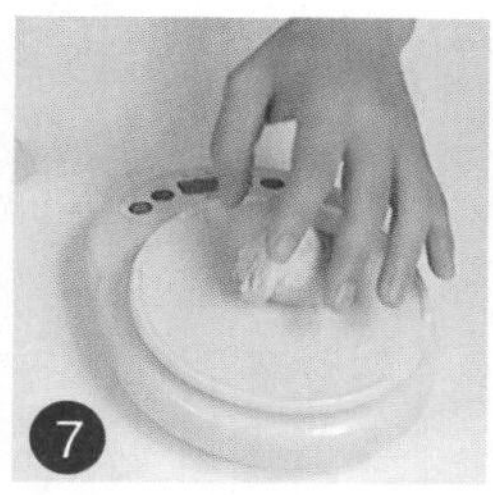
7 将面团分成数个60克一个的小面团，揉搓成圆形。

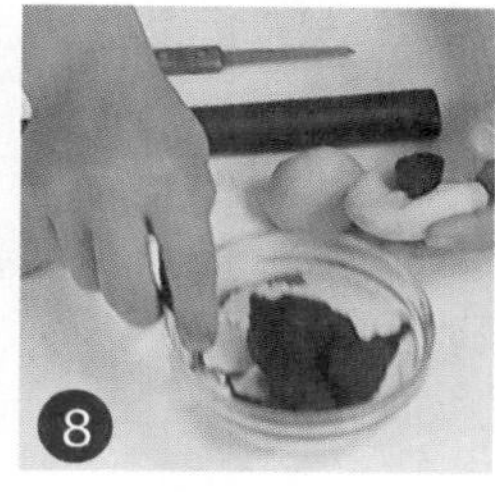
8 将小面团稍微压平，放入红豆馅，包好，并搓圆。

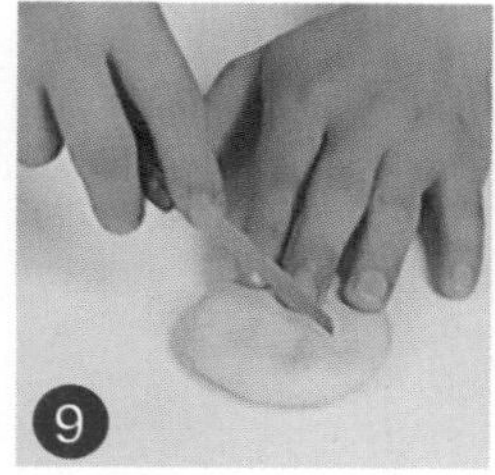
9 轻轻地按压一下，用小刀在面团上划两个小口。

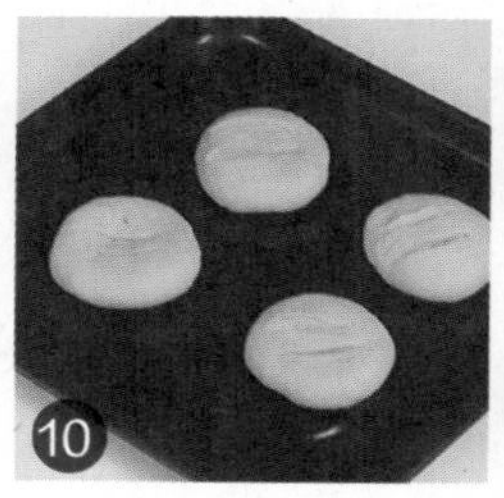
10 把面团放入烤盘，使其发酵90分钟，备用。

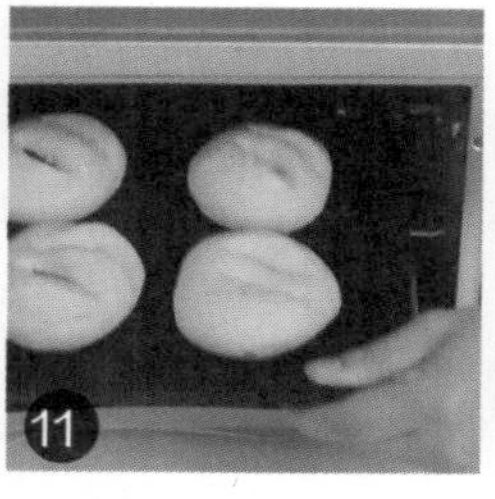
11 将烤箱调为上火、下火均190℃，预热后放入烤盘。

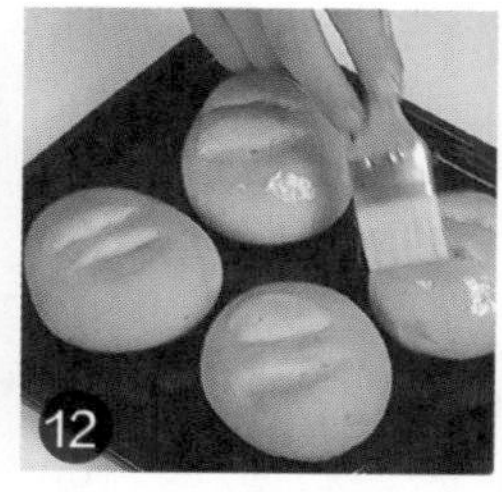
12 烤15分钟至熟，取出红豆包，刷上适量黄油即可。

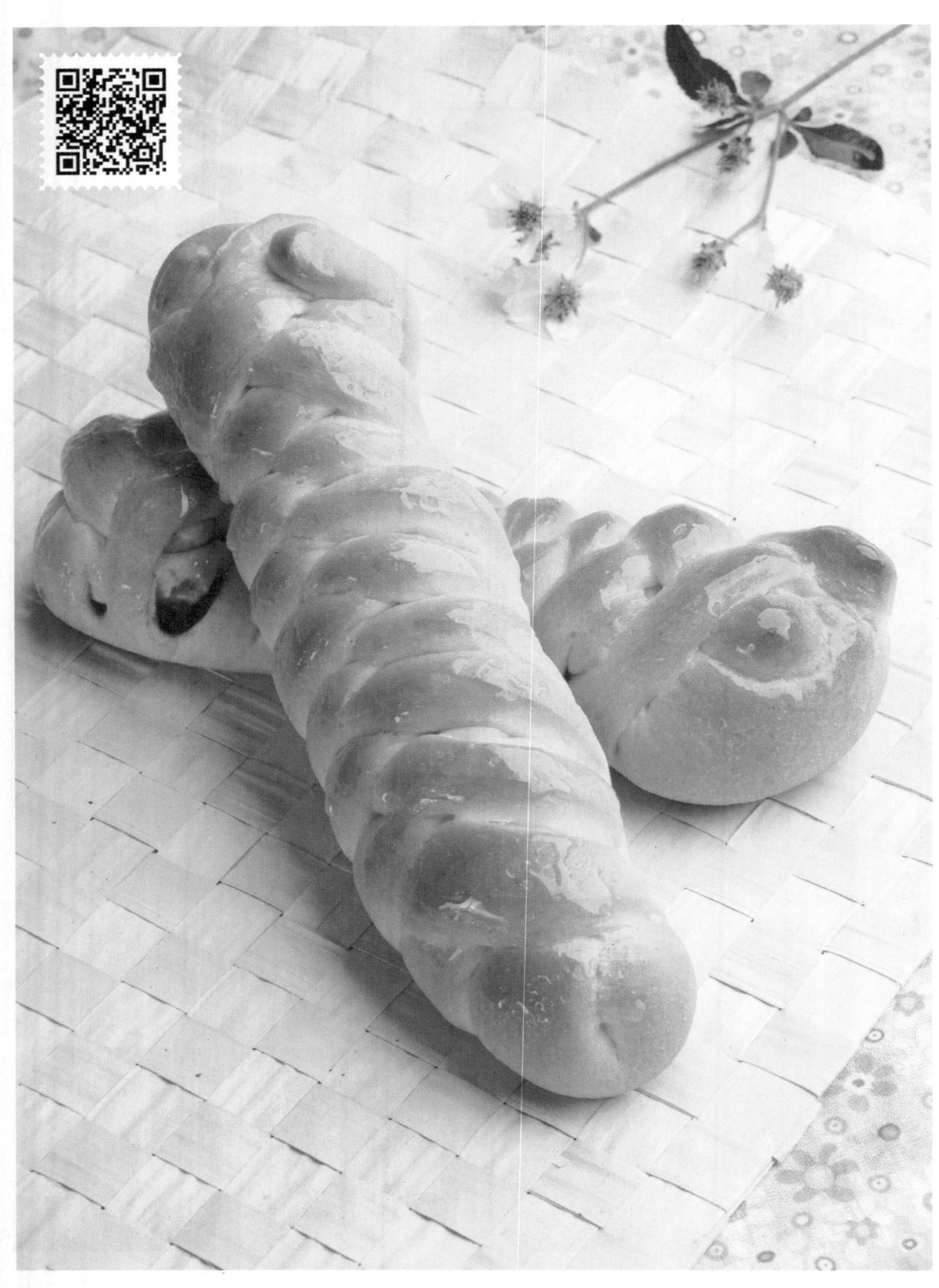

☆ **Point** 在盖上小细条时，动作要轻，以免细条断开。

红豆面包条

烘烤时间

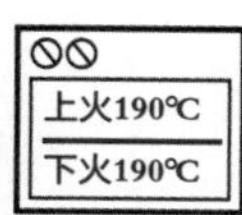

烘烤温度

软糯的红豆隐藏在如辫子般相互交错的面包条里，看不到的惊喜，多了一份期待，一口下去，浓郁的香气在口腔里迅速蔓延。

原料

高筋面粉500克
黄油70克
奶粉20克
细砂糖100克
盐5克
鸡蛋1个
水200毫升
酵母8克
红豆馅20克
蜂蜜适量

工具

玻璃碗、刮板、
搅拌器各1个
保鲜膜1张
擀面杖1根
刷子、小刀各1把
电子秤、烤箱各1台

做法

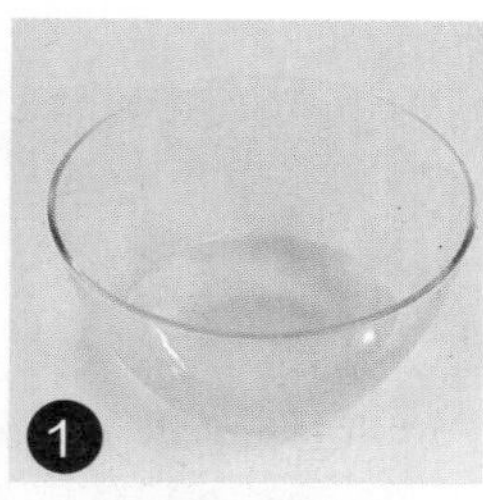
1 将细砂糖、水倒入玻璃碗中。

2 用搅拌器搅拌至细砂糖溶化，制成糖水待用。

3 把高筋面粉、酵母、奶粉倒在案台上，用刮板开窝。

4 倒入之前已经备好的糖水。

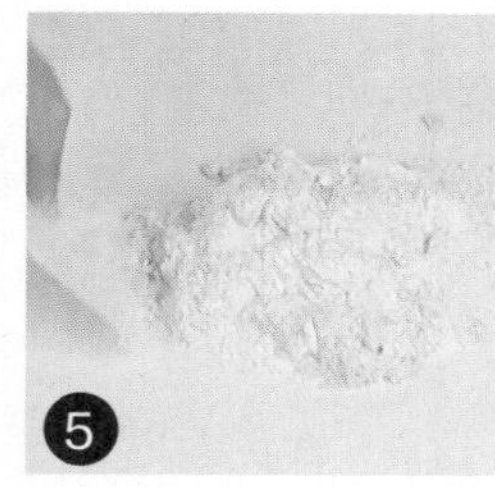
5 将材料混合均匀，并按压成形。

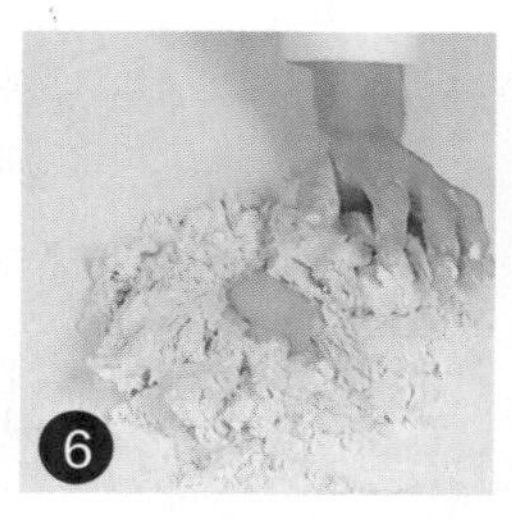
6 加入鸡蛋，将材料混合均匀。

7 揉搓成面团，将面团稍微拉平。

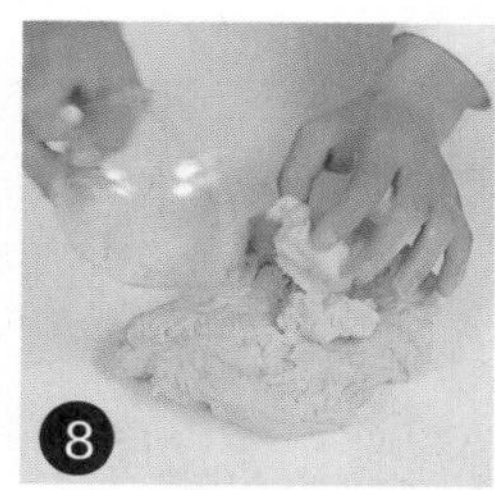
8 倒入黄油，揉搓匀。

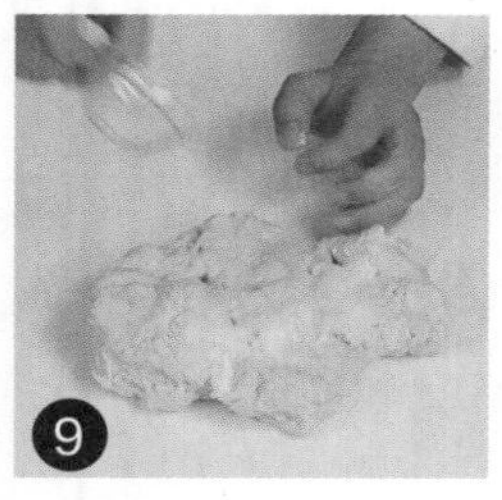
加入盐，揉搓成光滑的面团。

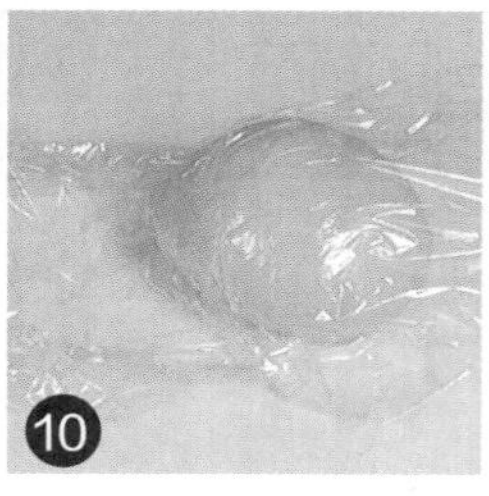
用保鲜膜将面团包好，静置10分钟。

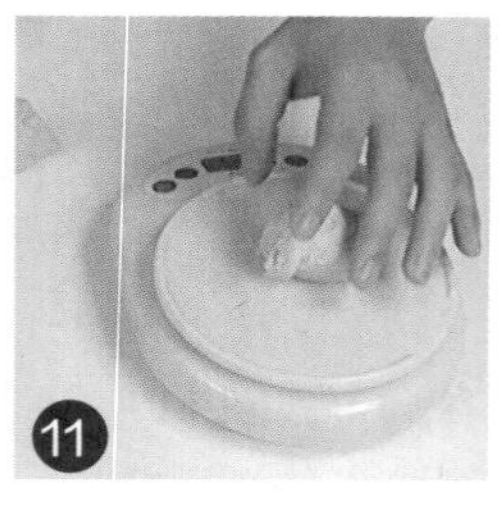
将面团分成数个60克一个的小面团。

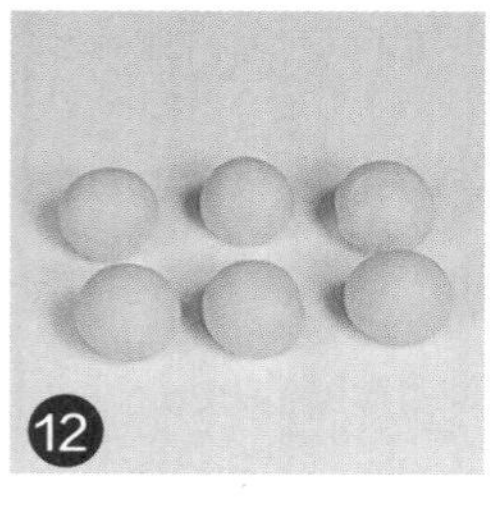
把小面团揉成圆球。

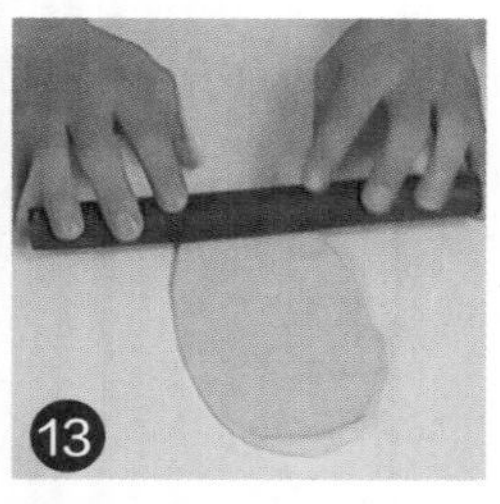
用擀面杖擀成长条。

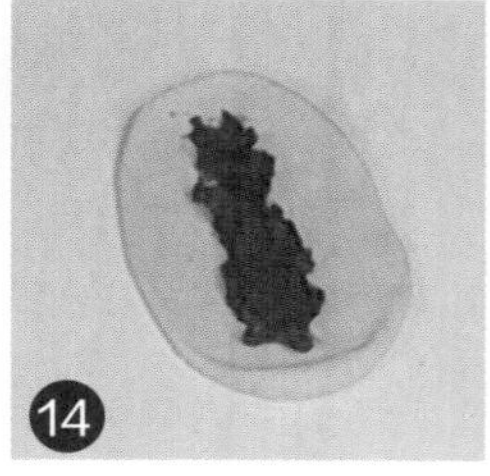
在中间放上红豆馅。

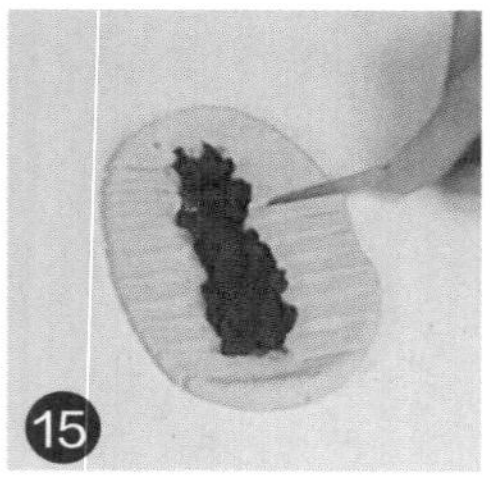
用小刀在两侧均匀地划出小口子。

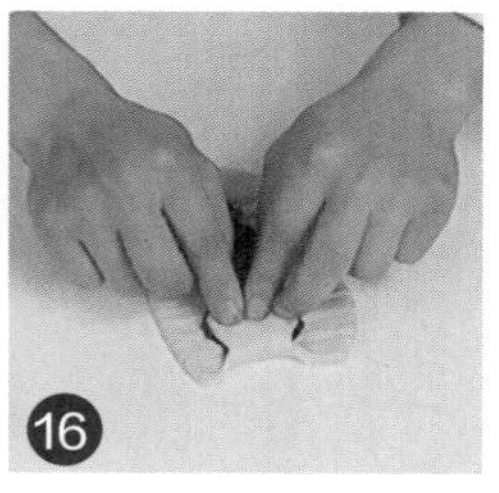
将一端盖到红豆馅上。

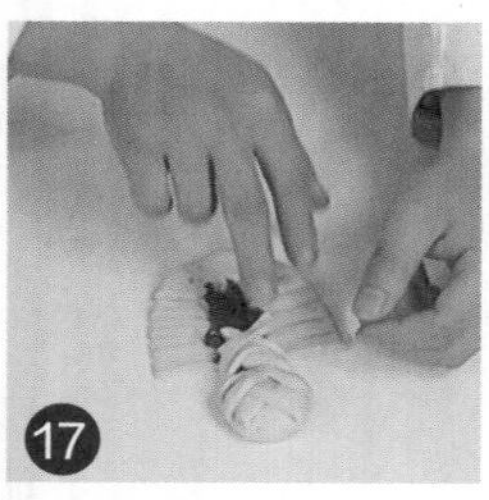
再把两边的小细条以交错的方式盖上红豆馅。

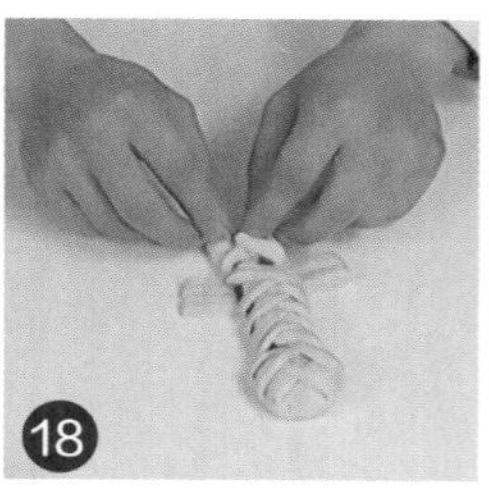
在剩余两根的时候，盖上另一端的面片。

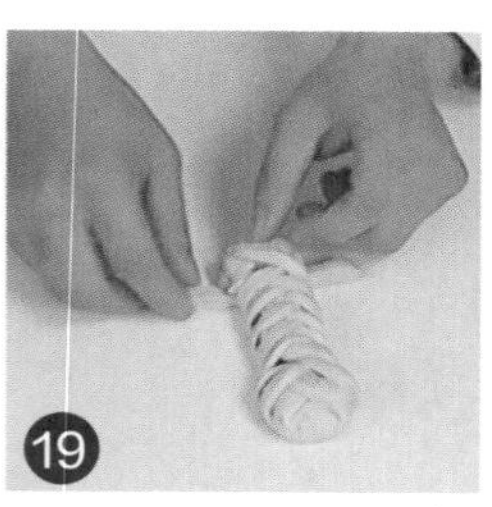
将剩下的两根细条以交错的方式慢慢地盖上，制成生坯。

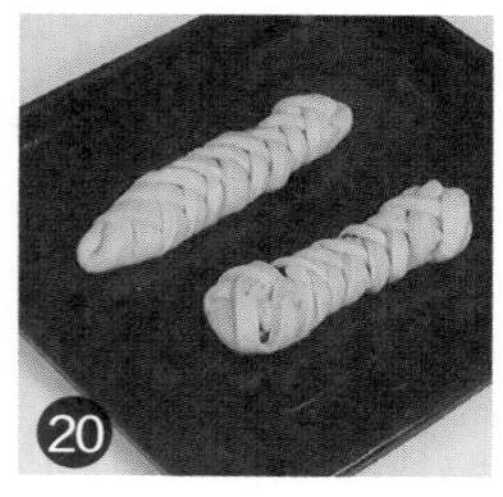
放入烤盘中，使其发酵90分钟。

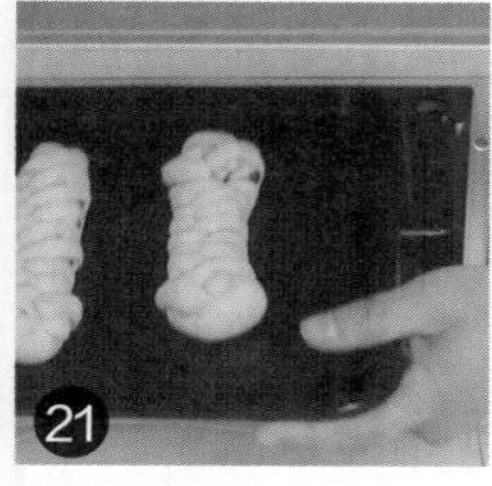
将烤盘放入烤箱，温度为上火190℃、下火190℃。

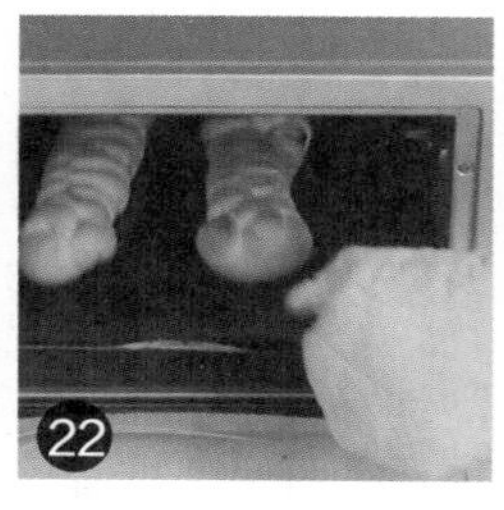
烤15分钟至熟。

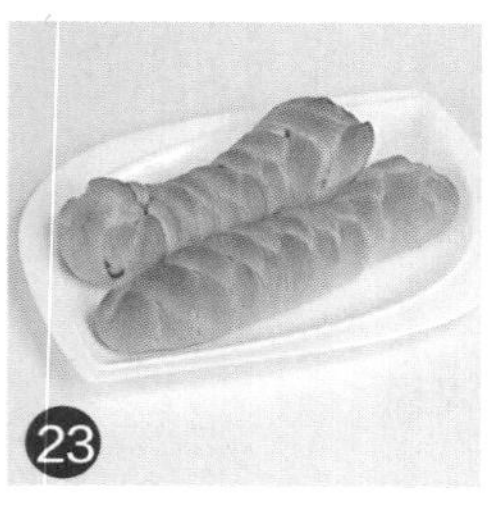
将烤好的红豆面包条装入盘中。

刷上适量蜂蜜即可。

香草黄油法包

烘烤时间

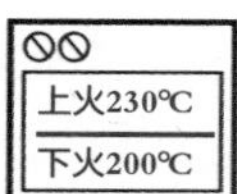

烘烤温度

总是与甜点紧密联系在一起的香草，融进酥脆的法包里，十分地适宜。伴随着黄油的奶香，成为这道色泽鲜明的香草黄油法包。

原料 法国面包片150克，蒜蓉5克，莳萝草片2克，盐2克，溶化的黄油40克

工具 烤箱1台，锡纸1张

做法

1. 将盐、蒜蓉、莳萝草片放入溶化的黄油中，拌匀。
2. 把拌匀的调料均匀地抹在法国面包片上。
3. 将涂抹上调料的面包片放入垫有锡纸的烤盘中。
4. 将烤箱温度调成上火230℃、下火200℃。
5. 把烤盘放入烤箱，烤10分钟。
6. 从烤箱中取出烤盘，将烤好的面包片装入盘中即可。

☆ Point 若喜欢香脆的口感，可多烤一会儿。

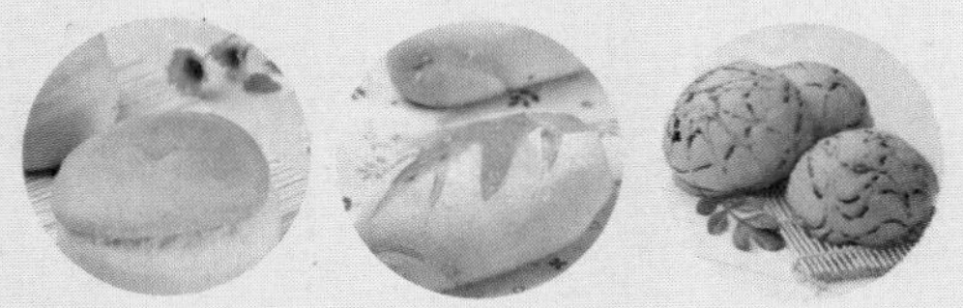

Part 5 花式面包

看着面包店里琳琅满目的花式面包，您是不是也跃跃欲试了？本章介绍了头顶雪花的雪花面包、像大长辫子的辫子面包、像蘑菇生长在盘子里的蘑菇面包、像古鼻烟壶的鼻烟壶面包、像哈雷彗星的哈雷面包等12种花式面包，好吃又好看，学会后在家人和朋友面前露一手吧。

☆ **Point** 裱花袋剪开的口不宜太大，否则挤出的雪花酱太多。

雪花面包

烘烤时间

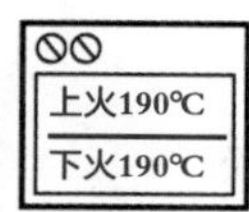

烘烤温度

不同于菠萝包香酥的表皮，顶上铺着厚厚的一层雪花酱，名副其实，如雪花般入口即溶，化在面包紧实的质地里，软硬适中。

原料

面团部分：

高筋面粉500克
黄油70克
奶粉20克
细砂糖100克
盐5克
鸡蛋1个
水200毫升
酵母8克

雪花酱部分：

植物鲜奶油200克
吉士粉45克
水170毫升
低筋面粉50克
玉米淀粉50克

工具

刮板、搅拌器、
长柄刮板、裱花袋、
电动搅拌器各1个
玻璃碗2个
保鲜膜1张
剪刀1把
电子秤、烤箱各1台

A. 面团做法

将细砂糖、水倒入玻璃碗中，用搅拌器搅拌至细砂糖溶化。

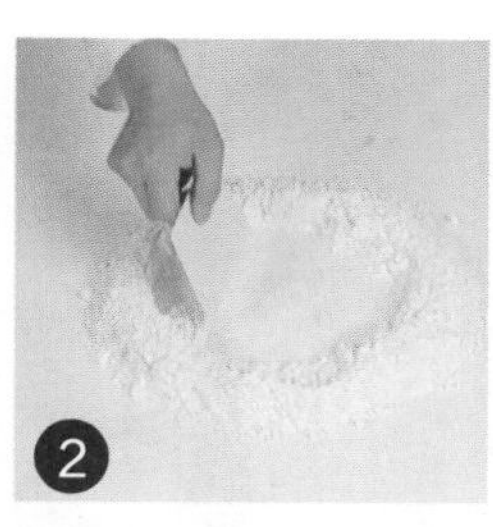

把高筋面粉、酵母、奶粉倒在案台上，用刮板开窝。

倒入备好的糖水，将材料混合均匀，并按压成形。

加入鸡蛋，揉搓成面团。

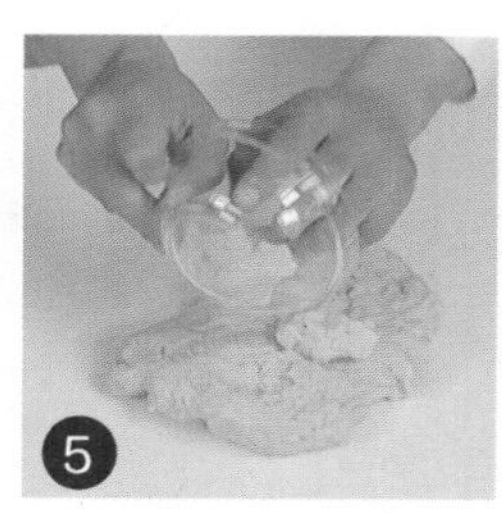

将面团稍微拉平，倒入黄油。

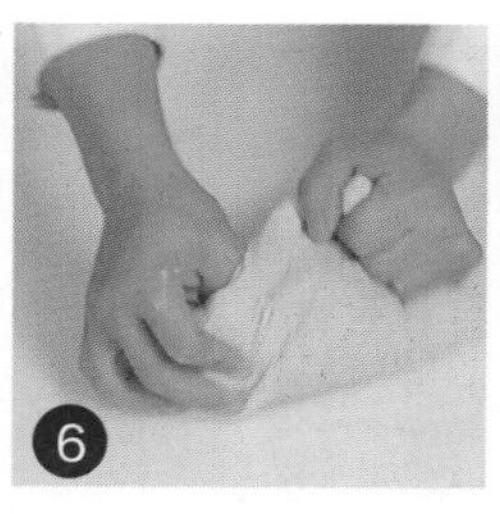

揉搓至黄油与面团完全融合。

加入盐，揉搓成光滑的面团。

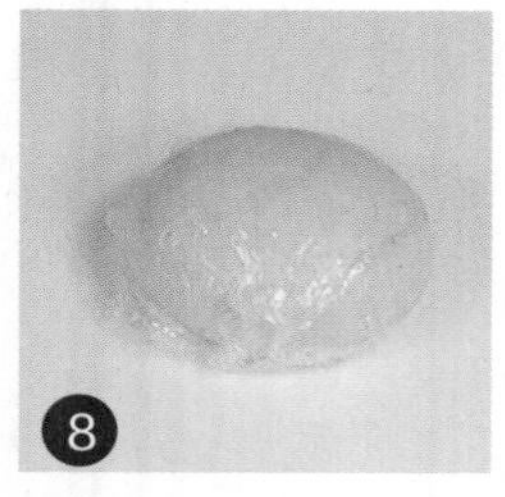

8 用保鲜膜将面团包好，静置10分钟。

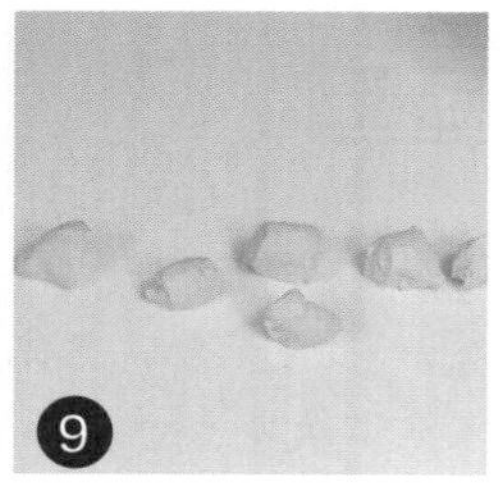

9 去除保鲜膜，将面团分成均等的小面团。

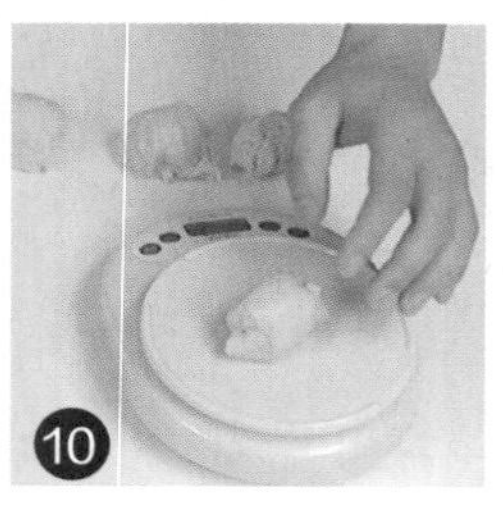

10 用电子秤称取数个60克的小面团。

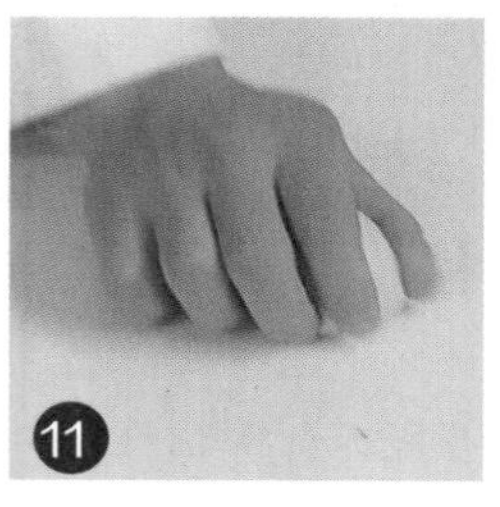

11 小面团揉成圆球形。

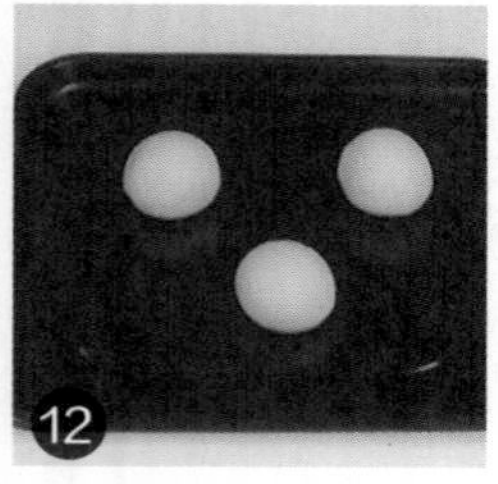

12 取3个小面团，放入烤盘中，使其发酵90分钟。

B. 加雪花酱

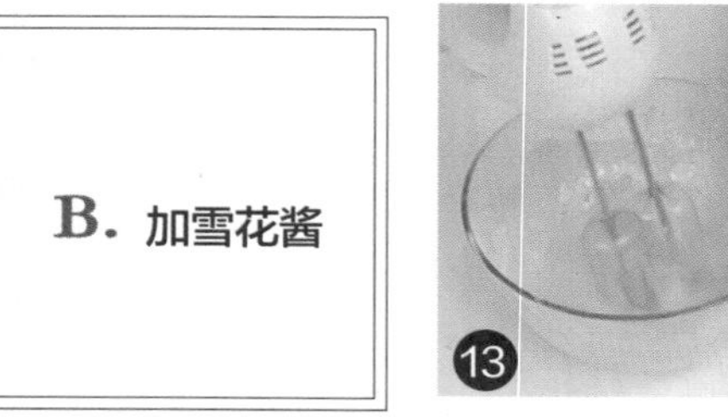

13 将水、低筋面粉、吉士粉、玉米淀粉倒入玻璃碗中，用电动搅拌器拌匀。

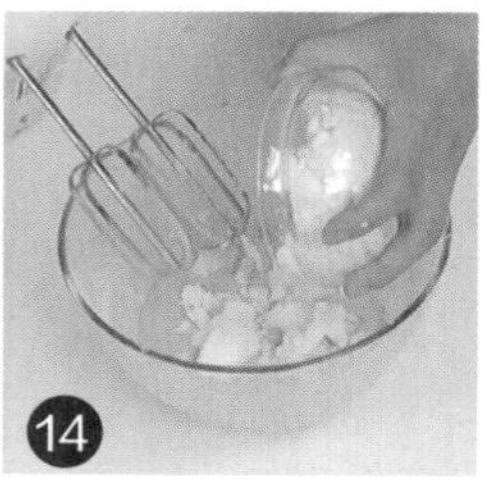

14 加入植物鲜奶油，快速搅拌均匀，即成雪花酱。

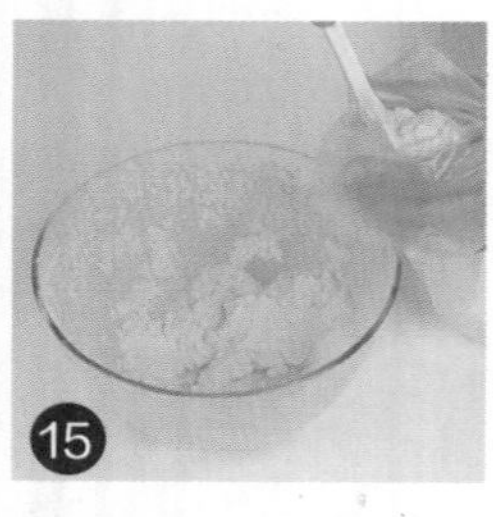

15 用长柄刮板将雪花酱装入裱花袋中待用。

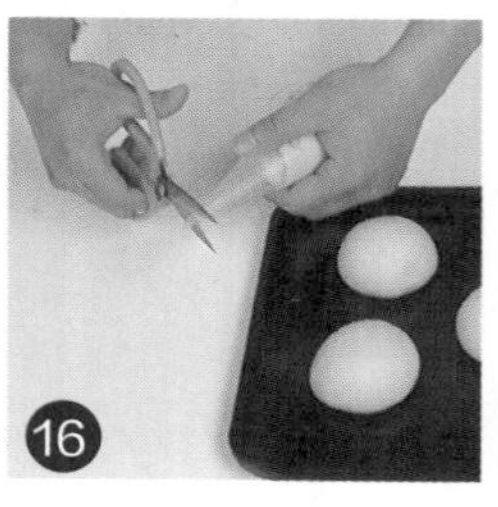

16 用剪刀在裱花袋尖端部位剪开一个小口。

17 以划圆圈的方式将雪花酱挤在面团上。

18 将烤盘放入烤箱中。

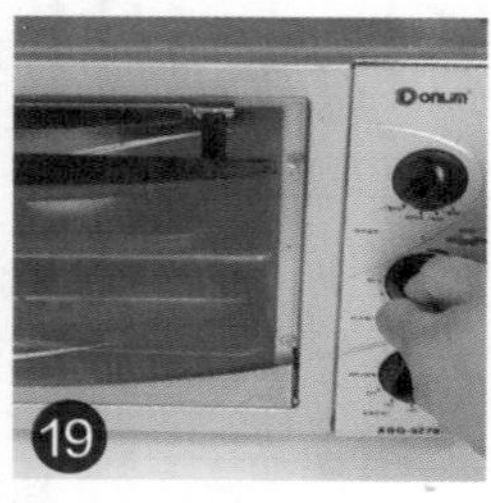

19 以上火190℃、下火190℃烤15分钟至熟。

20 取出烤盘，将烤好的雪花面包装入盘中即可。

+备注+

如果面包形状是规则的半球形，表面光滑且是深黄色，上面均匀点缀着白色的“雪花”，组织细腻，口感松软，那就成功了。

吉士面包

烘烤时间

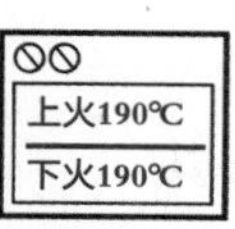

烘烤温度

金黄吉士酱的加入，为面包增味添香，使面包散发出浓郁的奶香与果香。橙黄的色泽，似是为崭新的一天填入暖暖的阳光，带来明朗好心情。

原料

面团部分：

高筋面粉500克
黄油70克
奶粉20克
细砂糖100克
盐5克
鸡蛋1个
水200毫升
酵母8克

吉士酱部分：

水100毫升
吉士粉60克
玉米淀粉40克

装饰部分：

糖粉适量

工具

刮板、筛网、
搅拌器、裱花袋、
电动搅拌器各1个
保鲜膜1张
玻璃碗2个
剪刀1把
电子秤、烤箱各1台

A. 面团做法

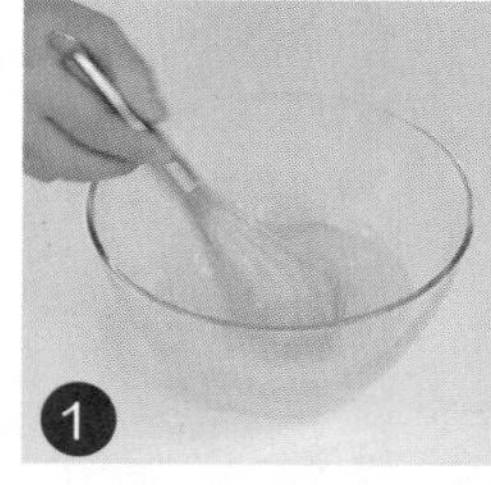

1 将细砂糖、水倒入玻璃碗中，用搅拌器搅拌至细砂糖溶化。

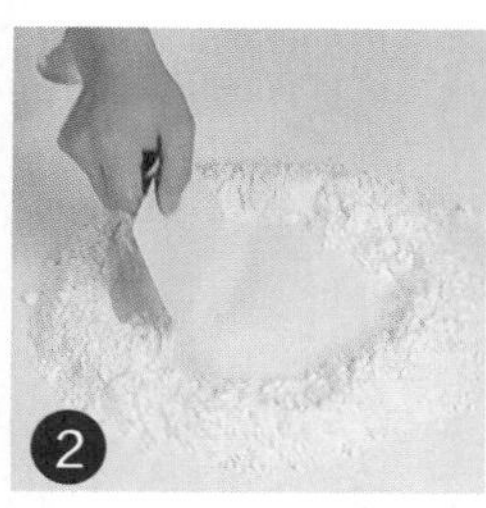

2 把高筋面粉、酵母、奶粉倒在案台上，用刮板开窝。

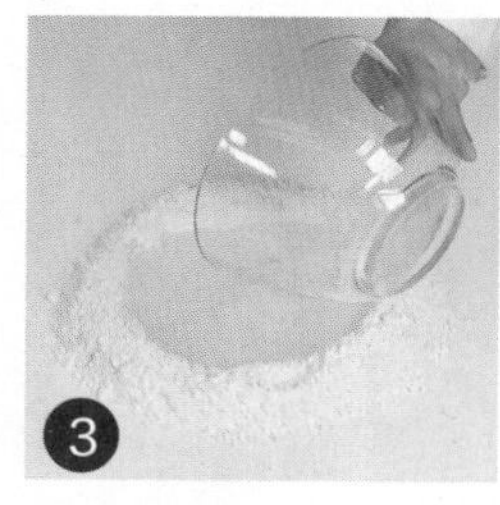

3 倒入备好的糖水。

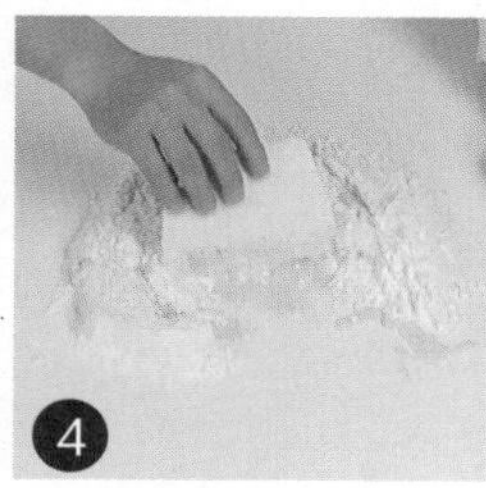

4 将材料混合均匀，并按压成形。

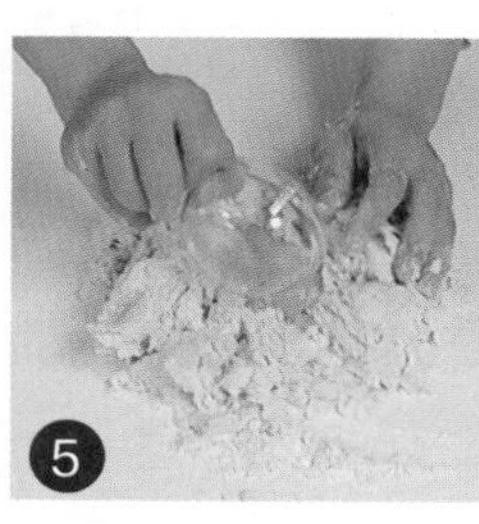

5 加入鸡蛋，揉搓成面团。

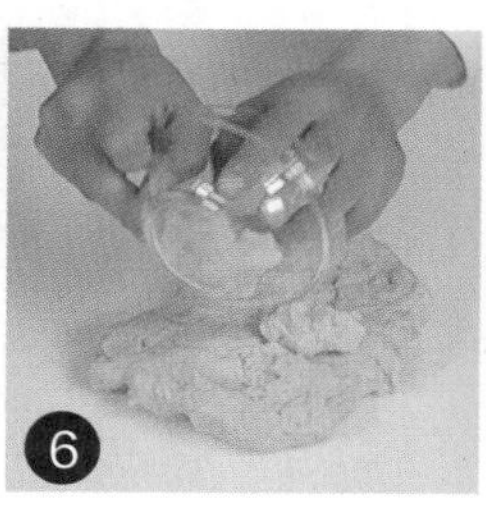

6 将面团稍微拉平，倒入黄油。

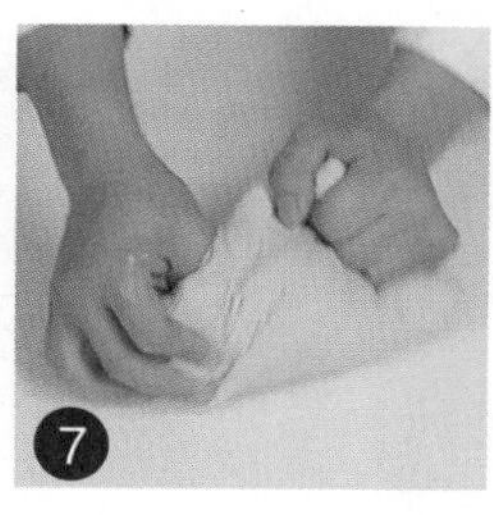

7 揉搓至黄油与面团完全融合。

☆ **Point** 封上保鲜膜时要封紧，否则会影响效果。

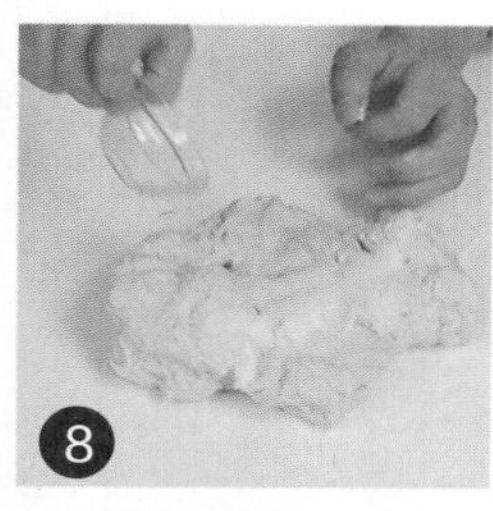

8 加入盐，揉搓成光滑的面团。

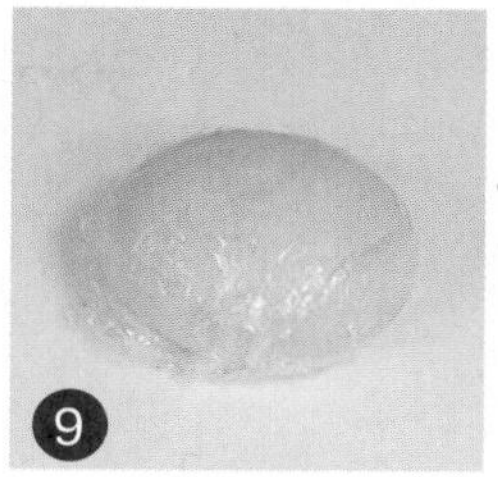

9 用保鲜膜将面团包好，静置10分钟。

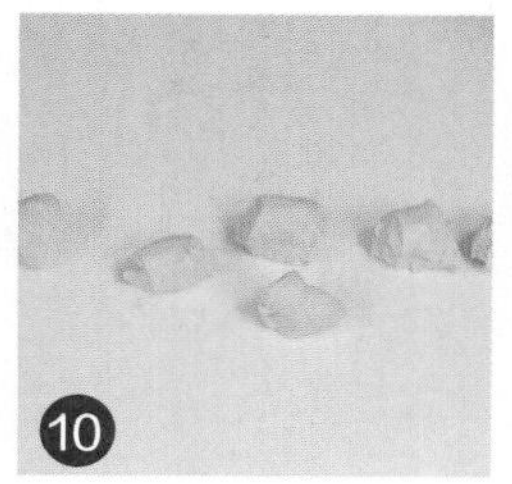

10 去除保鲜膜，将面团分成大小均等的小面团。

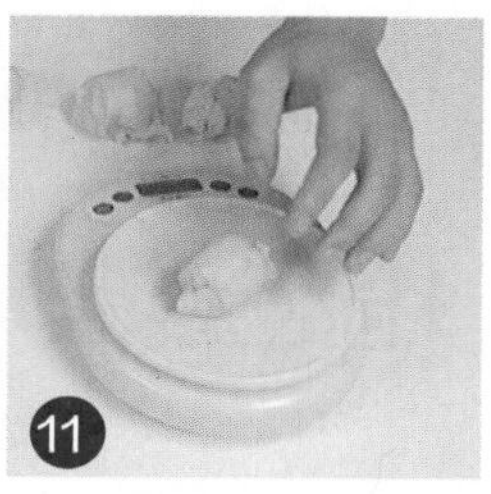

11 用电子秤称取数个60克的小面团。

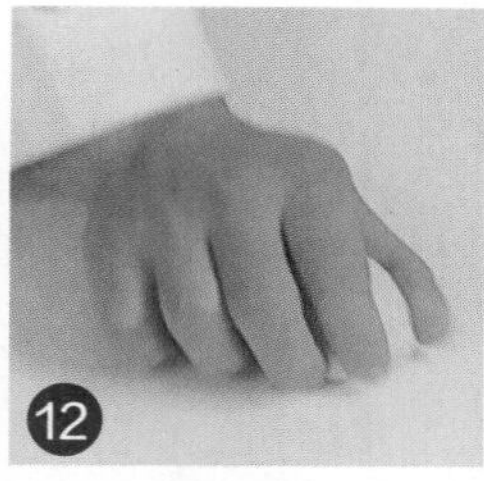

12 将小面团揉成圆球形。

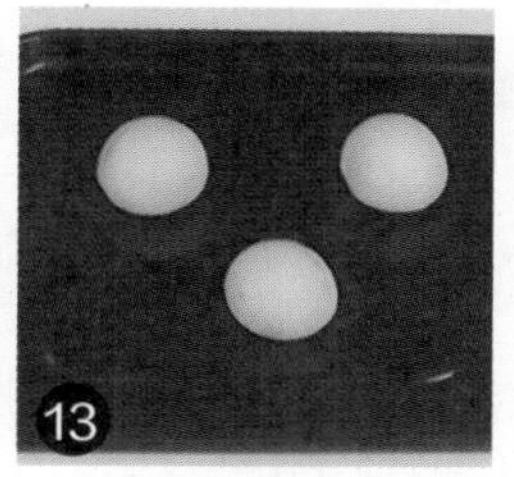

13 取3个小面团，放入烤盘中，使其发酵90分钟，备用。

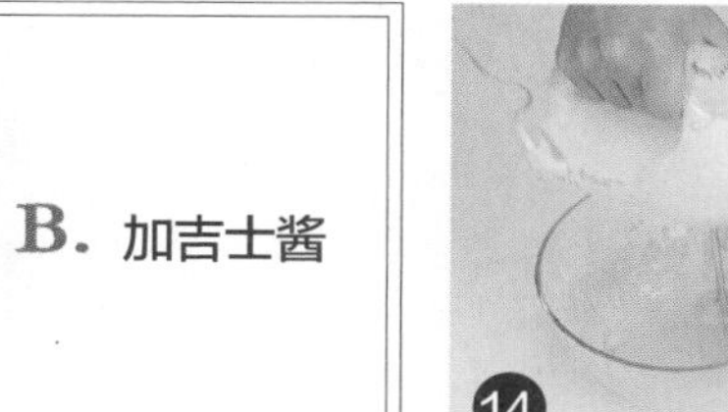

B. 加吉士酱

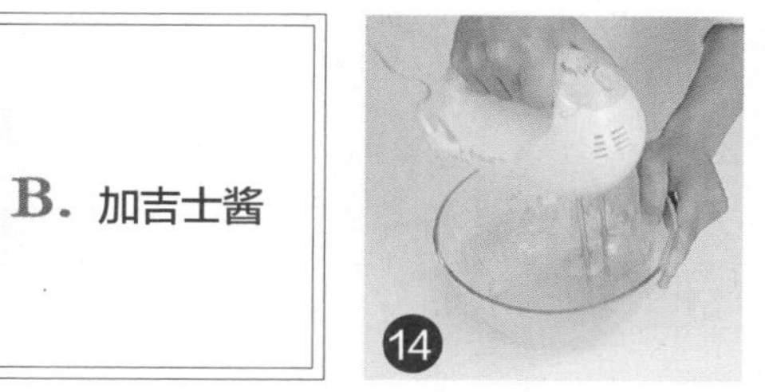

14 将吉士粉、玉米淀粉、水倒入玻璃碗中，用电动搅拌器搅拌匀。

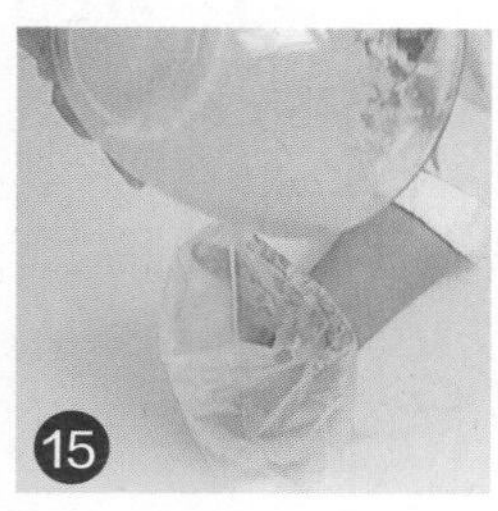

15 把吉士酱倒入裱花袋中，待用。

16 用剪刀在裱花袋尖端部位剪开一个小口。

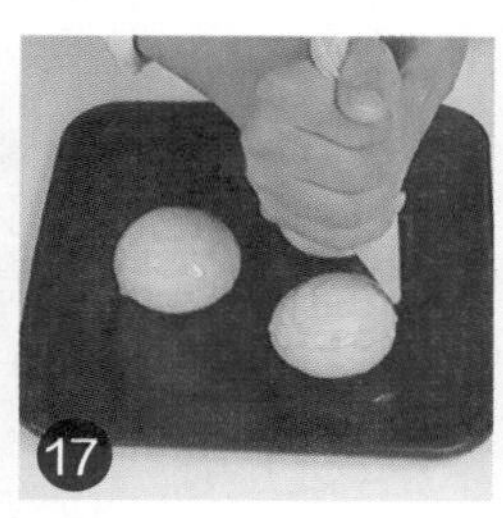

17 在发酵好的面团上以划圆圈的方式挤入吉士酱。

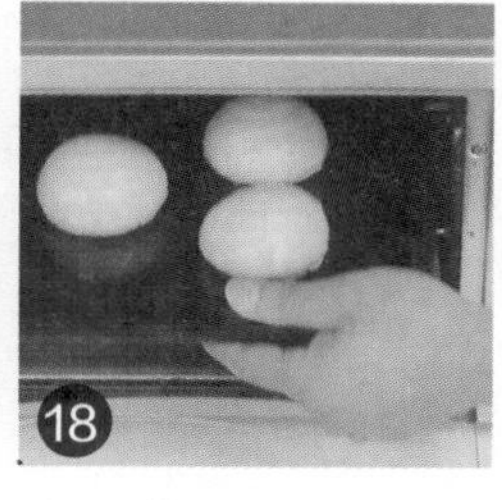

18 将烤盘放入烤箱中，温度为上火190℃、下火190℃。

19 烤15分钟至熟，取出烤好的面包。

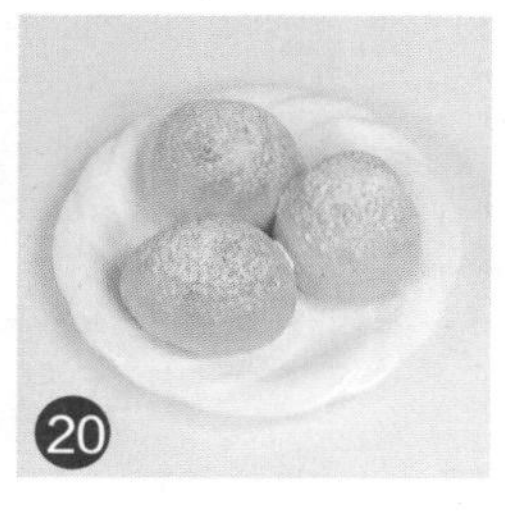

20 筛上适量糖粉即可。

+备注+

如果没有吉士粉，可用蛋黄3个、白砂糖75g搅拌均匀再加入低筋面粉25g拌匀，一点一点加入煮沸的牛奶250毫升，过筛，冷却后即可代替吉士酱。

辫子面包作为编织面包的典型，具有悠久的制作历史，据说早在古希腊时期就已产生，流传至今。颜色浓厚的焦皮与湿润柔软的面包心互为呼应。

☆ **Point** 尾部一定要捏紧，否则面包生坯容易散开。

辫子面包

烘烤时间

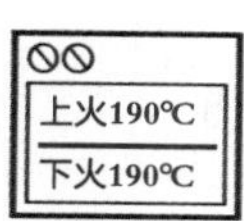

烘烤温度

原料 高筋面粉500克，黄油70克，奶粉20克，细砂糖100克，盐5克，鸡蛋50克，水200毫升，酵母8克，杏仁片适量

工具 玻璃碗、刮板、搅拌器各1个，保鲜膜1张，擀面杖1根，小刀1把，烤箱、电子秤各1台

做法

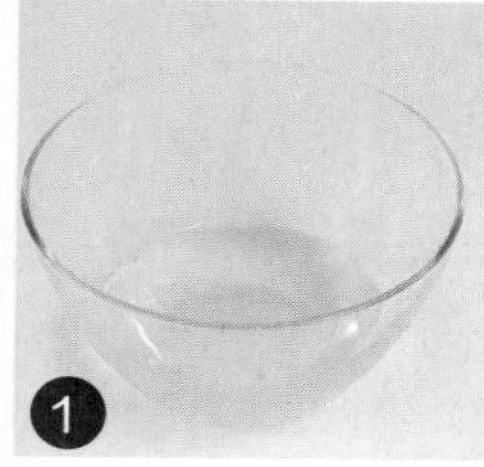
将细砂糖、水倒入玻璃碗中，用搅拌器搅拌至细砂糖溶化。

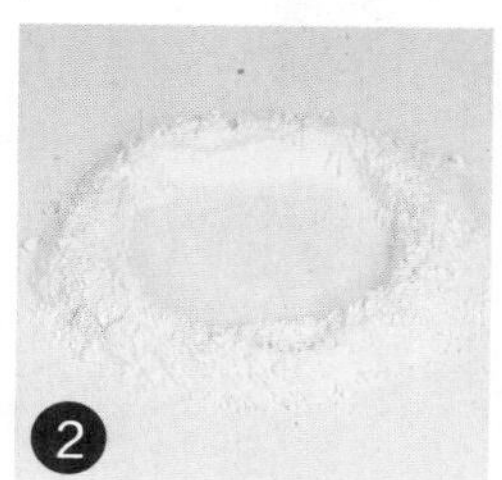
把高筋面粉、酵母、奶粉倒在案台上，用刮板开窝。

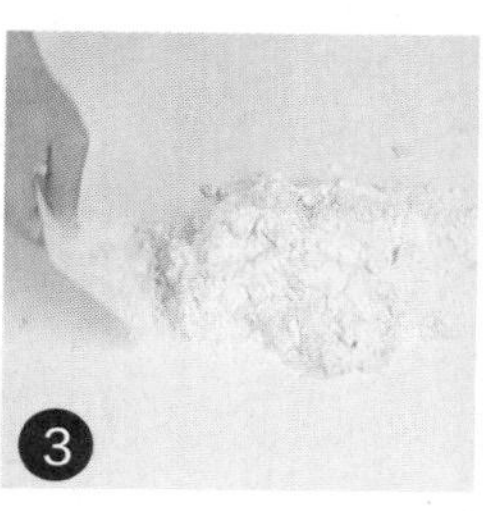
倒入糖水，将材料混合均匀，并按压成形。

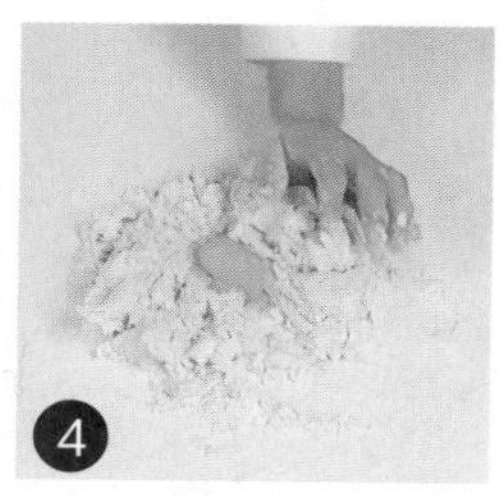
加入鸡蛋，将材料混合均匀，揉搓成面团。

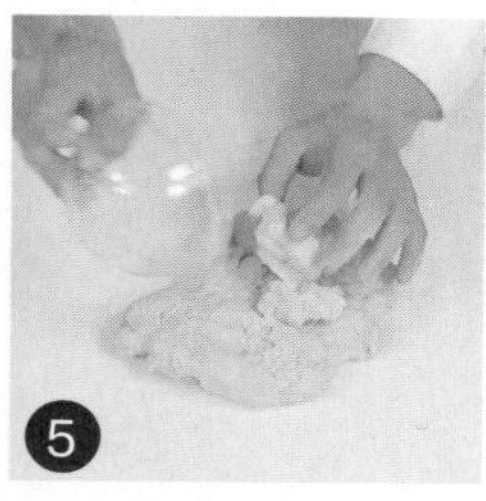
将面团稍微拉平，倒入黄油，揉搓均匀。

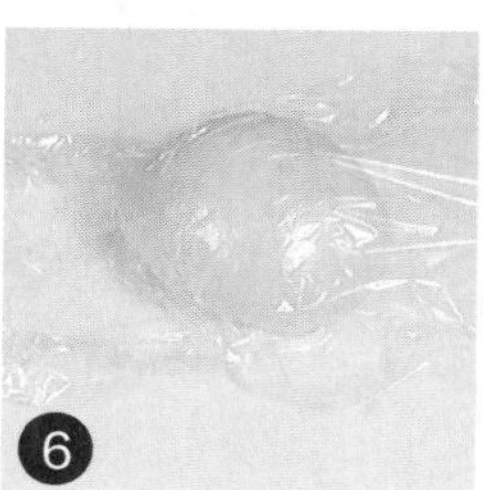
加盐，揉搓成光滑的面团，用保鲜膜包好，静置10分钟。

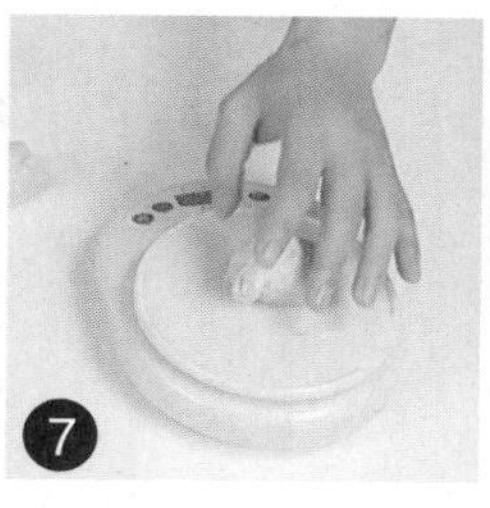
将面团分成数个60克一个的小面团。

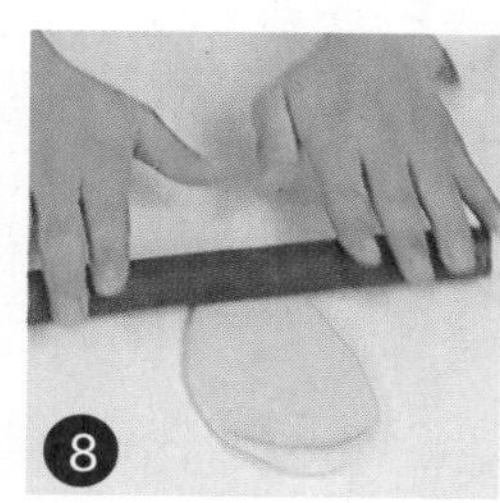
将小面团揉搓成圆球，按压一下，用擀面杖擀薄。

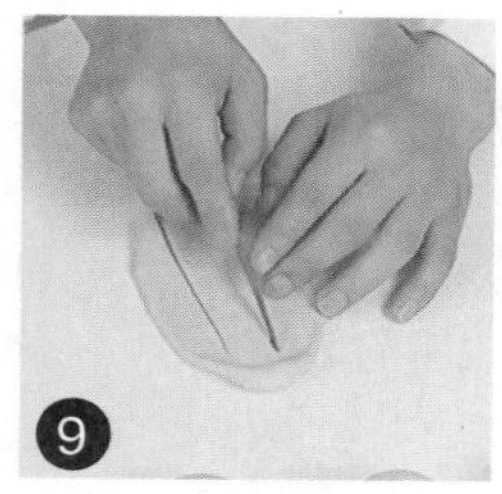
用小刀在面皮上划两刀，一端不切断，分成均等的三块面皮。

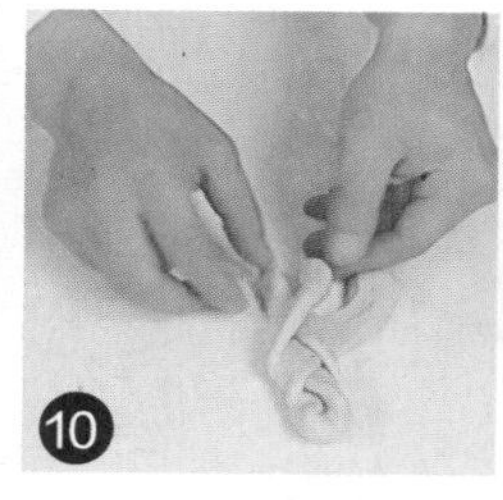
将三块面皮编成辫子，把尾部捏紧，制成生坯。

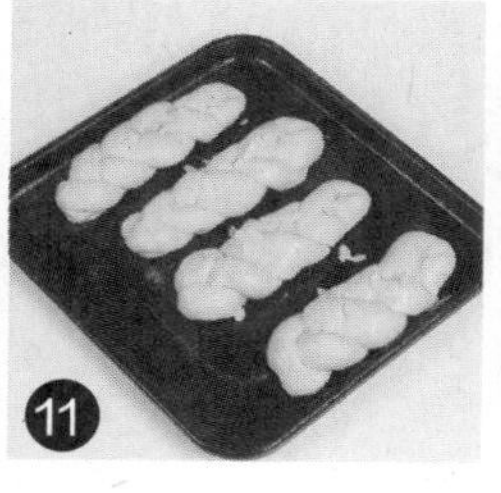
把面包生坯放入烤盘，发酵90分钟，撒入适量杏仁片。

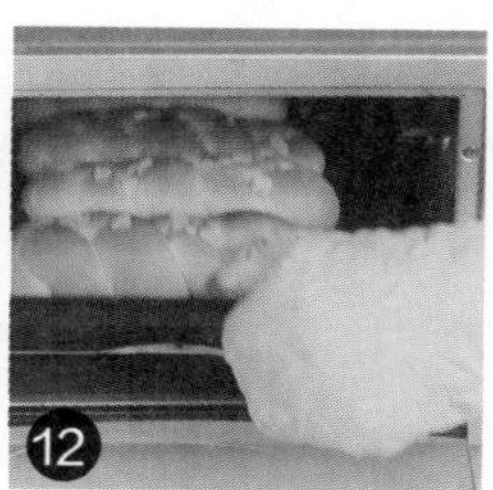
将烤盘放入烤箱，以上、下火均190℃烤15分钟至熟，取出即可。

蘑菇面包有着蘑菇的造型，犹如张开的雨伞，伞盖相叠，就像是在潮湿的雨天里，撑一把明亮的伞，瞬间焕发出满满的活力与能量。

☆ **Point** 生坯刷上一层色拉油，烤好的面包色泽更好看。

蘑菇面包

烘烤时间

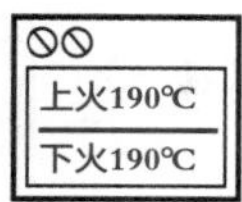

烘烤温度

原料 **面团部分：**高筋面粉500克，黄油70克，奶粉20克，细砂糖100克，盐5克，鸡蛋1个，水200毫升，酵母8克
装饰部分：色拉油适量

工具 玻璃碗、搅拌器、刮板各1个，保鲜膜1张，擀面杖1根，刷子1把，烤箱1台

做法

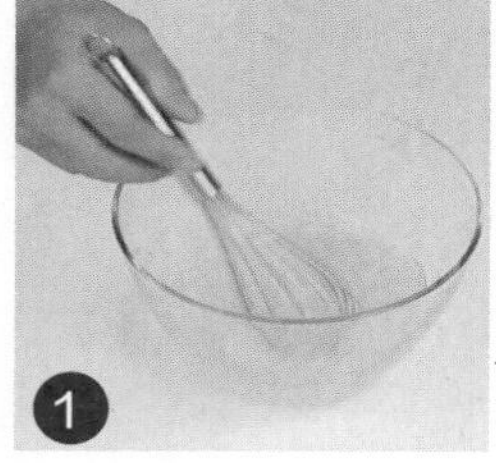
将细砂糖、水倒入玻璃碗中，用搅拌器搅拌至细砂糖溶化。

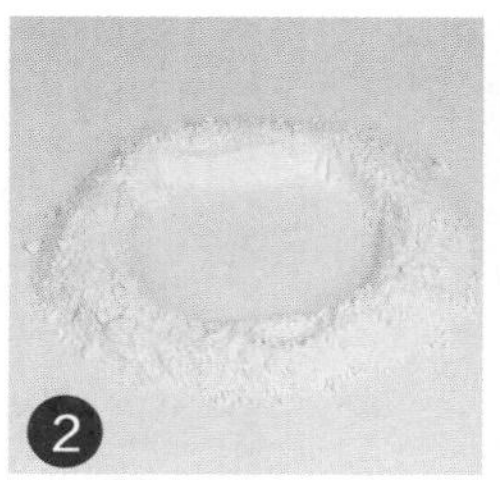
将高筋面粉、酵母、奶粉用刮板混合均匀，再开窝。

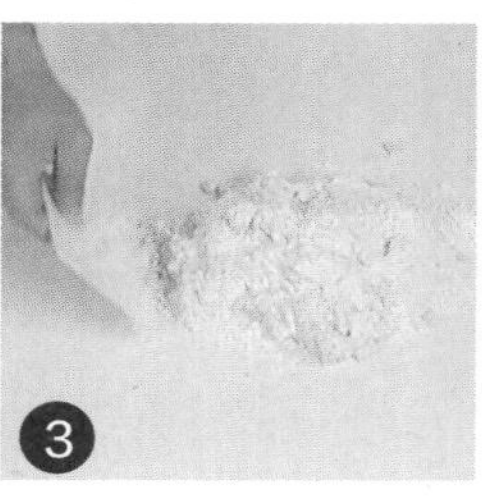
倒入糖水，刮入混合好的高筋面粉，混合成湿面团。

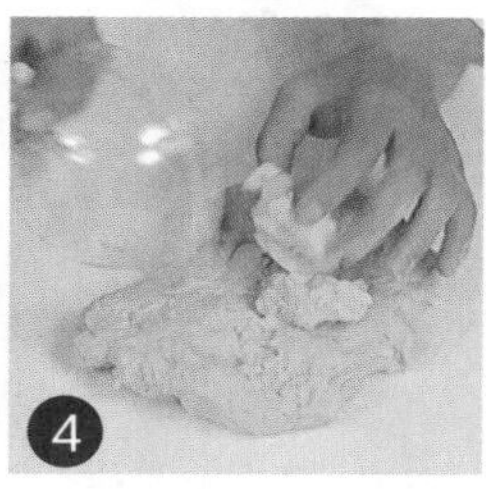
加入鸡蛋，揉搓均匀；加入黄油，继续揉搓均匀。

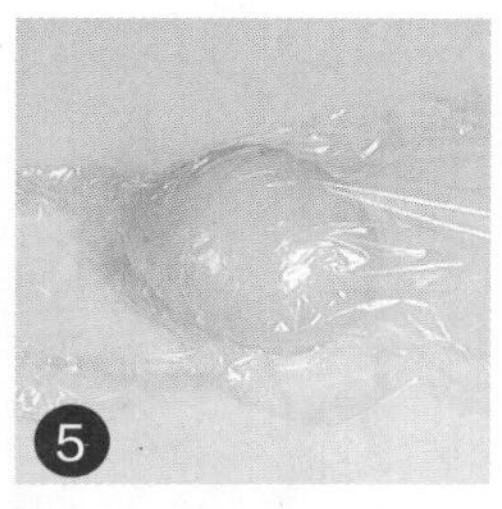
加入盐，揉搓成光滑的面团，用保鲜膜裹好，静置10分钟。

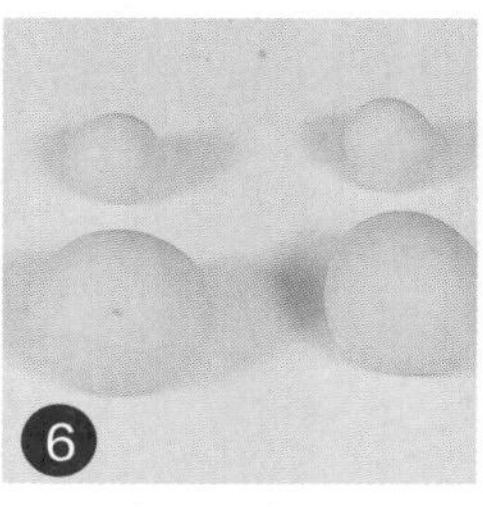
去掉面团保鲜膜，取适量面团，分切成2个大剂子、2个小剂子。

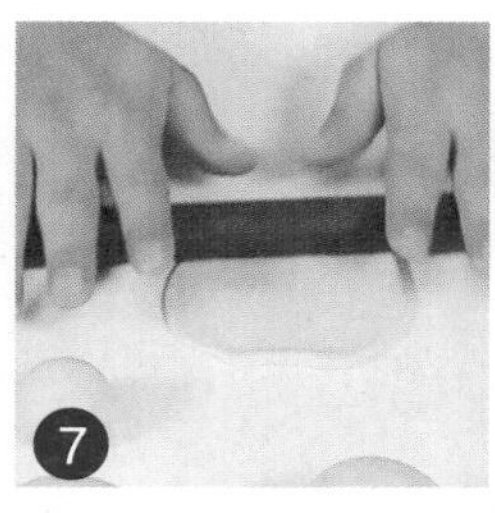
分别将剂子搓成圆球状，再将小剂子擀成圆形小面皮。

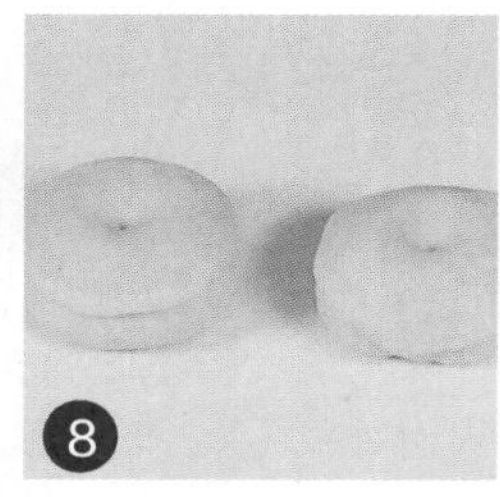
把面球放在面皮上，倒过来，中间压出一个小窝，制成生坯。

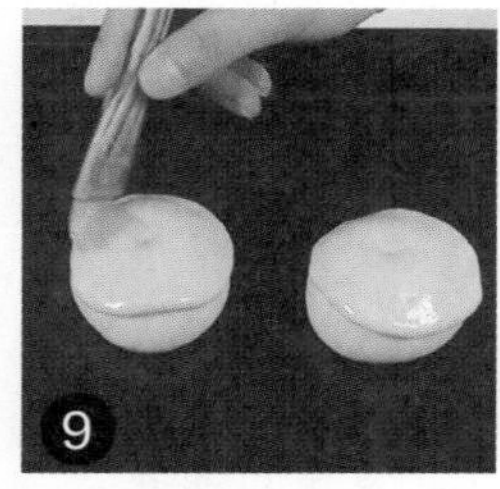
把生坯装入烤盘，待发酵至2倍大，刷一层色拉油。

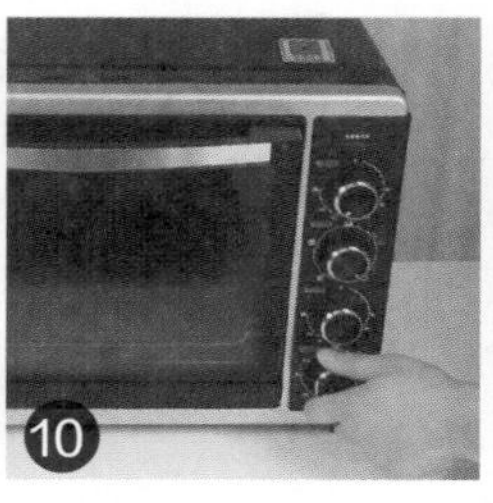
关上箱门，将烤箱上、下火均调为190℃，预热5分钟。

打开箱门，放入生坯，关上箱门，烘烤20分钟至熟。

戴上手套，将烤好的面包取出，再刷上一层色拉油即可。

辣椒面包

烘烤时间

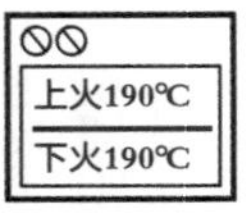

烘烤温度

常被作为调味品的辣椒，没想到与面包的结合竟然毫不突兀，独特的口感，带来意料之外的美味。增强食欲的同时，辣椒丰富的维生素C亦是有益健康。

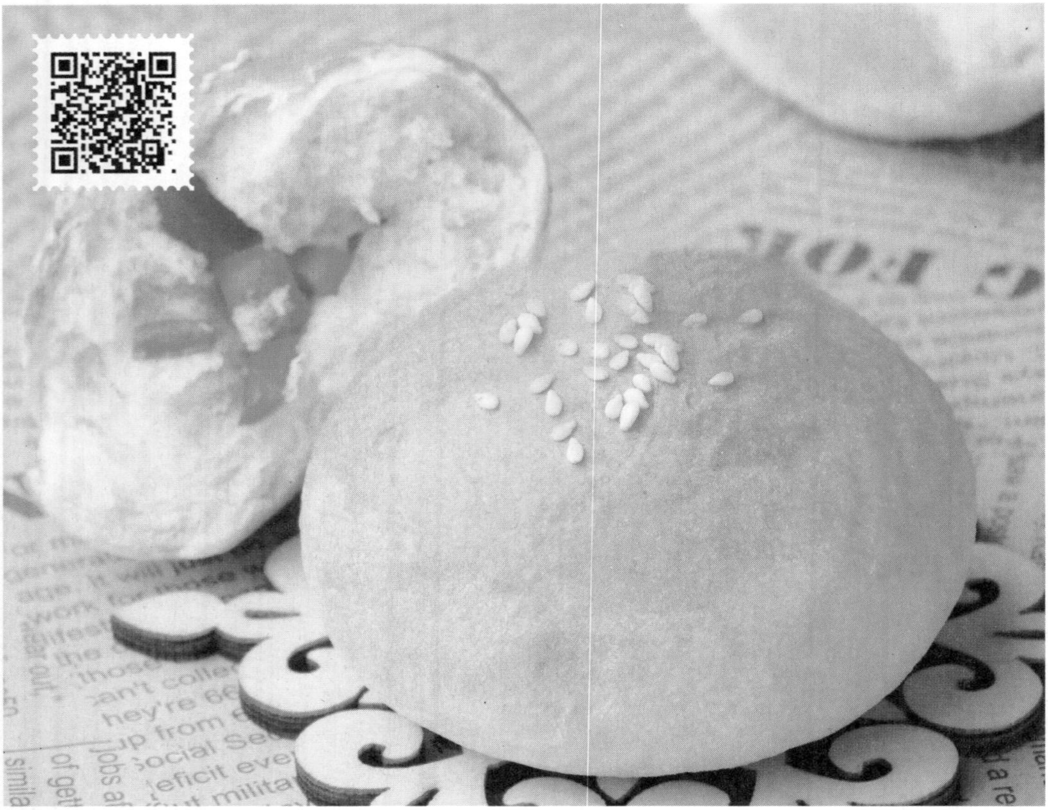

原料

面团部分： 高筋面粉500克，黄油70克，奶粉20克，细砂糖100克，盐5克，鸡蛋1个，水200毫升，酵母8克

馅部分： 橄榄油15毫升，红辣椒丁30克

装饰部分： 白芝麻适量，蛋清20克

工具 玻璃碗、刮板、搅拌器各1个，保鲜膜1张，烤箱1台，刷子1把

+备注+

辣椒的分量和品种可以根据个人的嗜辣程度进行调整，烘烤时间和火力需根据烤箱实际情况酌情调整。

☆ **Point** 可依个人喜好，适当增减红辣椒的用量。

A 面团的制作

将细砂糖、水倒入玻璃碗中，用搅拌器搅拌至细砂糖溶化。

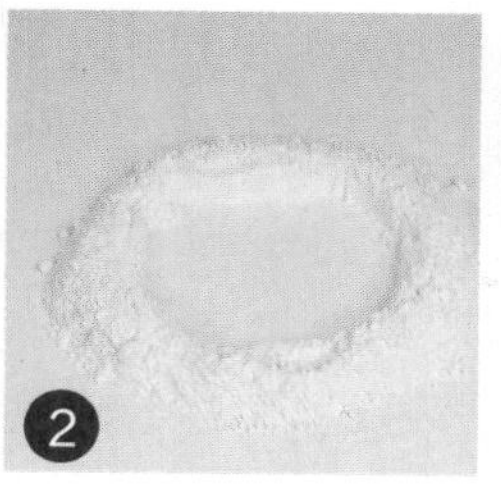
把高筋面粉、酵母、奶粉倒在案台上，用刮板开窝。

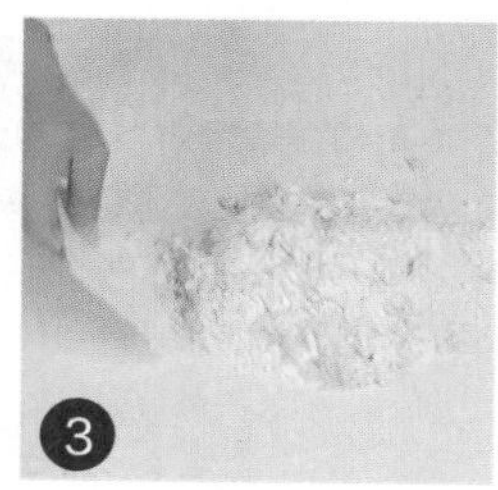
倒入备好的糖水，将材料混合均匀，并按压成形。

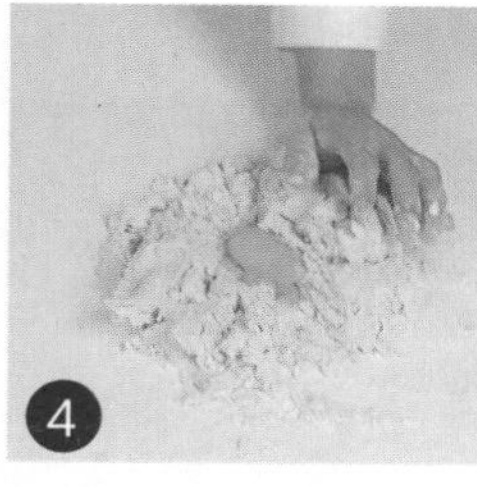
加入鸡蛋，将材料混合均匀，揉成面团。

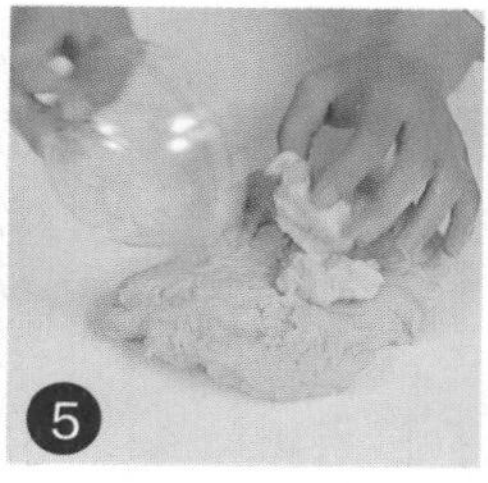
将面团稍微拉平，倒入黄油，揉匀。

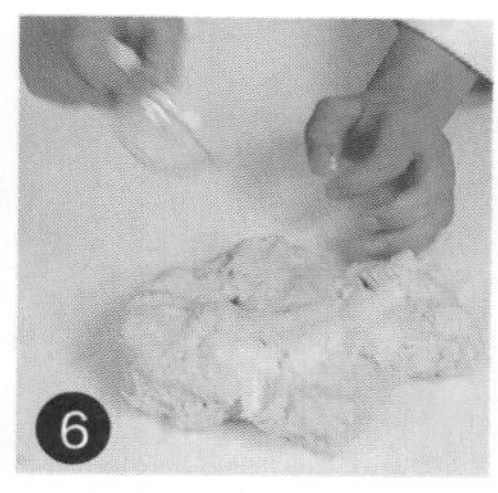
加入盐，揉成光滑的面团。

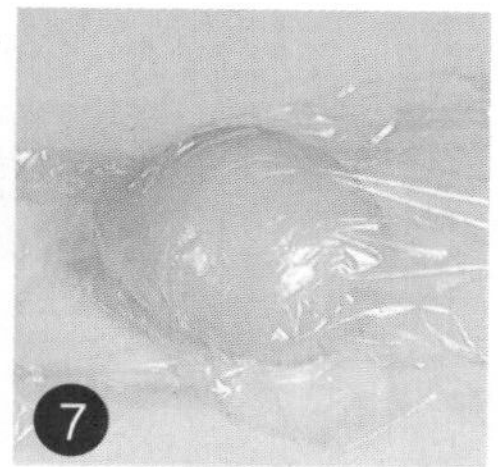
用保鲜膜将面团包好，静置10分钟。

B 加馅料的制作

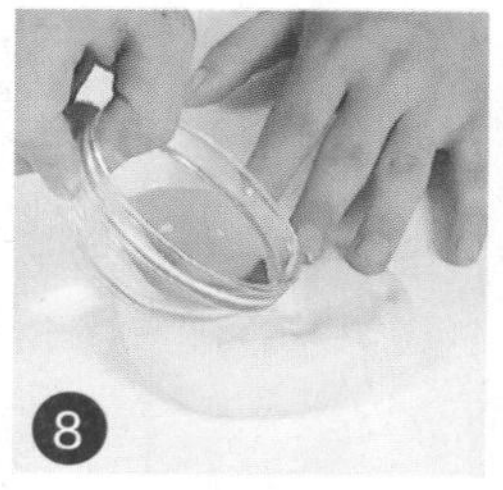
取适量面团搓圆，稍压平，放少许橄榄油，搓揉至小球。

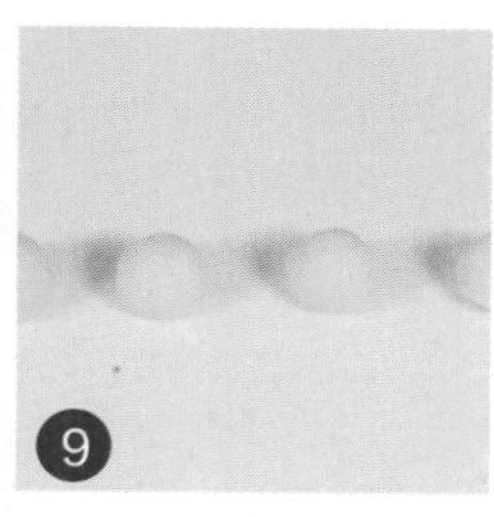
将其切成四等份，分别搓圆至小球状。

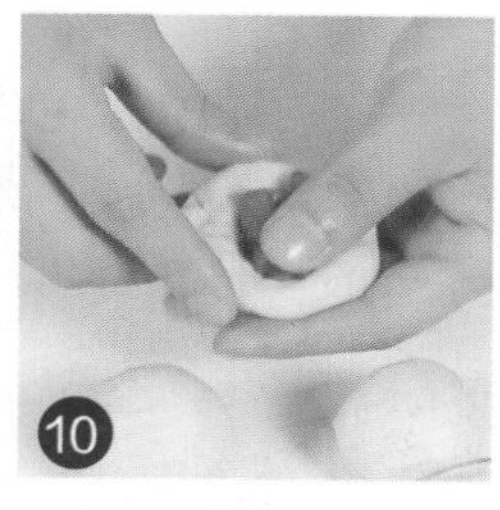
小球稍捏平，放入洗净的红辣椒丁，揉制均匀，制成面包生坯。

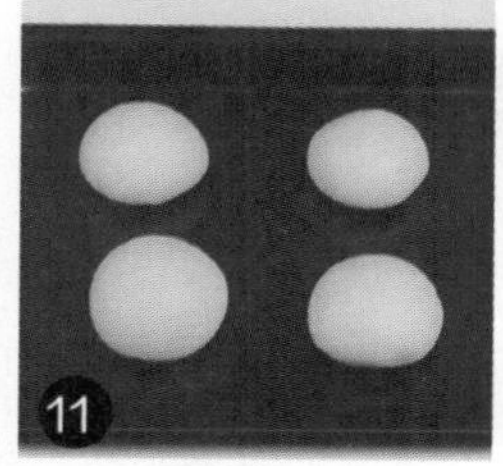
烤盘中放入面包生坯，常温发酵2小时至原来1倍大。

发酵好的面包生坯上刷一层蛋清，撒上白芝麻。

将烤盘放入预热好的烤箱中，温度调至上火190℃、下火190℃。

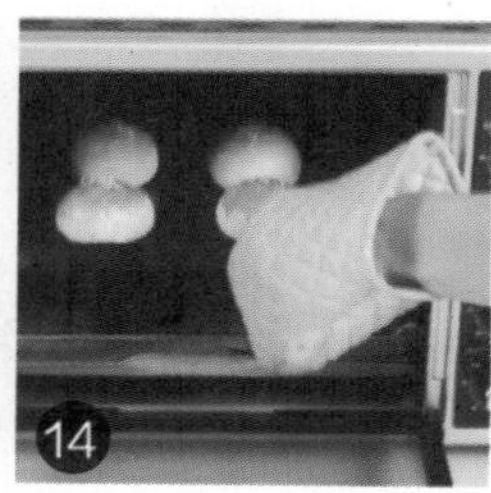
烤10分钟至熟，取出烤好的面包即可。

核桃柳叶包

烘烤时间

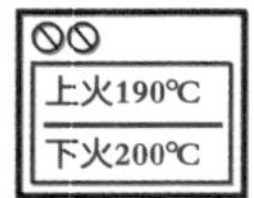

烘烤温度

原料 高筋面粉500克，黄油70克，奶粉20克，细砂糖100克，盐5克，鸡蛋1个，水200毫升，酵母8克，核桃碎30克

工具 玻璃碗、搅拌器、刮板、筛网各1个，保鲜膜1张，擀面杖1根，刀片1把，烤箱1台

核桃略微苦涩的味道，融入到香郁的面包里却是适到好处，带来丰富的营养。表皮的柳叶花纹，像一片鲜嫩的绿叶嵌印其间，一股清新的气息霎时间迎面而来。

☆ **Point** 花纹刀口不宜过深，浅浅地划上数刀，使花纹像柳叶即可。

做法

将细砂糖、水倒入玻璃碗中，用搅拌器搅拌至细砂糖溶化。

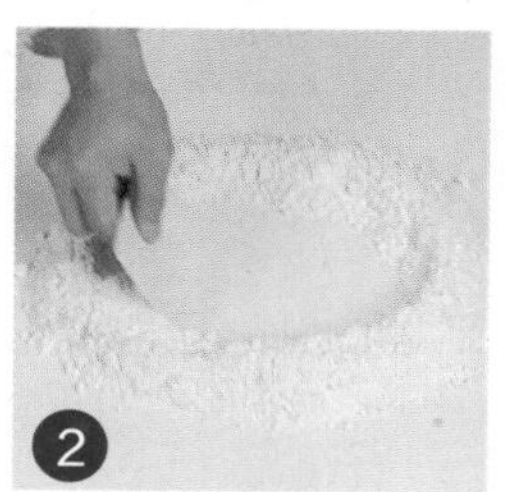

将高筋面粉、酵母、奶粉用刮板混合均匀，再开窝。

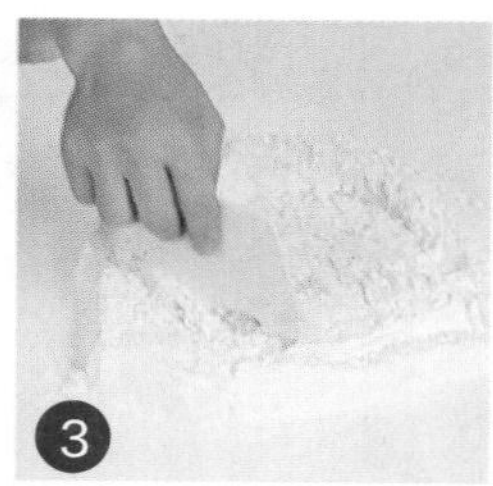

倒入糖水，刮入混合好的高筋面粉，混合成湿面团。

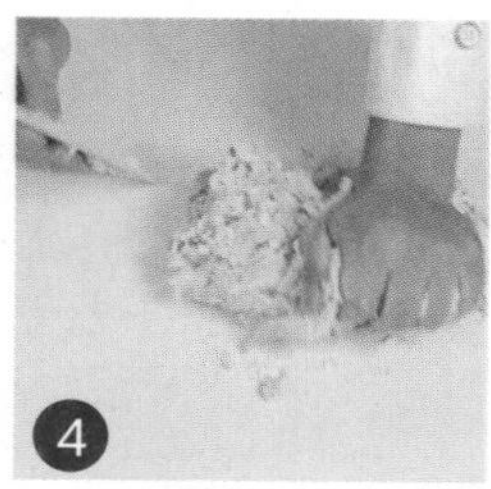

加入鸡蛋，揉搓均匀；加入黄油，继续揉搓，充分混合。

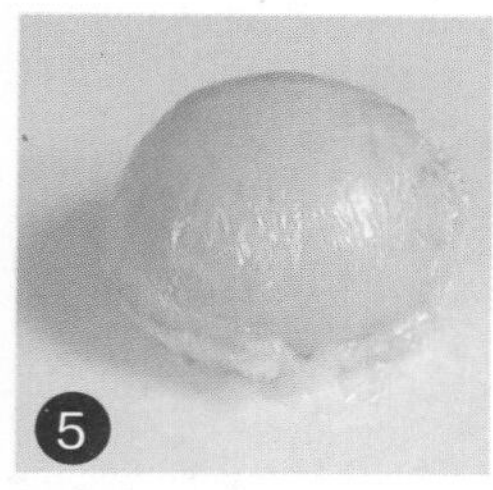

加入盐，揉搓成光滑的面团，用保鲜膜包好，静置10分钟。

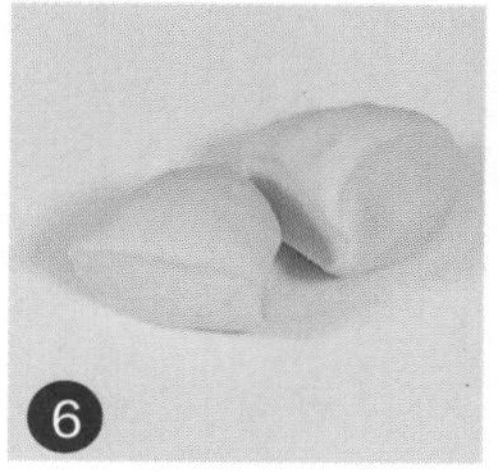

去掉面团保鲜膜，取适量面团，分切成两个等份剂子。

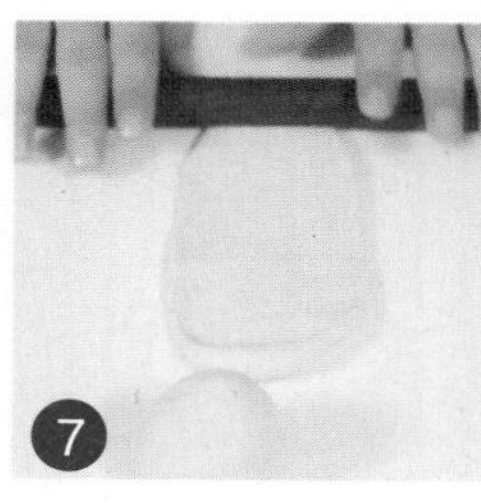

把剂子搓成圆球状，压扁，用擀面杖擀成面皮。

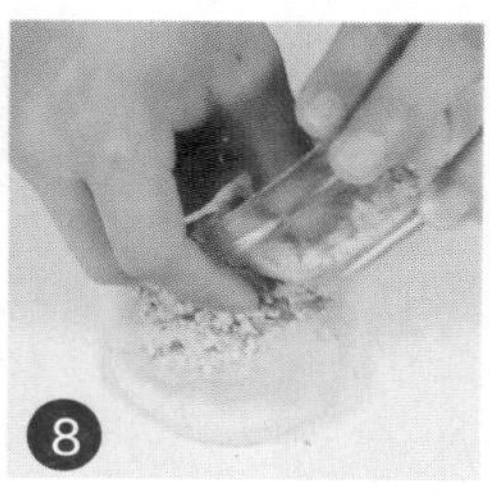

将面皮翻面，放上核桃碎，卷起，搓成橄榄状，制成生坯。

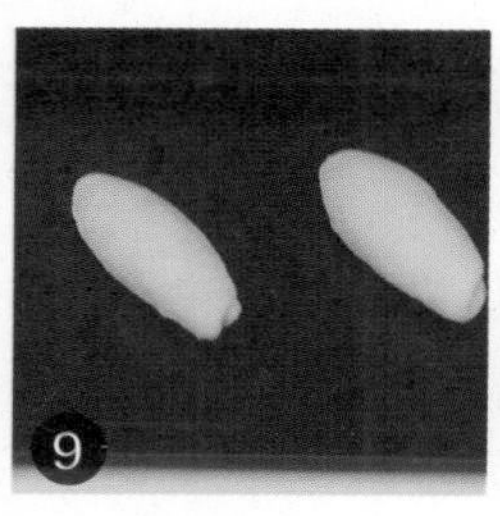

把生坯装入烤盘，待发酵至2倍大。

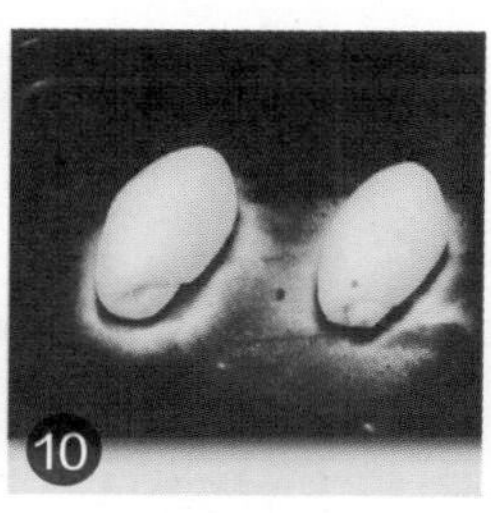

高筋面粉过筛，撒在发酵好的生坯上。

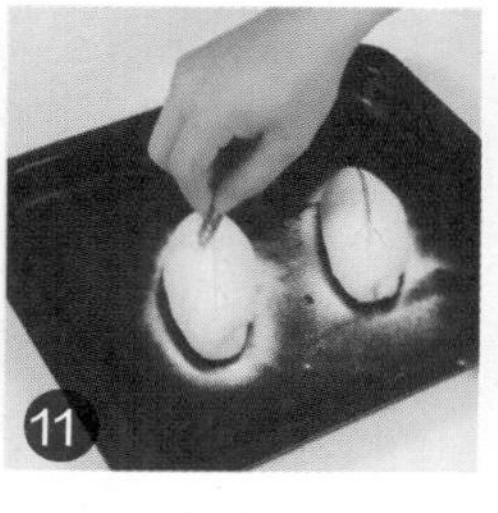

用刀片在生坯上轻划出数道柳叶状刀口。

将烤箱上火调为190℃，下火调为200℃，预热5分钟。

打开箱门，放入发酵好的生坯，关上箱门，烘烤20分钟至熟。

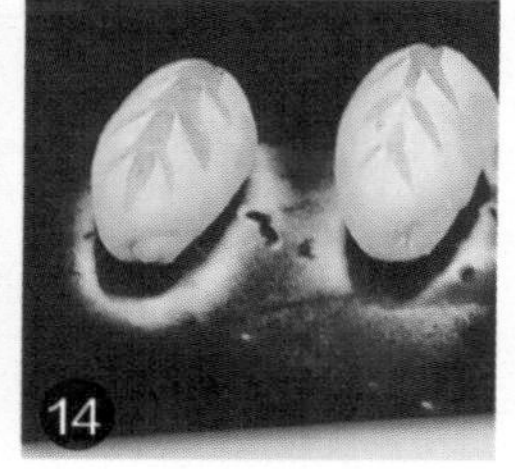

戴上手套，打开箱门，将烤好的面包取出即可。

+备注+

核桃含有蛋白质、脂肪、碳水化合物以及多种矿物质和维生素，可补肾、固精强腰、温肺定喘、润肠通便。

独特的鼻烟壶造型面包，小巧精致，以别出心裁的设计，夺人耳目。香酥的外皮下，是质地柔软的面包心，让人眼前一亮的同时，亦有极佳的口感。

☆ **Point** 面包烘烤时要留意烤箱内的状况，避免面包烤焦。

鼻烟壶面包

烘烤时间

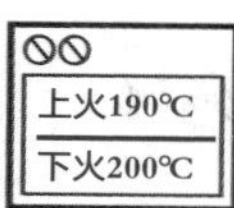

烘烤温度

原料 **面团部分：** 高筋面粉500克，黄油70克，奶粉20克，细砂糖100克，盐5克，鸡蛋1个，水200毫升，酵母8克

装饰部分： 色拉油适量

工具 玻璃碗、搅拌器、刮板各1个，保鲜膜1张，擀面杖1根，刷子1把，烤箱1台

做法

将细砂糖倒入玻璃碗中，加水，用搅拌器搅拌均匀，制成糖水。

将高筋面粉、酵母、奶粉用刮板混合均匀，再开窝。

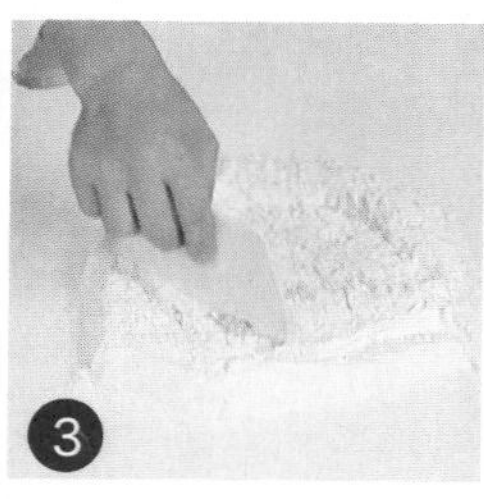
倒入糖水，刮入混合好的高筋面粉，混合成湿面团。

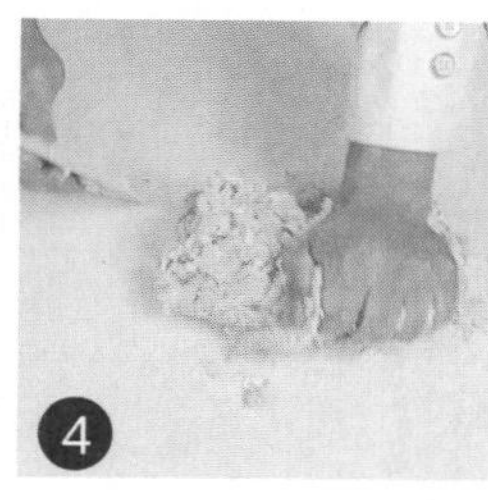
加入鸡蛋，揉搓均匀；加入黄油，继续揉搓，充分混合。

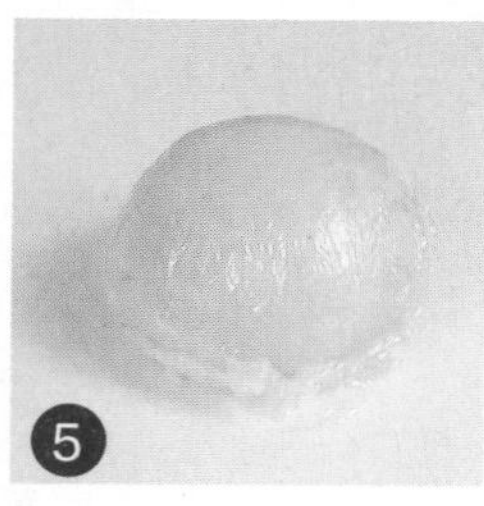
加入盐，揉搓成光滑的面团，用保鲜膜包裹好，静置10分钟醒面。

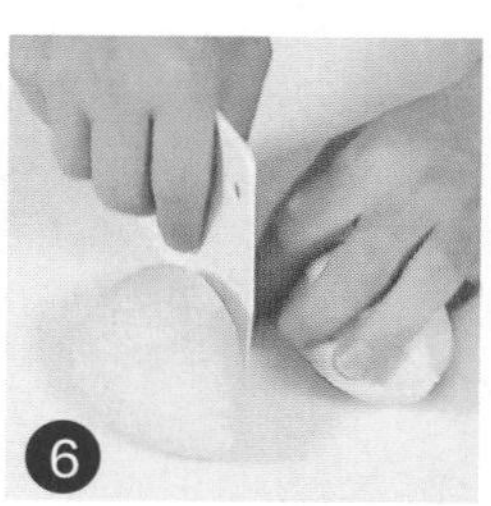
去掉面团保鲜膜，分切成2个等份剂子，把剂子搓成圆球状。

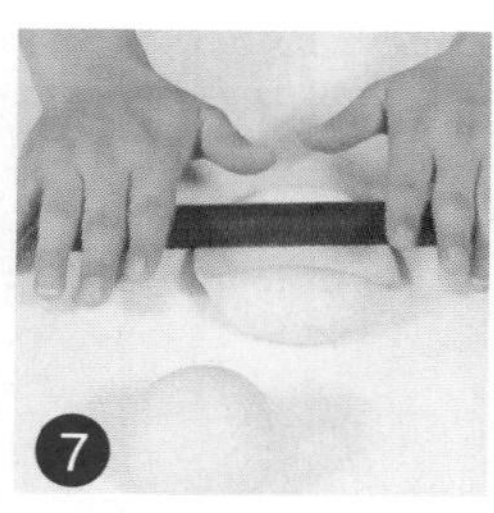
用擀面杖在面团中部拦腰按压一下，将中间部分压薄。

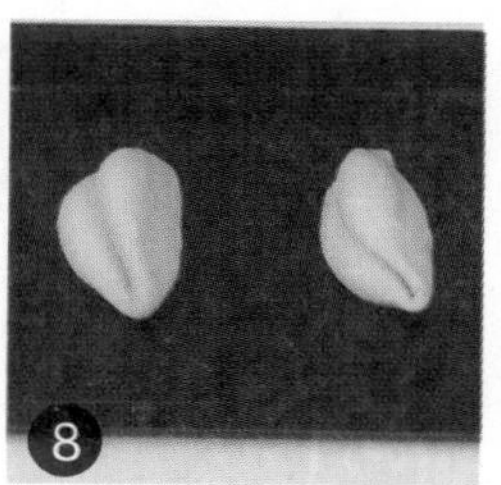
将面团两头轻轻对折制成生坯，装入烤盘，待发酵至2倍大。

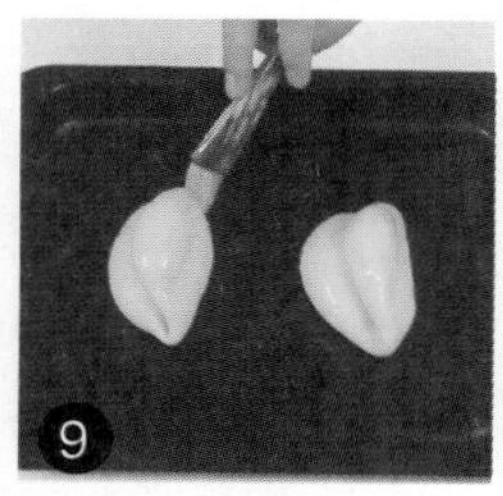
用刷子往发酵好的生坯上刷一层色拉油。

关上箱门，将烤箱上火调为190℃，下火调为200℃，预热5分钟。

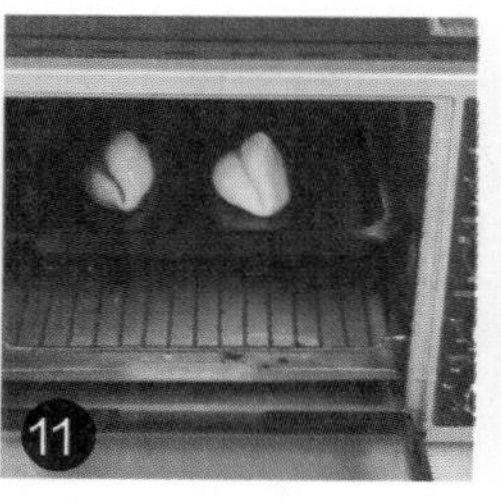
打开箱门，放入生坯，关上箱门，烘烤20分钟至熟。

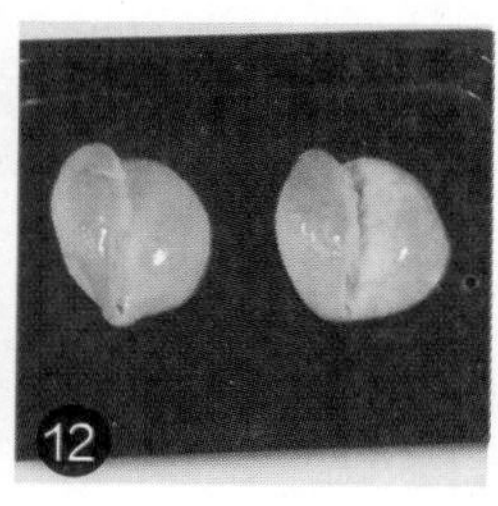
戴上手套，将烤好的面包取出即可。

☆ **Point** 烤好的面包要放在常温下慢慢冷却，否则会导致面包开裂。

黑森林面包

烘烤时间

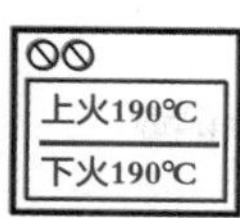

烘烤温度

一听名字，不禁想到德国的旅游胜地——黑森林，尽管两者并无关联，然而面包丰富的口感，略苦回甘的味道，会让你有种置身于神秘森林的奇妙体验。

原料

红糖粉30克
奶粉6克
蛋白20克
水60毫升
改良剂1克
酵母3克
高筋面粉200克
细砂糖10克
盐2.5克
纯牛奶20毫升
焦糖4克
黄油20克
提子干适量

工具

刮板、玻璃碗各1个
电子秤1台
擀面杖1根
小刀1把
烤箱1台

做法

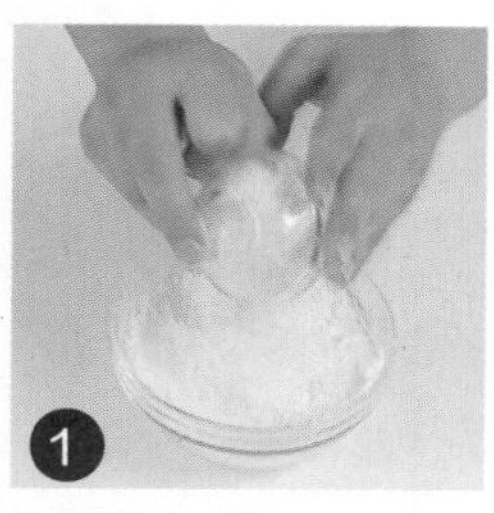
1 将酵母、奶粉、改良剂倒在装有高筋面粉的玻璃碗中。

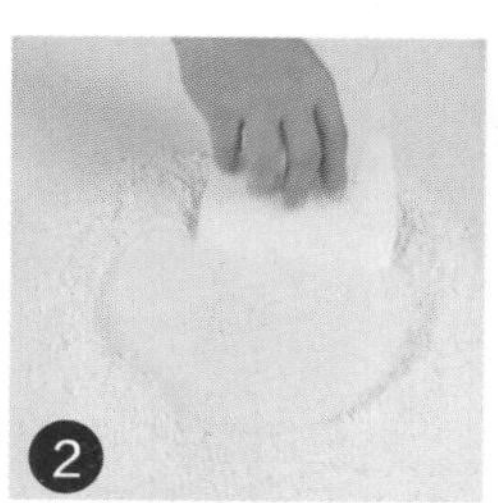
2 把混合好的材料倒在案台上，用刮板开窝。

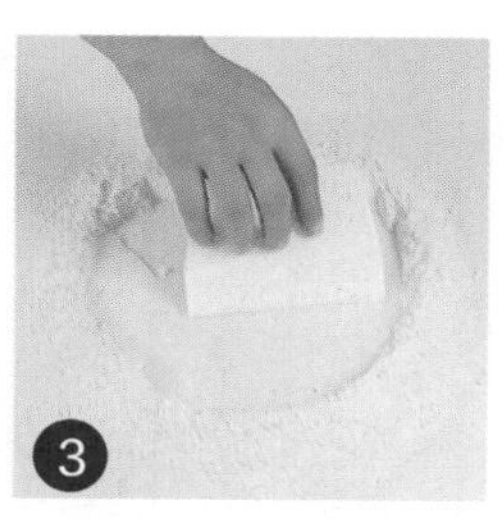
3 倒入细砂糖、40毫升水，搅拌匀。

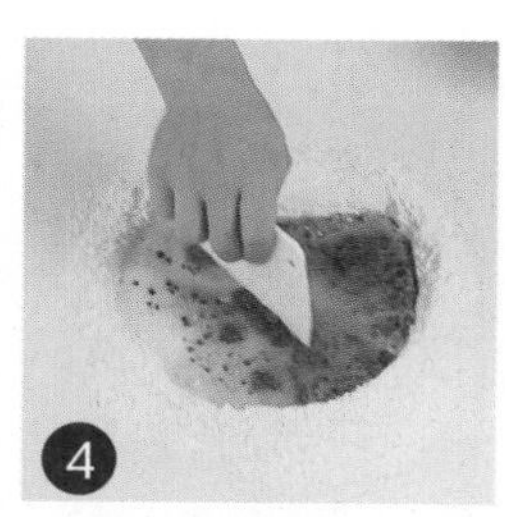
4 加入红糖粉，搅匀。

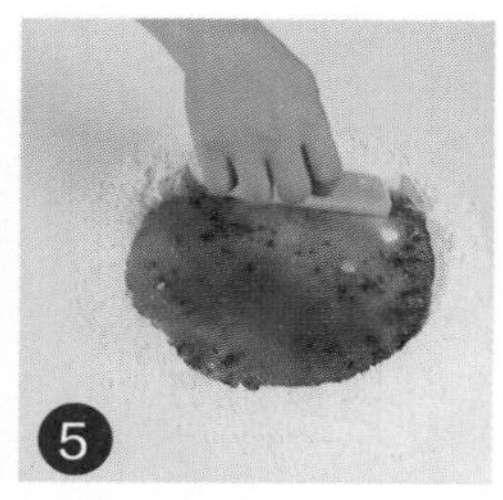
5 放入焦糖、20毫升水，拌匀。

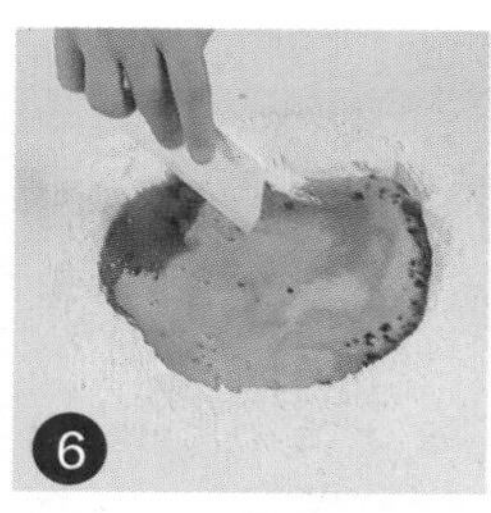
6 倒入纯牛奶，搅匀。

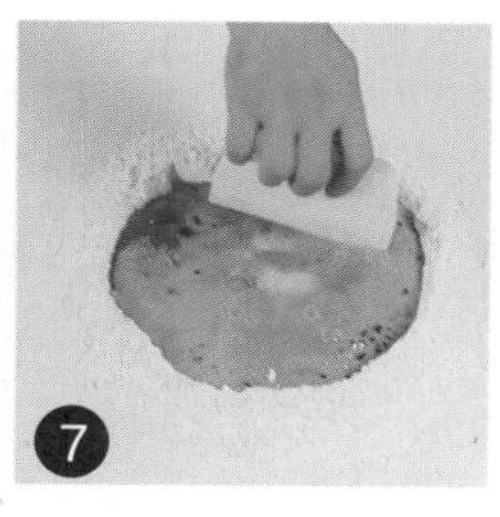
7 加入蛋白，搅拌匀。

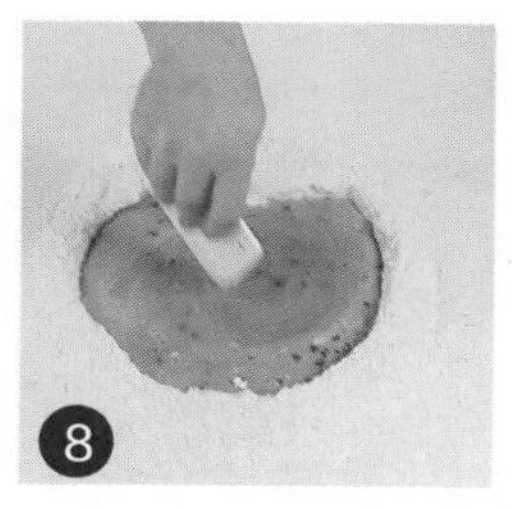
8 放入盐，搅匀。

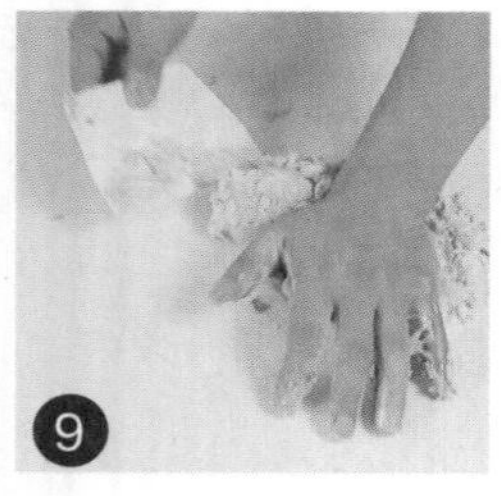

刮入面粉，将材料混合均匀。

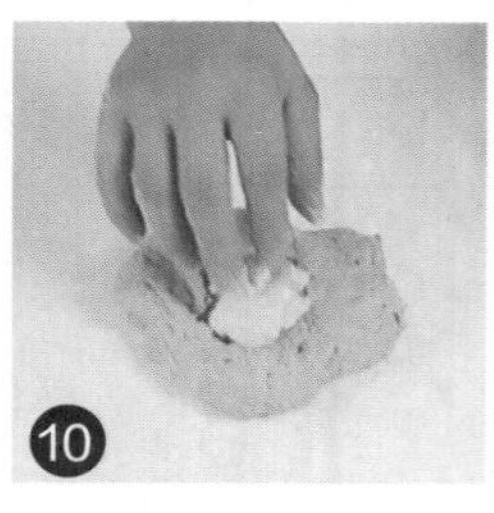

揉搓成面团，加入黄油，继续揉搓。

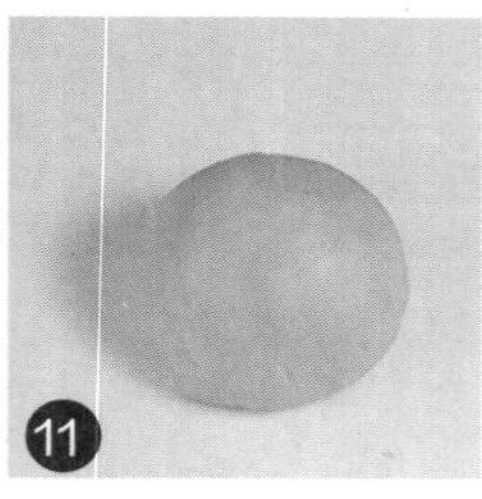

揉搓成光滑的面团。

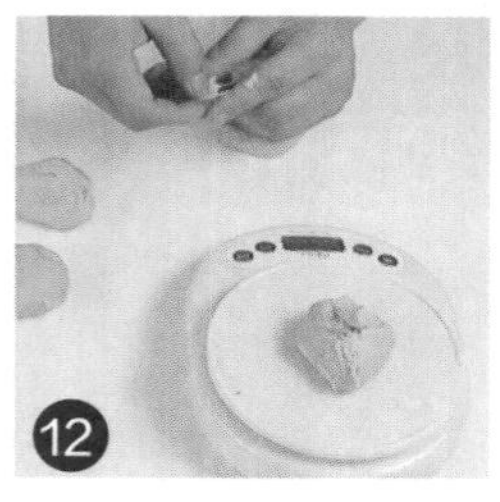

把面团摘成小剂子，用电子秤称取60克的面团。

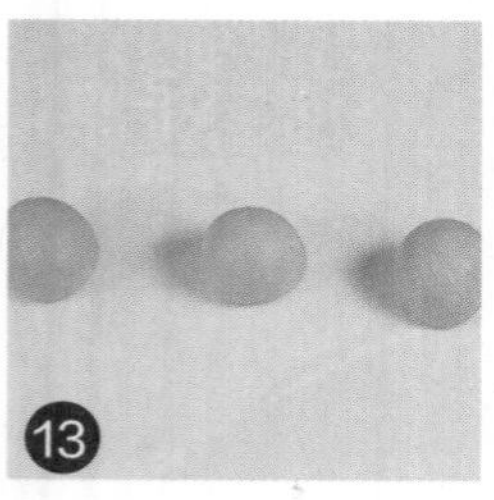

揉搓成球状。

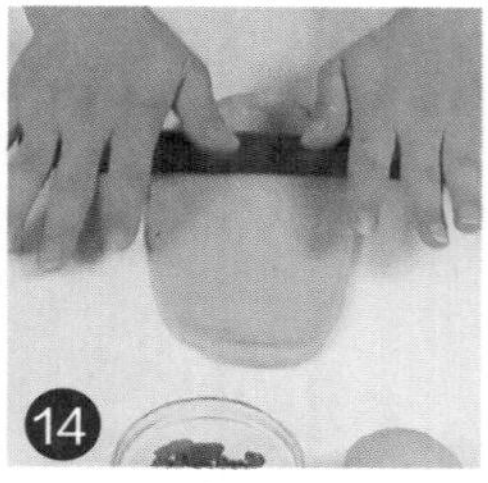

用手将面团稍压，再用擀面杖擀成面皮。

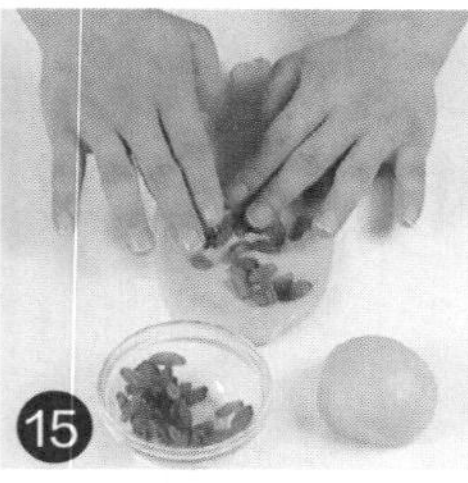

铺上适量提子干。

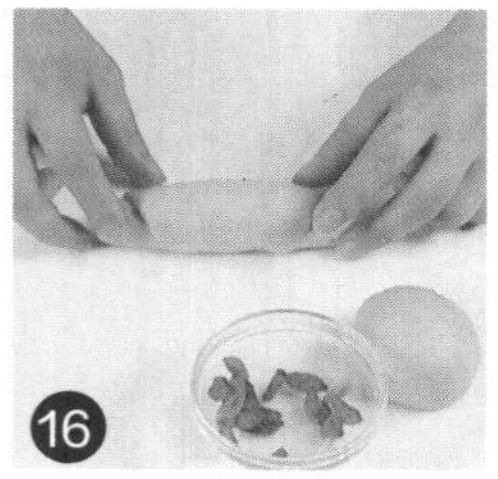

将面皮卷成橄榄形，制成生坯。

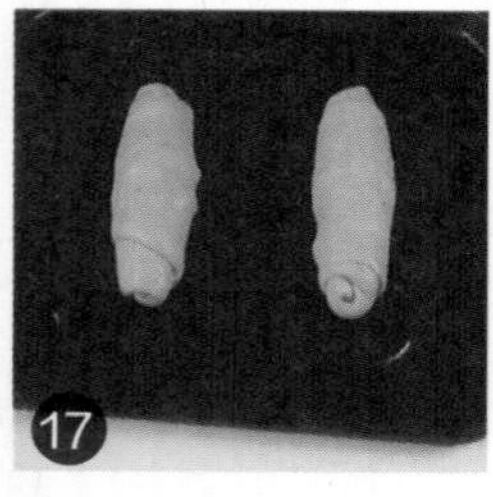

把生坯放入烤盘里，在常温下发酵90分钟。

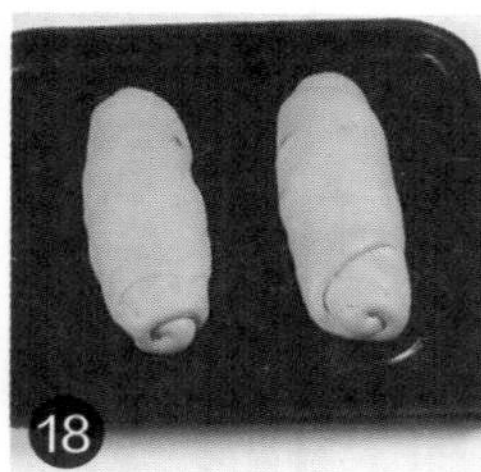

使其发酵至原来体积的2倍。

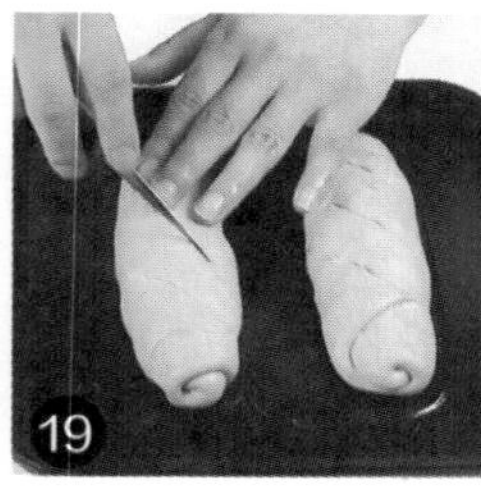

用小刀在生坯上轻轻划几刀。

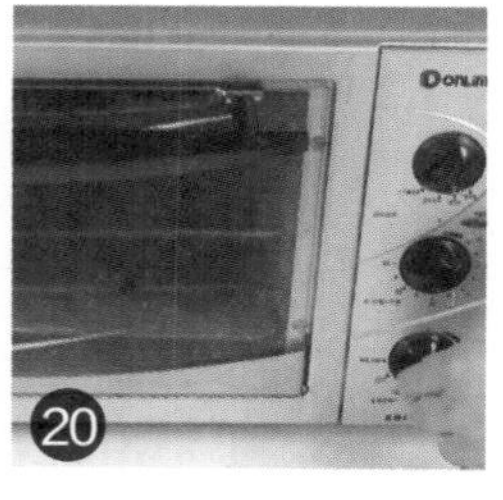

将烤箱调为上火190℃、下火190℃，时间定为20分钟。

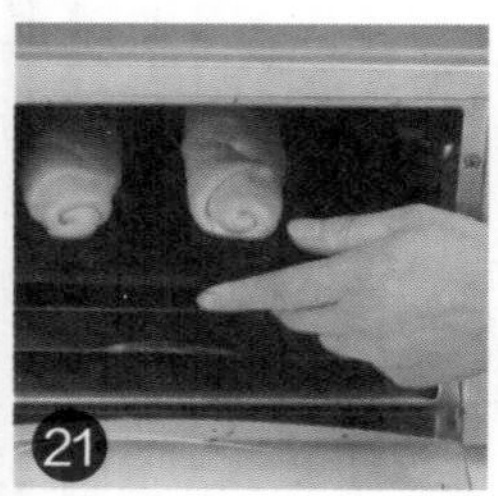

把烤箱预热5分钟后，放入生坯。

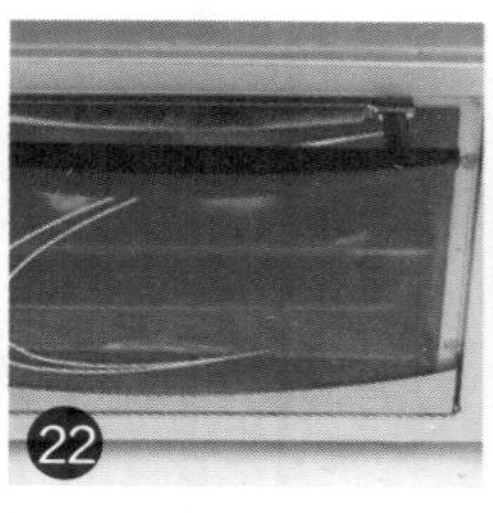

关上箱门，开始烘烤。

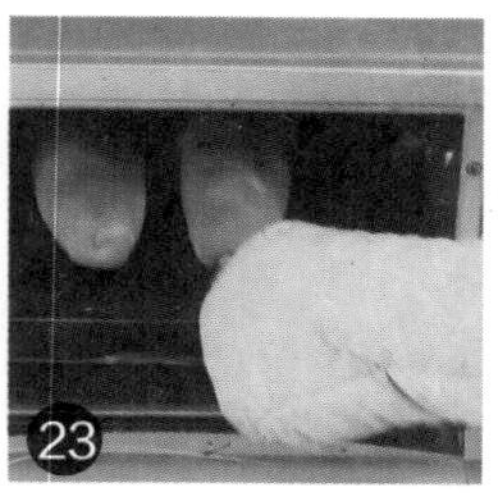

待其烤熟后打开箱门，取出烤好的面包。

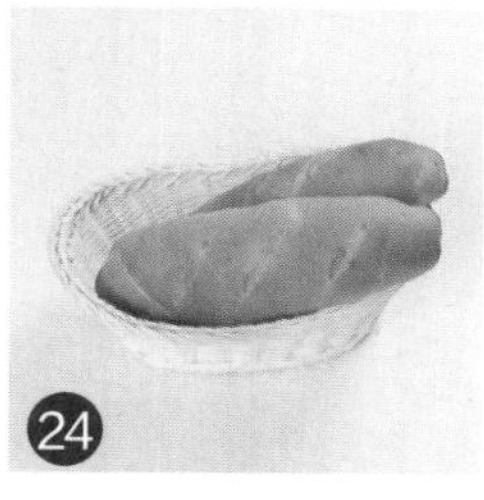

装入容器里即可。

爆酱面包

烘烤时间

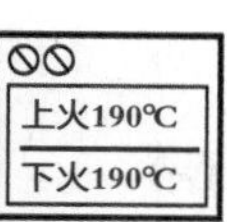

烘烤温度

普通的外表，却有着厚实的内里，用料真是诚意十足。一口下去，满满的酱料争先恐后地跑出来，占据你的味觉，刺激你的味蕾，唯恐落人一步。

原料

面包体部分：

高筋面粉500克
黄油70克
奶粉20克
细砂糖100克
盐5克
鸡蛋1个
水200毫升
酵母8克
蜂蜜适量

酱料部分：

鸡蛋1个
白砂糖200克
黄油300克
水50毫升
朗姆酒30毫升

工具

搅拌器、锅、刮板、裱花袋、电动搅拌器、花嘴各1个
玻璃碗2个
保鲜膜1张
电子秤1台
刷子1把
烤箱1台

A. 面团做法

将细砂糖、水倒入玻璃碗中，用搅拌器搅拌至细砂糖溶化。

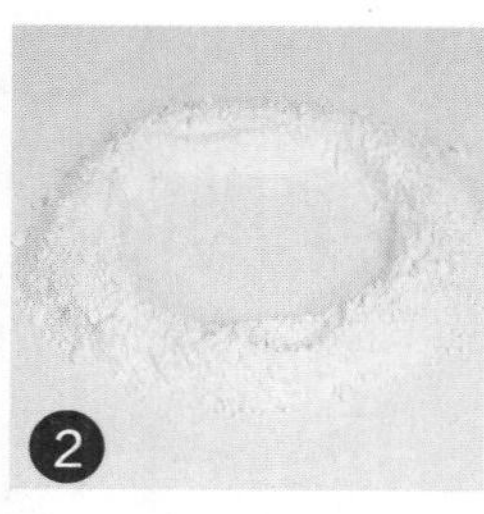

把高筋面粉、酵母、奶粉倒在案台上，用刮板开窝。

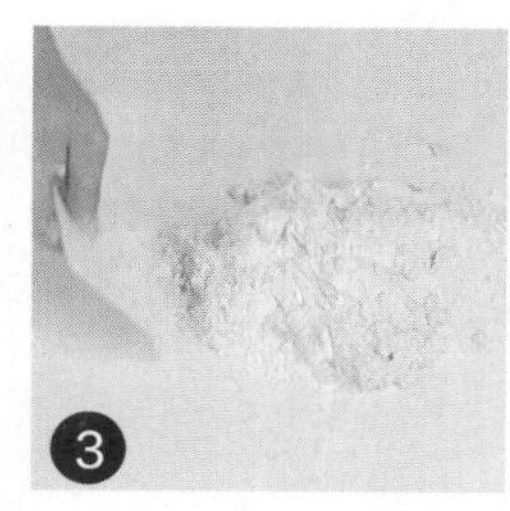

倒入备好的糖水，将材料混合均匀，并按压成形。

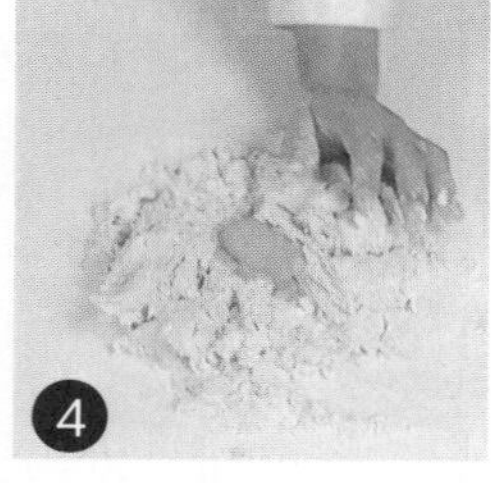

加入鸡蛋，将材料混合均匀，揉搓成面团。

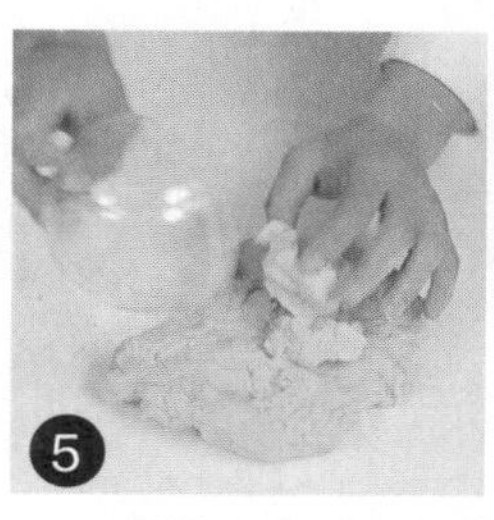

将面团稍微拉平，倒入黄油，揉搓均匀。

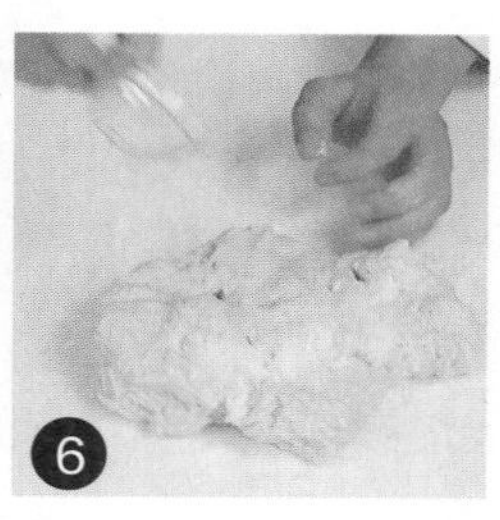

加入盐，揉搓成光滑的面团。

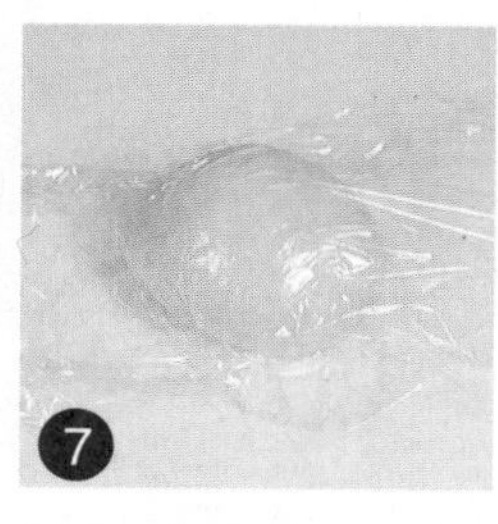

用保鲜膜将面团包好，静置10分钟。

☆ **Point** 煮细砂糖时宜用小火，否则容易煮干。

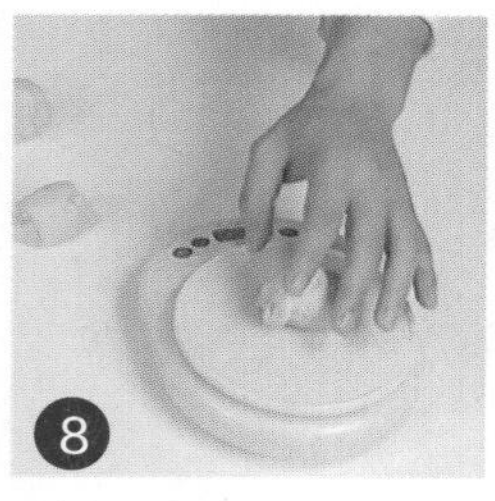

将面团分成数个60克一个的小面团。

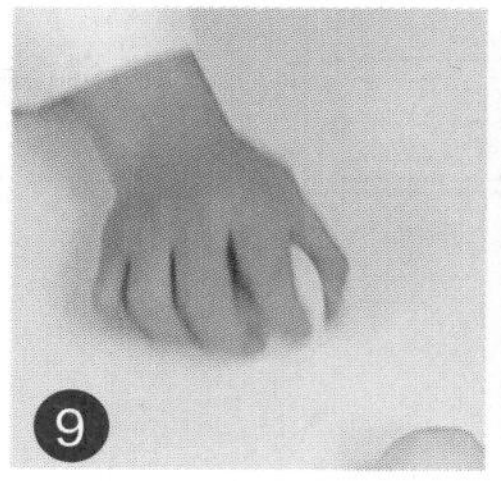

把小面团揉搓成圆形，再揉搓一下。

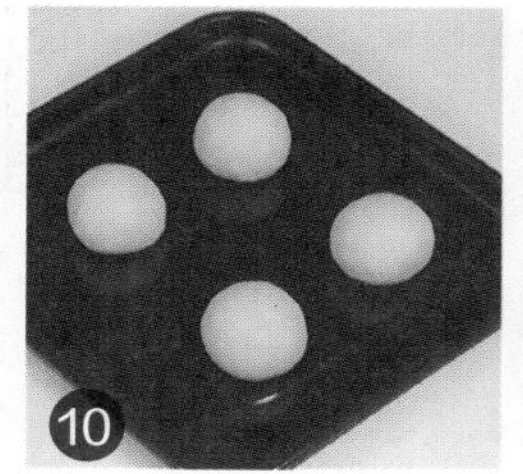

放入烤盘，使其发酵90分钟。

放入烤箱，以上火190℃、下火190℃烤15分钟至熟。

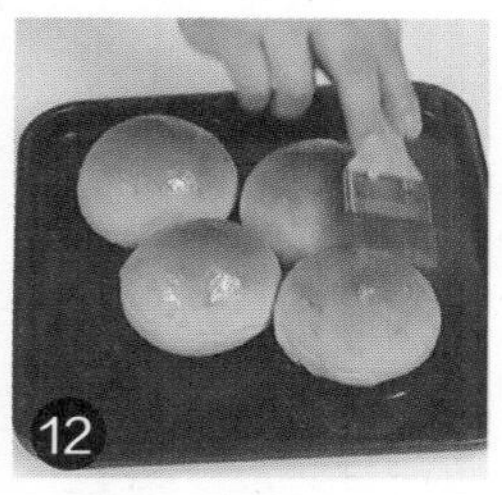

将烤好的面包取出，刷适量蜂蜜，放凉备用。

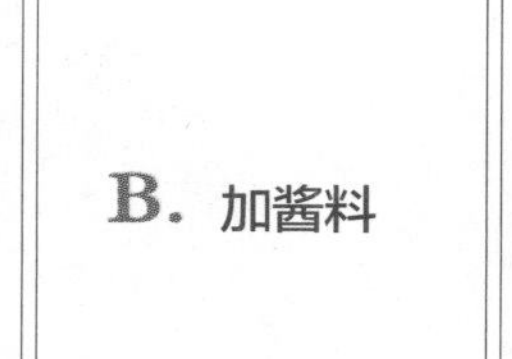

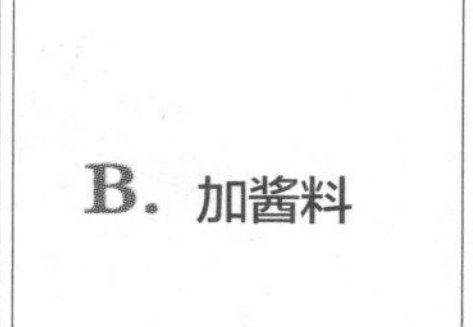

锅置火上，倒入水、细砂糖，煮至细砂糖溶化。

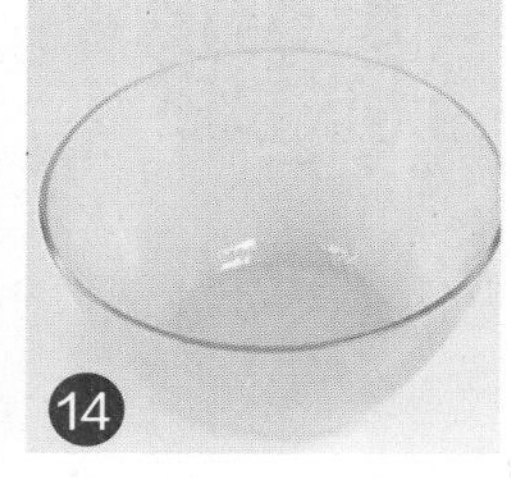

将鸡蛋倒入玻璃碗中，拌匀。

倒入溶化的糖浆，搅拌匀。

加入黄油，用电动搅拌器打发至糊状。

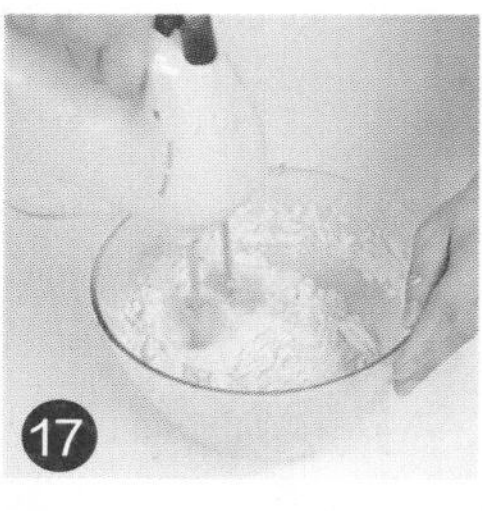

倒入朗姆酒，继续打发，制成酱料。

把花嘴放入裱花袋中，在尖端部位剪开一个小口。

将酱料装入裱花袋中。

挤入烤好的面包内，装入盘中即可。

+备注+

黄油含有碳水化合物、氨基酸及多种维生素、矿物质，具有增高助长、益智健脑等功效。

莲蓉餐包

烘烤时间

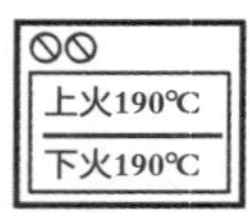

烘烤温度

此款餐包对于人们而言并不陌生，润滑清口的莲蓉馅，甜而不腻，咬下一口，酥脆的表皮融进莲蓉的软糯里，香甜四溢。

原料 高筋面粉500克，黄油80克，奶粉20克，细砂糖100克，盐5克，鸡蛋1个，水200毫升，酵母8克，莲蓉馅40克，黑芝麻少许

工具 玻璃碗、刮板、搅拌器各1个，保鲜膜1张，刷子1把，电子秤、烤箱各1台

☆ **Point** 在面包上刷一层黄油，可以增加面包的光泽。

+备注+

可自制莲蓉馅：莲子500克用温水泡涨，去心去皮，蒸气锅蒸熟，用刀压成泥。锅中放油烧热，放入白糖炒化，加莲蓉翻炒至出油。

做法

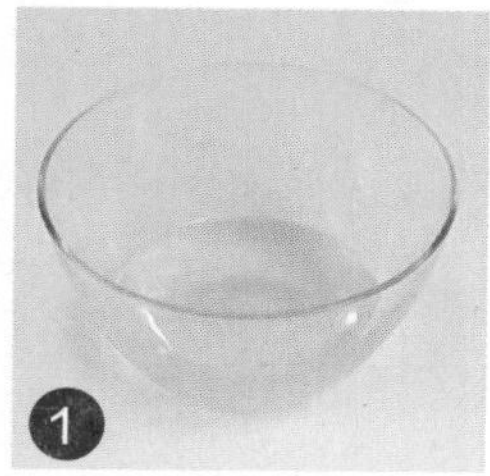

将细砂糖、水倒入玻璃碗中，用搅拌器搅拌至细砂糖溶化。

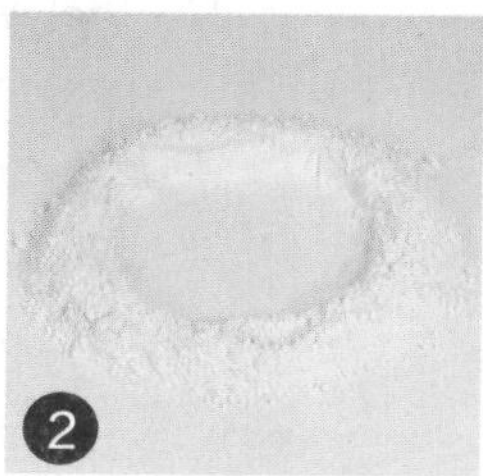

把高筋面粉、酵母、奶粉倒在案台上，用刮板开窝。

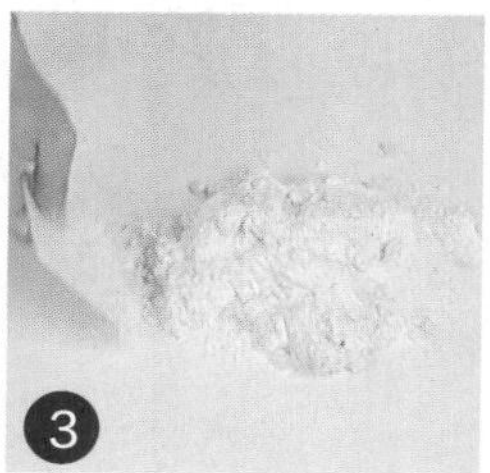

倒入备好的糖水，将材料混合均匀，并按压成形。

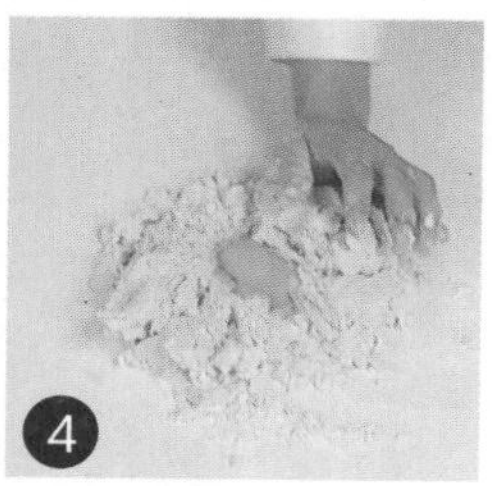

加入鸡蛋，将材料混合均匀，揉搓成面团。

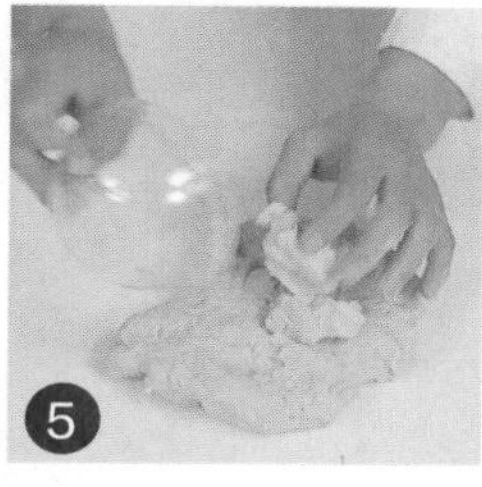

将面团稍微拉平，倒入黄油，揉搓均匀。

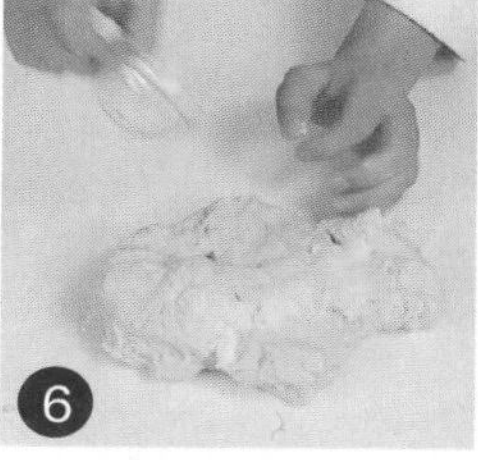

加入盐，揉搓成光滑的面团。

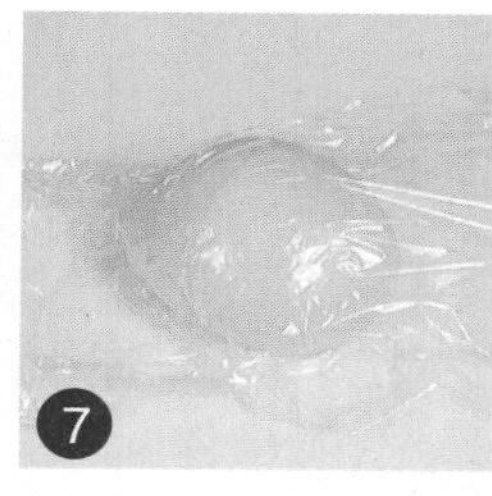

用保鲜膜将面团包好，静置10分钟。

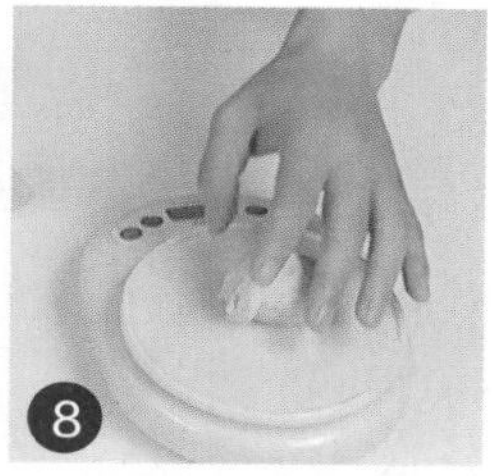

将面团分成数个60克一个的小面团。

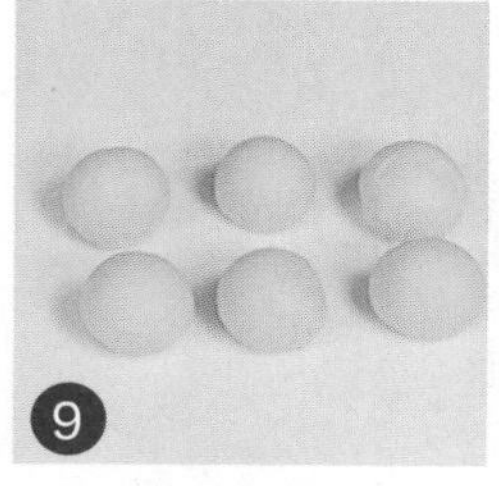

把小面团揉搓成圆球形，备用。

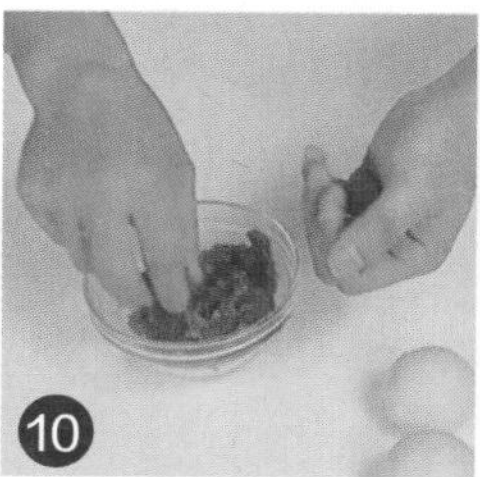

把莲蓉馅分成大小均匀的剂子。

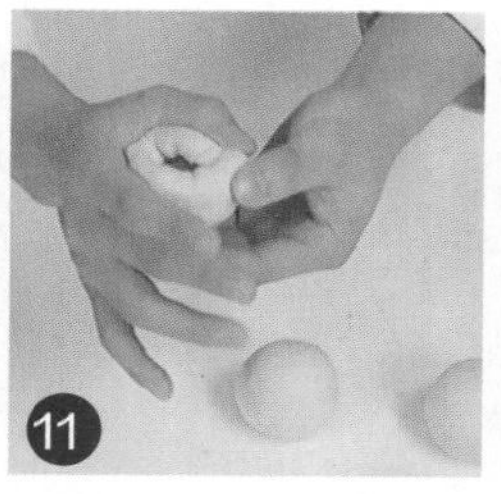

将小面团捏平，放入莲蓉馅包好，搓成圆球。

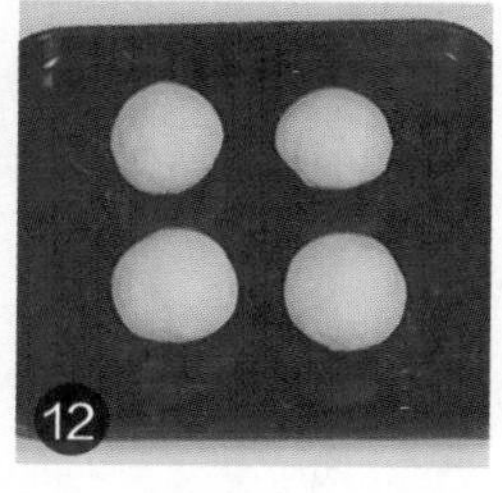

将制成的莲蓉餐包生坯放入烤盘中，使其发酵90分钟。

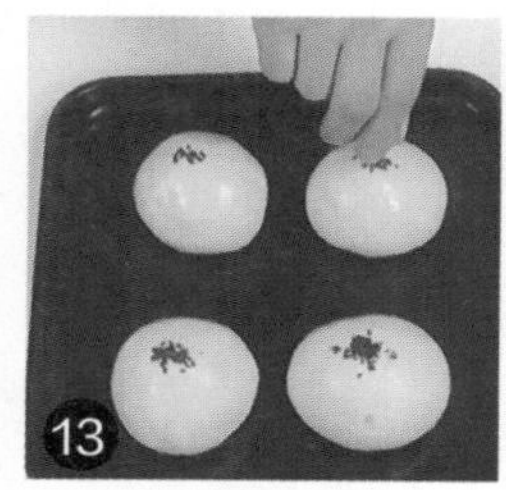

将少许黑芝麻放在发酵好的莲蓉餐包生坯上。

将烤盘放入烤箱中，以上火190℃、下火190℃烤15分钟至熟。

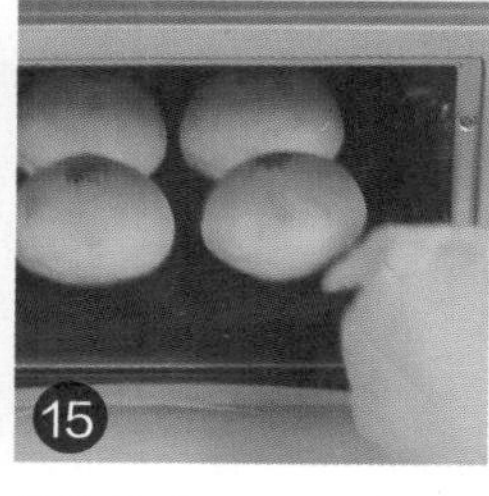

从烤箱中取出烤好的莲蓉餐包。

装入盘中，刷上适量黄油即可。

☆ Point　要注意保持酵母的活性，取所需酵母后，应及时将包装袋密封好。

咖啡奶香包

烘烤时间

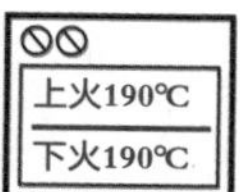

烘烤温度

颜色深沉的外皮，将咖啡的香气尽情释放，为疲乏的一天，带来活力好精神。一口下去，咖啡香醇的气味与浓厚的奶香在口腔里肆意蔓延。

原料

- 高筋面粉500克
- 黄油70克
- 奶粉20克
- 细砂糖100克
- 盐5克
- 鸡蛋1个
- 清水200毫升
- 酵母8克
- 咖啡粉5克
- 杏仁片适量

工具

玻璃碗、搅拌器、刮板各1个
电子秤1台
蛋糕纸杯4个
烤箱1台

做法

将细砂糖倒入玻璃碗中，加入清水。

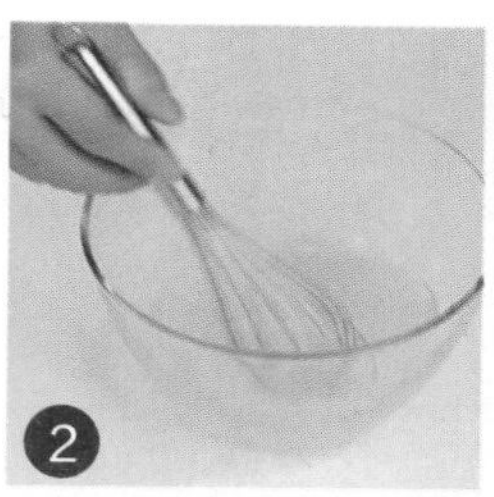
用搅拌器搅拌均匀，搅拌成糖水待用。

将高筋面粉倒在案台上，加入酵母、奶粉。

用刮板混合均匀，再开窝。

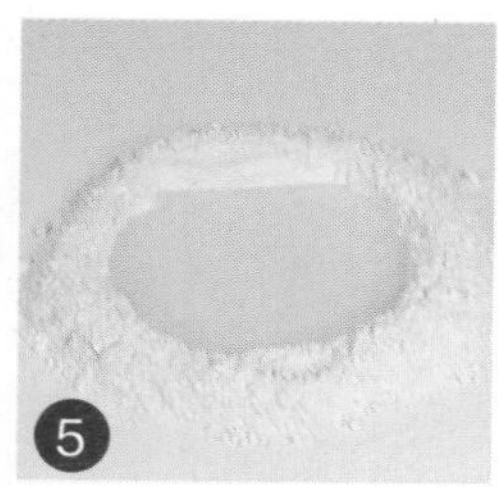
倒入糖水。

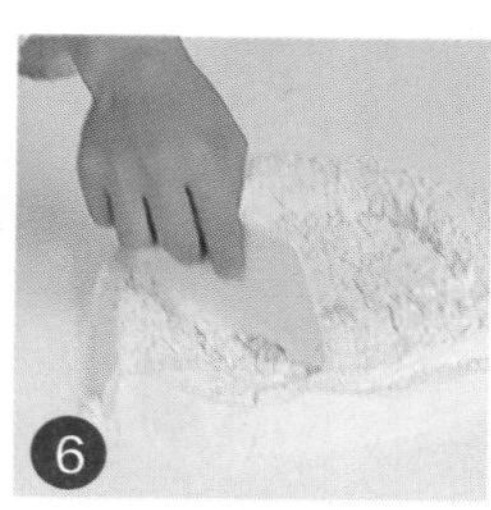
刮入混合好的面粉。

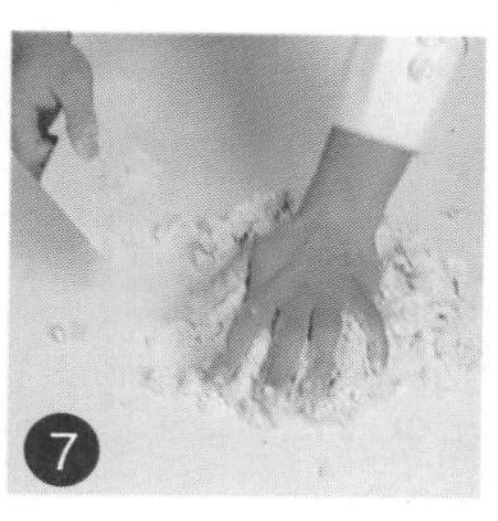
混合成湿面团。

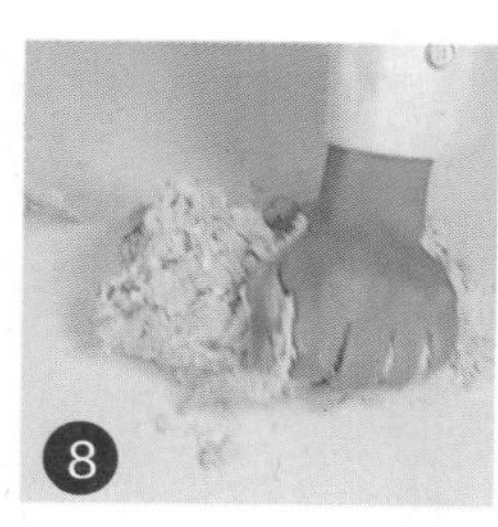
加入鸡蛋，揉搓均匀。

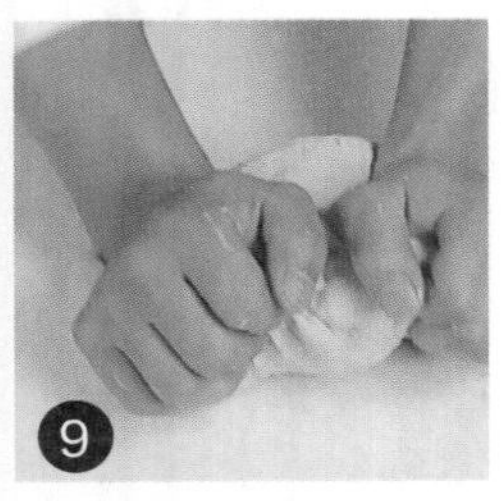

加入准备好的黄油，充分混合。

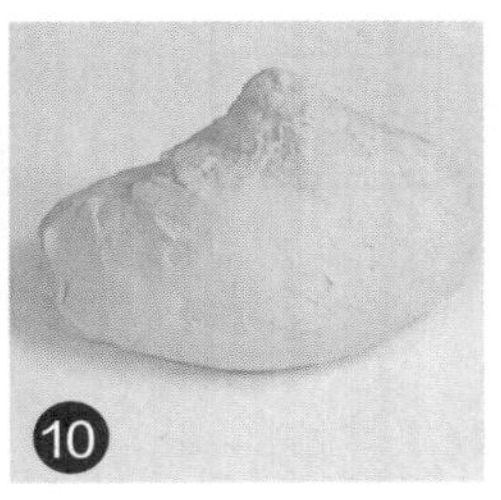

加入盐，搓成光滑的鸡蛋面团。

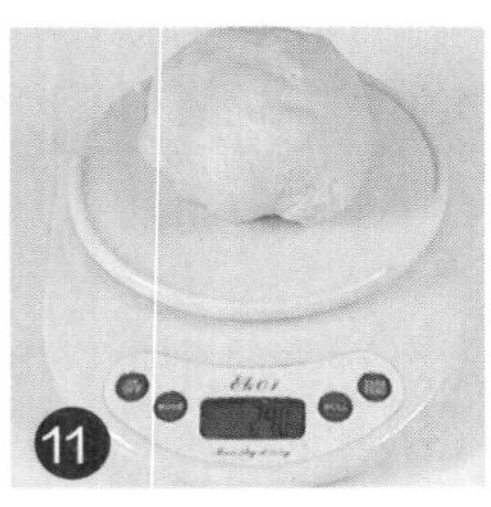

称取240克的面团。

将咖啡粉加入面团中，揉搓，混合均匀。

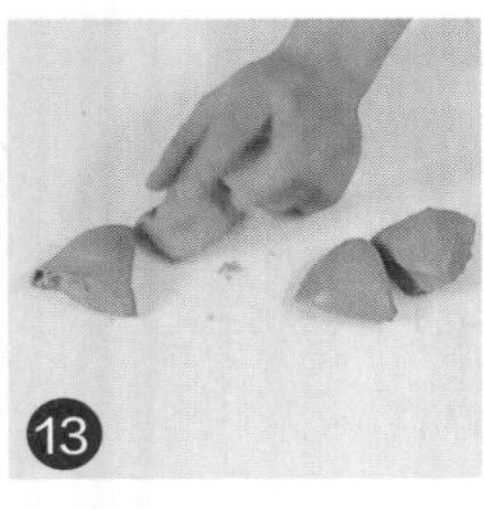

用刮板把咖啡面团分切成四等份剂子。

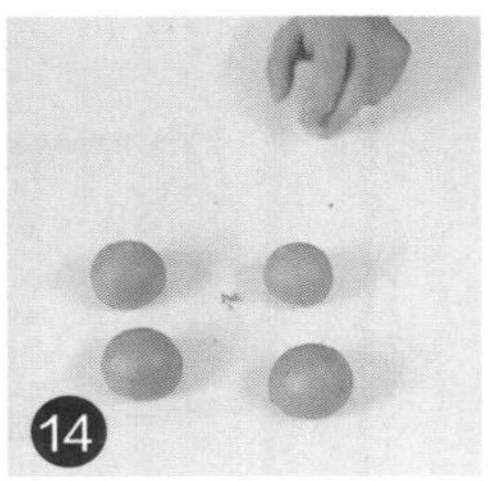

把剂子搓成圆球状。

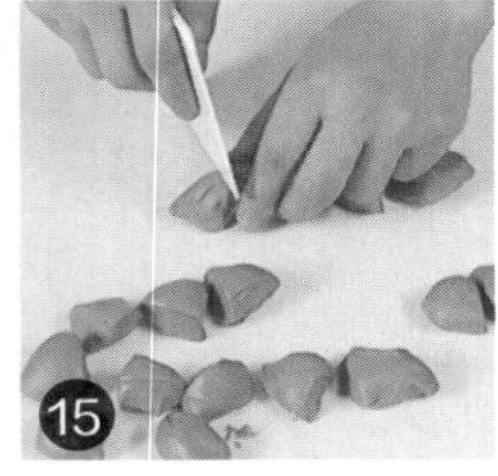

再用刮板将1个大剂子分切成4个小剂子。

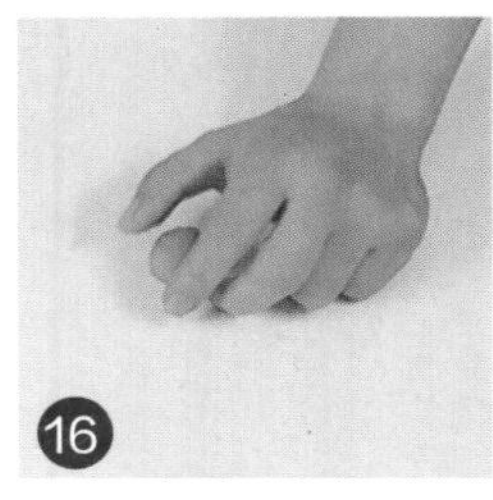

把小剂子揉成小圆球，制成生坯。

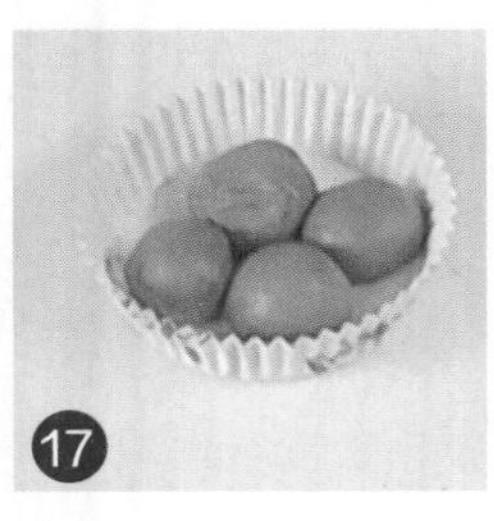

生坯4个一组，装入蛋糕纸杯中。

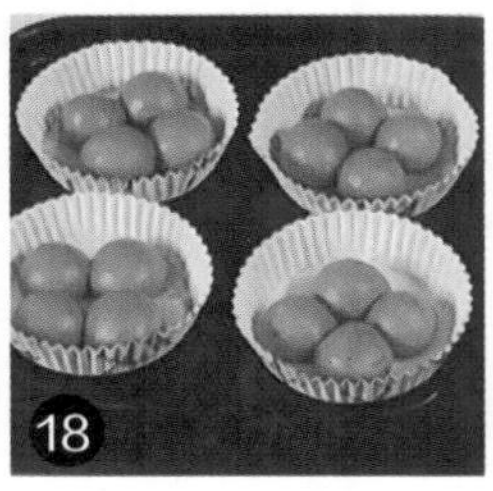

放入烤盘里，常温1.5小时发酵。

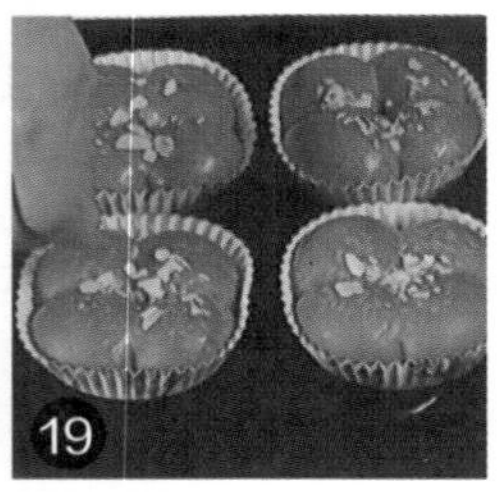

生坯发酵好，撒上适量杏仁片。

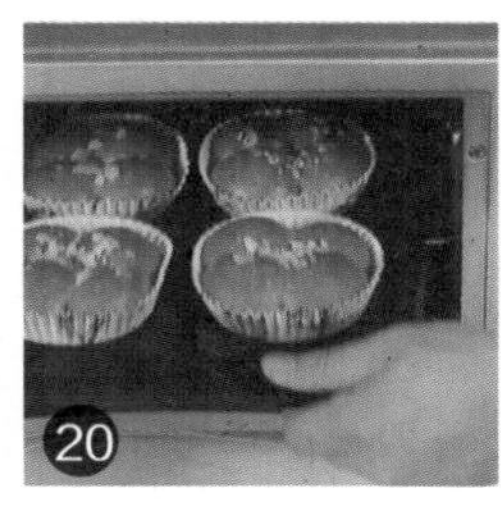

把生坯放入预热好的烤箱里。

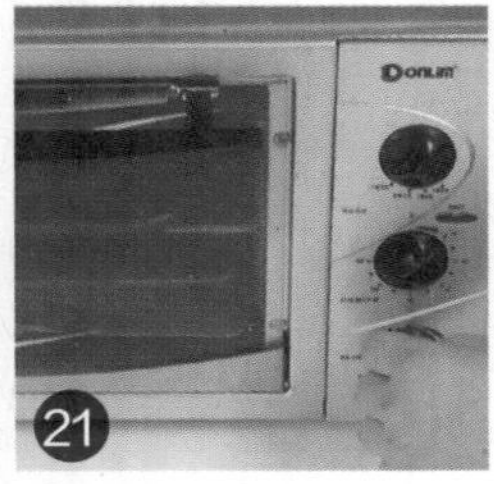

将烤箱上下火均调为190℃，时间定为10分钟，烘烤至熟。

打开箱门，戴上手套把烤好的面包取出。

+备注+

最好使用纯咖啡粉，如果没有蛋糕纸杯，可将整形好的圆形面团直接放在烤盘上发酵并烘焙。

哈雷面包

烘烤时间

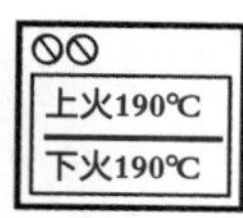

烘烤温度

由于外形像哈雷彗星而得名的哈雷面包，有着一层铺满厚厚哈雷酱的面包顶，上面的蜘蛛网花纹由巧克力勾画而成，既巧妙又美味。

原料

面团部分：

高筋面粉500克
黄油70克
奶粉20克
细砂糖100克
盐5克
鸡蛋1个
水200毫升
酵母8克

哈雷酱部分：

色拉油50毫升
细砂糖60克
鸡蛋55克
低筋面粉60克
吉士粉10克

装饰部分：

巧克力果膏少许

工具

刮板、搅拌器、电动搅拌器各1个
玻璃碗2个
电子秤1台
保鲜膜1张
裱花袋2个
剪刀1把
烤箱1台
牙签1根

A. 面团做法

1 将细砂糖、水倒入玻璃碗中，用搅拌器搅拌至细砂糖溶化。

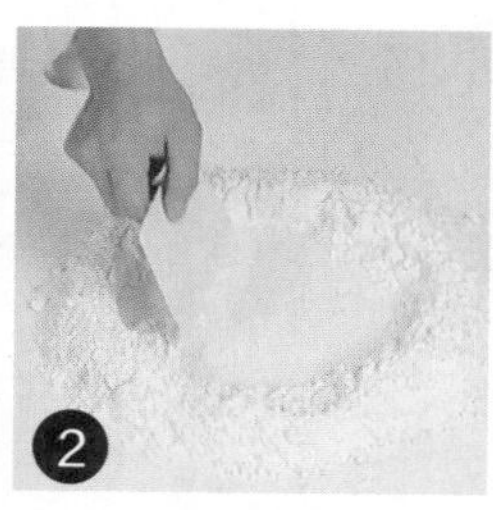
2 把高筋面粉、酵母、奶粉倒在案台上，用刮板开窝。

3 倒入备好的糖水，将材料混合均匀，并按压成形。

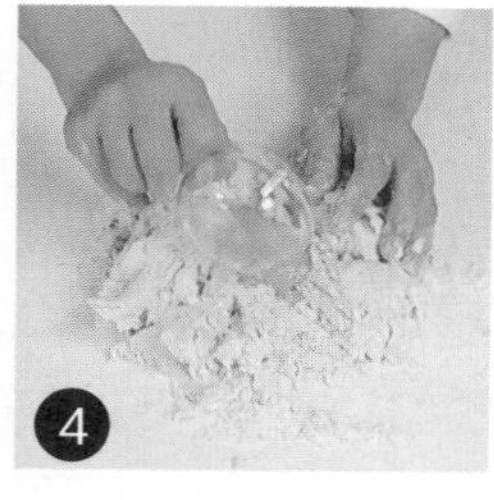
4 加入备好的鸡蛋，揉搓成面团。

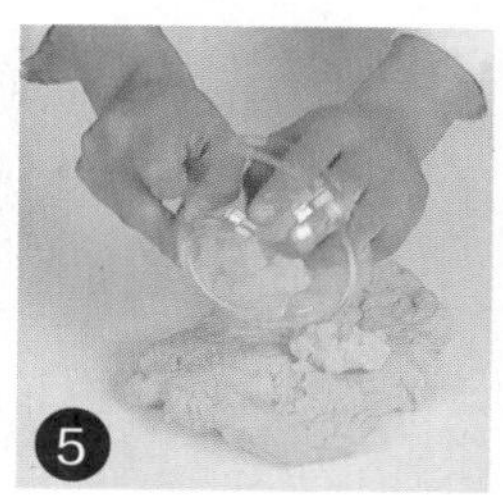
5 将面团稍微拉平，倒入黄油。

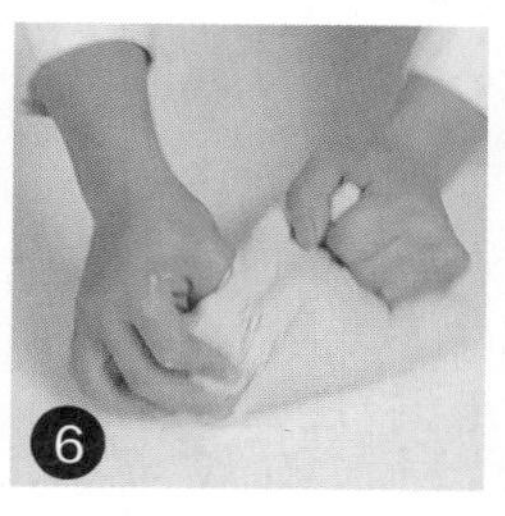
6 揉搓至黄油与面团完全融合。

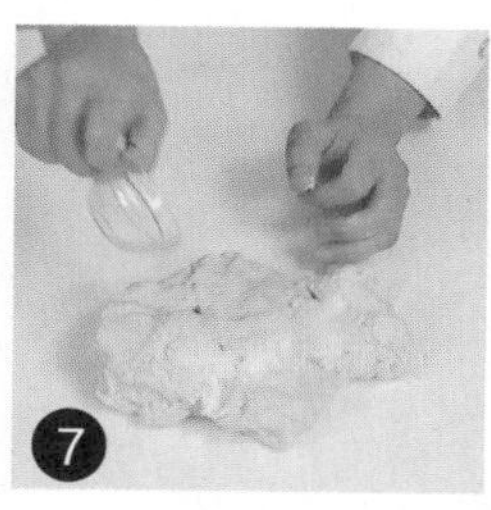
7 加入盐，揉搓成光滑的面团。

☆ **Point** 色拉油要分次倒入，这样才能使材料搅拌得更均匀。

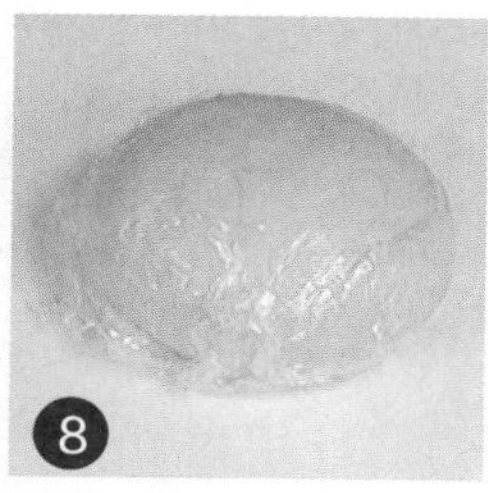

8 用保鲜膜将面团包好，静置10分钟。

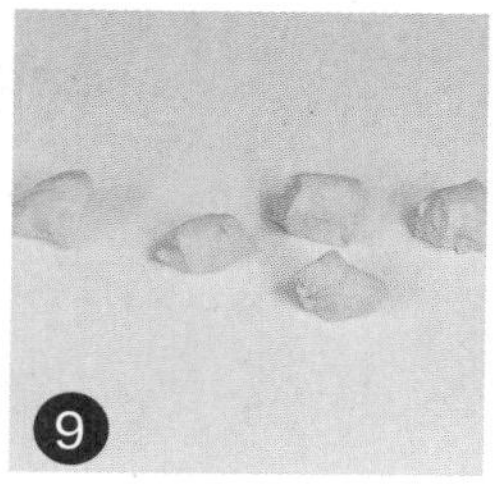

9 去除保鲜膜，将面团分成大小均等的小面团。

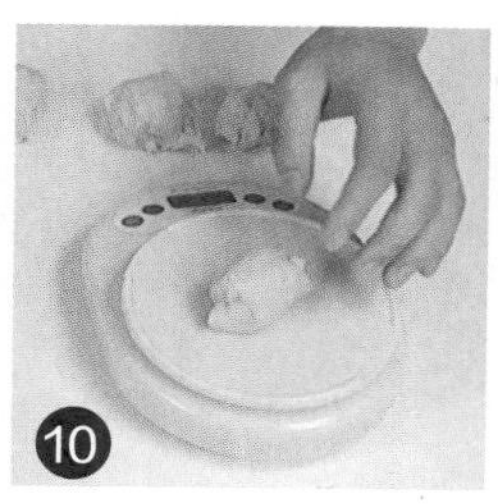

10 用电子秤称取数个60克的小面团。

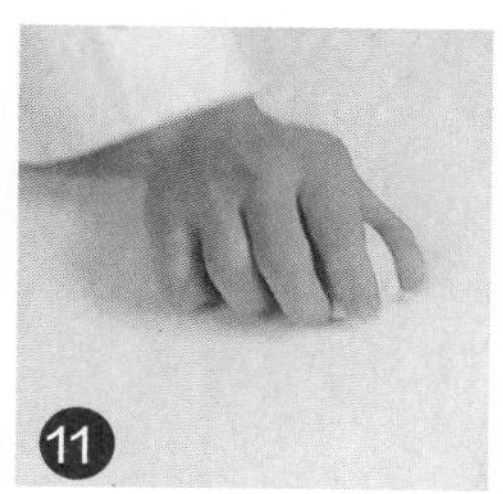

11 小面团揉搓成圆球。

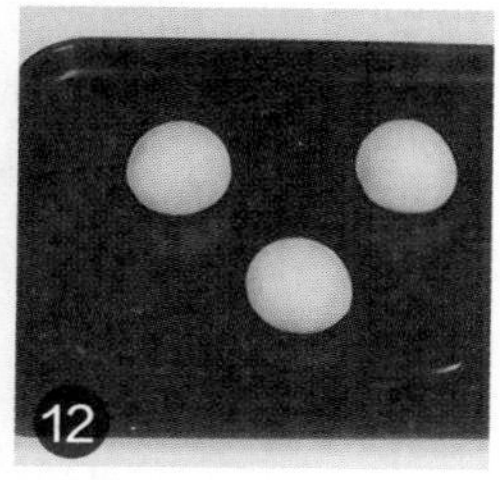

12 取3个小面团，放入烤盘中，使其发酵90分钟。

B. 加哈雷酱

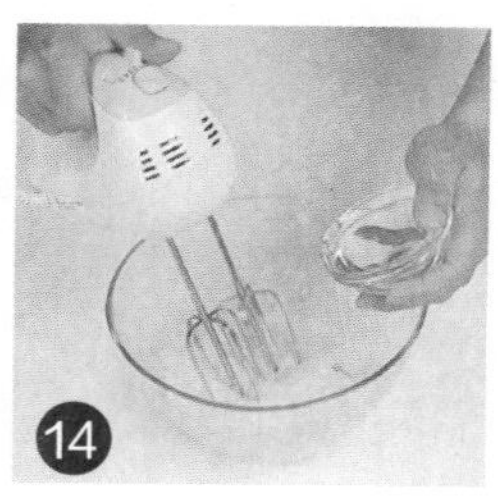

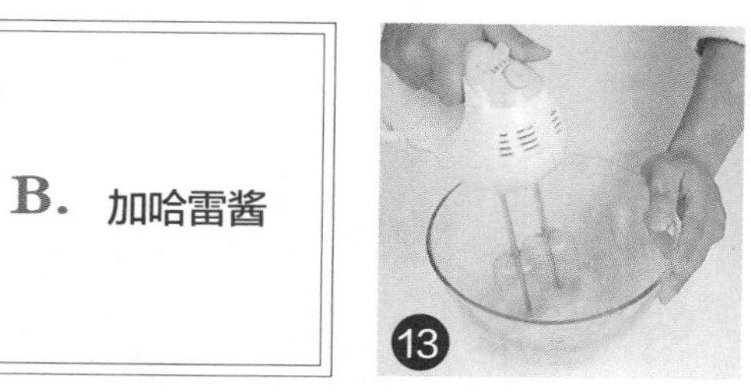

13 将鸡蛋、细砂糖倒入玻璃碗中，用电动搅拌器搅匀。

14 一边加入色拉油，一边搅拌。

15 倒入低筋面粉、吉士粉，搅拌均匀，即成哈雷酱。

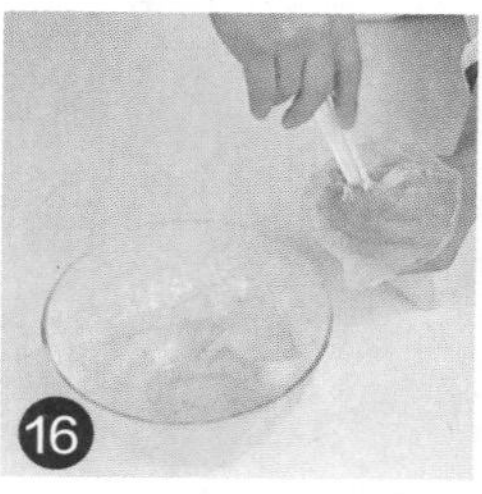

16 将哈雷酱装入裱花袋中，在尖端剪开一个小口。

17 将哈雷酱以划圆圈的方式挤在面团上。

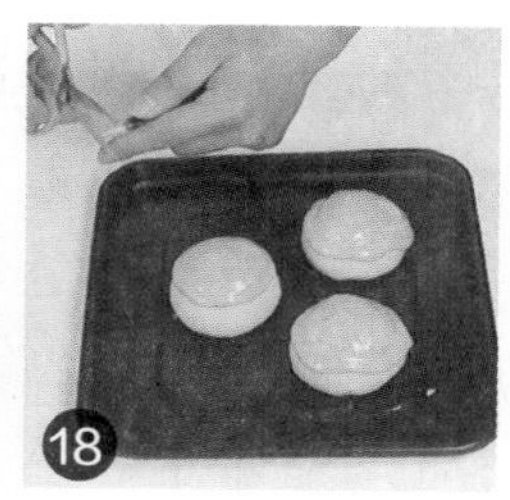

18 把巧克力果膏装入另一个裱花袋中，在尖端剪开一个小口。

19 将巧克力果膏以划圆圈的方式挤在哈雷酱上。

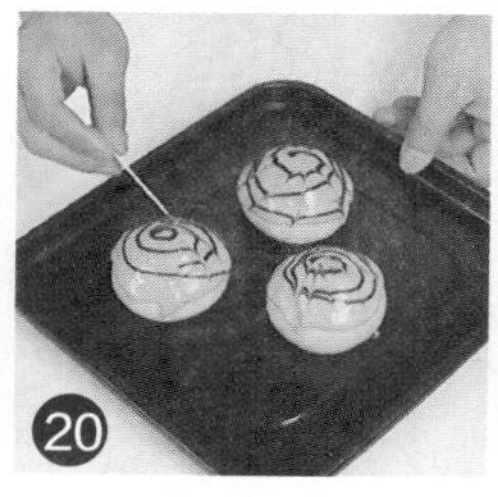

20 用牙签从面包酱顶端往下向四周划花纹。

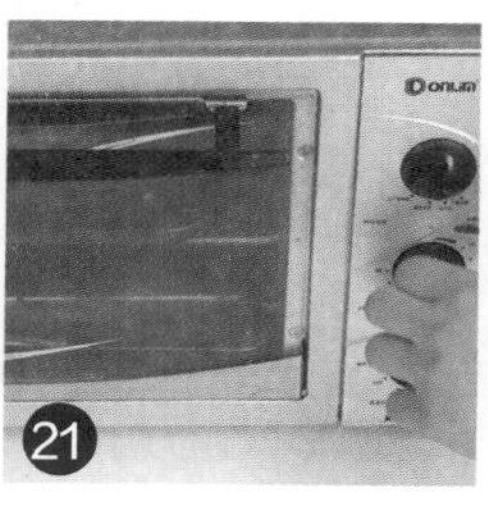

21 划至花纹呈蜘蛛网状，将烤盘放入烤箱。

22 以上下火190℃烤15分钟至熟，取出即可。

Part 6 欧式面包

欧式面包就是欧洲人常吃的面包，以意大利、德国、奥地利、法国等国家的面包为代表。其颜色较深，表皮金黄而硬脆；内部组织柔软而有韧性，空洞细密而均匀；面包口味多为咸味，很少加糖和油。本章介绍了极具代表性的12种欧式面包，配上一些沙拉、芝士、肉类和蔬菜等，具有浓浓的小资情调。

意大利面包棒起源于意大利都灵，实际上是烘焙师拿做糕点剩下的面团随意做的。现如今其风靡全球，是意大利菜里的佐餐食品，也可以作为点心或小吃来打发时间。

☆ **Point** 橄榄油不宜刷得过多，以免影响面包口感。

意大利面包棒

烘烤时间

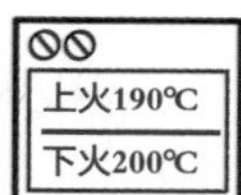

烘烤温度

原料　高筋面粉500克，黄油70克，奶粉20克，细砂糖100克，盐5克，鸡蛋1个，水200毫升，酵母8克，橄榄油适量

工具　玻璃碗、搅拌器、刮板各1个，保鲜膜1张，刷子1把，擀面杖1根，烤箱1台

做法

1 将细砂糖倒入玻璃碗中，加水，用搅拌器搅匀，制成糖水。

2 将高筋面粉、酵母、奶粉用刮板混合均匀，开窝。

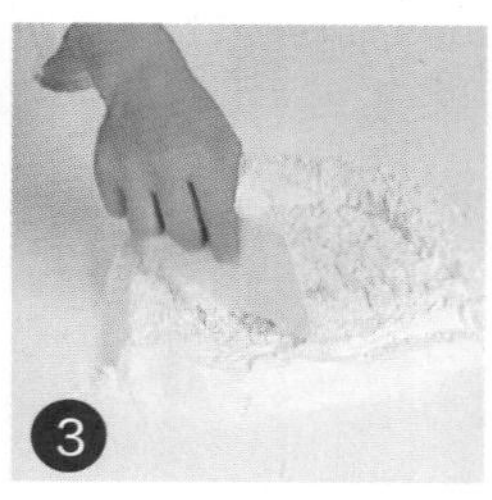
3 倒入糖水，刮入混合好的高筋面粉，混合成湿面团。

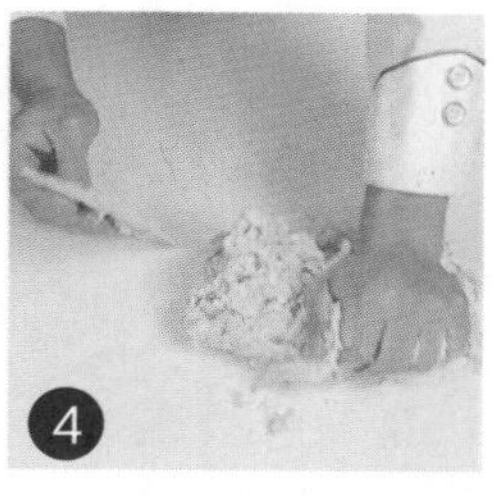
4 加入鸡蛋，揉搓均匀；加入黄油，继续揉搓，充分混合。

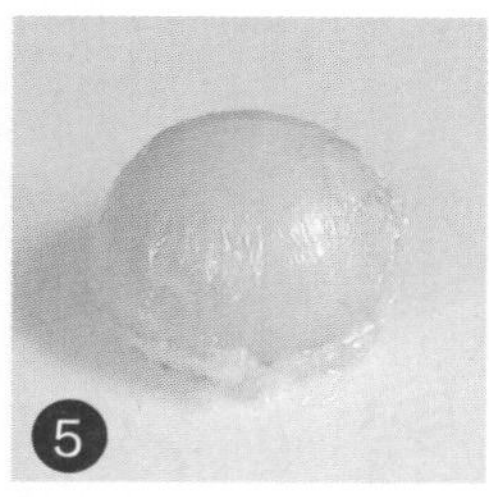
5 加盐，揉搓成光滑的面团，用保鲜膜包裹好，静置10分钟。

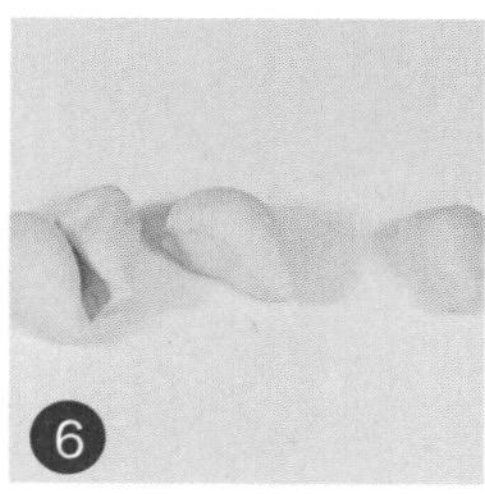
6 去掉面团保鲜膜，取一半面团，分切成4个等份剂子。

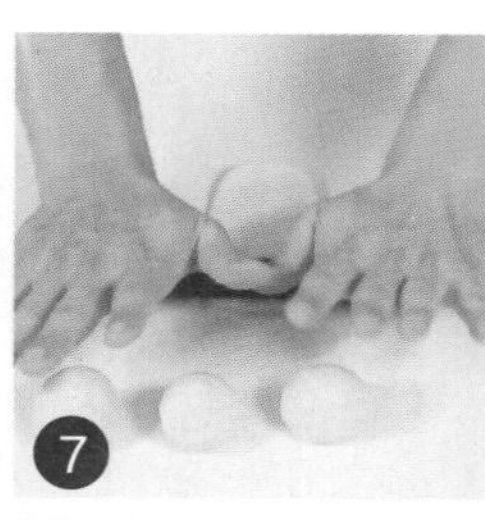
7 把剂子搓成圆球状，将面团擀成面皮。

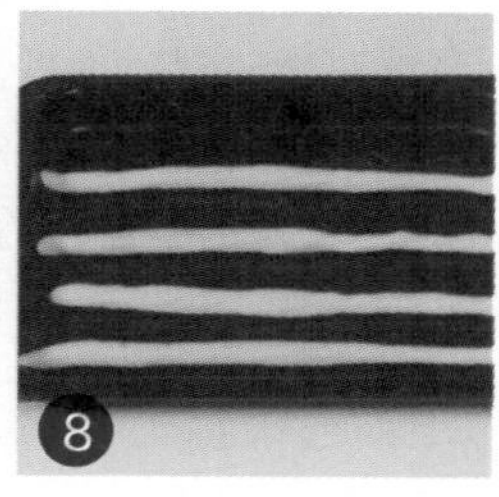
8 卷起，搓成长条状，制成生坯，装入烤盘，发酵至2倍大。

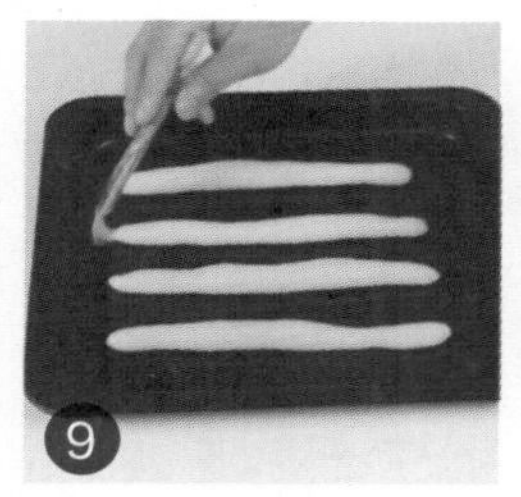
9 生坯发酵好后刷上一层橄榄油。

10 关上箱门，将烤箱上火调为190℃，下火调为200℃，预热5分钟。

11 打开箱门，放入发酵好的生坯，关上箱门，烘烤20分钟。

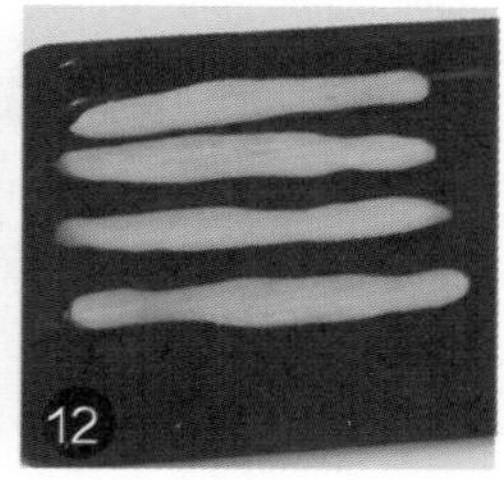
12 戴上手套，打开箱门，将烤好的面包棒取出即可。

凯萨面包，又叫维也纳面包，是以奥地利皇帝的名字来命名的一款经典面包。其貌不扬却透露出一股君王的霸气，外硬里绵，瞬间俘获你的味蕾。

☆ Point 用勺子在生坯上压花纹时，注意力度要适中，以免破坏生坯的外形。

凯萨面包

烘烤时间

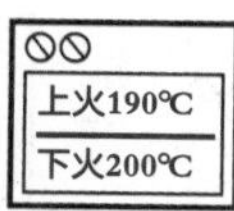

烘烤温度

原料

面团部分： 高筋面粉500克，黄油70克，奶粉20克，细砂糖100克，盐5克，鸡蛋1个，水200毫升，酵母8克

装饰部分： 白芝麻适量

工具

玻璃碗、搅拌器、刮板各1个，保鲜膜1张，勺子1把，烤箱1台

做法

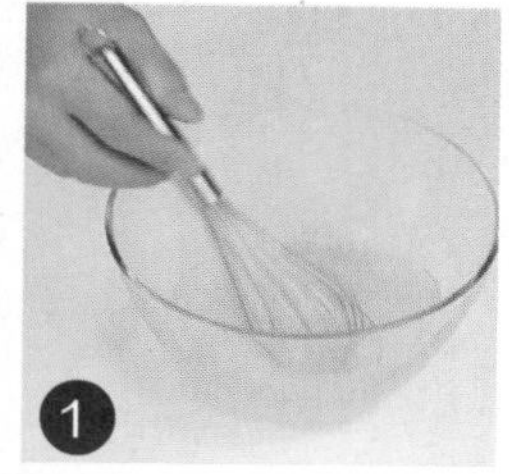
将细砂糖倒入玻璃碗中，加水，用搅拌器搅匀，制成糖水。

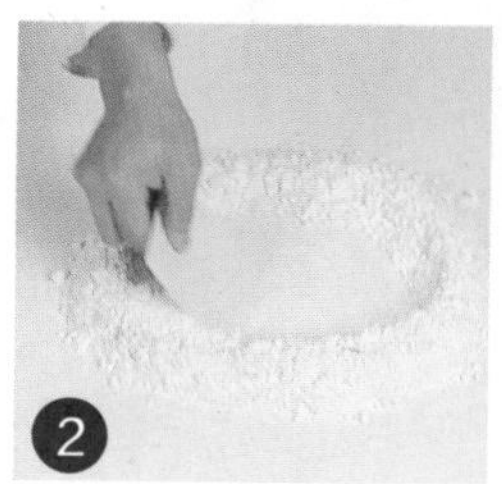
将高筋面粉、酵母、奶粉用刮板混合均匀，再开窝。

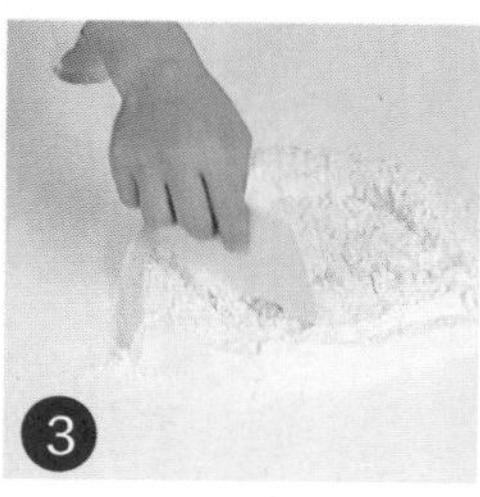
倒入糖水，刮入混合好的高筋面粉，混合成湿面团。

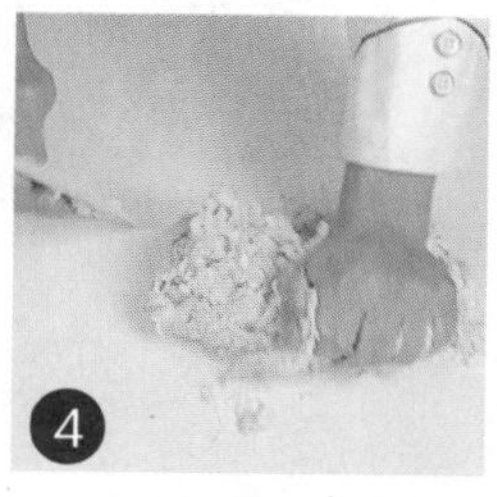
加入鸡蛋，揉搓均匀；加入黄油，继续揉搓，充分混合。

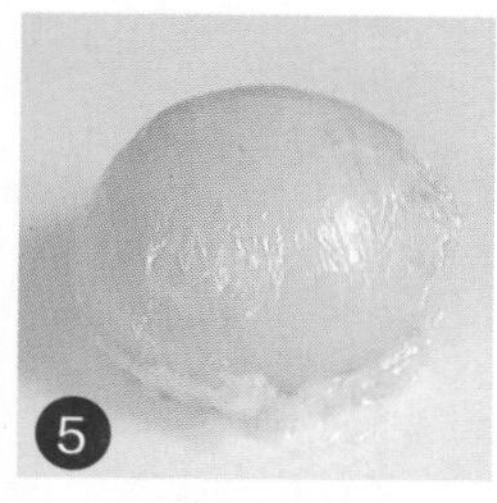
加盐，揉搓成光滑的面团，用保鲜膜包裹好，静置10分钟。

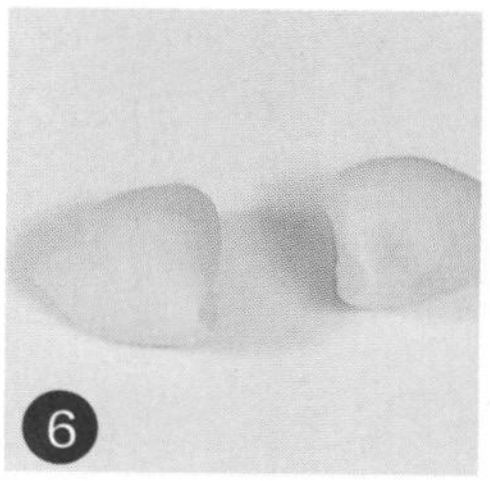
去掉面团保鲜膜，取一半面团，分切成2个等份剂子。

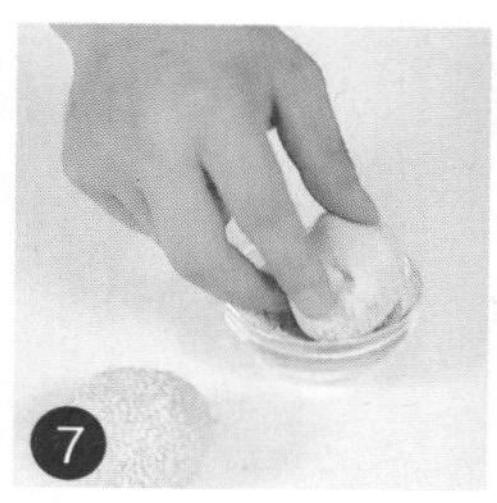
将剂子搓成球状，用勺子压出花纹，粘上白芝麻，制成生坯。

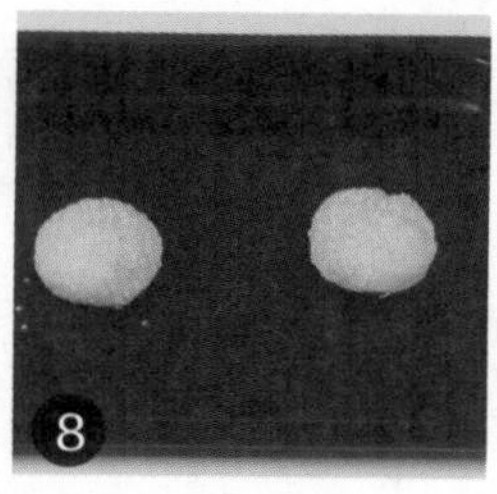
将生坯装入烤盘，待发酵至2倍大。

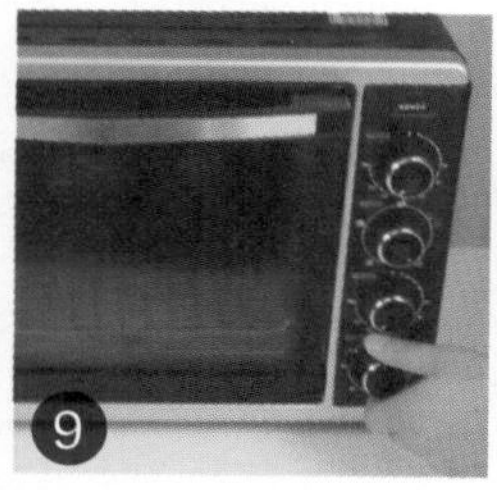
关上箱门，将烤箱调为上火190℃、下火200℃，预热5分钟。

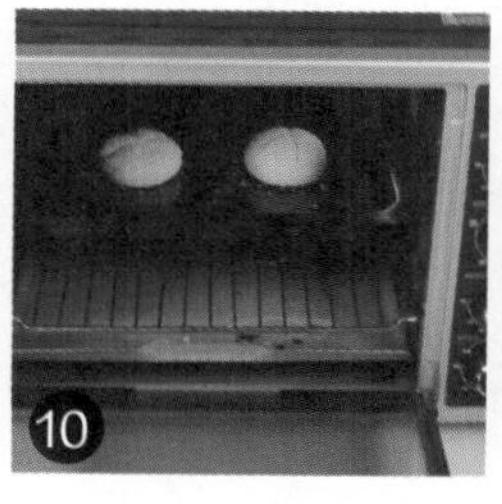
打开箱门，放入发酵好的生坯。

关上箱门，烘烤20分钟至熟。

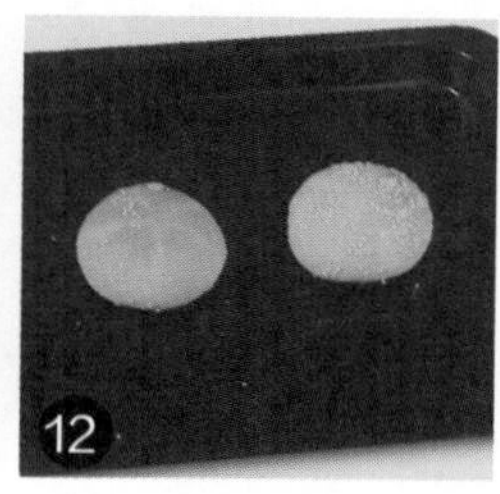
戴上手套，打开箱门，将烤好的面包取出即可。

拖鞋面包

烘烤时间

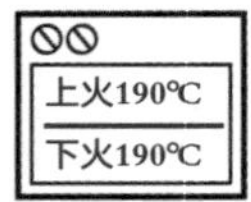

烘烤温度

将拖鞋的形状运用到面包的造型上，真是别具一格。辛辣的黑胡椒在组织细密的面包里横冲直撞，既是点缀又独具风味，让人尤为难忘。

原料

面团部分： 高筋面粉500克，黄油70克，奶粉20克，细砂糖100克，盐5克，鸡蛋1个，水200毫升，酵母8克，橄榄油15毫升，黑胡椒8克

装饰部分： 高筋面粉适量

工具

玻璃碗、刮板、搅拌器、筛网各1个，保鲜膜1张，擀面杖1根，叉子1把，烤箱1台

+备注+

可用来做三明治，食用时抹上花生酱或果酱口感更佳。

☆ **Point** 面粉过筛后再揉制的面包，口感更细腻。

做法

将细砂糖、水倒入玻璃碗中，用搅拌器搅拌至细砂糖溶化。

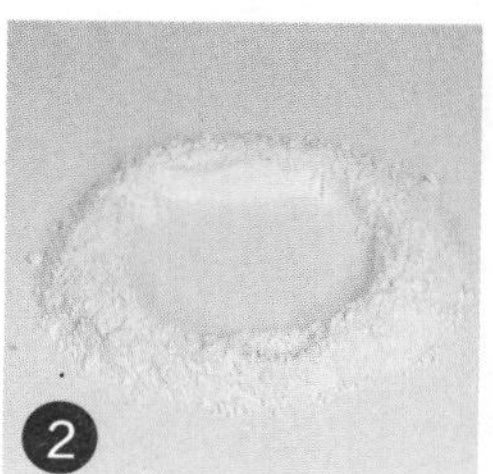
把高筋面粉、酵母、奶粉倒在案台上，用刮板开窝。

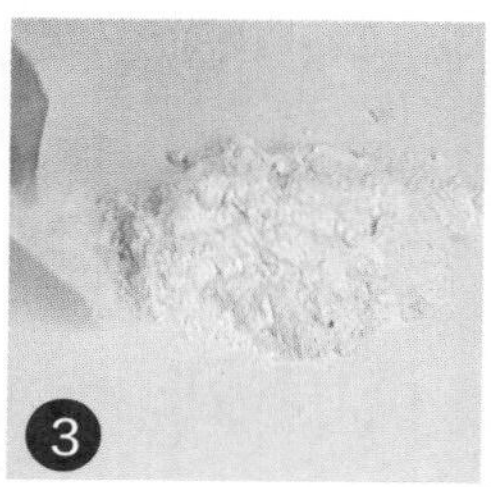
倒入备好的糖水，将材料混合均匀，并按压成形。

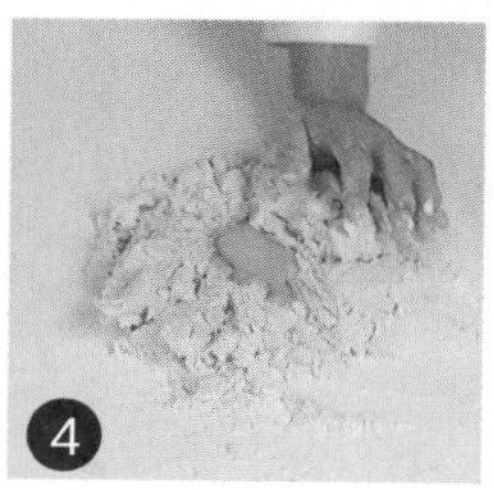
加入鸡蛋，将材料混合均匀，揉搓成面团。

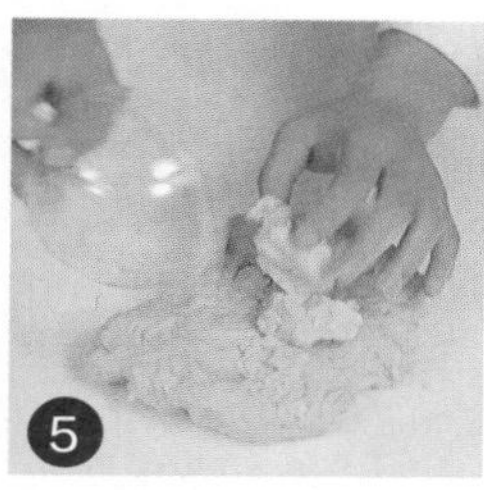
将面团稍微拉平，倒入黄油，揉搓均匀。

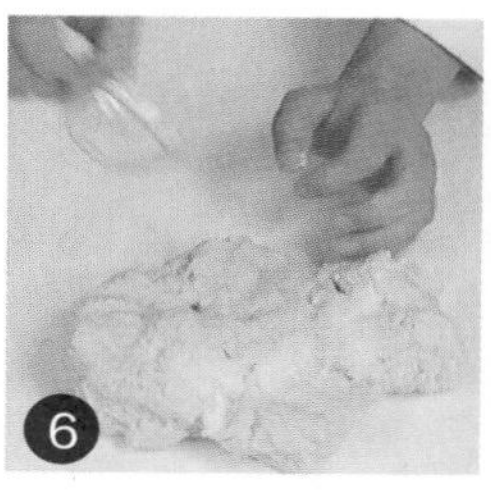
加入盐，揉搓成光滑的面团。

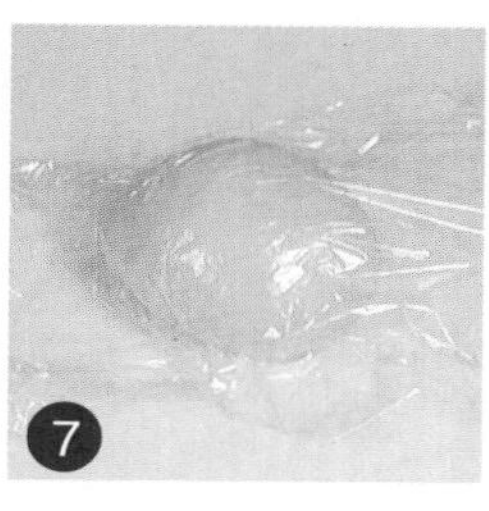
用保鲜膜将面团包好，静置10分钟。

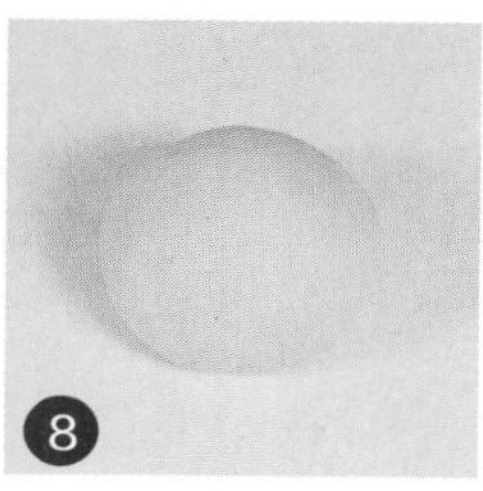
取适量面团，搓圆至小球。

稍稍压扁，倒入黑胡椒，搓揉均匀。

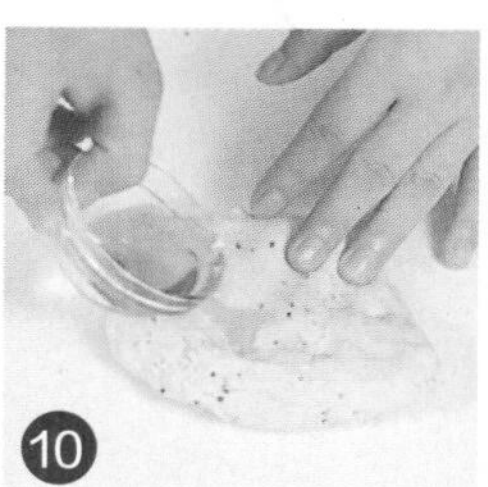
倒入橄榄油，将其搓揉成纯滑的面团。

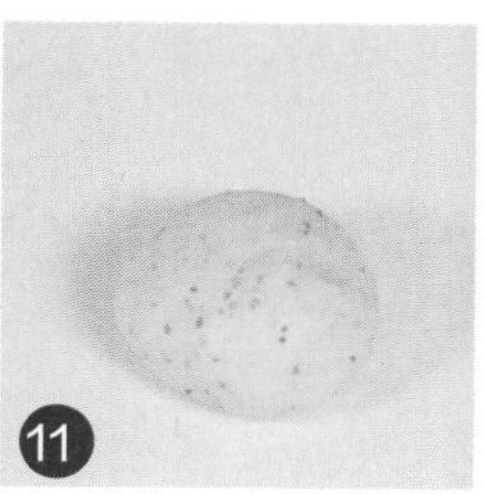
将面团分成两等份，稍搓圆。

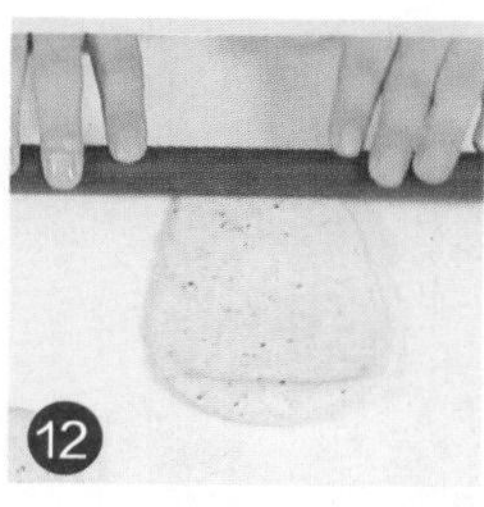
压扁，用擀面杖稍稍擀平。

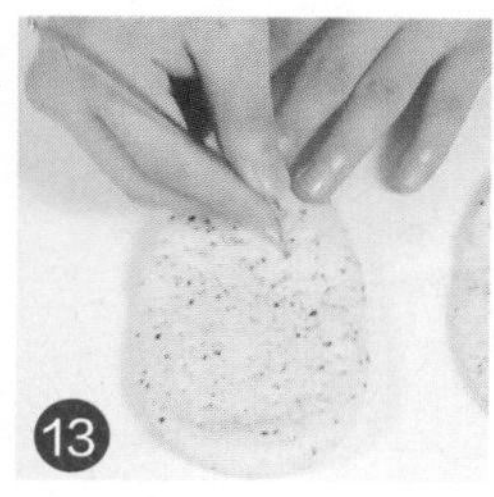
用叉子在面皮表面均匀扎上小孔。

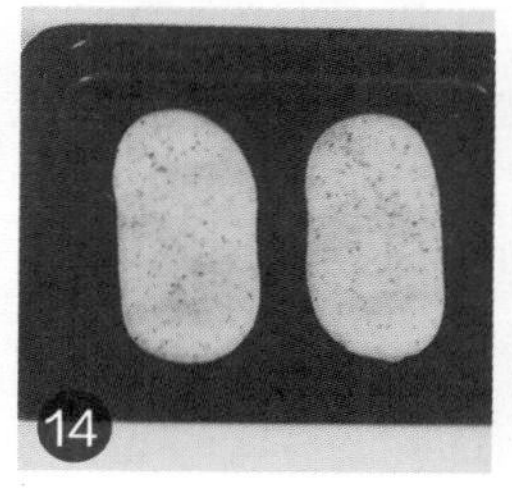
烤盘中放入面皮，常温发酵2小时至原来1倍大。

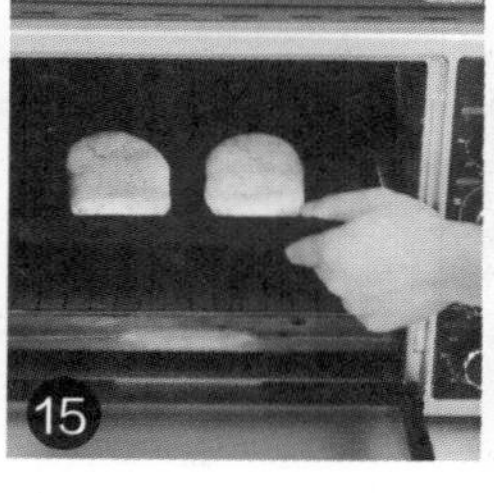
将面皮放入预热好的烤箱中，温度调至上火190℃、下火190℃。

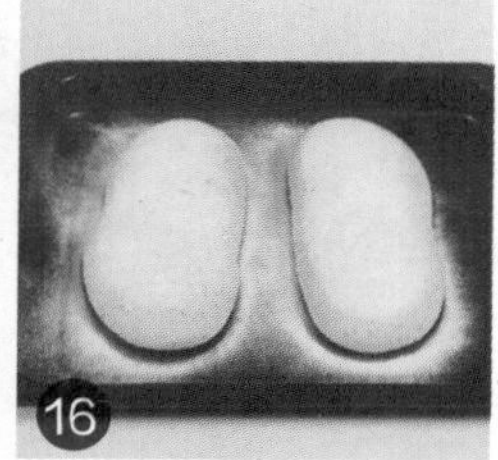
烤10分钟取出，过筛适量高筋面粉至烤好的面包上即可。

作为法式面包的一种，乡村面包以其朴素的外表和味道，令流离在外的巴黎人民不由生出思乡之情，因此得名。

☆ Point 生坯上的口子不宜过深，以免破坏成品外观。

乡村面包

烘烤时间

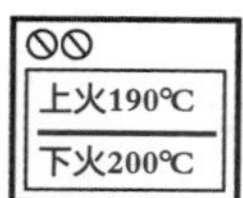

烘烤温度

原料

面团部分：高筋面粉500克，黄油70克，奶粉20克，细砂糖100克，盐5克，鸡蛋1个，水200毫升，酵母8克

装饰部分：高筋面粉适量

工具

玻璃碗、搅拌器、刮板、筛网各1个，保鲜膜1张，刀片1把，烤箱1台

做法

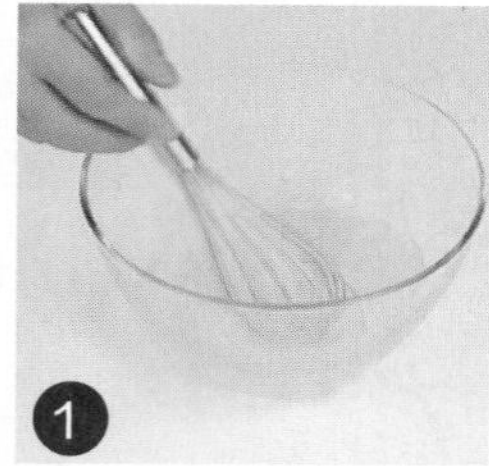

1 将细砂糖、水倒入玻璃碗中，用搅拌器搅拌至细砂糖溶化。

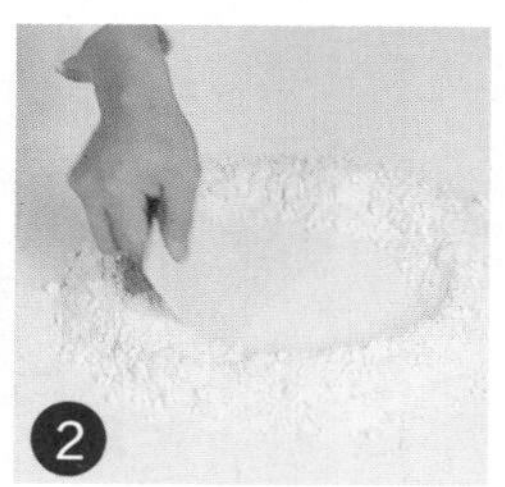

2 将高筋面粉、酵母、奶粉混合均匀，再用刮板开窝。

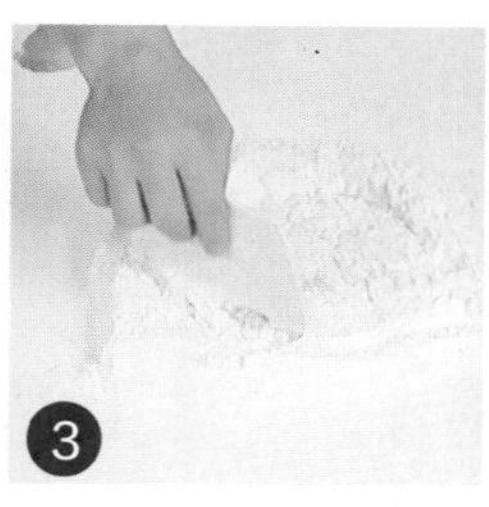

3 倒入糖水，刮入混合好的高筋面粉，混合成湿面团。

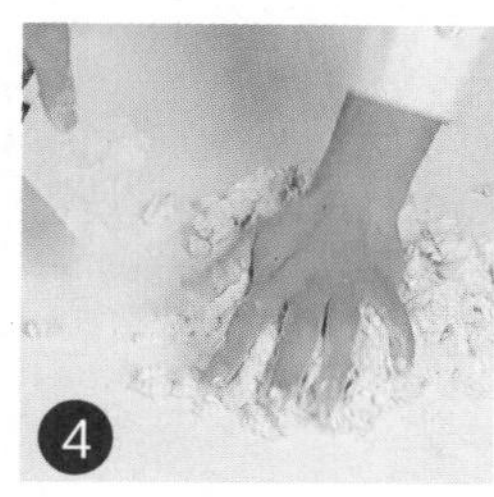

4 加鸡蛋，揉搓均匀。

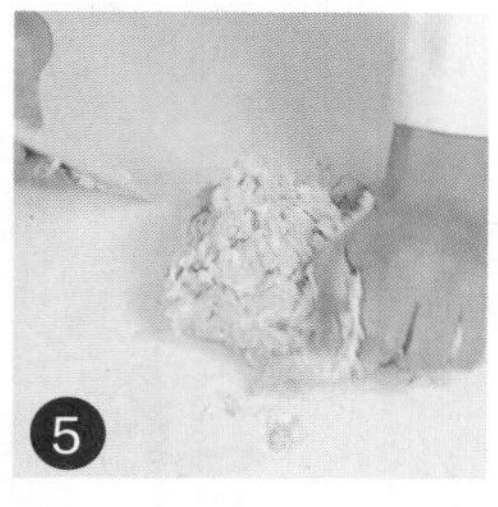

5 加入黄油，继续揉搓，充分混合。

6 加入盐，揉搓成光滑的面团。

7 用保鲜膜包裹好；静置10分钟醒面。

8 去掉面团保鲜膜，搓成馒头状，高筋面粉过筛，撒在面团上。

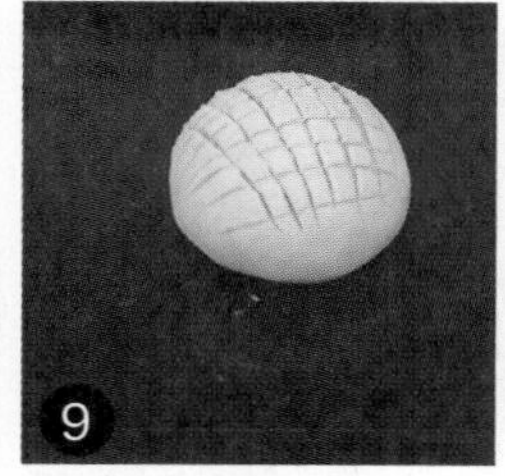

9 用刀片在面团上划出网格花纹，装入烤盘，发酵至2倍大。

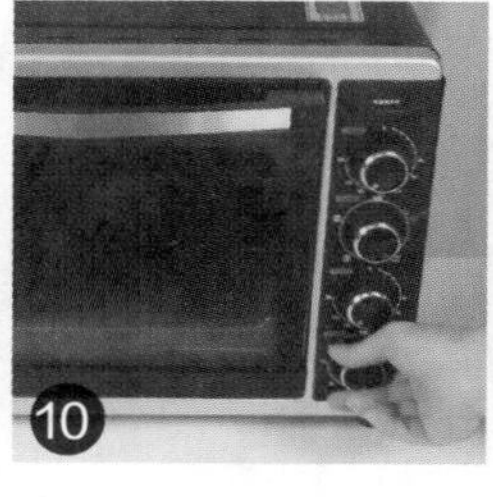

10 将烤箱上火调为190℃，下火调为200℃，预热5分钟。

11 放入发酵好的生坯，烘烤20分钟至熟。

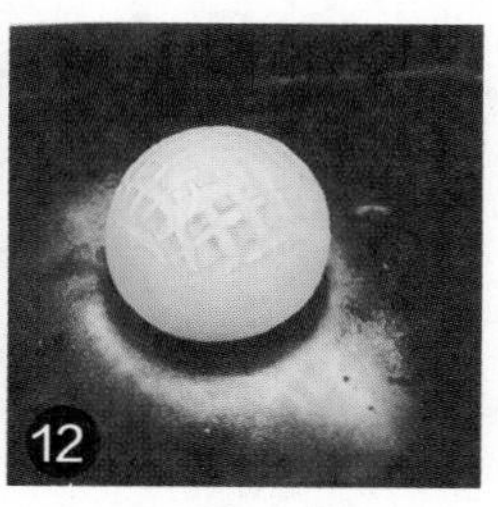

12 戴上手套，将烤好的面包取出即可。

谈及欧式传统面包，布里欧修是必提的经典，以标志性的“和尚头”让人过目难忘。戴着金黄色的帽子，小小的个头，用料却很奢华。

☆ **Point**　事先往模具内刷一层黄油，可以避免面包与模具黏连。

布里欧修

烘烤时间

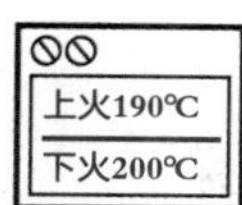

烘烤温度

原料 高筋面粉500克，黄油70克，奶粉20克，细砂糖100克，盐5克，鸡蛋1个，水200毫升，酵母8克

工具 玻璃碗、搅拌器、刮板各1个，保鲜膜1张，模具3个，刷子1把，烤箱1台

做法

1 将细砂糖、水倒入玻璃碗中，用搅拌器搅拌至细砂糖溶化。

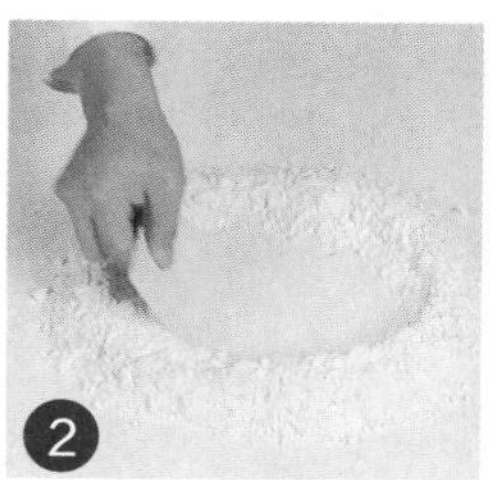

2 将高筋面粉、酵母、奶粉混合均匀，再用刮板开窝。

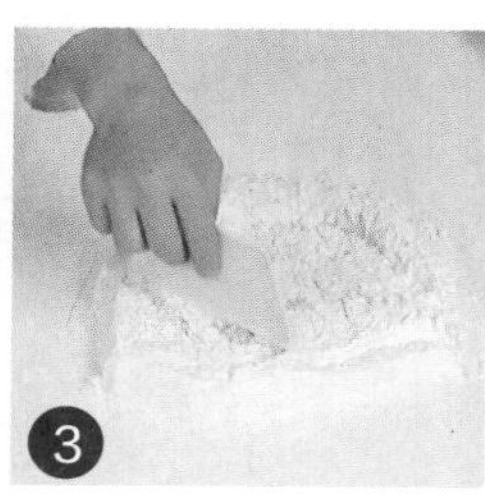

3 倒入糖水，刮入混合好的高筋面粉，混合成湿面团。

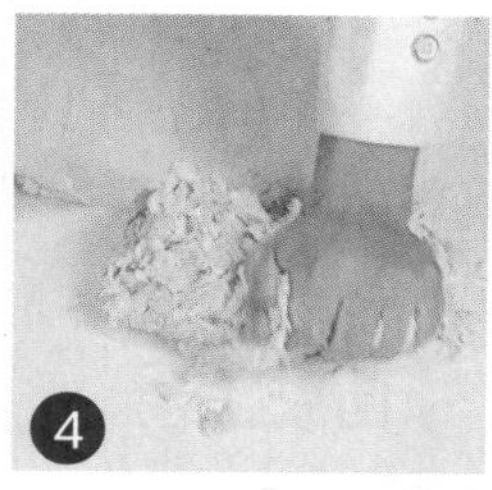

4 加入鸡蛋，揉搓均匀；加入黄油，继续揉搓，充分混合。

5 加盐，揉搓成光滑的面团，用保鲜膜包好，静置10分钟。

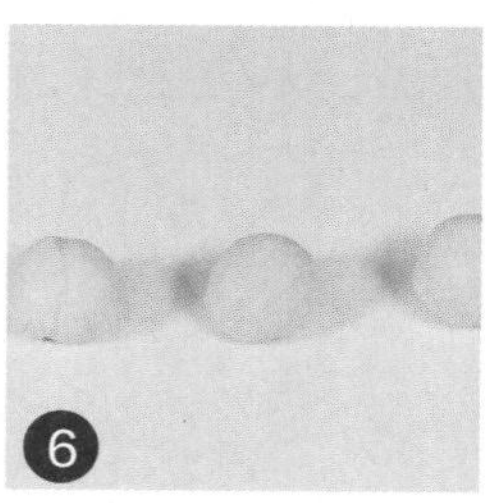

6 去掉保鲜膜，将面团分成两半，取一半切成3个等份，搓圆。

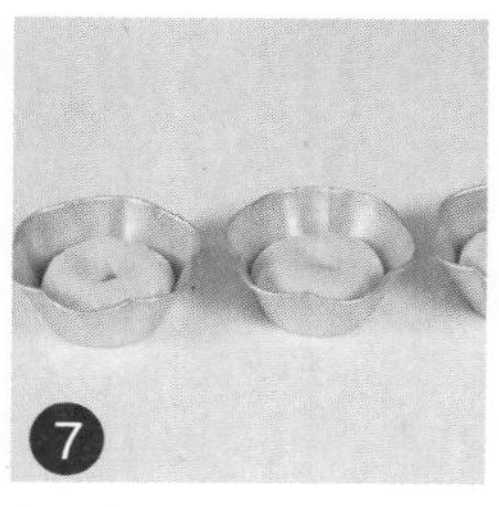

7 每个面团中间按出一个圆孔，装入刷有黄油的模具里。

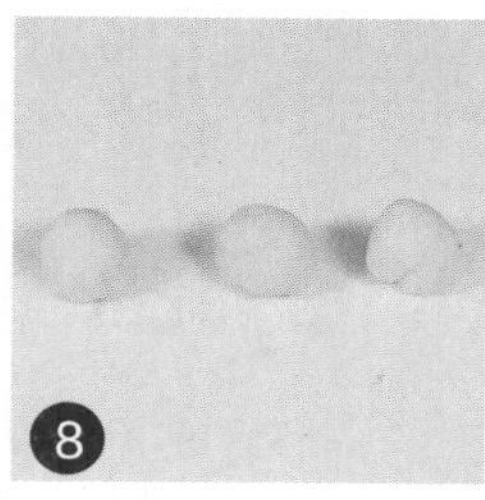

8 将另一半面团分切成3个等份剂子，把剂子搓成小球状。

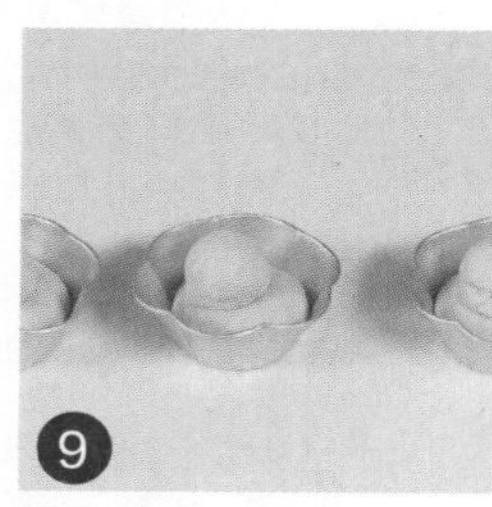

9 分别将小面球放在面团小孔上，制成生坯，发酵至2倍大。

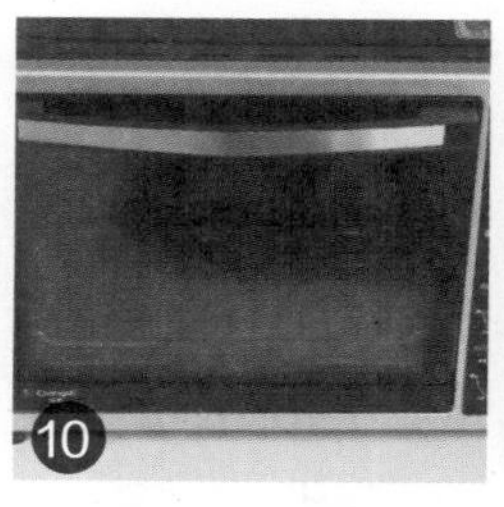

10 关上箱门，将烤箱上火调为190℃，下火调为200℃，预热5分钟。

11 打开箱门，放入发酵好的生坯，关上箱门，烘烤20分钟。

12 戴上手套，把烤好的面包取出，面包脱模后装在篮子里即可。

德式裸麦面包

烘烤时间

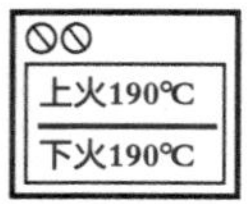

烘烤温度

原料 高筋面粉500克，黄油70克，奶粉20克，细砂糖100克，盐5克，鸡蛋1个，水200毫升，酵母8克，裸麦粉适量

工具 玻璃碗、搅拌器、刮板、筛网各1个，刀片1把，保鲜膜1张，烤箱1台

简单的原料，带给你至真至纯的味道。表皮上花瓣状的切口，撒上一层薄薄的面粉，似冬日里迎风肆意飞舞的雪花，为平淡的日子添入一抹纯白。

☆ **Point** 划面团表面时注意划痕不要太深，以免烤制后面包散裂开。

做法

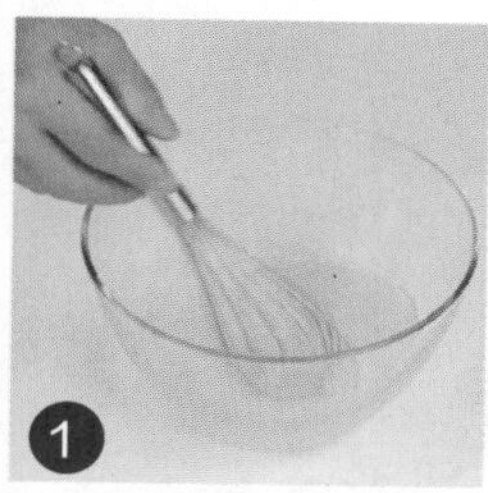
1 将细砂糖、水倒入玻璃碗中，用搅拌器搅拌至细砂糖溶化。

2 将高筋面粉、酵母、奶粉混合均匀，再用刮板开窝。

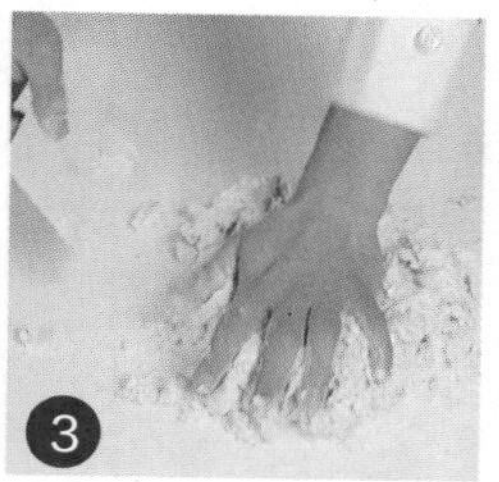
3 倒入糖水，刮入混合好的高筋面粉，混合成湿面团。

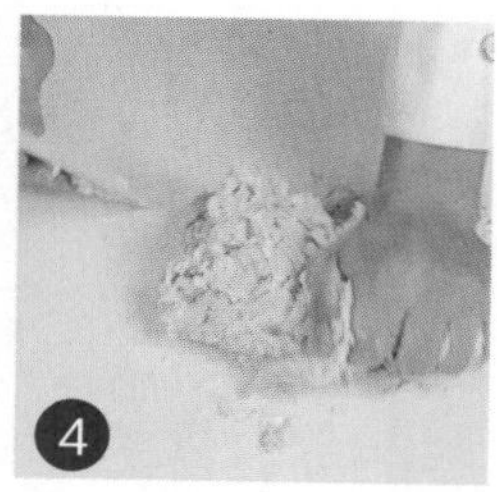
4 加入鸡蛋，揉搓均匀；加入黄油，继续揉搓，充分混合。

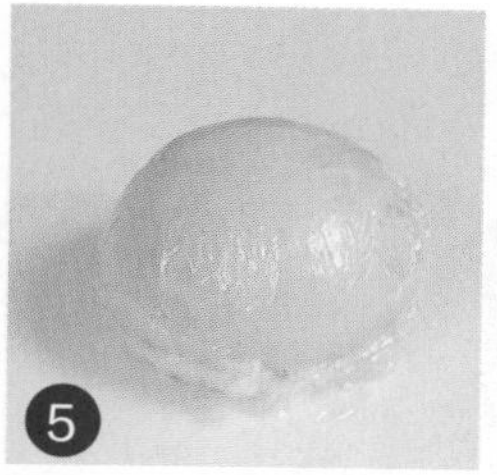
5 加入盐，揉搓成光滑的面团，用保鲜膜包裹好，静置10分钟。

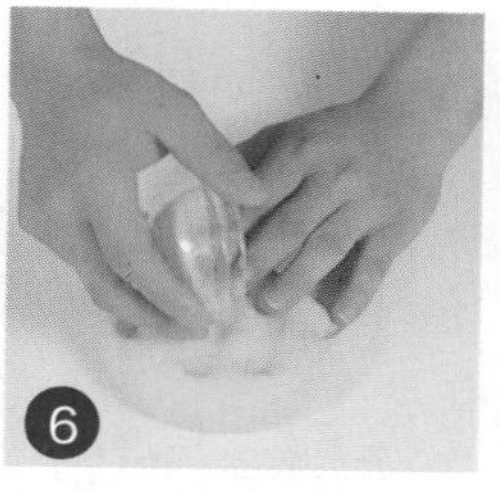
6 去掉面团保鲜膜，取适量的面团，倒入裸麦粉，揉匀。

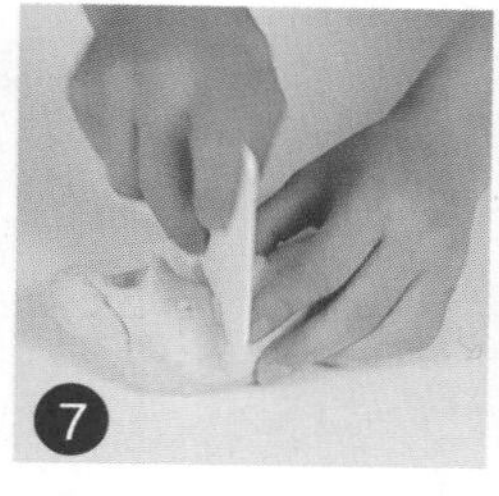
7 将面团分成均等的两个剂子，揉捏匀。

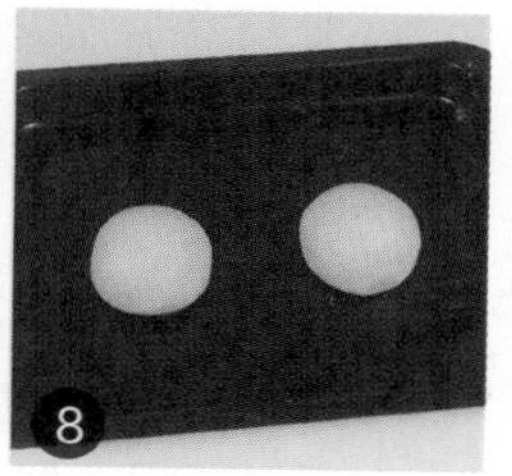
8 将面团放入烤盘，常温发酵2个小时。

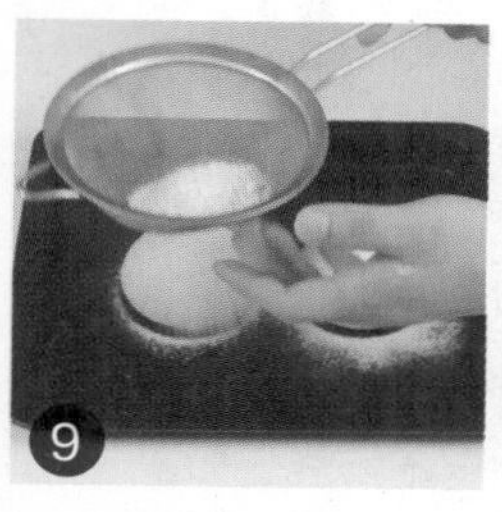
9 高筋面粉过筛，均匀地撒在面团上。

10 用刀片在生坯表面划出花瓣样划痕。

11 将烤盘放入预热好的烤箱内。

12 上火调为190℃，下火调190℃，定时10分钟烤制。

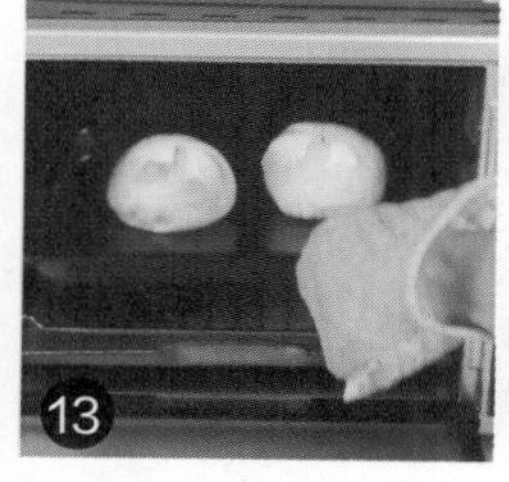
13 待10分钟后，戴上隔热手套将烤盘取出。

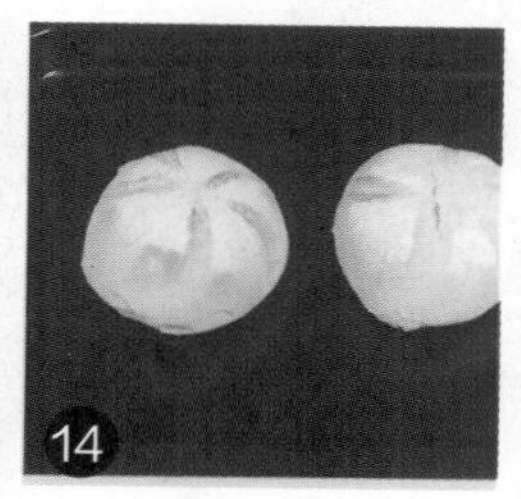
14 将放凉后的面包装入盘中即可。

+备注+

盐的作用是使面包更有筋道，因此可以在面粉成团后，大约20分钟的时候再放盐。

面包之于德国人，是一日三餐不可或缺的主食。因着这股狂热与专注，让拥有朴实外表的德式餐包嚼劲十足，越吃越有滋味。

☆ **Point** 面团发酵时不要放在通风的地方，以免面皮表面发干而影响口感。

德式小餐包

烘烤时间

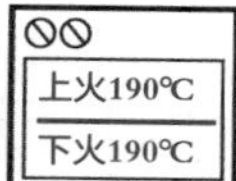

烘烤温度

原料 高筋面粉500克，黄油70克，奶粉20克，细砂糖100克，盐5克，鸡蛋1个，水200毫升，酵母8克，芝士粉适量

工具 玻璃碗、刮板、搅拌器各1个，保鲜膜1张，烤箱1台

做法

1 将细砂糖、水倒入玻璃碗中，用搅拌器搅拌至细砂糖溶化。

2 将高筋面粉、酵母、奶粉混合均匀，再用刮板开窝。

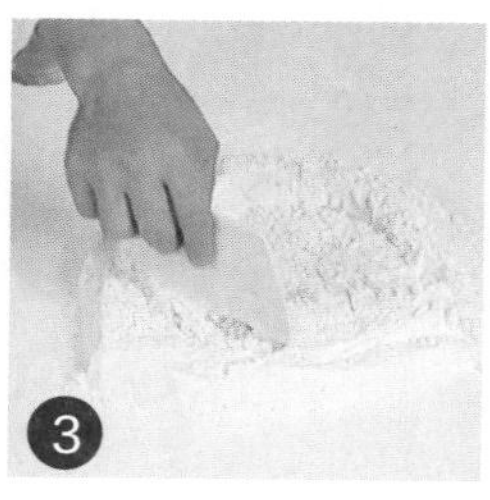
3 倒入糖水，刮入混合好的高筋面粉，混合成湿面团。

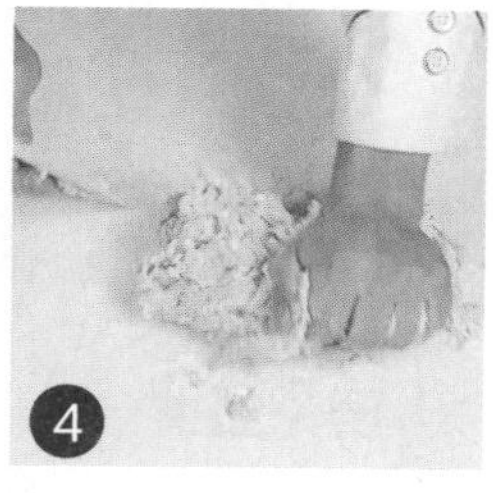
4 加入鸡蛋，揉搓均匀。

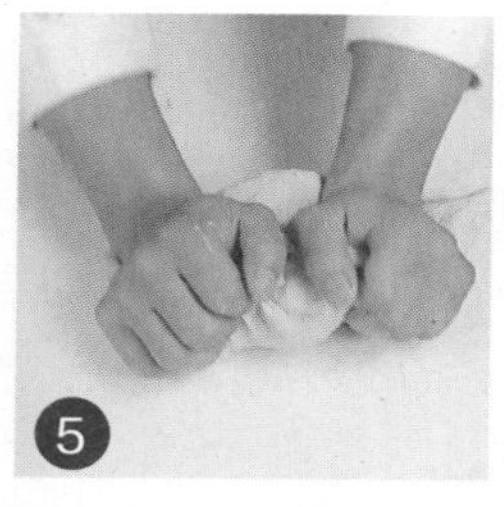
5 加入准备好的黄油，继续揉搓，充分混合均匀。

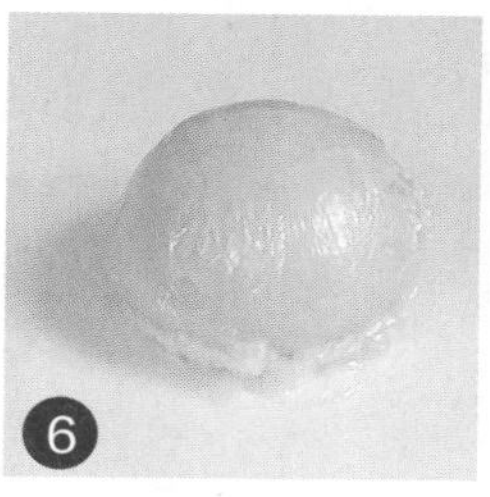
6 加入盐，揉搓成光滑的面团，用保鲜膜包裹好，静置10分钟。

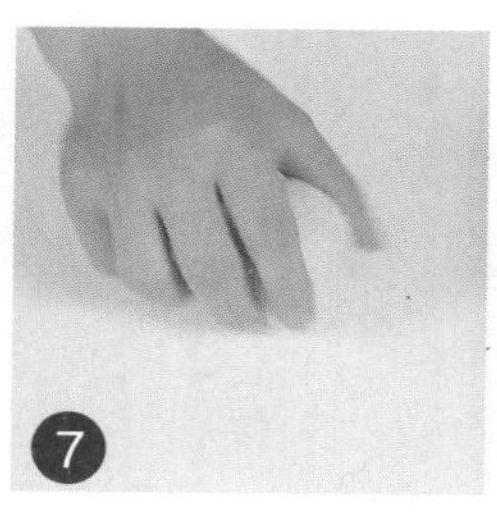
7 去掉面团保鲜膜，取适量面团，分成均等的两个剂子，揉匀。

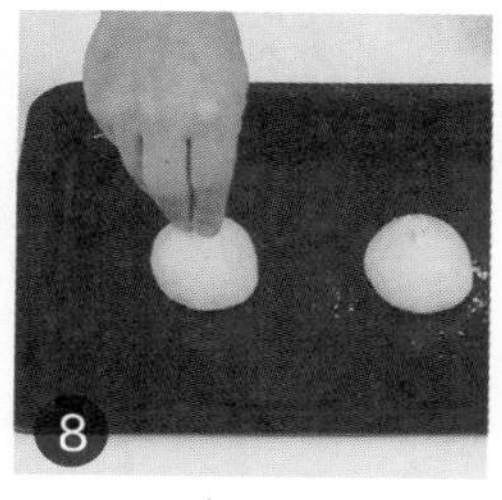
8 将面团放入烤盘，均匀地撒上芝士粉，常温下发酵2个小时。

9 将烤盘放入预热好的烤箱内，关上烤箱门。

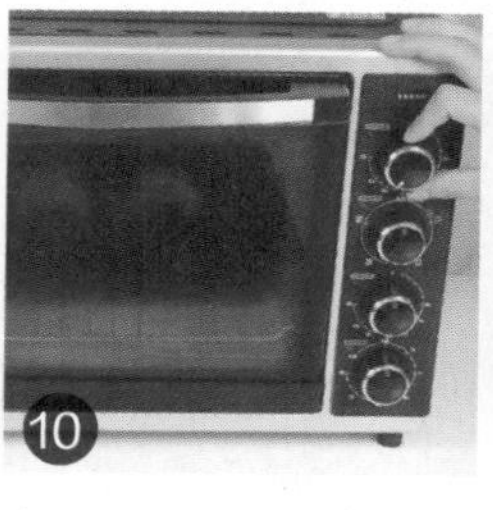
10 上火调为190℃，下火调190℃，定时10分钟烤制。

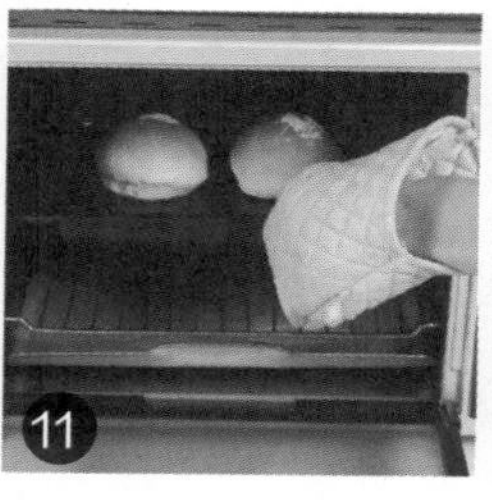
11 待10分钟后，戴上隔热手套将烤盘取出。

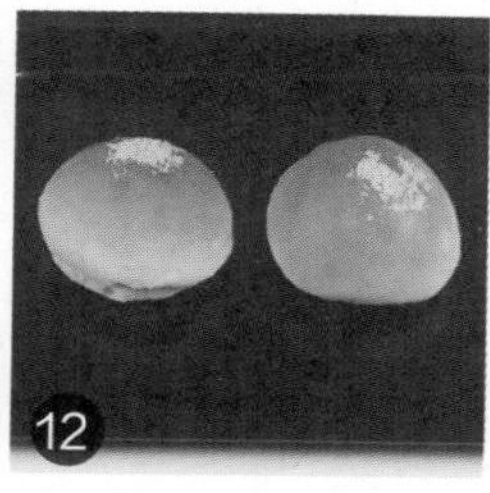
12 将放凉后的面包装入盘中即可。

咕咕霍夫

烘烤时间

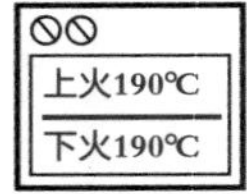

烘烤温度

原料 高筋面粉500克，黄油70克，奶粉20克，细砂糖100克，盐5克，鸡蛋1个，水200毫升，酵母8克，葡萄干25克，柠檬屑10克

工具 玻璃碗、刮板、搅拌器各1个，咕咕霍夫模具2个，保鲜膜1张，烤箱1台

因外形酷似僧侣的帽子而得名的咕咕霍夫，亦称“库克洛夫”，是德国和法国的阿尔萨斯地区圣诞节必不可少的一道经典面包。

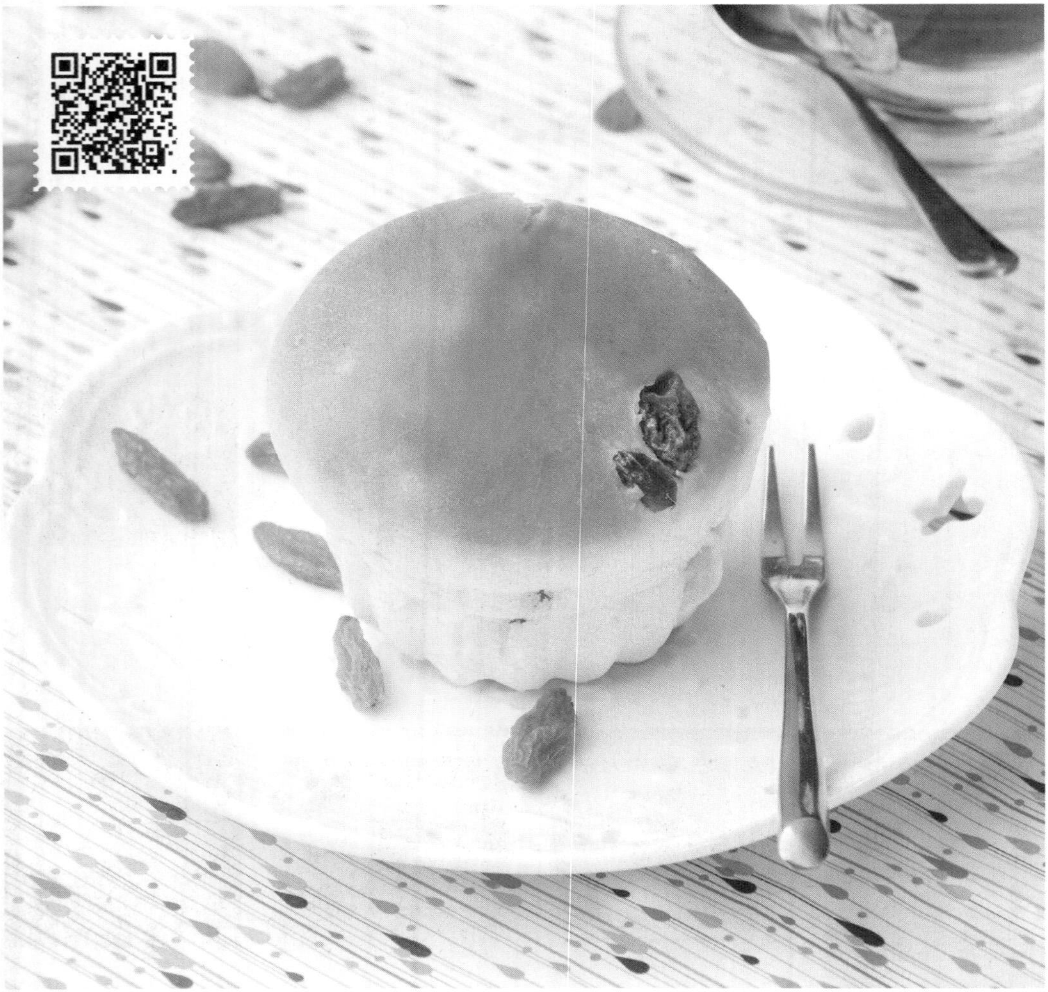

☆ **Point** 柠檬屑可以事先处理一下，以减轻柠檬稍苦的口感。

做法

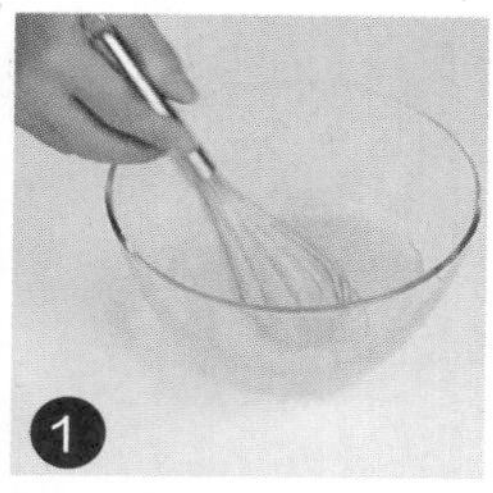

1 将细砂糖、水倒入玻璃碗中，用搅拌器搅拌至细砂糖溶化。

2 将高筋面粉、酵母、奶粉混合均匀，再用刮板开窝。

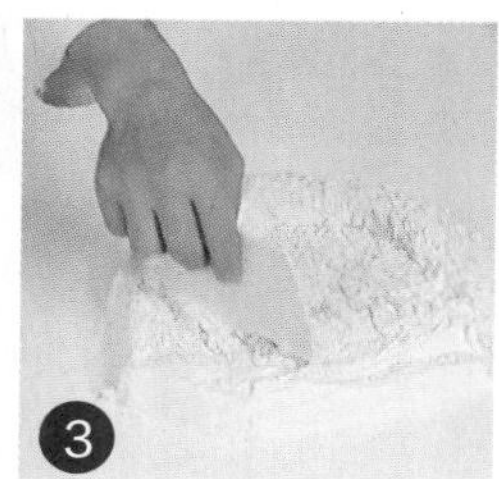

3 倒入糖水，刮入混合好的高筋面粉，混合成湿面团。

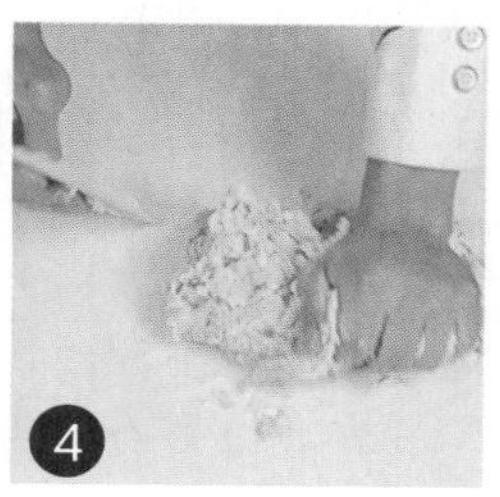

4 加入鸡蛋，揉搓均匀。

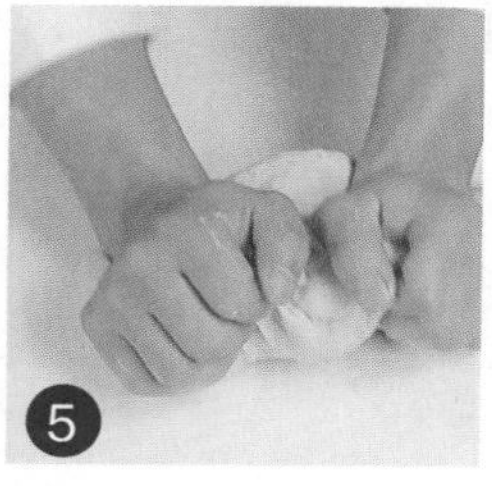

5 加入黄油，继续揉搓，充分混合。

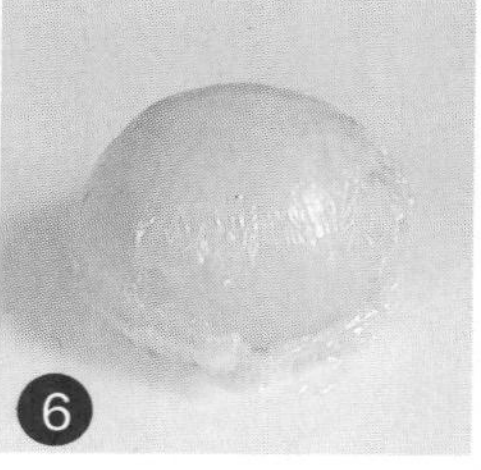

6 加入盐，揉搓成光滑的面团，用保鲜膜包裹好，静置10分钟。

7 取适量的面团，加入柠檬屑，揉匀。

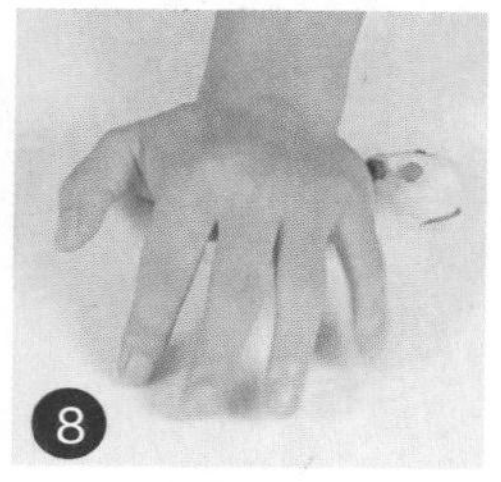

8 再加入备好的葡萄干，揉捏匀。

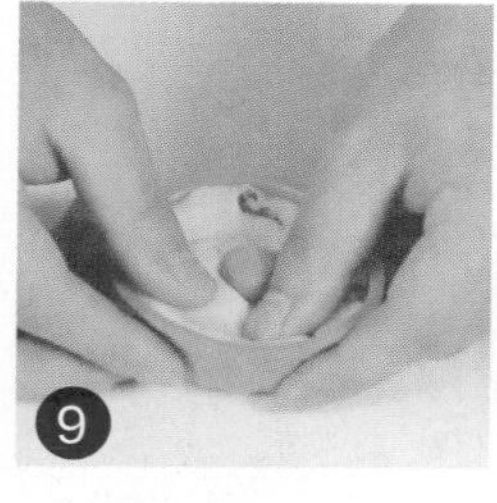

9 将面团放入咕咕霍夫的模具内。

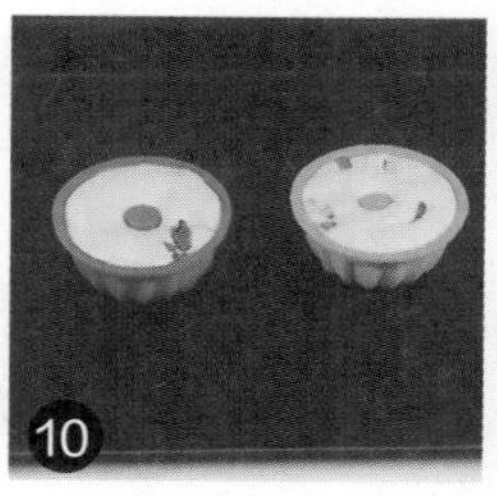

10 让其在常温下发酵2个小时后装入烤盘。

11 把烤盘放入预热好的烤箱内，关上烤箱门。

12 将上火调为190℃，下火调为190℃，定时10分钟烤制。

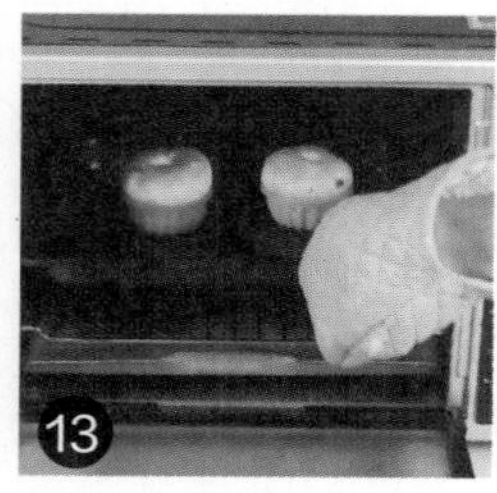

13 待10分钟后，戴上隔热手套将烤盘取出放凉。

14 将烤好的面包脱模装入盘中即可。

+备注+

做咕咕霍夫的时候，除了加入葡萄干外，还可以加入各种自己喜欢的蜜饯如蔓越莓干、蓝莓干、糖渍橙皮等。

意大利比萨

烘烤时间

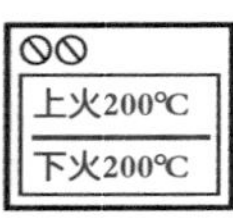

烘烤温度

被公认为比萨起源地的意大利那不勒斯，在几千年前就已制作出这道风靡世界的美食。酥脆的饼底，首选来自意大利南部的淡味芝士，拉丝效果极佳，尽情享受比萨在舌尖的一段热舞。

原料

比萨面皮部分： 高筋面粉200克，酵母3克，黄油20克，水80毫升，盐1克，白糖10克，鸡蛋1个

馅料部分： 黄椒粒、红椒粒各30克，香菇片30克，虾仁60克，鸡蛋1个，洋葱丝40克，炼乳20克，白糖30克，番茄酱适量，芝士丁40克

工具 刮板、比萨圆盘各1个，擀面杖1根，叉子1把，烤箱1台

☆ **Point** 可依个人喜好，不加入白糖。

+备注+

放在比萨上面的材料最好要先煮熟或者烤熟及煎熟，特别是蔬菜，否则在比萨烤制过程中会有水分出来。

A 比萨面皮的制作

1 高筋面粉倒入案台上，用刮板开窝。

2 加入水、白糖，搅匀；加入酵母、盐，搅匀。

3 放入鸡蛋，搅散；刮入高筋面粉，混合均匀。

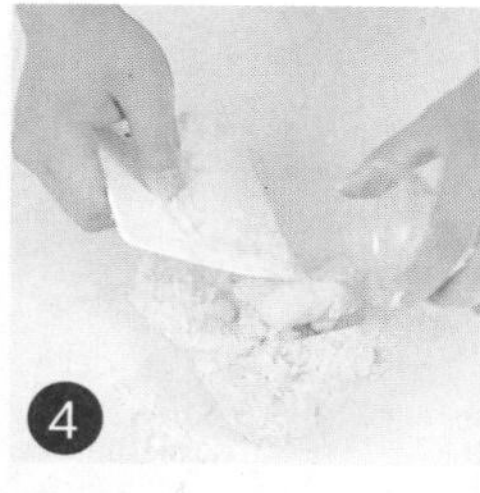

4 倒入黄油，混匀，搓揉至表面光滑。

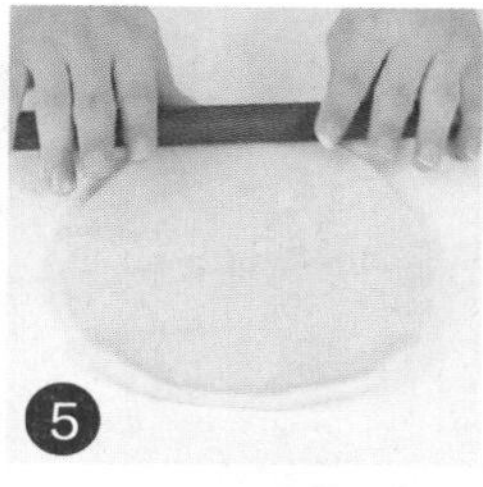

5 取一半面团，用擀面杖均匀擀成圆饼状面皮。

6 将面皮放入比萨圆盘中，稍加修整，使其完整贴合。

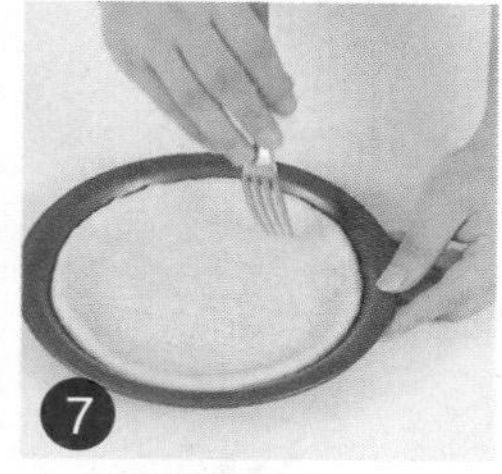

7 用叉子在面皮上均匀地扎出小孔。

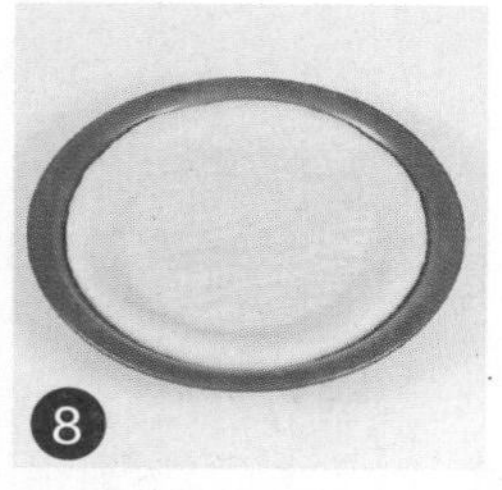

8 处理好的面皮放置常温下发酵1小时。

B 加馅料的制作

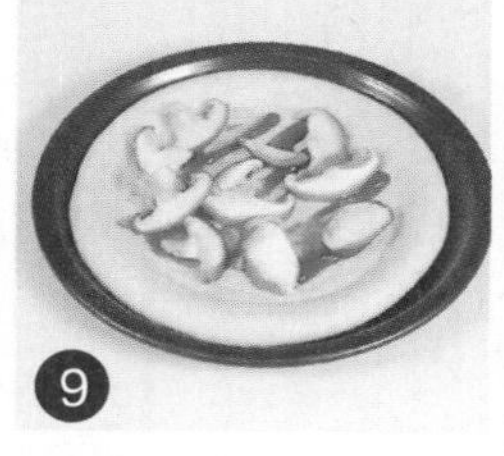

9 发酵好的面皮上挤入番茄酱，放上香菇片。

10 倒入打散的蛋液，放入洗净的虾仁。

11 撒上红椒粒、白糖、洋葱丝、黄椒粒。

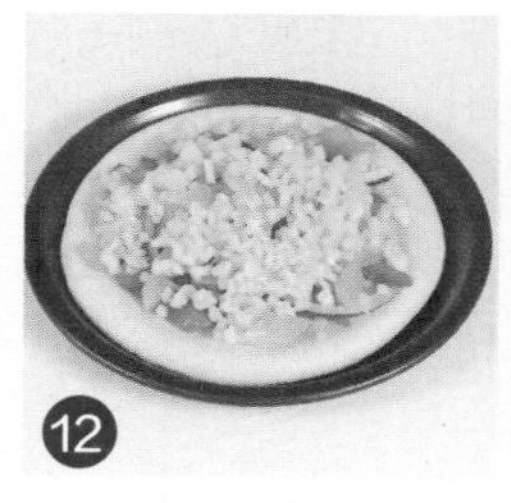

12 淋入炼乳，撒上芝士丁，比萨生坯制成。

13 预热烤箱，放入比萨圆盘，温度调至上下火200℃。

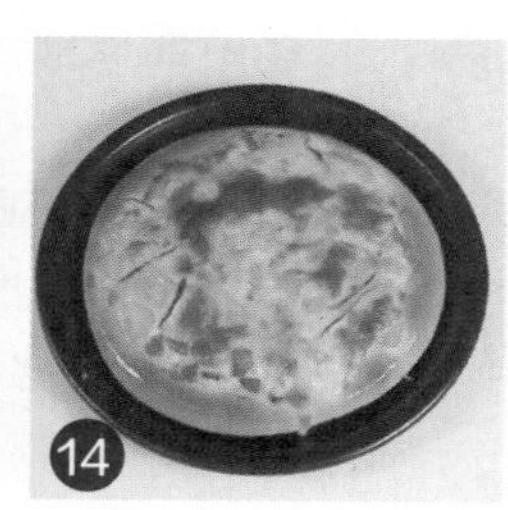

14 烤10分钟至熟，取出即可。

奥尔良风味比萨

烘烤时间

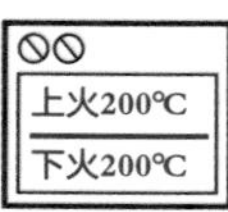

烘烤温度

玉米、洋葱、彩椒、肉丝，加上厚厚的一层芝士，铺在香脆的饼底上，成为这款颜色鲜丽的奥尔良风味比萨。一口下去，只剩满足。

原料

比萨面皮部分： 高筋面粉200克，酵母3克，黄油20克，水80毫升，盐1克，白糖10克，鸡蛋1个

馅料部分： 瘦肉丝50克，玉米粒40克，青椒粒、红彩椒粒各40克，洋葱丝40克，芝士丁40克

工具

刮板、比萨圆盘各1个，擀面杖1根，叉子1把，烤箱1台

☆ **Point** 瘦肉丝可以事先用调料腌制一会儿，会使烤出的比萨味道更香。

A 比萨面皮的制作

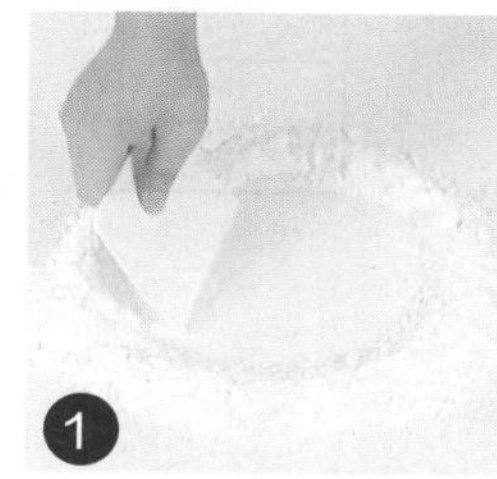

1 高筋面粉倒入案台上，用刮板开窝。

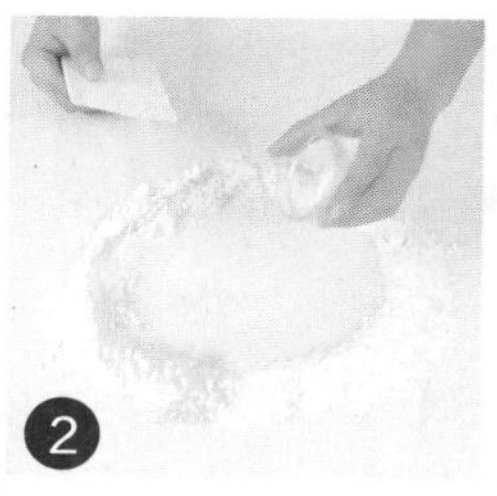

2 加入水、白糖，搅匀；加入酵母、盐，搅匀。

3 放入鸡蛋，搅散，刮入高筋面粉，混合均匀。

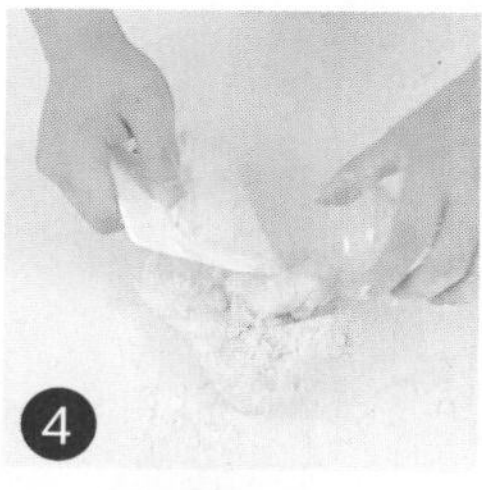

4 倒入黄油，混匀，搓揉至表面光滑。

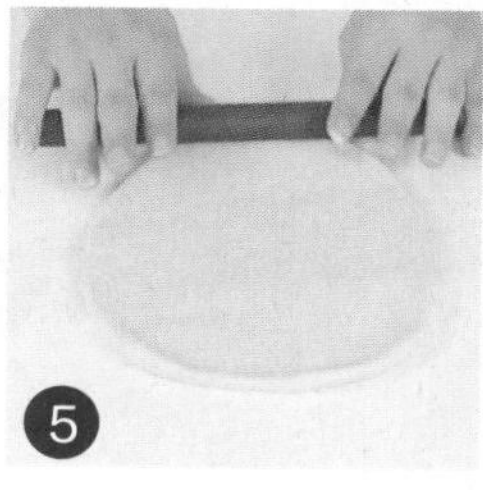

5 取一半面团，用擀面杖均匀擀成圆饼状面皮。

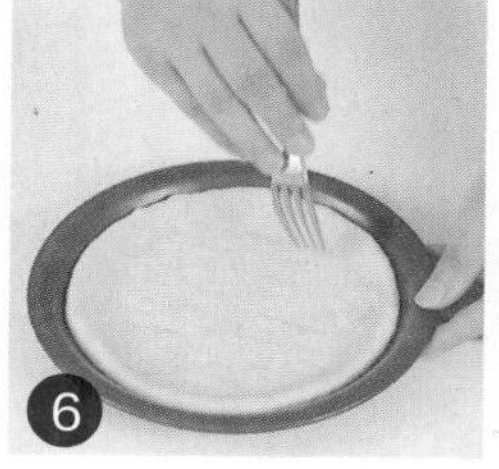

6 将面皮放入比萨圆盘中，稍加修整，使其完整贴合。

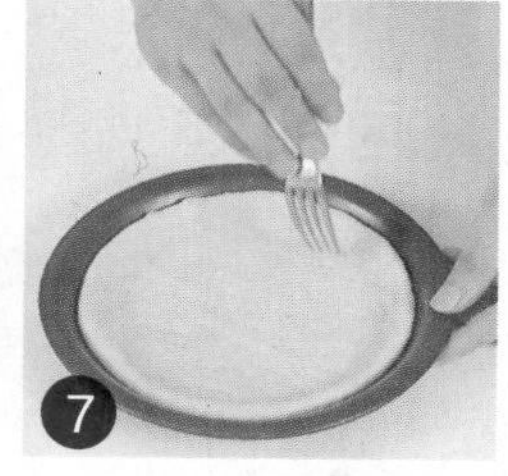

7 用叉子在面皮上均匀地扎出小孔，放置常温下发酵1小时。

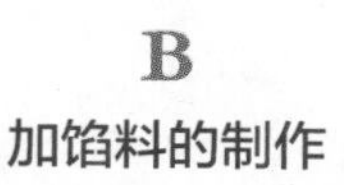

B 加馅料的制作

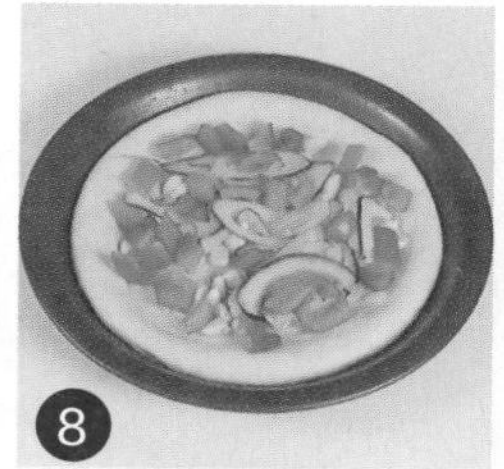

8 发酵好的面皮上撒入玉米粒、洋葱丝、青椒粒、红彩椒粒。

9 加入瘦肉丝，撒上芝士丁，比萨生坯制成。

10 预热烤箱，温度调至上下火200℃。

11 将比萨生坯放入预热好的烤箱中，烤10分钟至熟。

12 取出烤好的比萨即可。

+备注+

将所有材料与奶酪混合均匀，奶酪溶化后便能更好地将所有食材黏合在一起，吃的时候就不会出现掉馅儿的情况。

鲜蔬虾仁比萨

烘烤时间

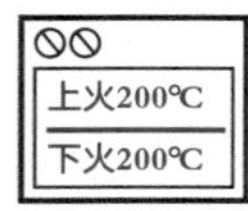

烘烤温度

当翠绿的西蓝花偶遇鲜甜的虾仁，在芝士的见证下化身为比萨界的新宠。时令鲜蔬与水产海鲜的绝妙搭配，使比萨独有一番风味。

原料

比萨面皮部分：高筋面粉200克，酵母3克，黄油20克，水80毫升，盐1克，白糖10克，鸡蛋1个

馅料部分：西蓝花45克，虾仁、玉米粒、番茄酱各适量，芝士丁40克

工具

刮板、比萨圆盘各1个，擀面杖1根，叉子1把，烤箱1台

+备注+

发酵面皮不一定是发酵1个小时，看温度而定，面团发酵2倍大即可；虾仁可以用盐和料酒稍微腌制一下。

☆ **Point** 扎孔的时候要分布密且匀，防止面皮起泡。

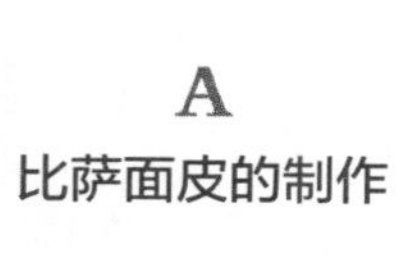

A 比萨面皮的制作

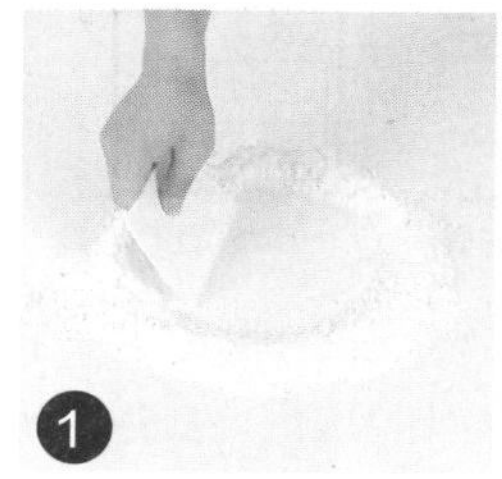

高筋面粉倒入案台上，用刮板开窝。

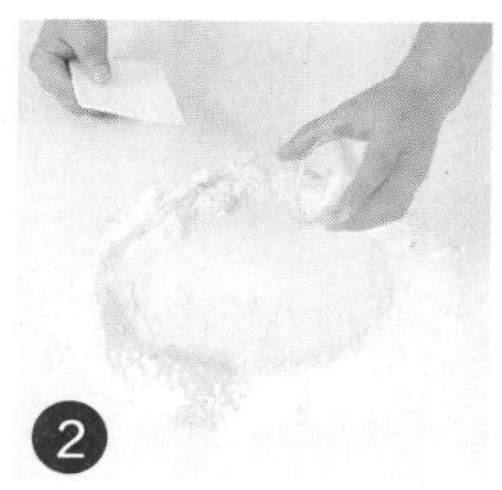

加入水、白糖，搅匀；加入酵母、盐，搅匀。

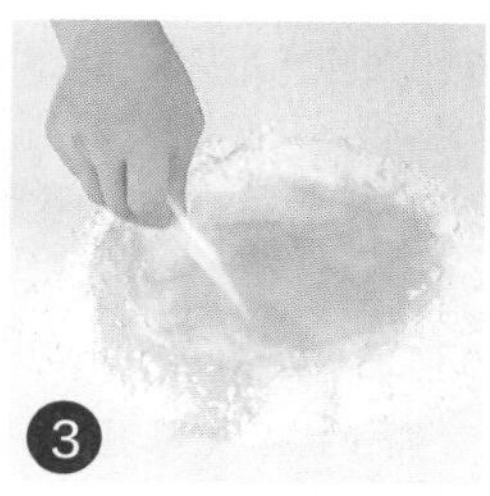

放入鸡蛋，搅散；刮入高筋面粉，混合均匀。

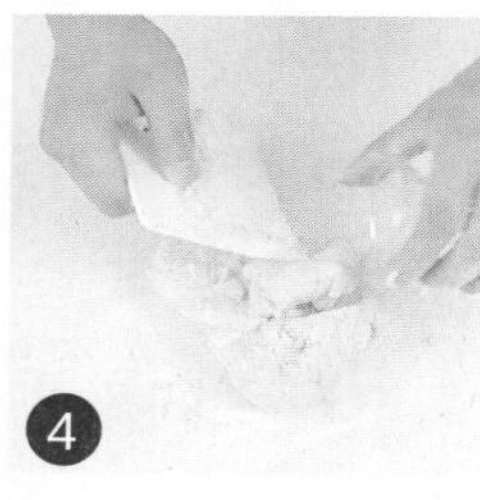

倒入黄油，混匀，搓揉至纯滑面团。

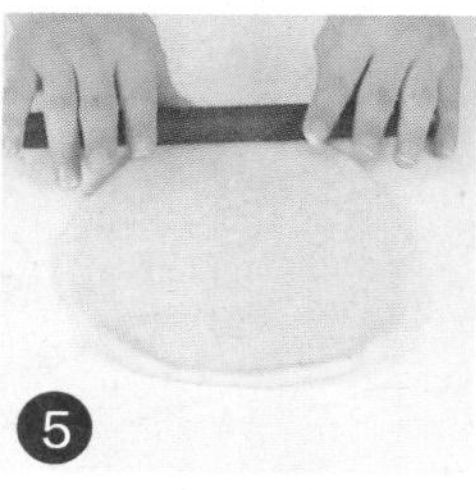

取一半面团，用擀面杖均匀擀成圆饼状面皮。

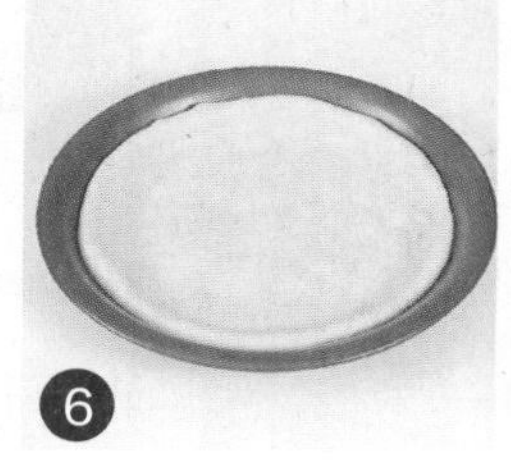

将面皮放入比萨圆盘中，稍加修整，使其完整贴合。

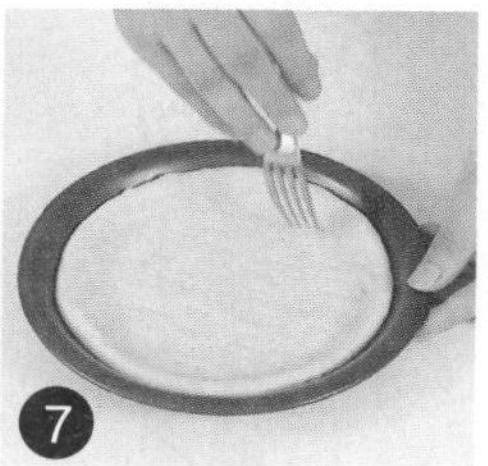

用叉子在面皮上均匀地扎出小孔。

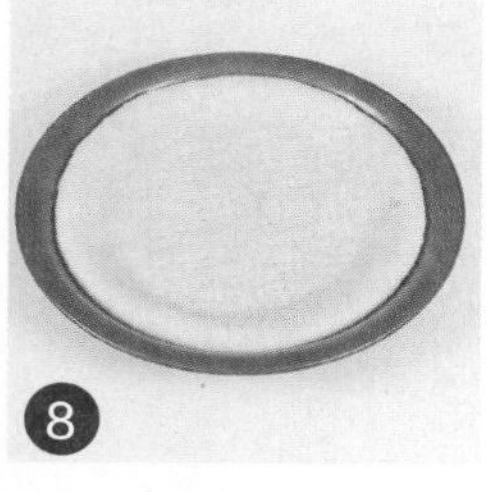

处理好的面皮放置常温下发酵1小时。

B 加馅料的制作

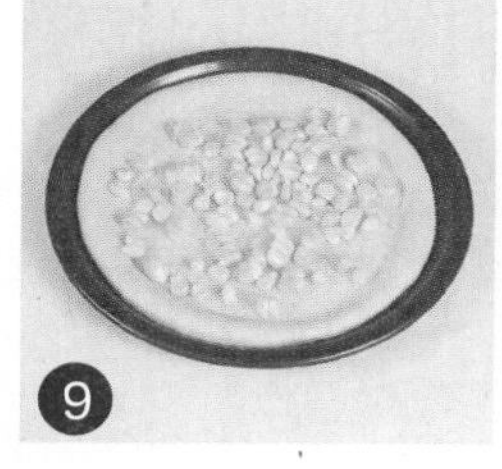

发酵好的面皮上铺一层玉米粒。

放上洗净切小块的西蓝花、洗好的虾仁。

均匀地挤上适量番茄酱，撒上芝士丁，比萨生坯制成。

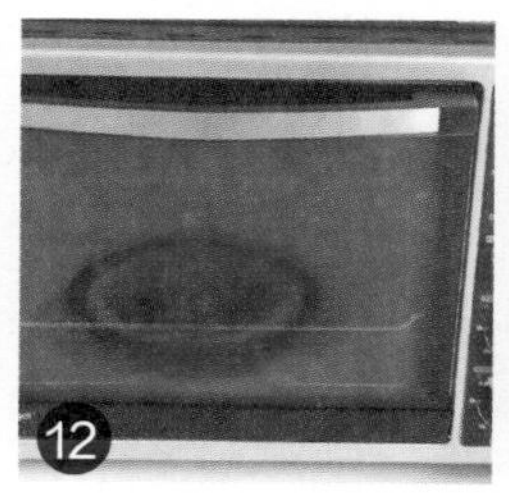

预热烤箱，温度调至上下火200℃。

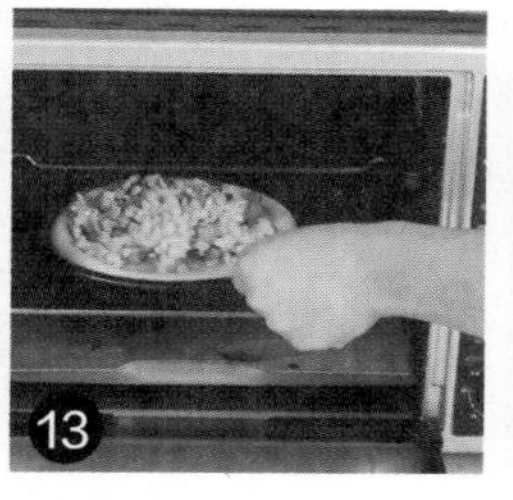

将比萨生坯放入预热好的烤箱中，烤10分钟至熟。

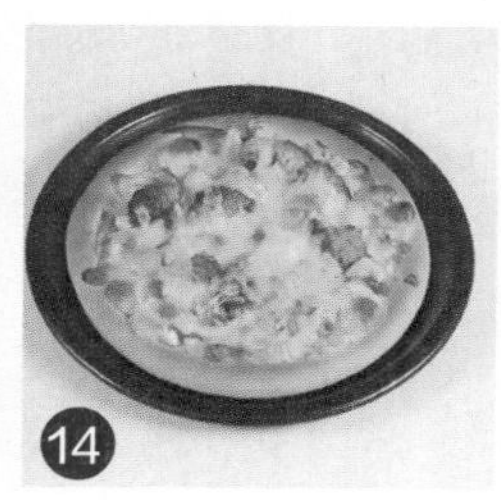

取出烤好的比萨。

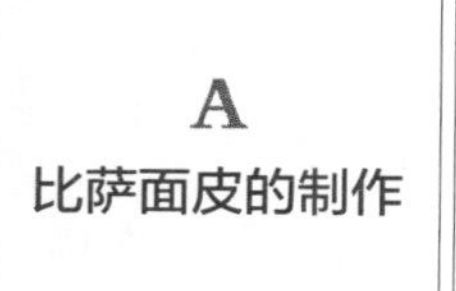

火腿鲜菇比萨

烘烤时间

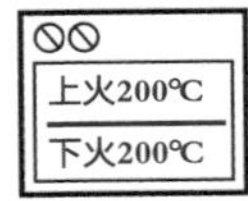

烘烤温度

热情的火腿与鲜美的香菇，这个全新的组合，散发着一股诱人的香气，在比萨的领域里独占一隅。此时若是再来一杯鲜榨果汁，舌尖尽可感受这场美味兼营养之旅。

原料

比萨面皮部分：高筋面粉200克，酵母3克，黄油20克，水80毫升，盐1克，白糖10克，鸡蛋1个

馅料部分：洋葱丝30克，玉米粒30克，香菇片30克，青椒粒40克，火腿粒50克，西红柿片45克，芝士丁40克

工具

刮板、比萨圆盘各1个，擀面杖1根，叉子1把，烤箱1台

☆ Point　面皮不要擀得太厚，以免影响口感。

A 比萨面皮的制作

高筋面粉倒入案台上，用刮板开窝。

加入水、白糖，搅匀；加入酵母、盐，搅匀。

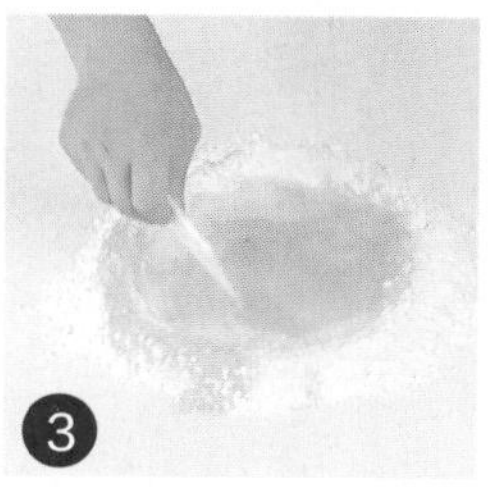

放入鸡蛋，搅散；刮入高筋面粉，混合均匀。

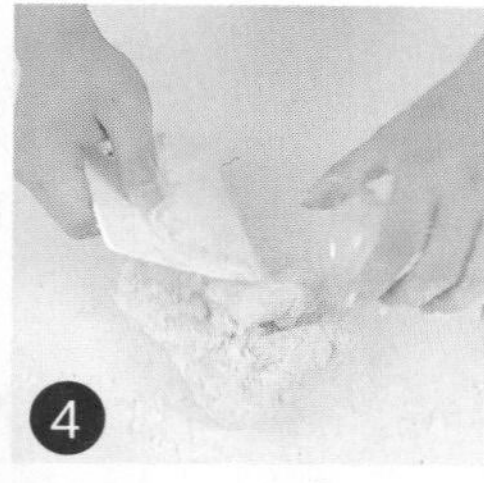

倒入黄油，混匀，将混合物搓揉至纯滑的面团。

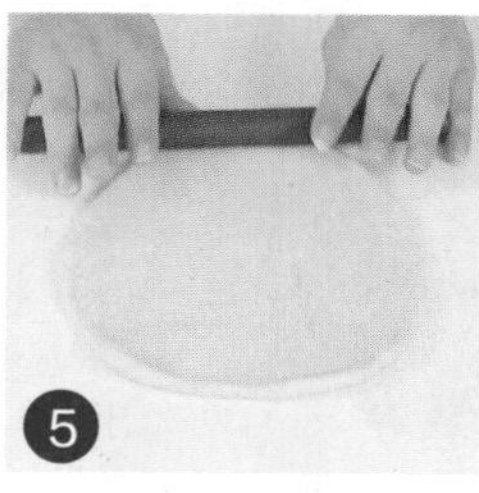

取一半面团，用擀面杖均匀擀成圆饼状面皮。

将面皮放入比萨圆盘中，稍加修整，使其完整贴合。

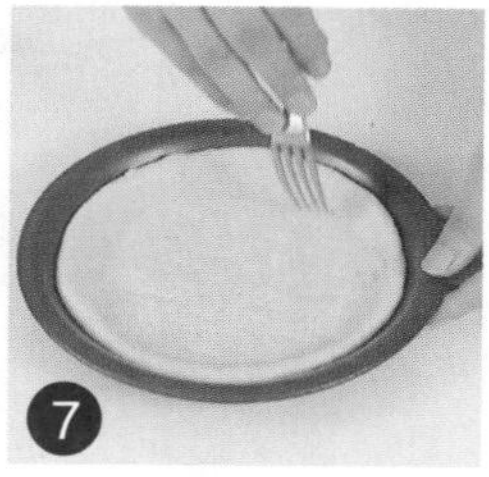

用叉子在面皮上均匀地扎出小孔，放置常温下发酵1小时。

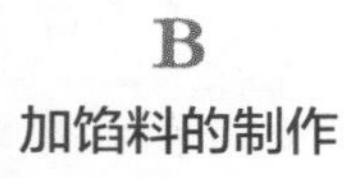

B 加馅料的制作

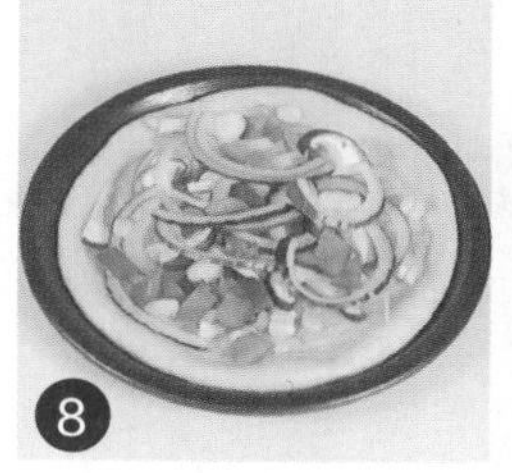

面皮上撒入玉米粒、火腿粒、香菇片、洋葱丝、青椒粒。

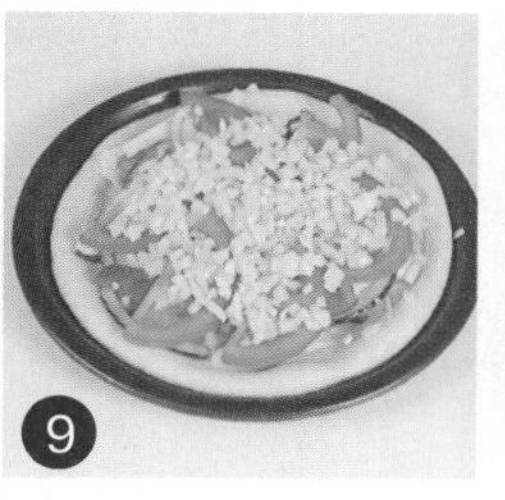

加入西红柿片，均匀地撒上芝士丁，比萨生坯制成。

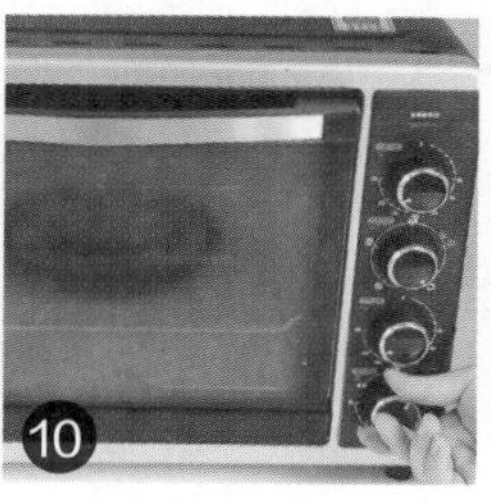

预热烤箱，温度调至上下火200℃。

将比萨生坯放入预热好的烤箱中，烤15分钟至熟。

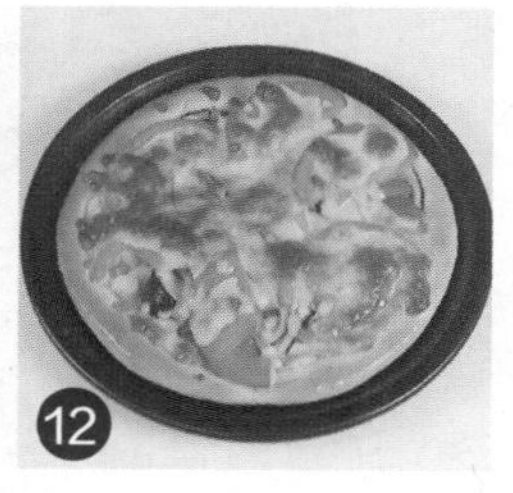

取出烤好的比萨即可。

+备注+

香菇片在放之前，最好倒入锅中，用少许油和黑胡椒粉炒熟，香菇特有的浓郁香味才能出来，烤出来的比萨才会美味可口。

Part 7
丹麦面包

丹麦面包又称起酥起层面包，因其发源地是维也纳，人们也称之为维也纳面包。因口感酥软、层次分明、奶香味浓，深受人们喜爱。本章选取了12种经典丹麦面包，手把手教您做。吃着自己亲手做出来的丹麦面包，回味无穷。从此，做任何复杂的面包都能轻松应对了。

丹麦牛角包

烘烤时间

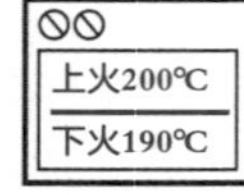

烘烤温度

原料 高筋面粉170克，低筋面粉30克，细砂糖50克，黄油20克，鸡蛋40克，片状酥油70克，清水80毫升，酵母4克，奶粉20克

工具 刮板1个，擀面杖1根，刀、尺子各1把，烤箱1台

丹麦牛角包属于起酥面包，是用发酵面团包入酥油片后经压面、擀薄、再多次折叠后制成的一种多层次的面包，经过烤制后，面皮会层层舒展开，吃起来酥香适口。

Point 不确定面团是否揉好的时候，可以将面团揪一块拉平放在手指上撑开看下扩展性。

做法

将高筋面粉、低筋面粉、奶粉、酵母倒在案台上，搅拌均匀。

用刮板在中间掏一个粉窝，倒入备好的细砂糖、鸡蛋，将其拌匀。

倒入清水，将内侧一些的粉类跟水搅拌匀。

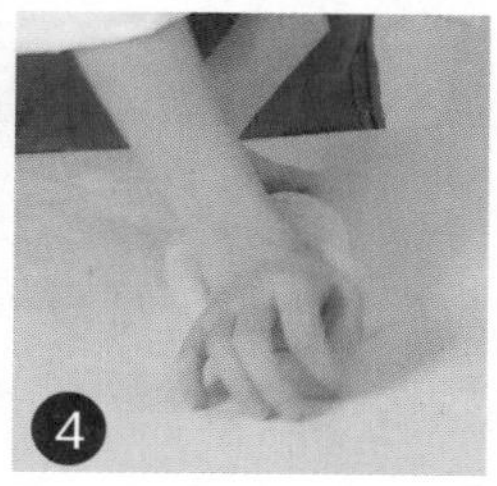

再倒入黄油，一边翻搅一边按压，制成表面平滑的面团。

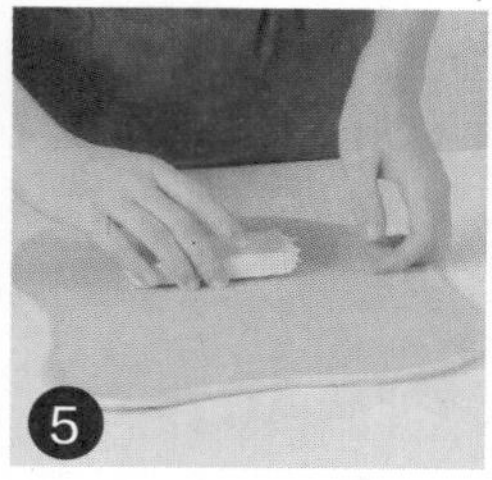

用擀面杖将揉好的面团擀制成长形面片，放入片状酥油。

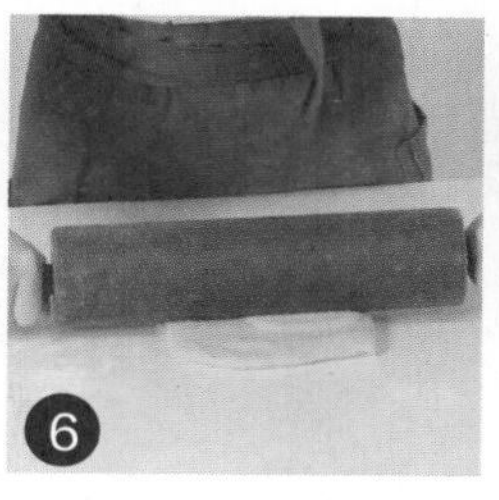

将另一侧面片覆盖，把四周封紧，用擀面杖擀至酥油分散匀。

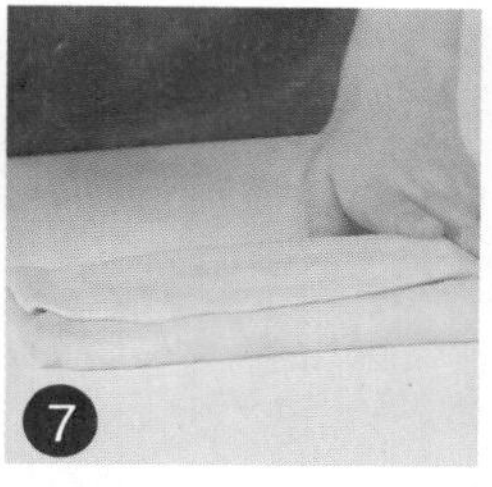

将擀好的面片叠成三层，再放入冰箱冰冻10分钟拿出。

继续擀薄，依此进行三次，再拿出擀薄擀大。

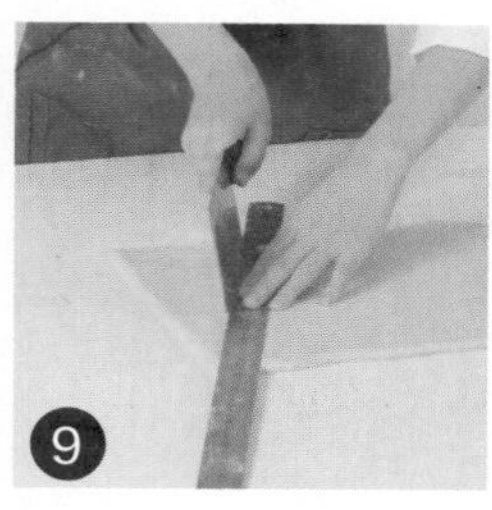

将边修掉，用尺子量好，分成大小一致的等腰三角形。

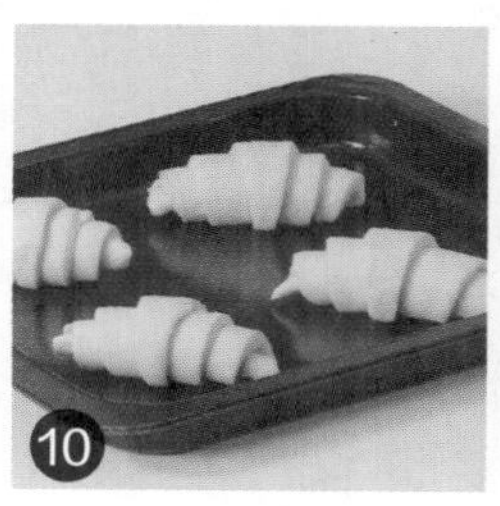

依次将面皮从宽的那端慢慢卷制成面坯，发酵至2倍大。

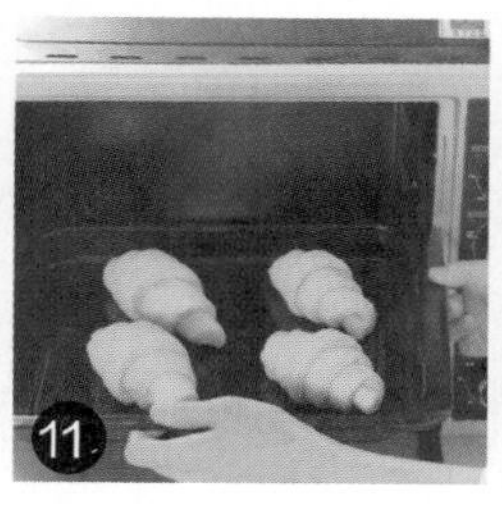

烤盘放入预热好的烤箱内，关上烤箱门。

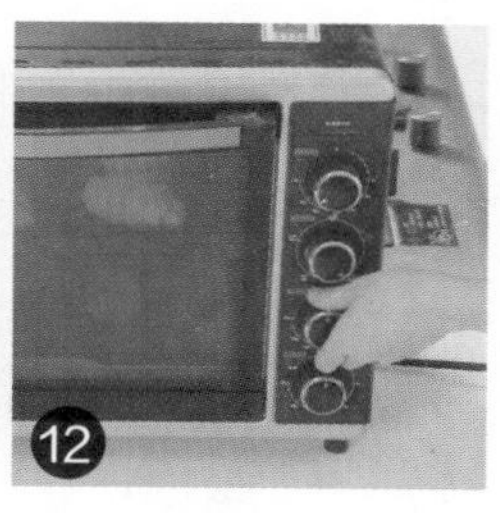

上火调为200℃，下火调为190℃，时间定为15分钟，至面包松软。

待15分钟后，戴上隔热手套将烤盘取出放凉。

将放凉的面包装入盘中即可食用。

+备注+

丹麦面包的特点是加入的起酥油较多，含饱和脂肪和热量多，还有可能产生反式脂肪酸，所以不宜常吃。

丹麦羊角面包

烘烤时间

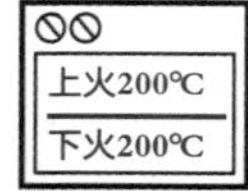

烘烤温度

原料 高筋面粉170克，低筋面粉30克，细砂糖50克，黄油20克，奶粉12克，盐3克，干酵母5克，水88毫升，鸡蛋40克，片状酥油70克，蜂蜜40克，鸡蛋1个

工具 玻璃碗、刮板各1个，擀面杖1根，刀1把，油纸1张，烤箱1台，刷子1把

丹麦羊角面包属于起酥面包的一类，是比较基础的一款面包。掌握它的做法以后，就可以轻而易举地做出任何起酥类面包。就让我们细致地做好每一个步骤，用微笑去迎接烘焙时满屋的飘香。

☆ **Point** 可适当缩短烤制时间，取出刷上一层蜂蜜后再烤约2分钟，香味更浓郁。

做法

将低筋面粉倒入装有高筋面粉的玻璃碗中，混合匀。

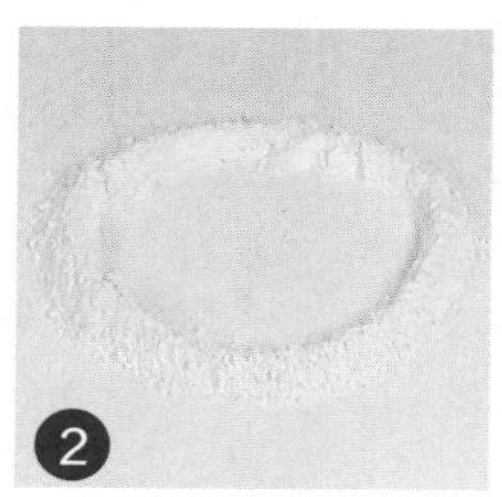

倒入奶粉、干酵母、盐，拌匀，倒在案台上，用刮板开窝。

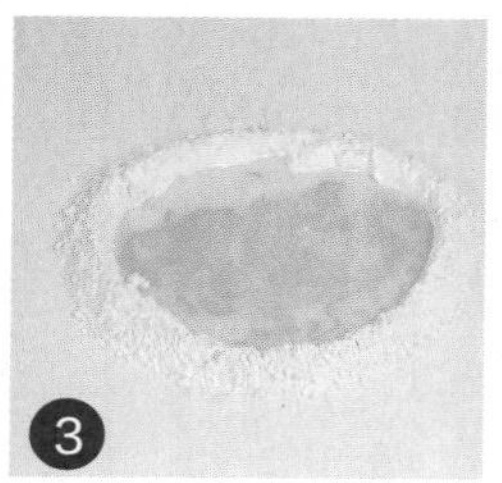

倒入水、细砂糖，搅拌均匀；放入鸡蛋，拌匀。

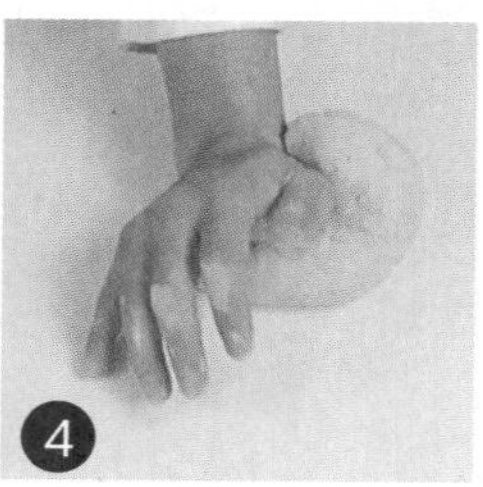

将材料混匀，揉搓成湿面团；加入黄油，揉搓成光滑的面团。

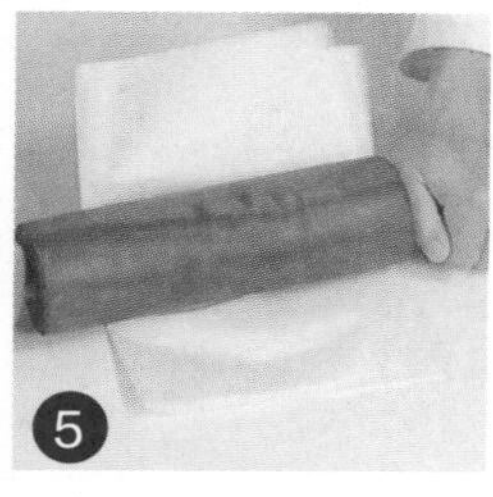

用油纸包好片状酥油，用擀面杖将其擀薄待用。

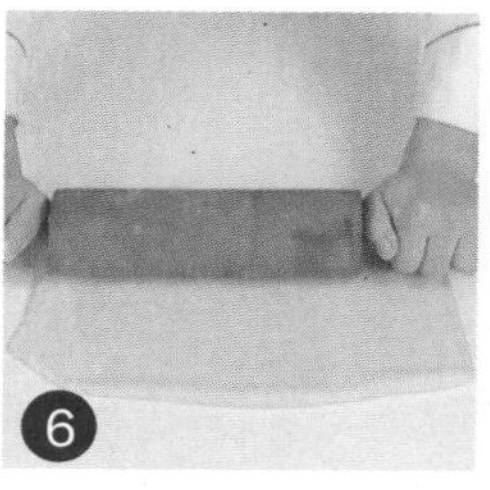

将面团擀成薄片，放上酥油片，折叠，把面皮擀平。

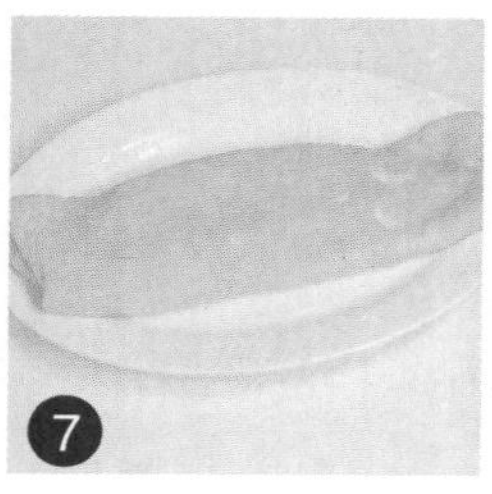

将三分之一的面皮折叠，再将剩下的折叠起来，冷藏10分钟。

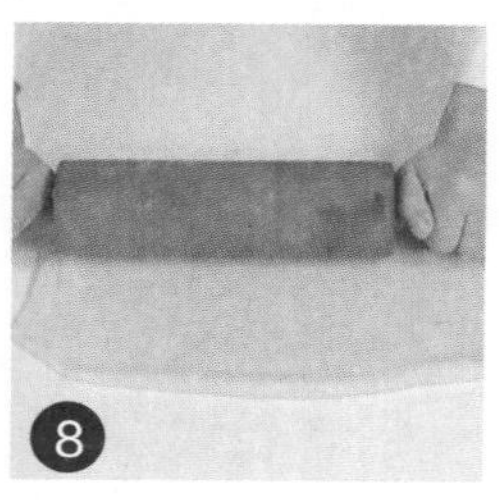

取出，继续擀平，将上述动作重复操作两次，制成酥皮。

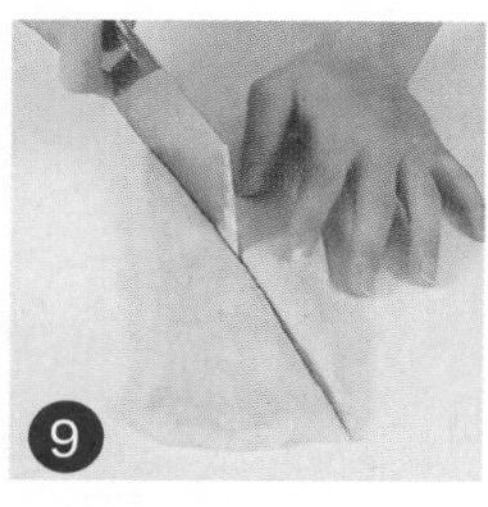

取适量酥皮，沿对角线切成两块三角形的酥皮。

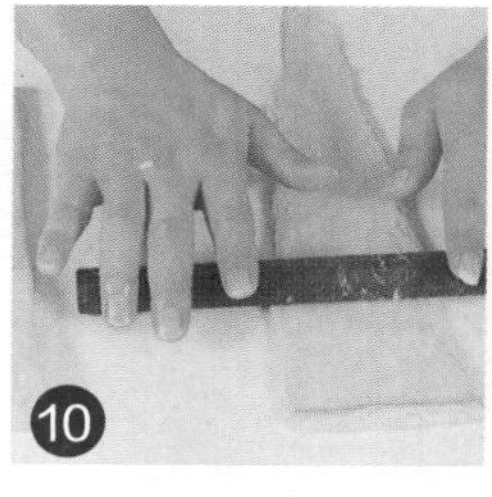

用擀面杖将酥皮擀平擀薄，卷成橄榄状生坯，发酵至2倍大。

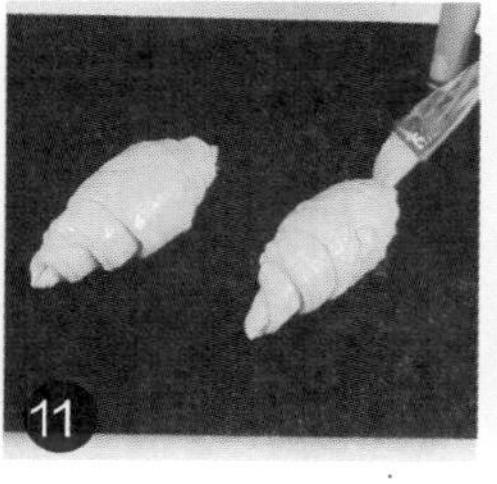

备好烤盘，放上橄榄状生坯，将其刷上一层蛋液。

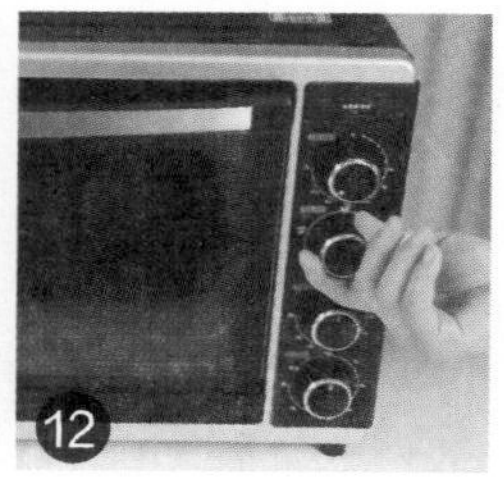

预热烤箱，温度调至上火200℃、下火200℃。

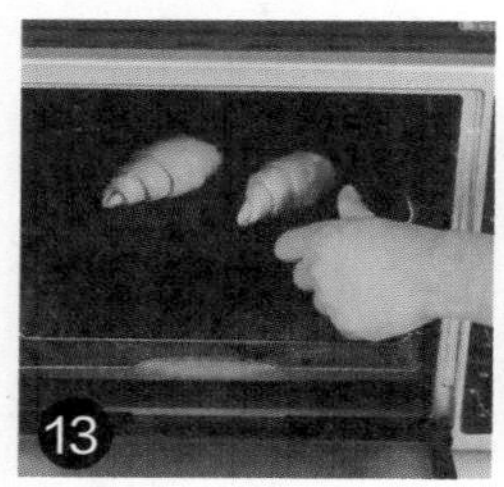

烤盘放入预热好的烤箱中，烤15分钟至熟。

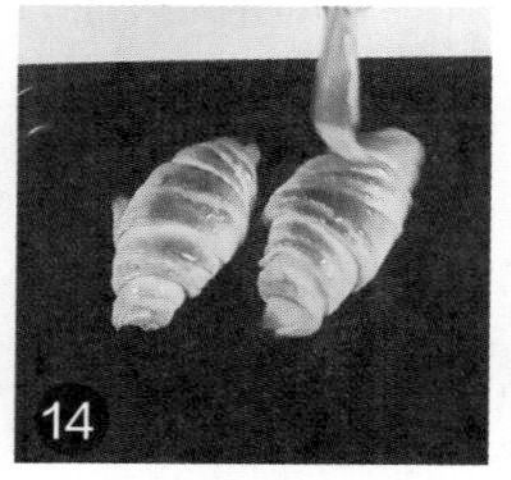

取出烤盘，在烤好的面包上刷上一层蜂蜜即可。

+备注+

在擀面皮的过程中，不能太用力，可以小心地将片状酥油先敲打开再擀，或者在表面抹一点点面粉再擀。

丹麦红豆面包

烘烤时间

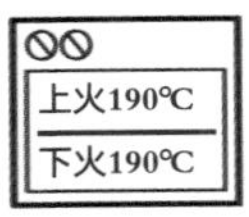

烘烤温度

原料 高筋面粉170克，低筋面粉30克，细砂糖50克，黄油20克，奶粉12克，盐3克，干酵母5克，水88毫升，鸡蛋40克，片状酥油70克，蜜红豆60克

工具 玻璃碗、刮板1个，油纸1张，擀面杖1根，刀1把，烤箱1台

起酥面包层次多且分明，外皮酥软，入口即化，奶香味浓，深受人们的喜爱。而其中的丹麦红豆面包更是非常流行，下面我们就亲手做一个丹麦红豆面包吧。

☆ Point　片状酥油使用前可用擀面杖敲打敲打，这样会使其更快软化。

做法

1 将低筋面粉倒入装有高筋面粉的玻璃碗中，混合匀。

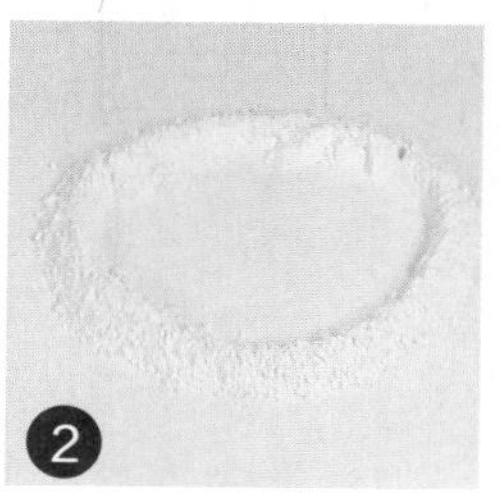

2 倒入奶粉、干酵母、盐，拌匀，倒在案台上，用刮板开窝。

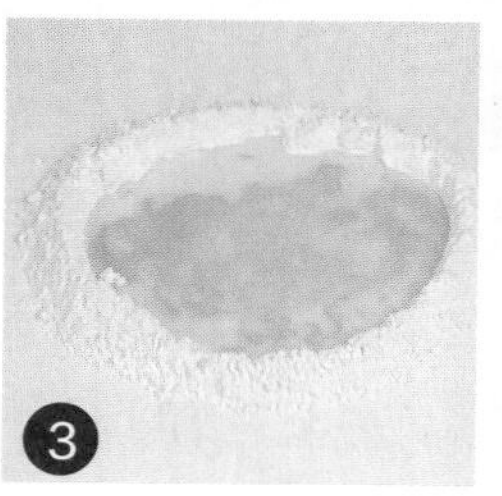

3 倒入水、细砂糖，搅拌均匀；放入鸡蛋，拌匀。

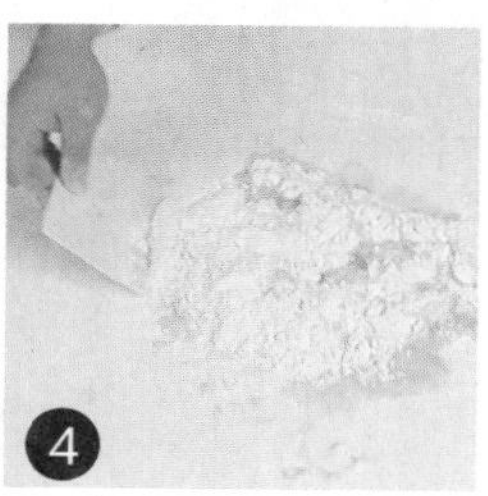

4 将材料混合均匀，揉搓成湿面团。

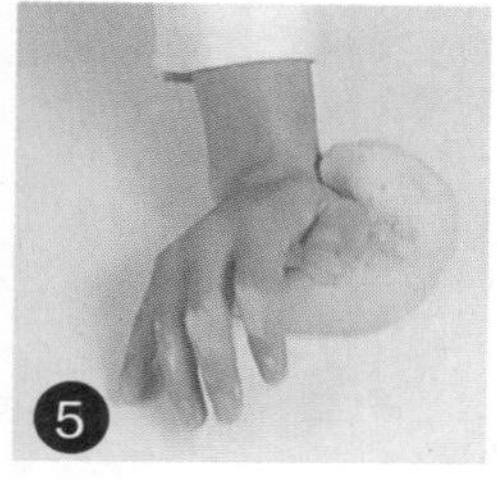

5 加入黄油，揉搓成光滑的面团。

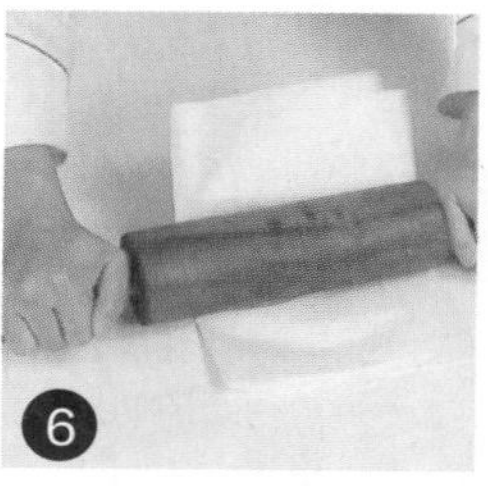

6 用油纸包好片状酥油，用擀面杖擀薄，待用。

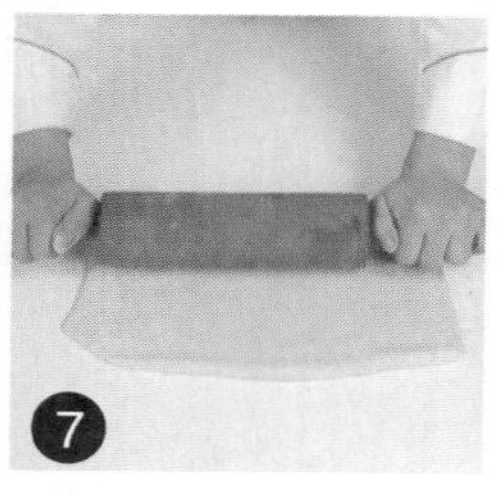

7 将面团擀成薄片，放上酥油片，将面皮折叠，把面皮擀平。

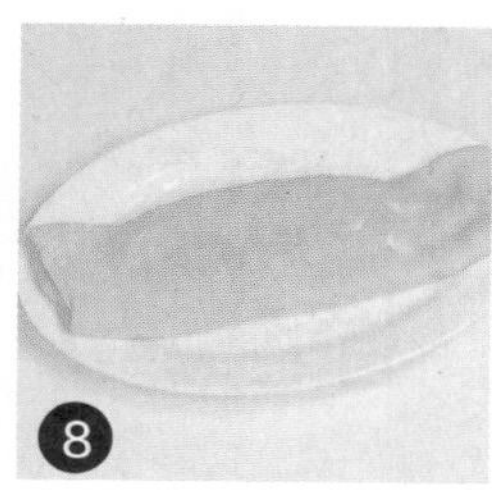

8 将三分之一的面皮折叠，再将剩下的折叠起来，冷藏10分钟。

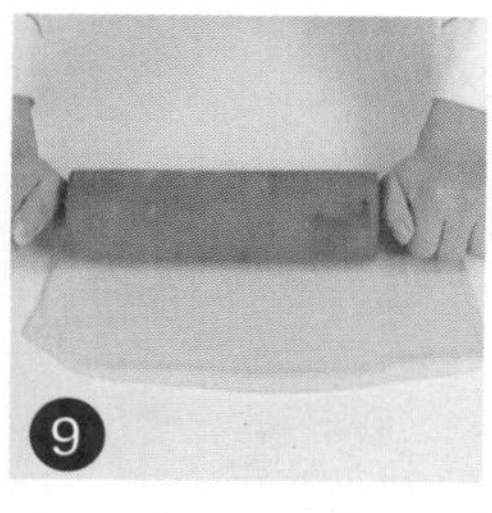

9 取出，继续擀平，将上述动作重复操作两次。

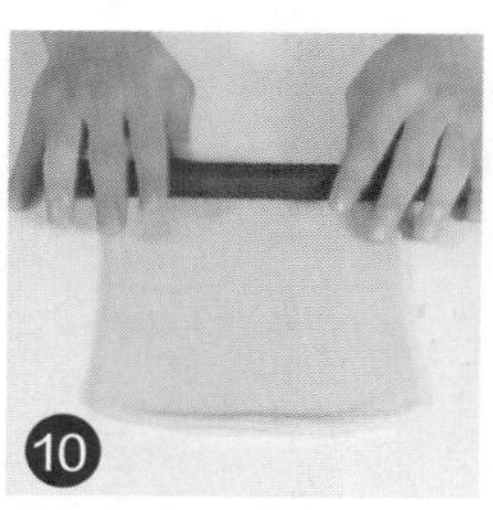

10 取适量酥皮，用擀面杖擀薄。

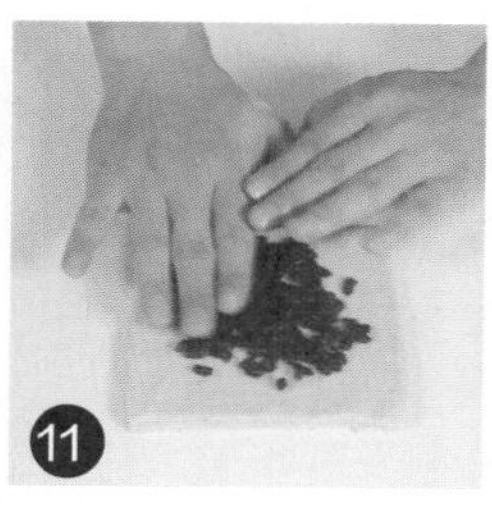

11 用刀将边缘切平整，铺上蜜红豆。

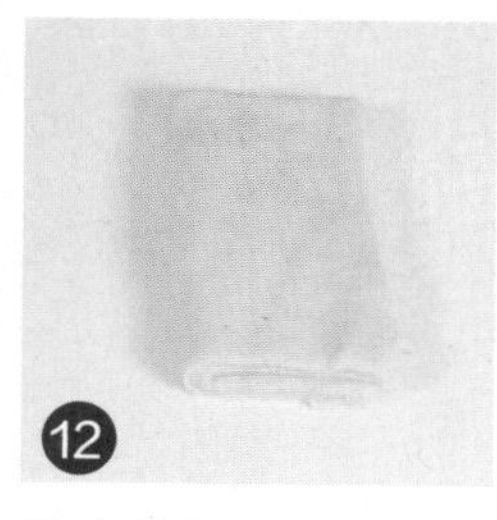

12 纵向将酥皮对折，制成生坯。

13 把生坯装入烤盘，常温1.5小时发酵。

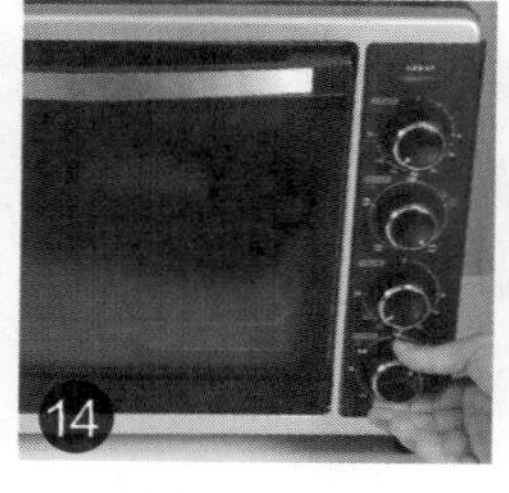

14 将烤箱上下火均调为190℃，预热5分钟。

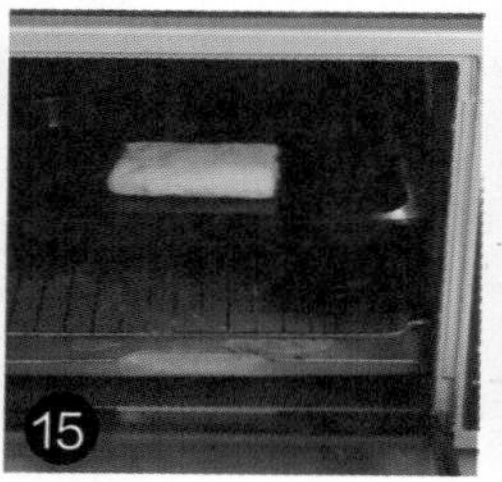

15 打开箱门，放入生坯，关上箱门，烘烤20分钟至熟。

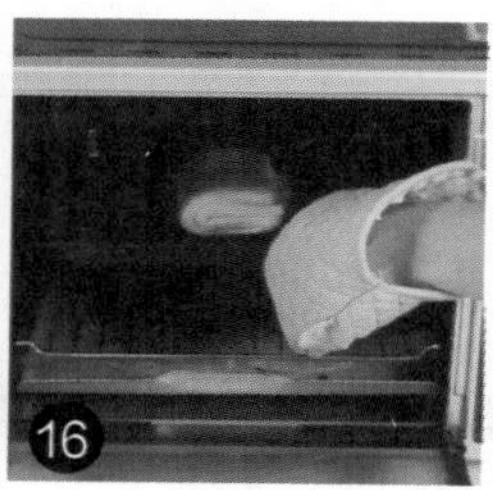

16 戴上手套，打开箱门，将烤好的面包取出即可。

肉松起酥面包

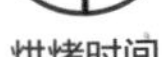

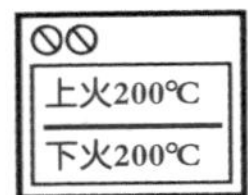

15 分钟
烘烤时间

上火200℃
下火200℃
烘烤温度

原料 高筋面粉170克，低筋面粉30克，细砂糖50克，黄油20克，奶粉12克，盐3克，干酵母5克，水88毫升，鸡蛋40克，片状酥油70克，肉松30克，鸡蛋1个，黑芝麻适量

工具 玻璃碗、刮板各1个，油纸1张，擀面杖1根，烤箱1台，刷子1把

一层层的酥皮下，夹着营养丰富、味美可口的肉松，起酥面包的奶香混合着肉松的咸香，是那么令人沉醉的味道。

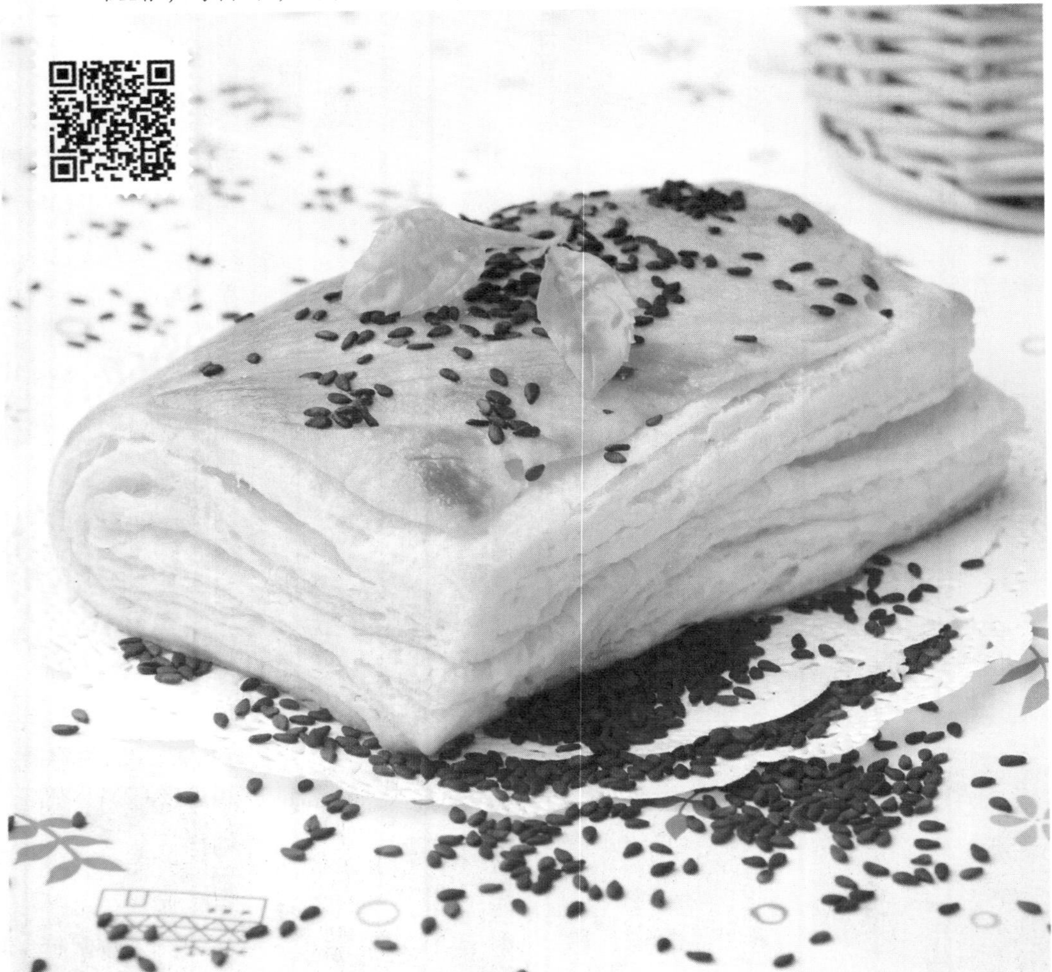

☆ Point 黄油可以事先自然软化，这样能更快将其揉至均匀。

做法

将低筋面粉倒入装有高筋面粉的玻璃碗中，混合匀。

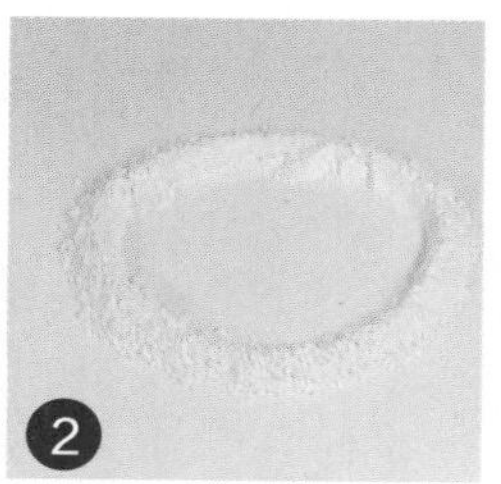

倒入奶粉、干酵母、盐，拌匀，倒在案台上，用刮板开窝。

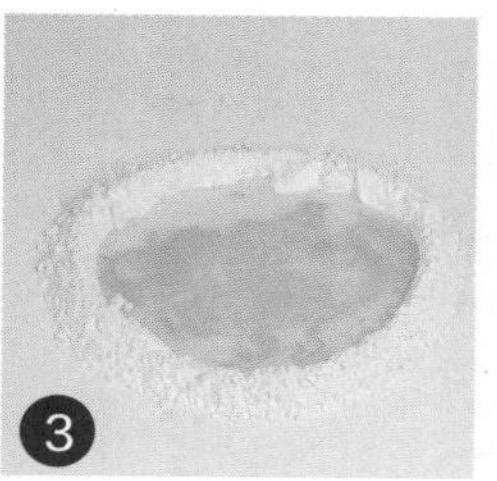

倒入水、细砂糖，搅拌均匀；放入鸡蛋，拌匀。

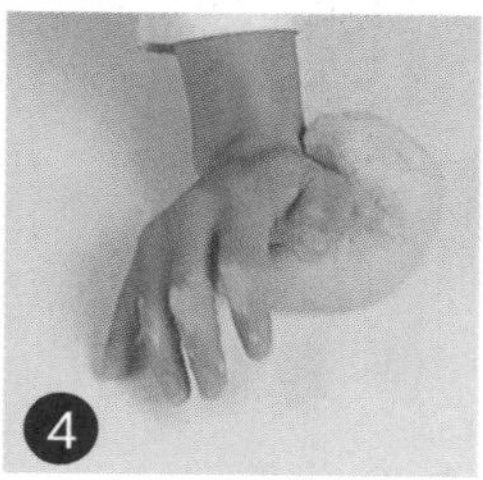

将材料混合均匀，揉搓成湿面团；加入黄油，揉搓成光滑的面团。

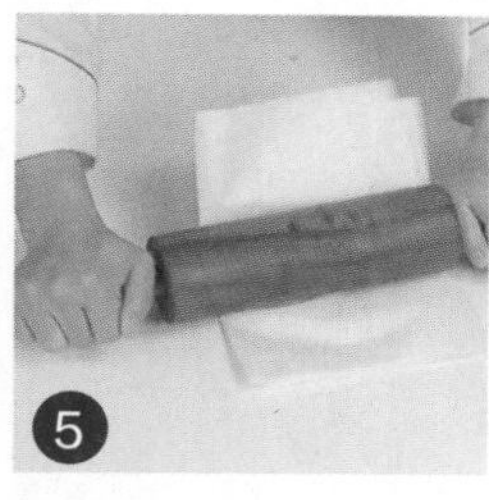

用油纸包好片状酥油，用擀面杖将其擀薄，待用。

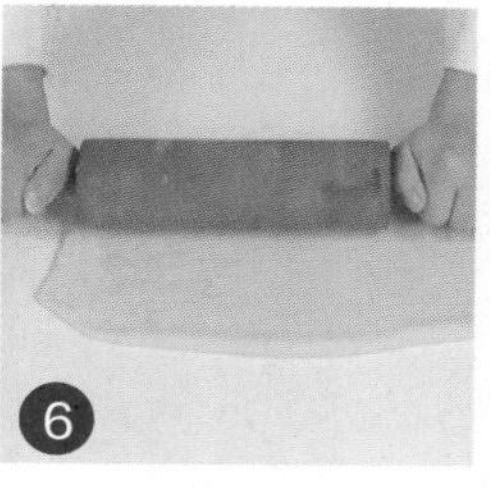

将面团擀成薄片制成面皮，放上酥油片，将面皮折叠，把面皮擀平。

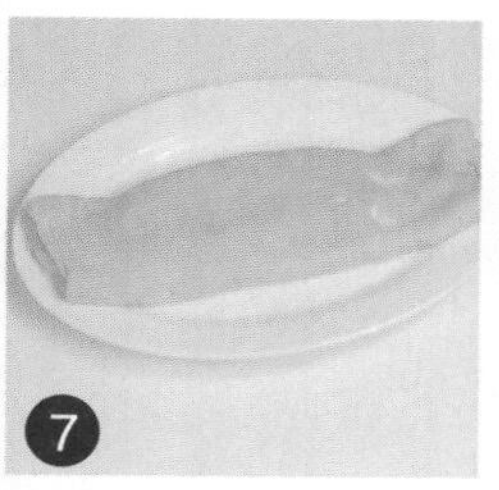

先将三分之一的面皮折叠，将剩下的折叠起来，冷藏10分钟。

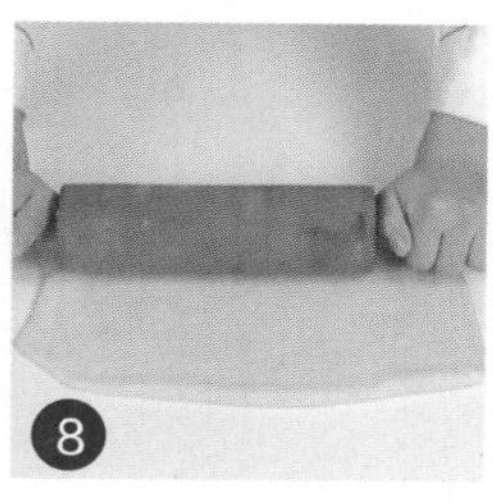

取出，继续擀平，将上述动作重复操作两次，制成酥皮。

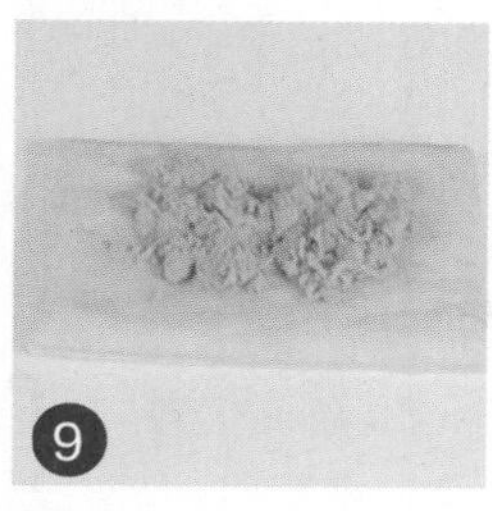

取适量酥皮，将其边缘切平整，刷上一层蛋液，铺一层肉松。

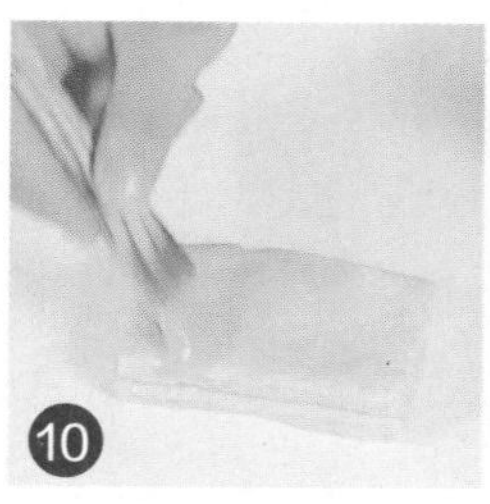

将酥皮对折，其中一面刷上一层蛋液。

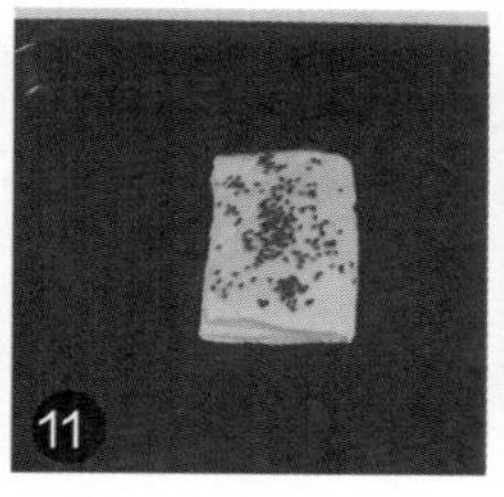

撒上适量黑芝麻，制成面包生坯，放入烤盘，发酵至2倍大。

预热烤箱，温度调至上火200℃、下火200℃。

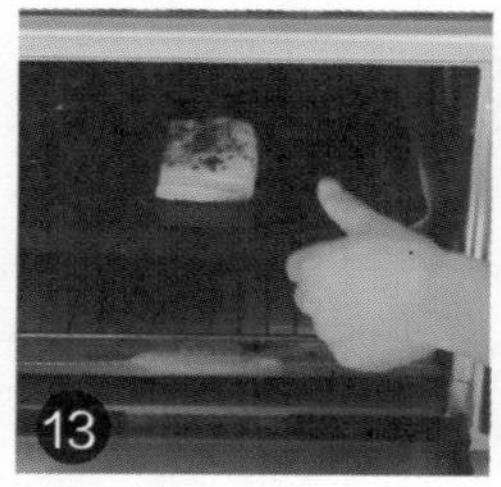

烤盘放入预热好的烤箱中，烤15分钟至熟。

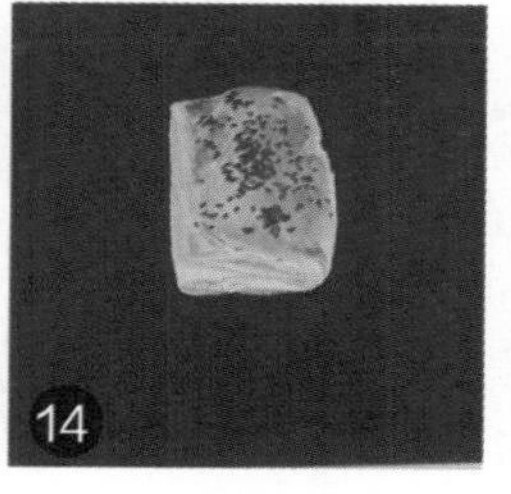

取出烤盘，将烤好的面包装盘即可。

+备注+

揉好的面团进行基础发酵的时候，可以在室温下进行，但更推荐将面团放入冰箱进行冷藏发酵6~12个小时，面包口味更好。

☆ Point 可用筛网事先过筛面粉，这样后续制作出的面包口感更细腻。

杏仁起酥面包

烘烤时间

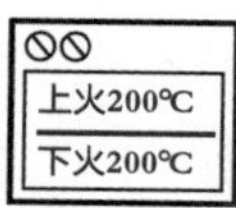

烘烤温度

麻花状的杏仁起酥，不仅味道可口，更给人以美的视觉享受，将起酥面包的层次清晰地展现在人们面前，只一眼，便挪不开脚步。

原料

- 高筋面粉170克
- 低筋面粉30克
- 细砂糖50克
- 黄油20克
- 奶粉12克
- 盐3克
- 干酵母5克
- 水88毫升
- 鸡蛋40克
- 片状酥油70克
- 杏仁片40克
- 鸡蛋1个

工具

- 玻璃碗、刮板各1个
- 油纸1张
- 刷子1把
- 擀面杖1根
- 刀1把
- 烤箱1台

做法

将低筋面粉倒入装有高筋面粉的玻璃碗中，混合匀。

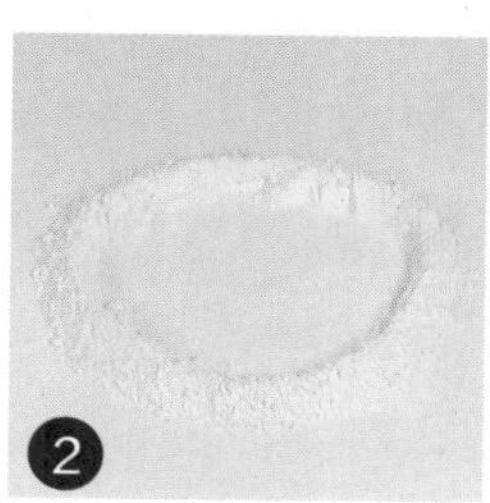

倒入奶粉、干酵母、盐，拌匀，倒在案台上，用刮板开窝。

倒入水、细砂糖，搅拌均匀。

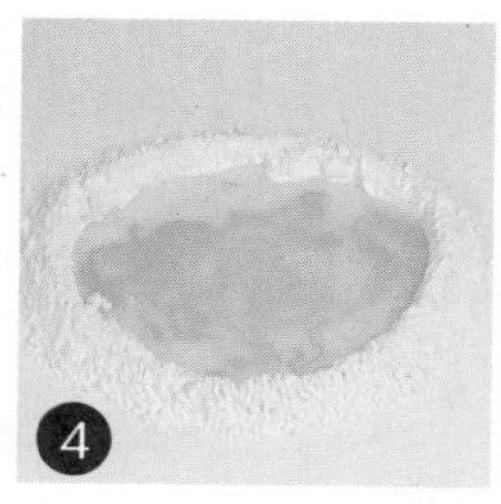

放入鸡蛋，拌匀。

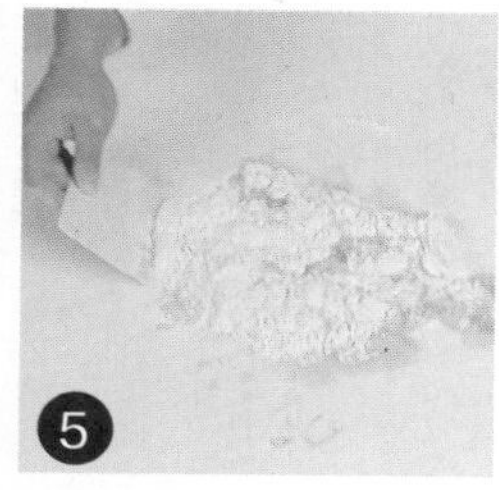

将材料混合均匀。

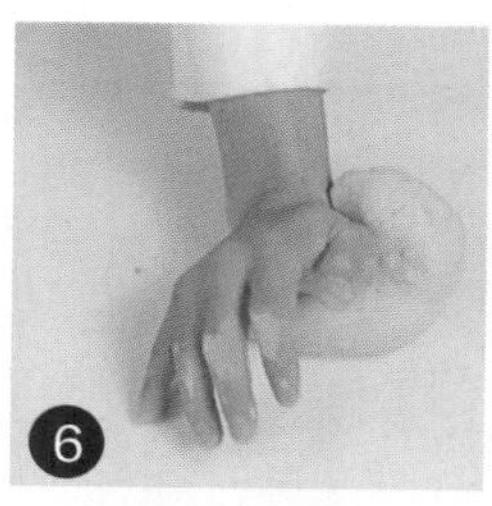

揉成湿面团。

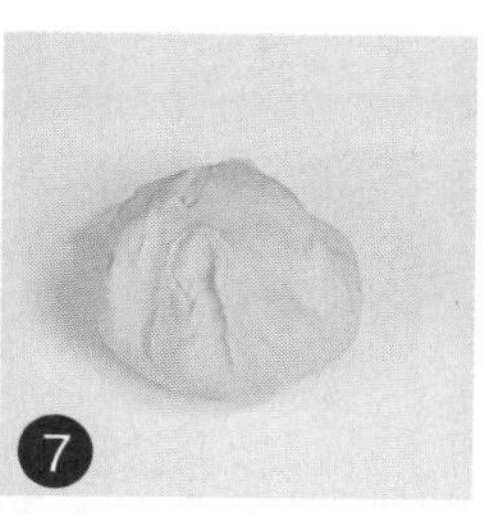

加入黄油，揉搓成光滑的面团。

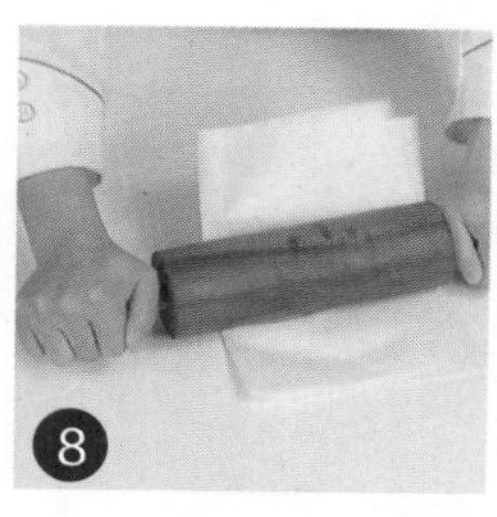

用油纸包好片状酥油，用擀面杖将其擀薄，待用。

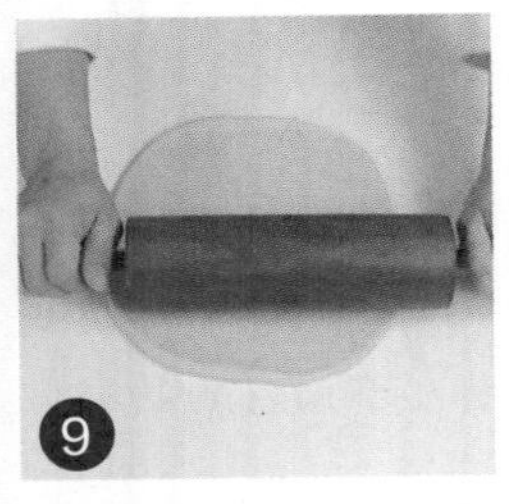

将面团擀成薄片，制成面皮。

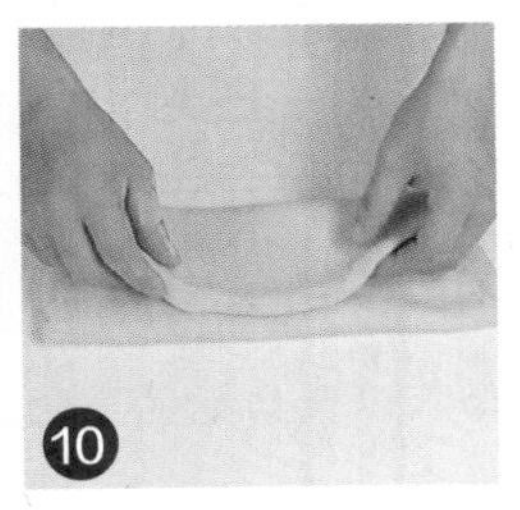

放上酥油片，将面皮折叠起来。

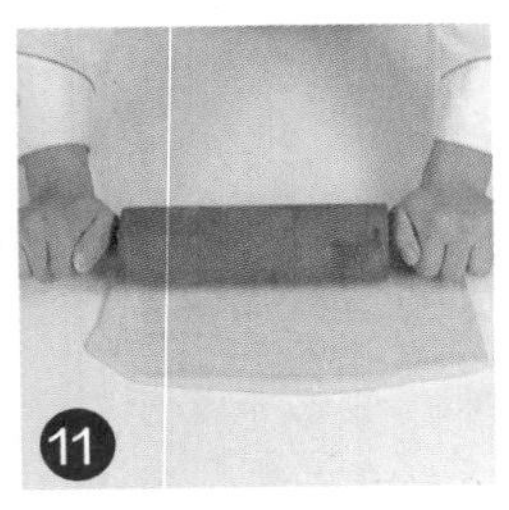

把面皮擀平。

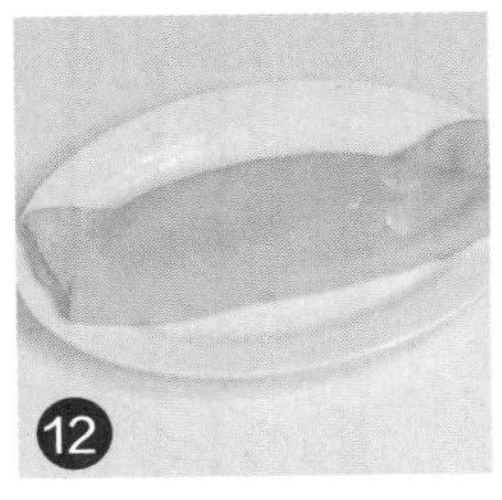

将三分之一的面皮折叠，再将剩下的折叠起来，冷藏10分钟。

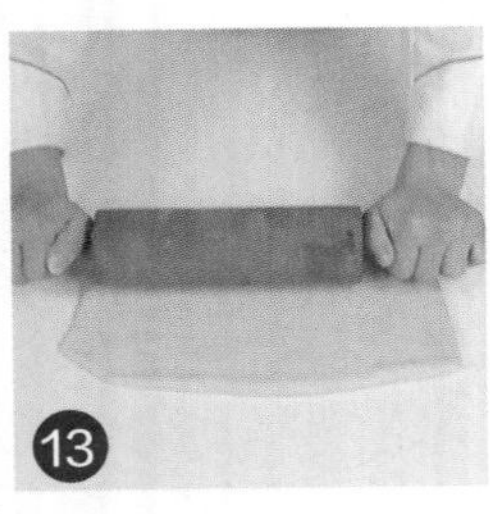

取出，继续擀平，将上述动作重复操作两次，制成酥皮。

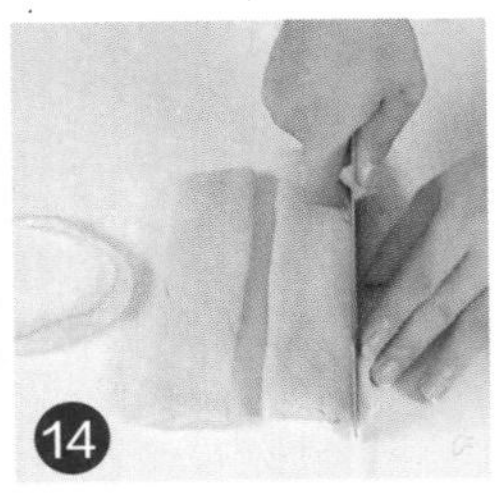

案台撒上面粉，取适量酥皮，将其切成两块长方条，将边缘切平整。

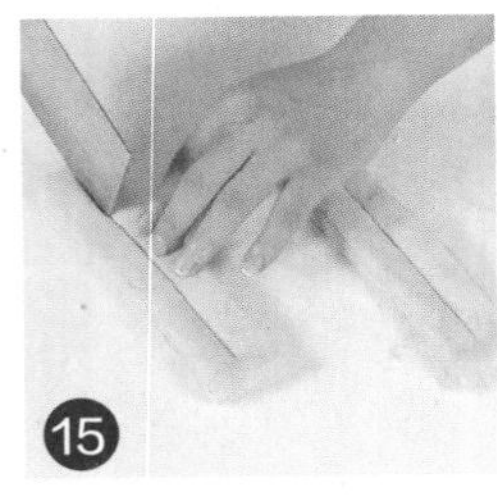

分别在两块长方条酥皮中间打竖划开一条道子。

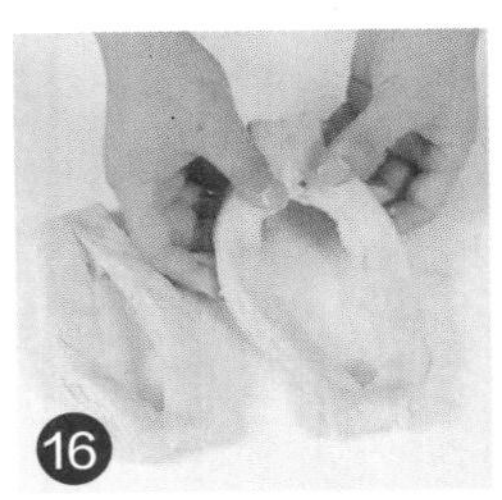

分别将道子稍稍扯开成一个口子。

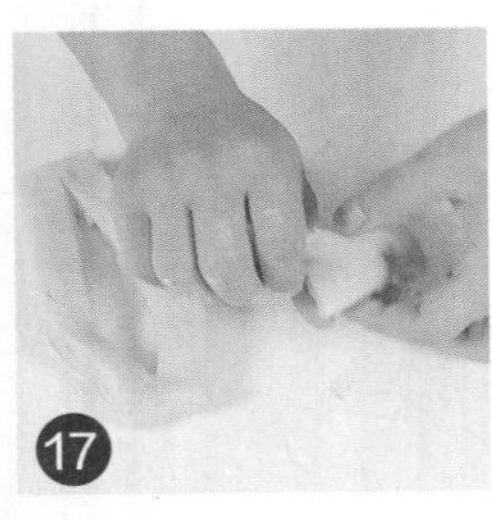

将酥皮两端往口子内翻数个跟斗。

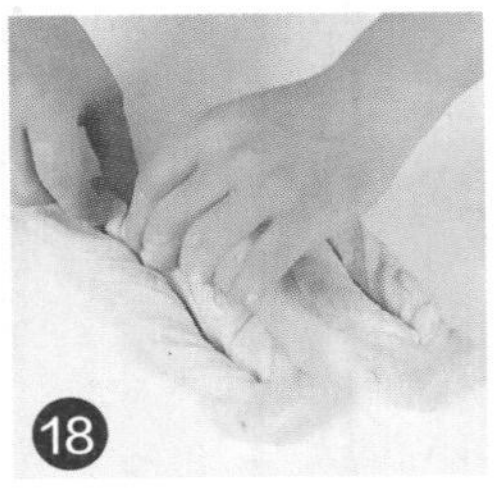

续将两边扭成麻花状，面包生坯制成。

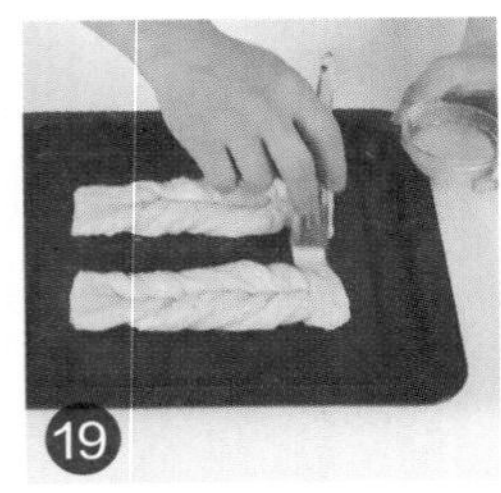

备好烤盘，放上生坯，用刷子分别将其刷上一层蛋液。

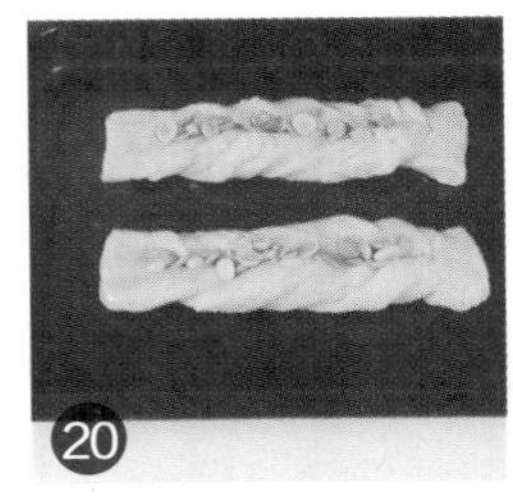

刷好蛋液的生坯中央逐一撒上杏仁片。

预热烤箱，温度调至上火200℃、下火200℃。

烤盘放入预热好的烤箱中，烤15分钟至熟。

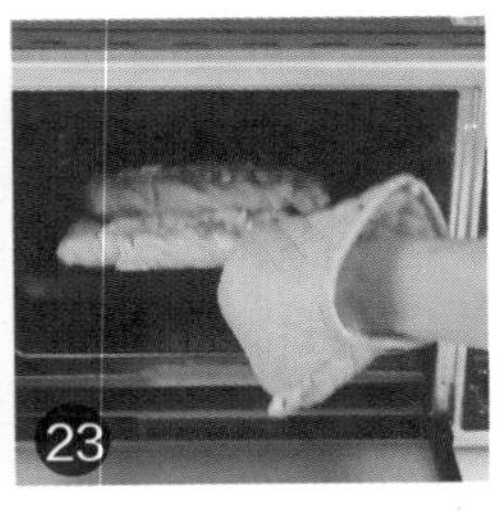

取出烤盘。

将烤好的杏仁起酥面包装盘即可。

丹麦腊肠面包

烘烤时间

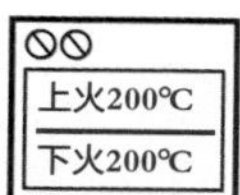

烘烤温度

腊肠是指以肉类为原料，切碎，配以辅料，灌入动物肠衣经发酵、成熟干制成的中国特色肉制品。将其夹入丹麦面包中，便成了具有中国特色的丹麦腊肠面包。

原料

高筋面粉170克
低筋面粉30克
细砂糖50克
黄油20克
奶粉12克
盐3克
干酵母5克
水88毫升
鸡蛋40克
片状酥油70克
腊肠1根
鸡蛋1个

工具

玻璃碗、刮板各1个
油纸1张
擀面杖1根
刀1把
刷子1把
烤箱1台

做法

将低筋面粉倒入装有高筋面粉的玻璃碗中，混合匀。

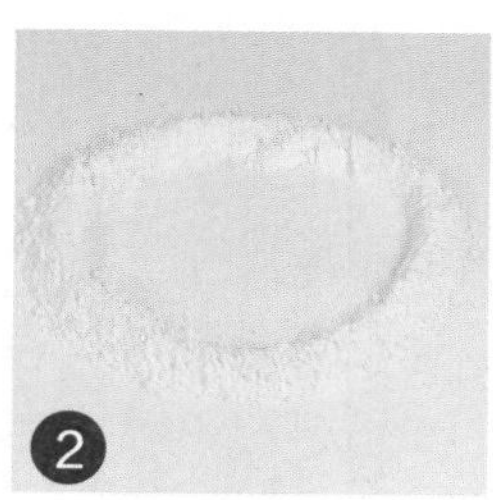

倒入奶粉、干酵母、盐，拌匀，倒在案台上，用刮板开窝。

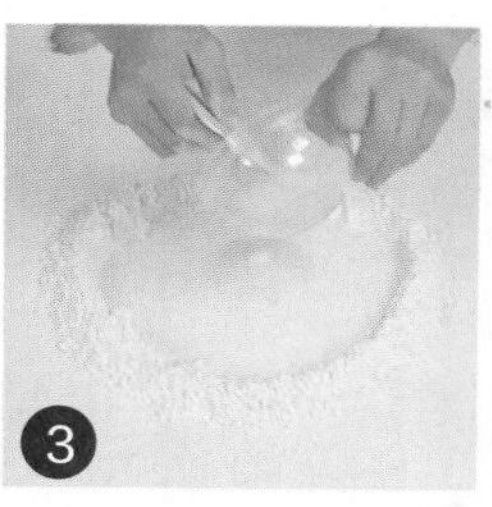

倒入水、细砂糖，搅拌均匀。

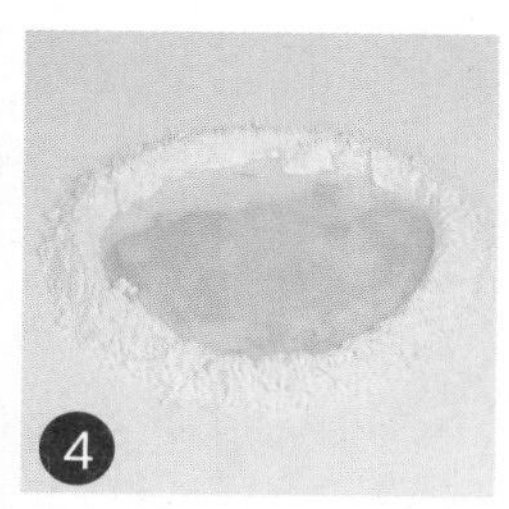

放入鸡蛋，拌匀。

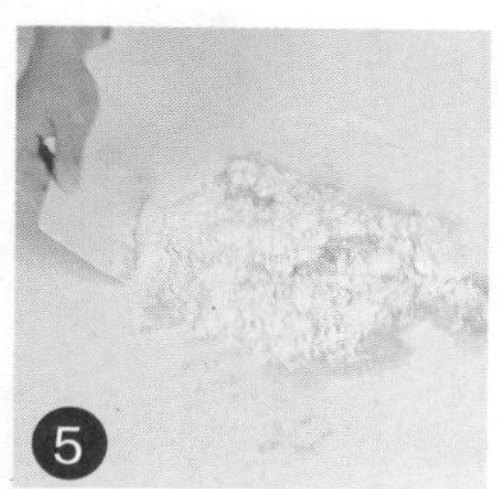

将材料混合均匀。

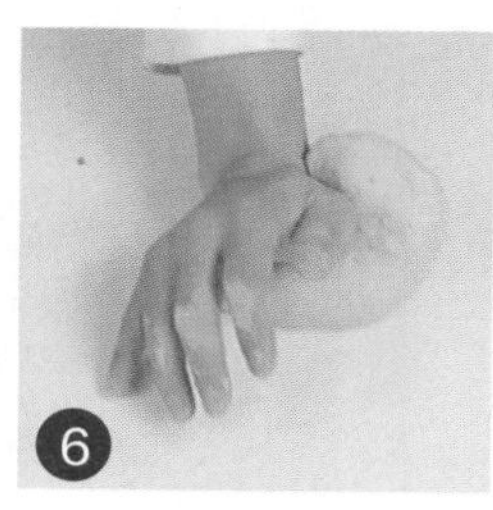

揉搓成湿面团。

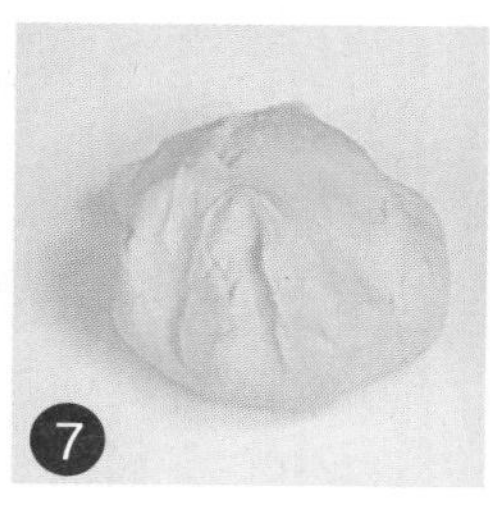

加入黄油，揉搓成光滑的面团。

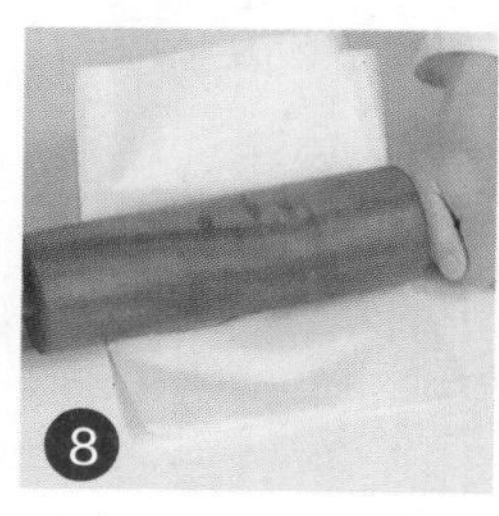

用油纸包好片状酥油，用擀面杖将其擀薄，待用。

☆ Point 若没有低筋面粉，可以用高筋面粉和玉米淀粉以比例1：1进行调配。

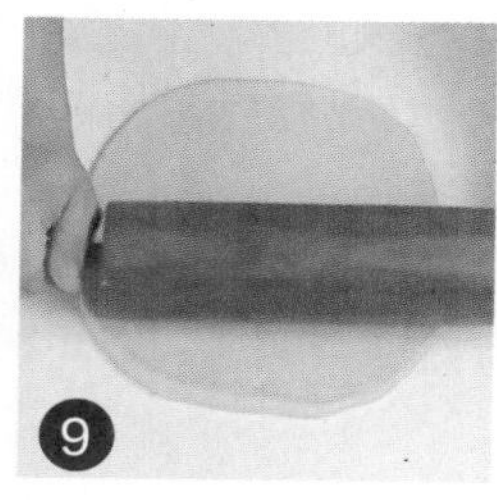

将面团擀成薄片，制成面皮。

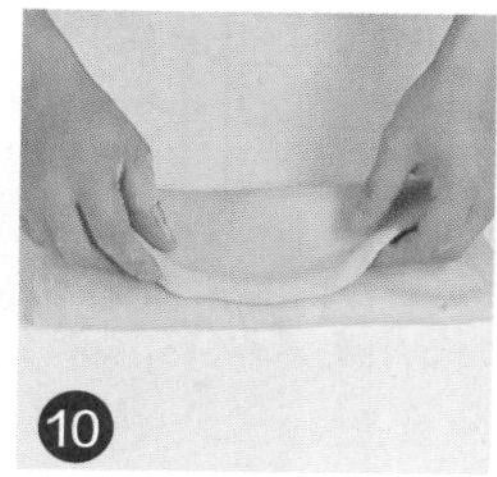

放上酥油片，将面皮折叠。

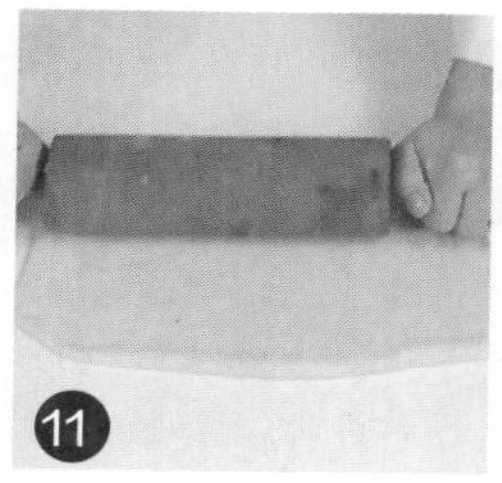

把面皮擀平。

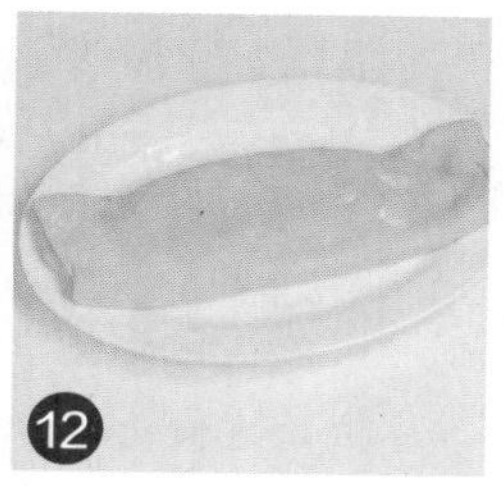

将三分之一的面皮折叠，再将剩下的折叠起来，冷藏10分钟。

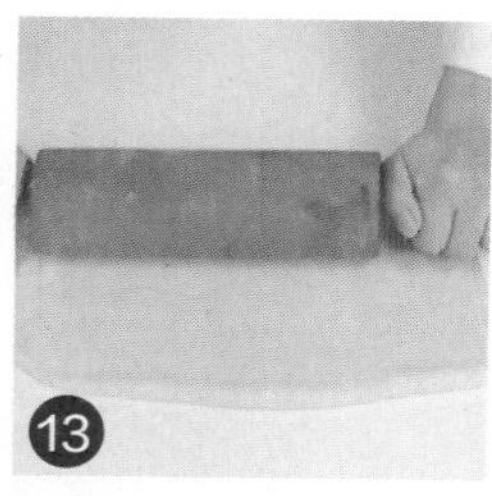

取出，继续擀平，将上述动作重复操作两次，制成酥皮。

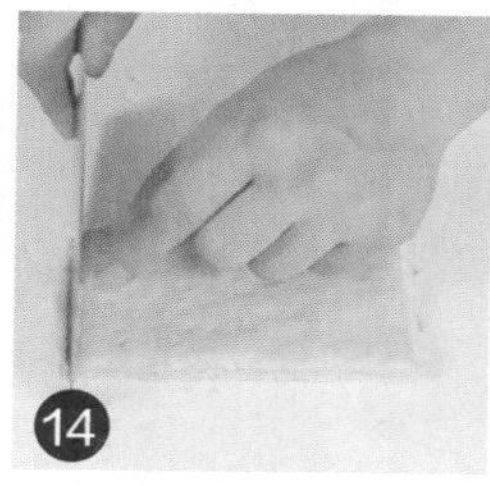

取适量酥皮，将其边缘切平整。

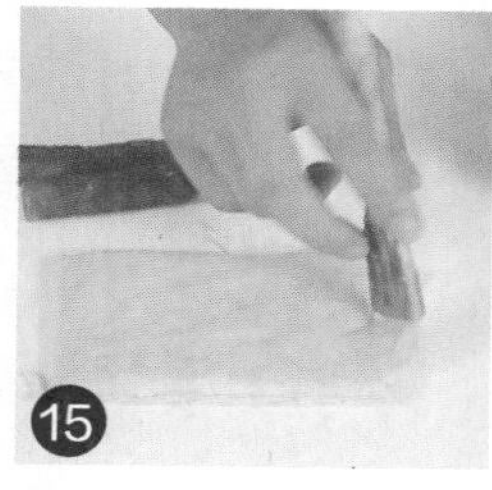

修平整的酥皮上刷一层蛋液。

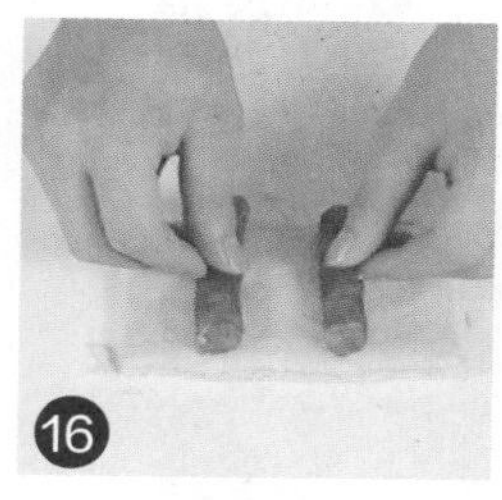

腊肠切成两段，放在酥皮上。

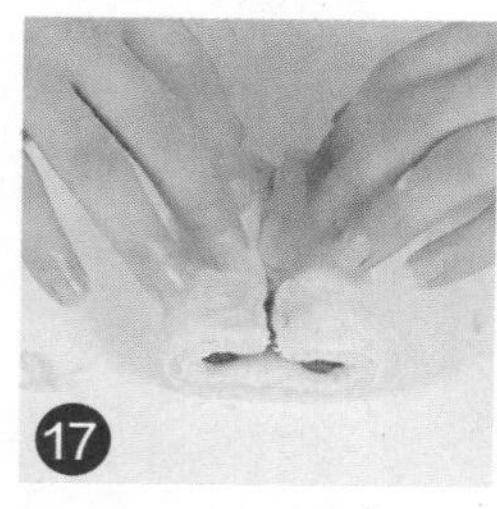

将酥皮两端往中间对折，包裹住腊肠。

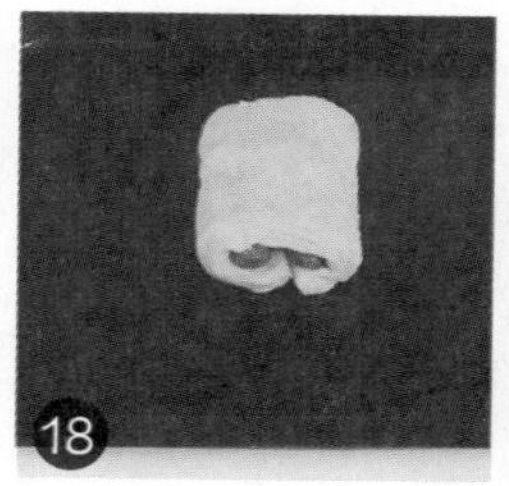

将裹好的酥皮面朝下放置，制成面包生坯，并放入烤盘。

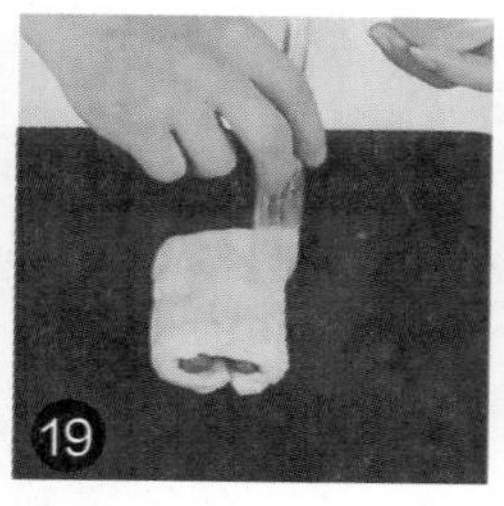

生坯上刷上一层蛋液，发酵至2倍大。

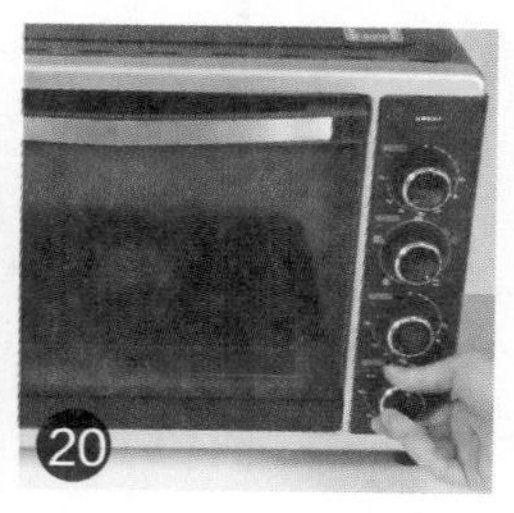

预热烤箱，温度调至上火200℃、下火200℃。

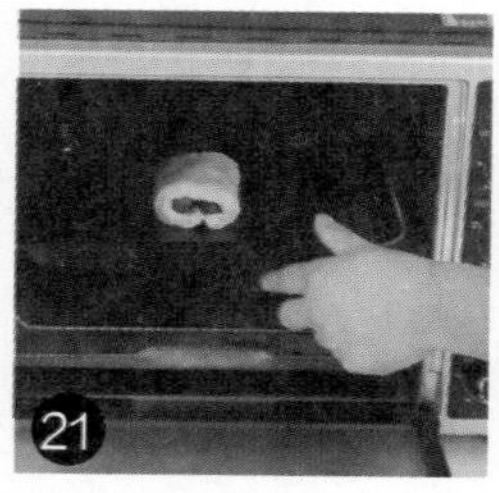

烤盘放入预热好的烤箱中，烤15分钟至熟。

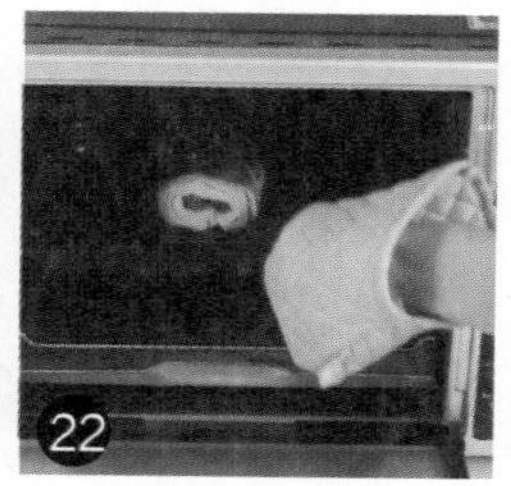

取出烤盘，将烤好的面包装盘即可。

+备注+

腊肠不加淀粉，可贮存很久，风味鲜美，醇厚浓郁，回味绵长，越嚼越香，远胜于其他国家的灌肠制品。

丹麦果仁包

烘烤时间

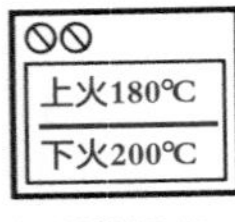

烘烤温度

在起酥面包中加入各种坚果仁，便是此款丹麦果仁包。果仁的热量虽然高，却是护心健脑的好食物，有固齿、补益、养生的效果。

原料

面包体部分： 高筋面粉170克，低筋面粉30克，细砂糖50克，黄油20克，奶粉12克，盐3克，干酵母5克，水88毫升，鸡蛋40克，片状酥油70克，葵花籽30克，花生碎40克

装饰部分： 杏仁片、糖粉各适量

工具

玻璃碗、刮板、筛网各1个，油纸1张，擀面杖1根，模具1个，烤箱1台，小刀1把

+备注+

葵花籽含有蛋白质、碳水化合物以及多种维生素和微量元素，可以降低胆固醇、增强记忆力、宁心安神。

☆ **Point** 糖粉越细越好，撒在面包上更加美观。

做法

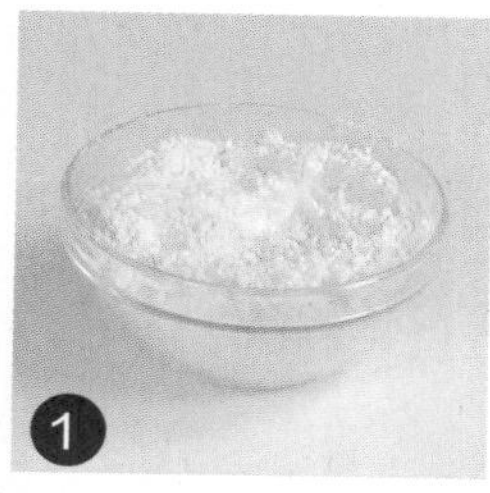
1 将低筋面粉倒入装有高筋面粉的玻璃碗中，混合匀。

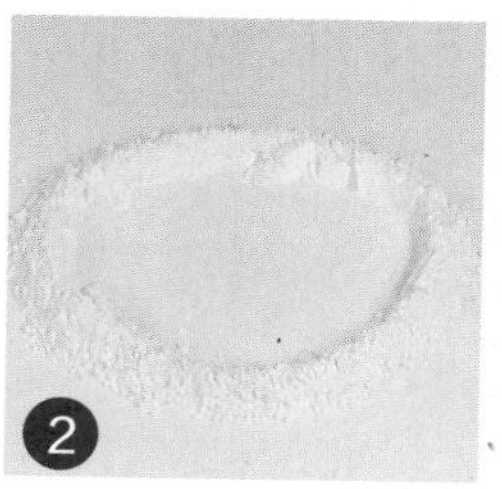
2 倒入奶粉、干酵母、盐，拌匀，倒在案台上，用刮板开窝。

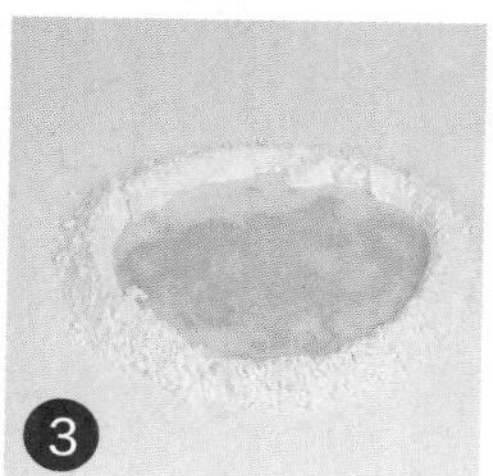
3 倒入水、细砂糖，搅拌均匀；放入鸡蛋，拌匀。

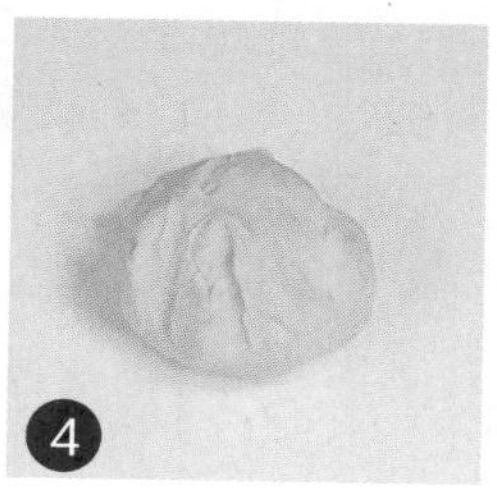
4 将材料混匀，揉成面团；加入黄油，揉搓成光滑的面团。

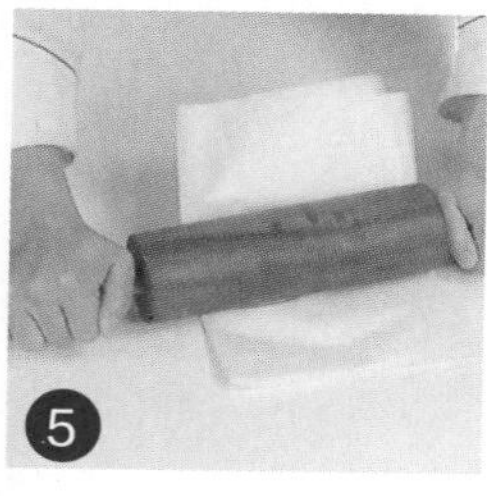
5 用油纸包好片状酥油，用擀面杖将其擀薄，待用。

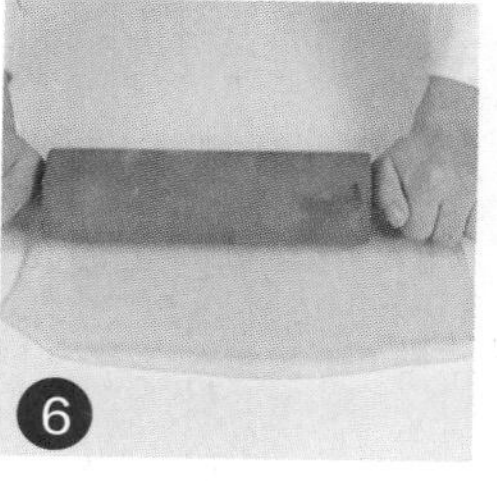
6 将面团擀成薄片，放上酥油片，将面皮折叠，把面皮擀平。

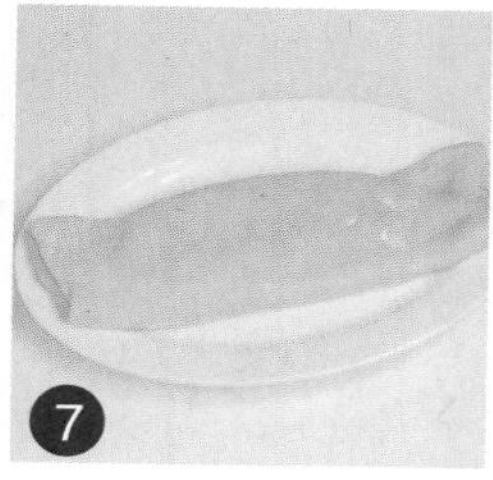
7 将三分之一的面皮折叠，再将剩下的折叠起来，冷藏10分钟。

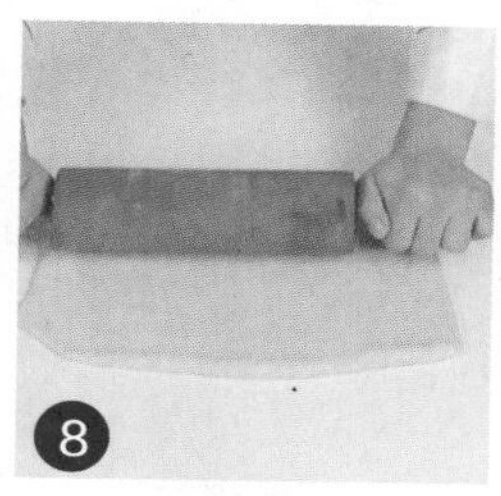
8 取出，继续擀平，将上述动作重复操作两次。

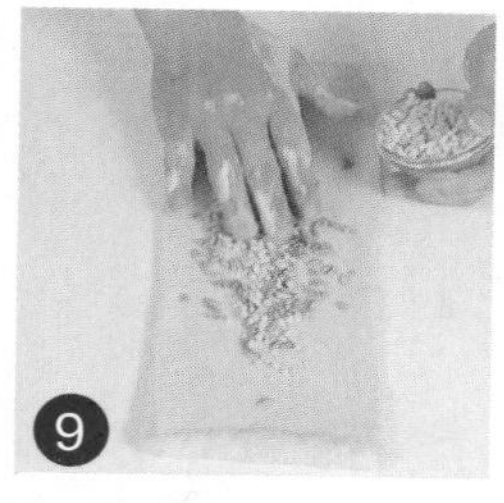
9 取适量酥皮，用擀面杖擀薄，铺上葵花籽，再铺上花生碎。

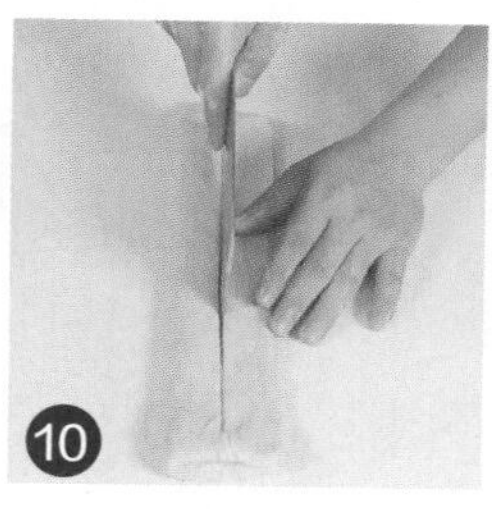
10 纵向将酥皮对折，中间切开一道口子。

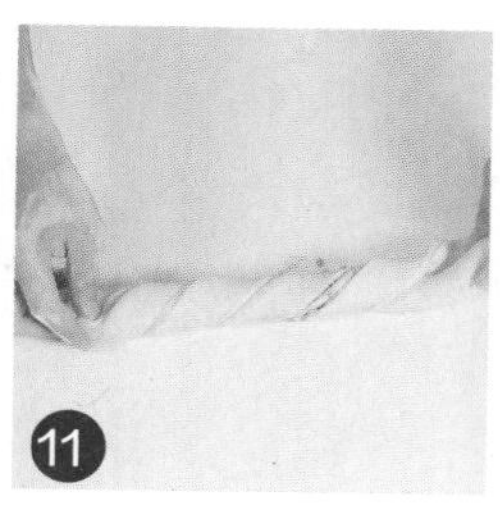
11 拧成麻花形，再盘成花环状。

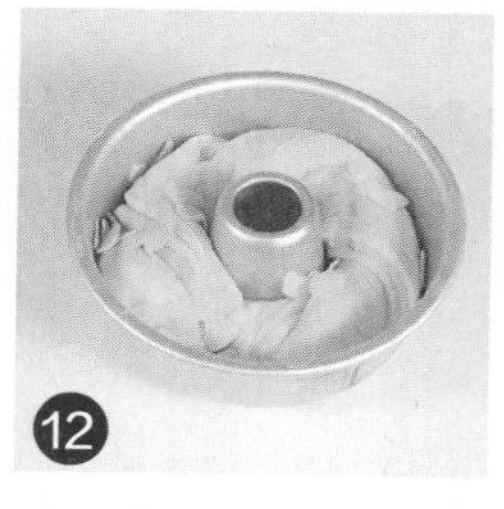
12 放入模具里，撒上杏仁片，常温1.5小时发酵。

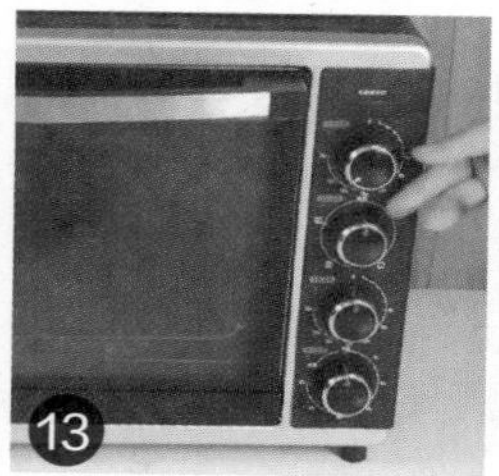
13 将烤箱上火调为180℃，下火调为200℃，预热5分钟。

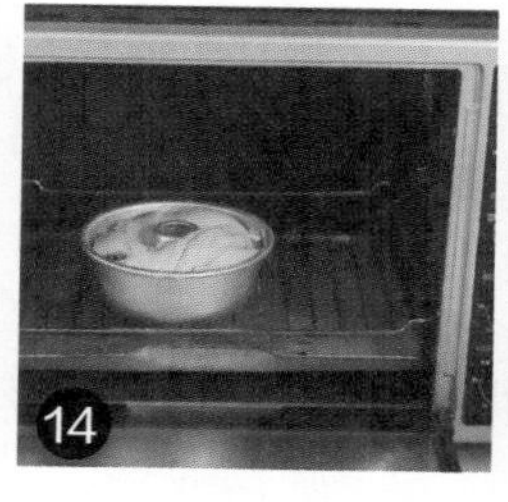
14 打开箱门，放入发酵好的生坯，烘烤20分钟至熟。

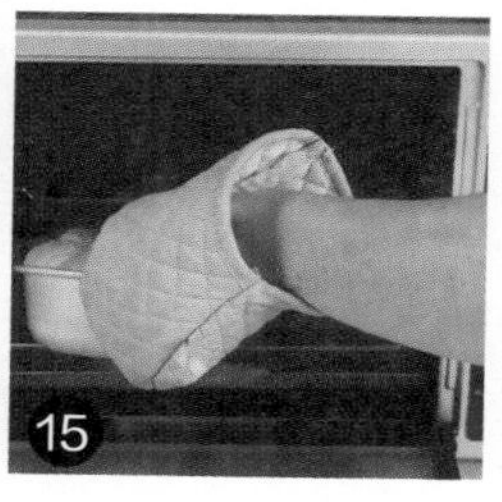
15 戴上手套，打开箱门，将烤好的面包取出。

16 面包脱模后装盘，将适量糖粉过筛，撒在面包上即可。

丹麦苹果面包

烘烤时间

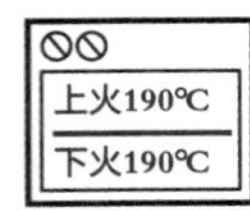

烘烤温度

起酥面包的奶香中夹杂着浓郁的苹果清香，水果配面包是永远不会过时的经典。想亲自品尝的话就马上动手吧，亲手做的面包肯定更有味道。

原料

面包体部分：高筋面粉170克，低筋面粉30克，细砂糖50克，黄油20克，奶粉12克，盐3克，干酵母5克，水88毫升，鸡蛋40克，片状酥油70克，奶油杏仁馅30克，苹果肉40克

装饰部分：巧克力果胶、花生碎各适量

工具

玻璃碗、刮板各1个，油纸1张，擀面杖1根，刀、刷子各1把，烤箱1台

+备注+

苹果含有蛋白质以及多种维生素和矿物质，具有生津止渴、润肺除烦、健脾益胃、养心益气等作用。

☆ Point　**将苹果切成粒，口感会更好。**

做法

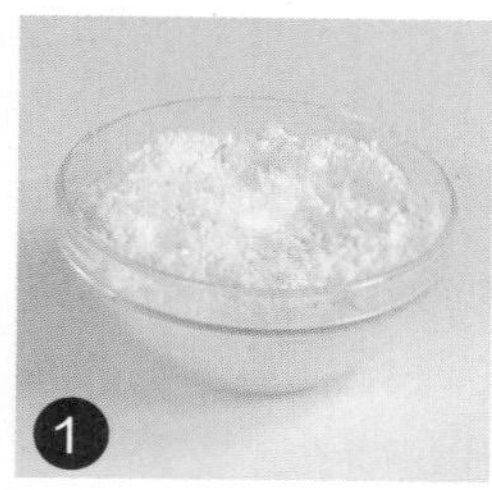

将低筋面粉倒入装有高筋面粉的玻璃碗中，混合匀。

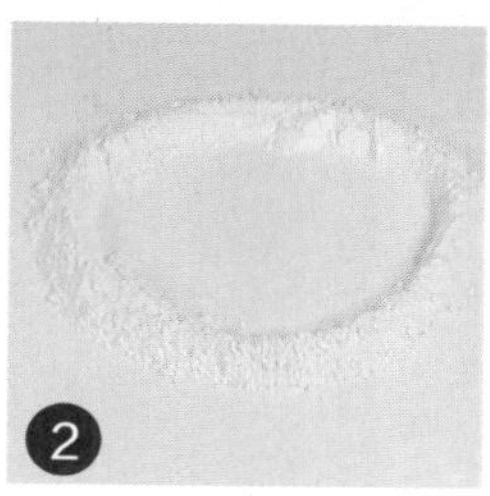

倒入奶粉、干酵母、盐，拌匀，倒在案台上，用刮板开窝。

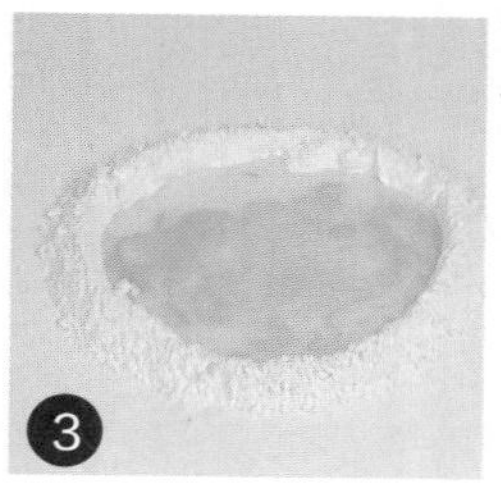

倒入水、细砂糖，搅拌均匀；放入鸡蛋，拌匀。

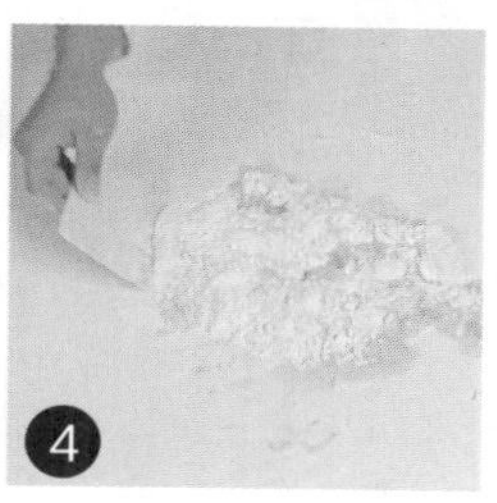

将材料混合均匀，揉搓成湿面团。

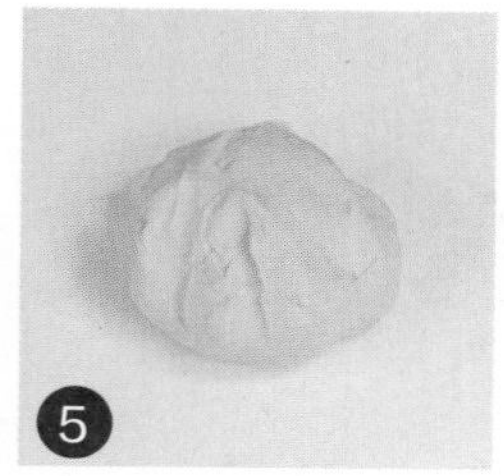

加入黄油，揉搓成光滑的面团。

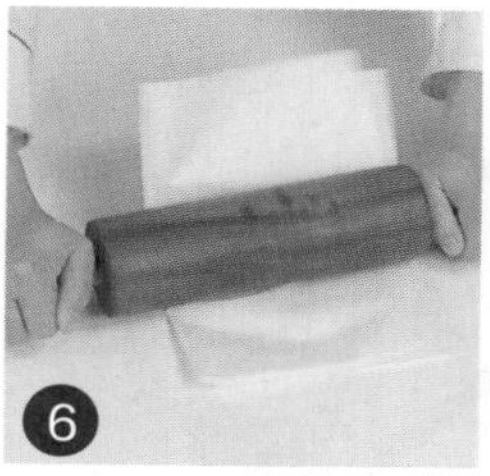

用油纸包好片状酥油，用擀面杖将其擀薄，待用。

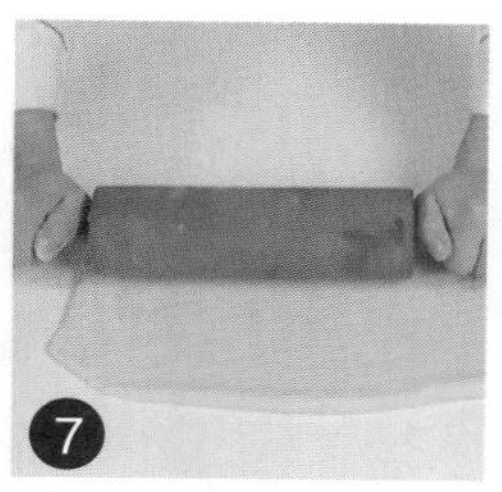

将面团擀成薄片，放上酥油片，将面皮折叠，把面皮擀平。

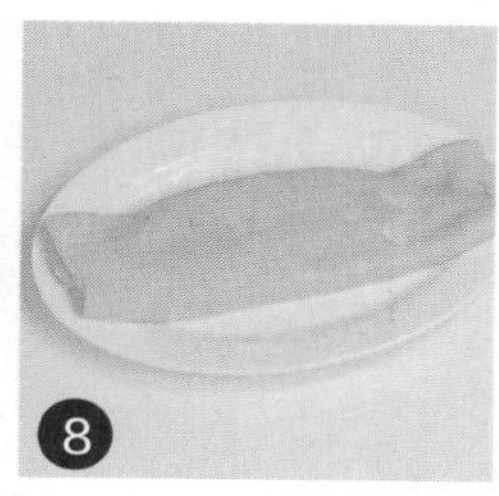

将三分之一的面皮折叠，再将剩下的折叠起来，冷藏10分钟。

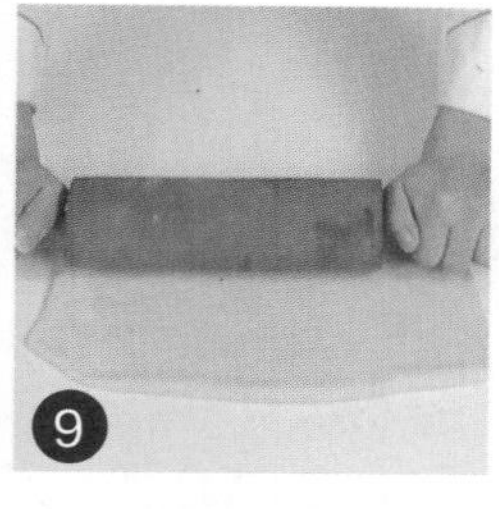

取出，继续擀平，将上述动作重复操作两次。

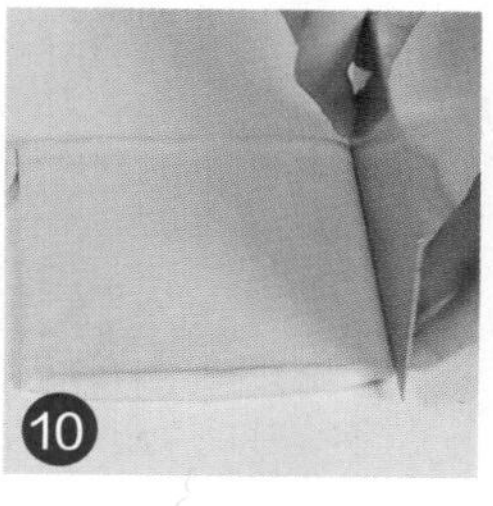

取适量酥皮，用擀面杖擀薄，用刀将边缘切平整。

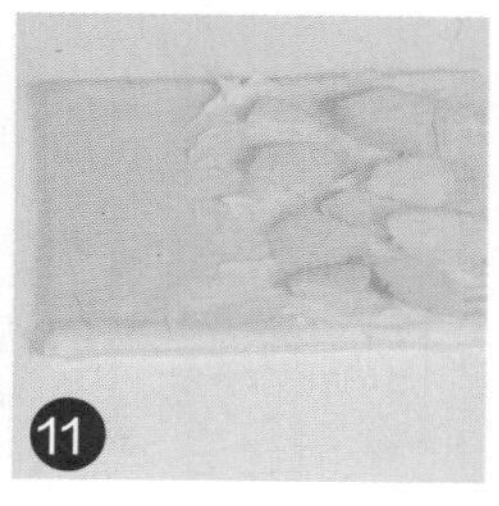

用刷子刷上一层奶油杏仁馅，放上苹果肉。

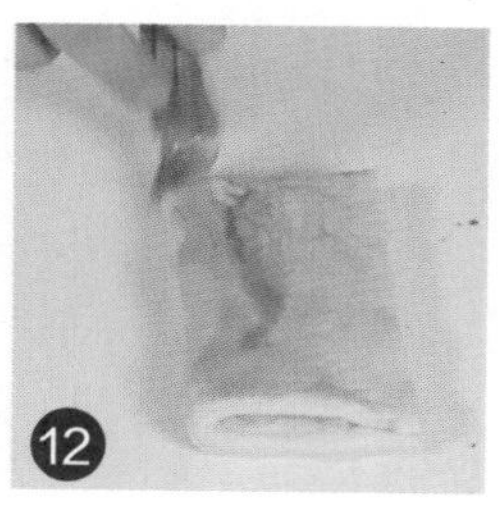

将酥皮对折，刷上一层巧克力果胶。

撒上适量花生碎，放入烤盘，常温下1.5个小时发酵。

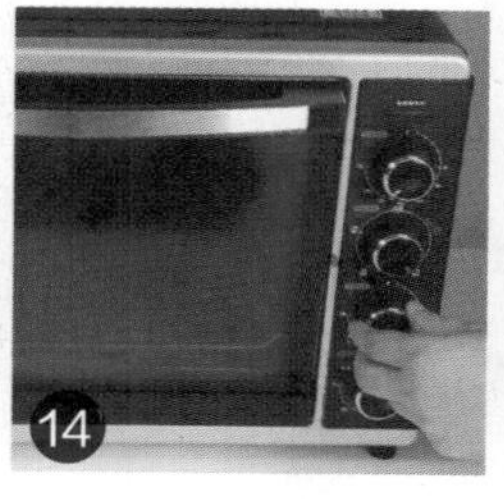

将烤箱上下火均调为190℃，预热5分钟。

打开箱门，放入发酵好的生坯，关上箱门，烘烤15分钟至熟。

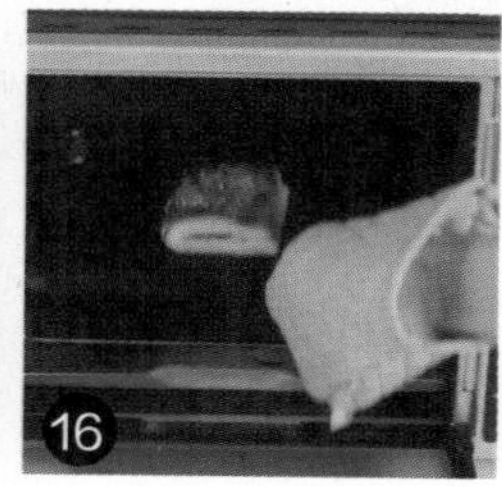

戴上手套，打开箱门，将烤好的面包取出，装盘即可。

丹麦樱桃面包

烘烤时间

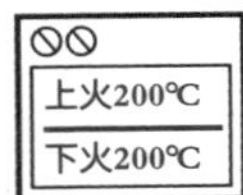

烘烤温度

原料 高筋面粉170克，低筋面粉30克，细砂糖50克，黄油20克，奶粉12克，盐3克，干酵母5克，水88毫升，鸡蛋40克，片状酥油70克，樱桃、糖粉各适量

工具 玻璃碗、刮板各1个，圆形模具2个，油纸1张，擀面杖1根，烤箱1台

这款丹麦樱桃面包满足了既喜爱樱桃又钟爱丹麦面包的朋友。制作出来的成品就像一个小杯子，盛着一颗颗红彤彤的樱桃，漂亮又美味。

☆ **Point** 可依个人喜好，在生坯环中放入少许樱桃果酱。

做法

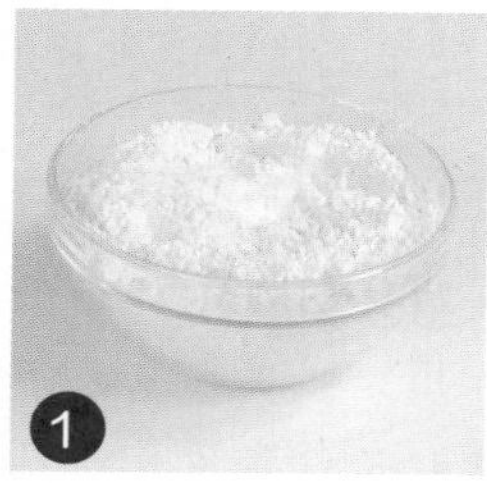

将低筋面粉倒入装有高筋面粉的玻璃碗中，混合匀。

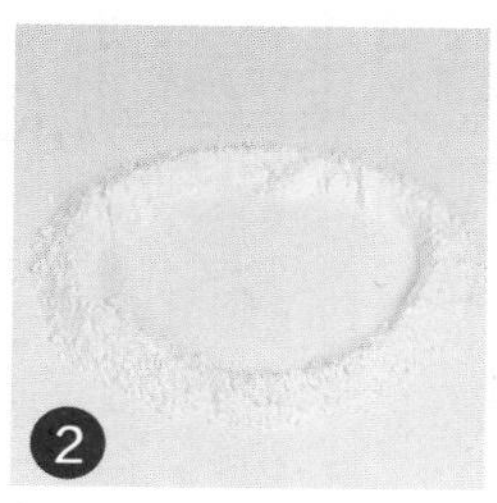

倒入奶粉、干酵母、盐，拌匀，倒在案台上，用刮板开窝。

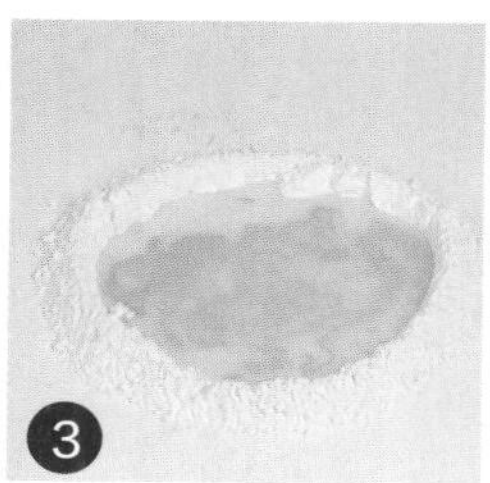

倒入水、细砂糖，搅拌均匀；放入鸡蛋，拌匀。

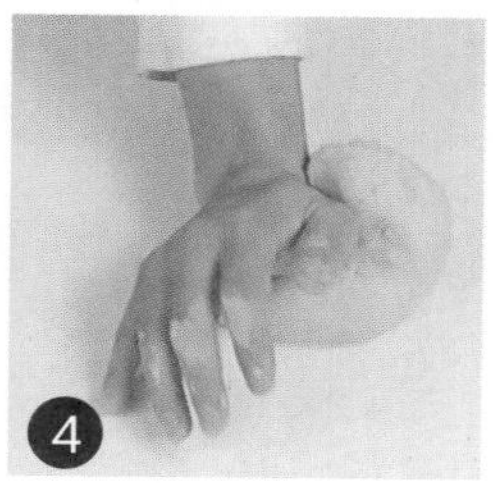

将材料混匀，揉成湿面团；加入黄油，揉搓成光滑的面团。

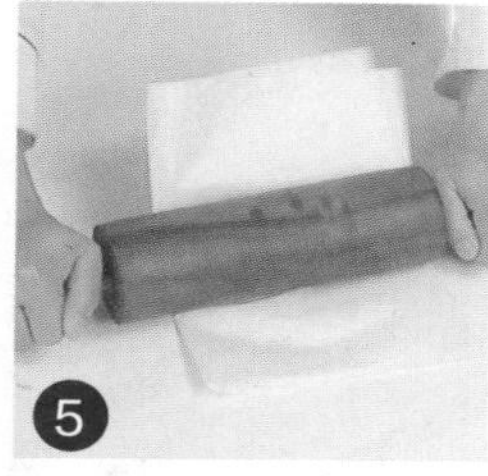

用油纸包好片状酥油，用擀面杖将其擀薄，待用。

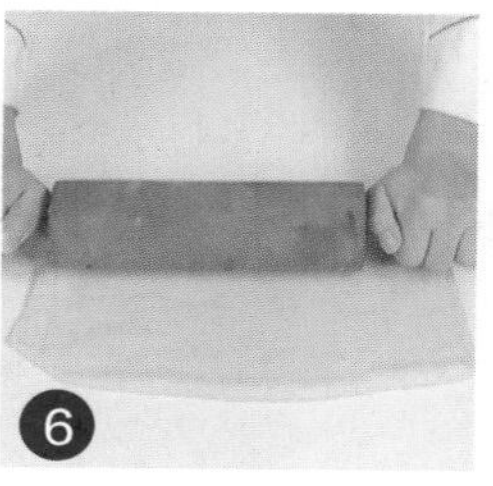

将面团擀成薄片，放上酥油片，将面皮折叠，把面皮擀平。

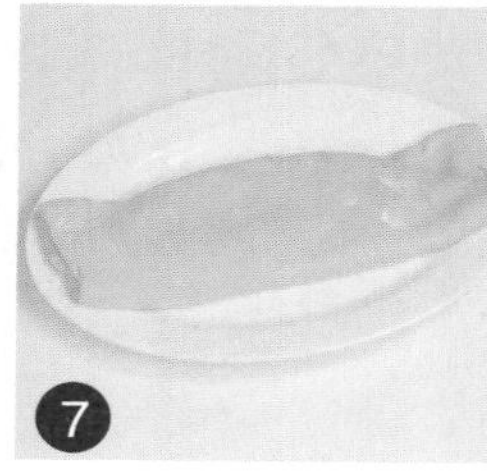

将三分之一的面皮折叠，再将剩下的折叠起来，冷藏10分钟。

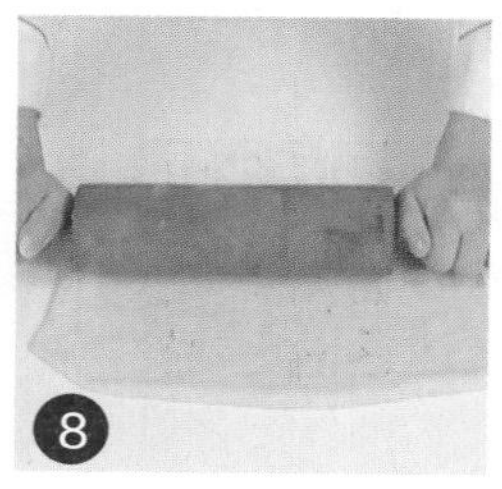

取出，继续擀平，将上述动作重复操作两次，制成酥皮。

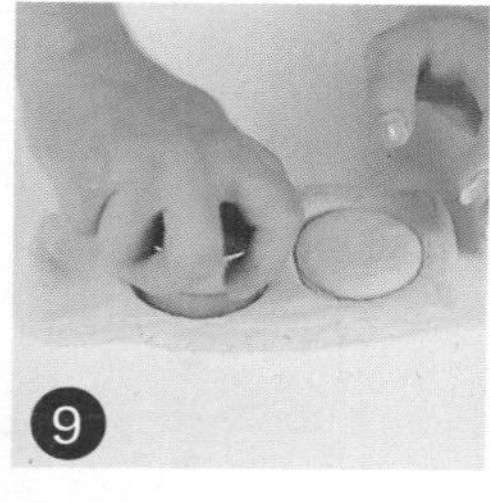

取适量酥皮，用圆形模具压制出两个圆形饼坯。

取其中一圆形饼坯，用小一号圆形模具压出一道圈后取下。

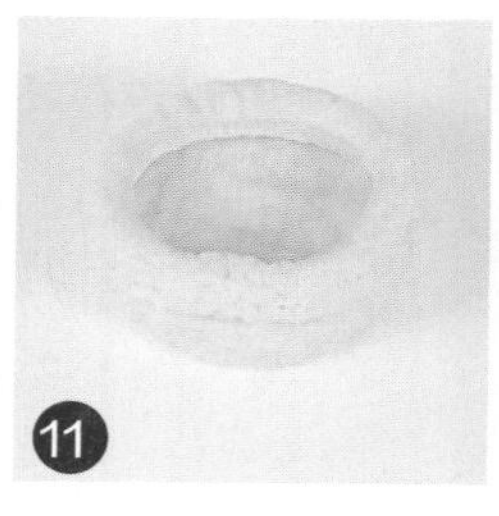

将圆圈饼坯放在圆形饼坯上方，制成面包生坯。

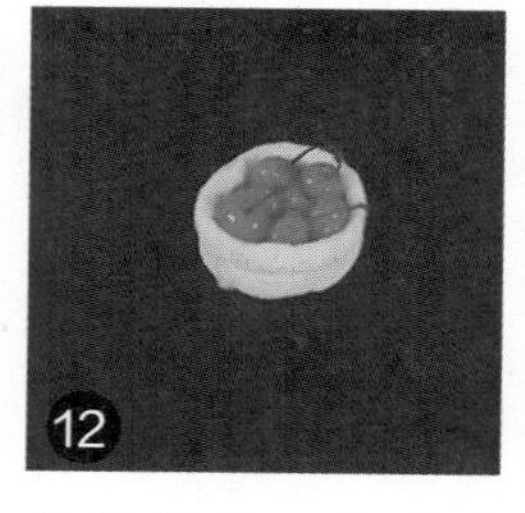

备好烤盘，放上生坯，发酵至2倍大，生坯中放上适量樱桃。

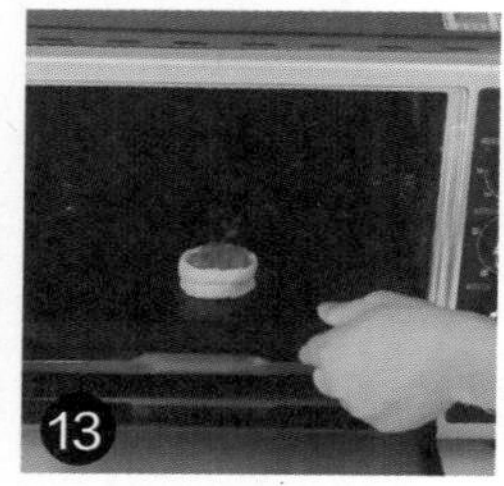

预热烤箱，温度调至上火、下火200℃，放入烤盘，烤15分钟至熟。

取出烤盘，将烤好的面包装盘，撒上适量糖粉即可。

+备注+

樱桃含有蛋白质、糖、磷、胡萝卜素、维生素C、铁等营养成分，具有益气、健脾、和胃、祛风湿、滋润肌肤等功效，但多吃易上火。

丹麦菠萝面包

烘烤时间

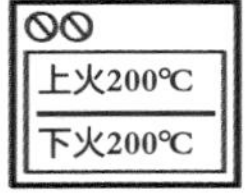

烘烤温度

原料 高筋面粉170克，低筋面粉30克，细砂糖50克，黄油20克，奶粉12克，盐3克，干酵母5克，水88毫升，鸡蛋40克，片状酥油70克，菠萝果肉粒、糖粉各适量

工具 玻璃碗、刮板各1个，油纸1张，擀面杖1根，刀1把，烤箱1台

菠萝具有非常独特的香味，而且可以起到开胃的作用，尤其在夏天不想吃饭的时候，做一个丹麦菠萝面包吃，是非常享受的一件事情。

☆ Point 可以榨适量菠萝汁加入面团中，这样味道会更浓郁。

做法

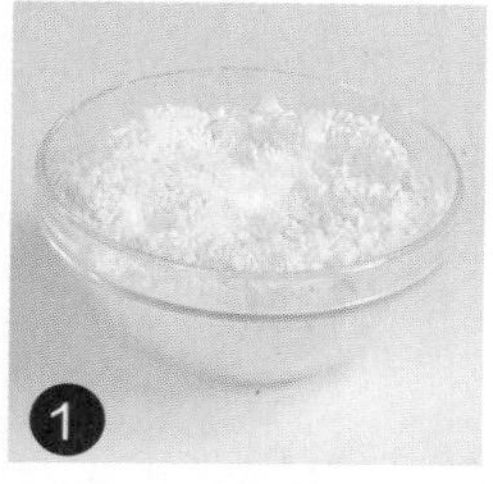

将低筋面粉倒入装有高筋面粉的玻璃碗中，混合匀。

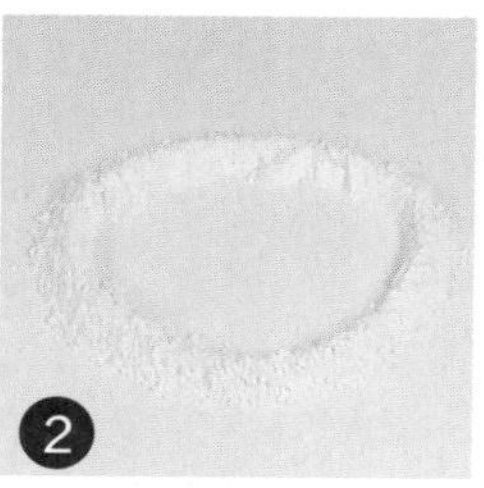

倒入奶粉、干酵母、盐，拌匀，倒在案台上，用刮板开窝。

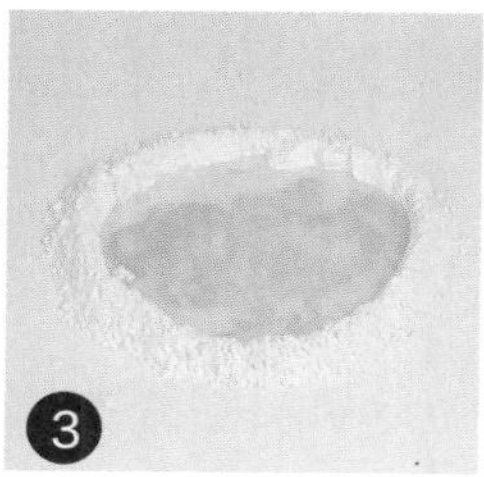

倒入水、细砂糖，搅拌均匀；放入鸡蛋，拌匀。

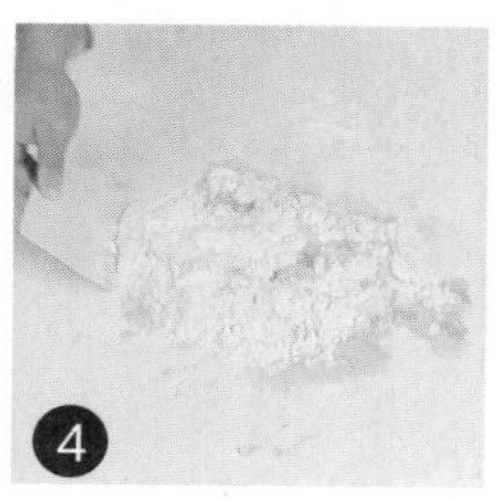

将材料混合均匀；揉搓成湿面团。

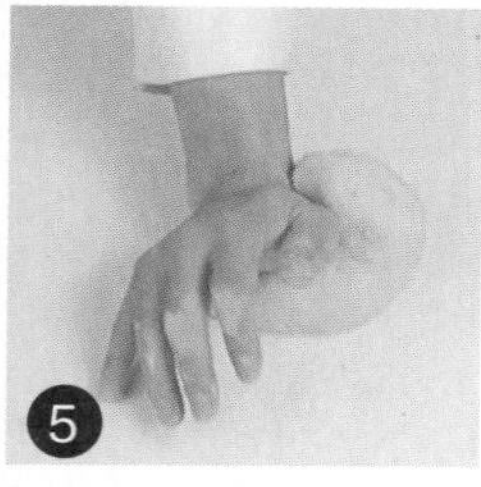

加入黄油，揉搓成光滑的面团。

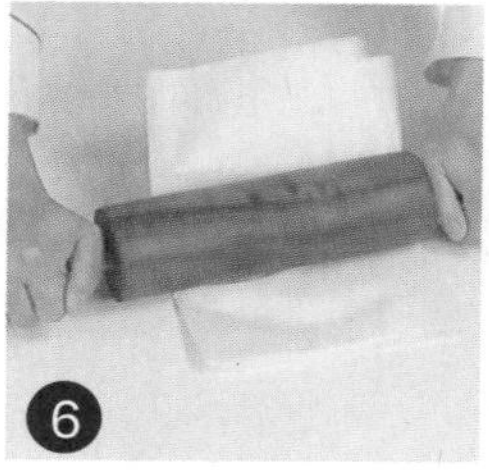

用油纸包好片状酥油，用擀面杖将其擀薄，待用。

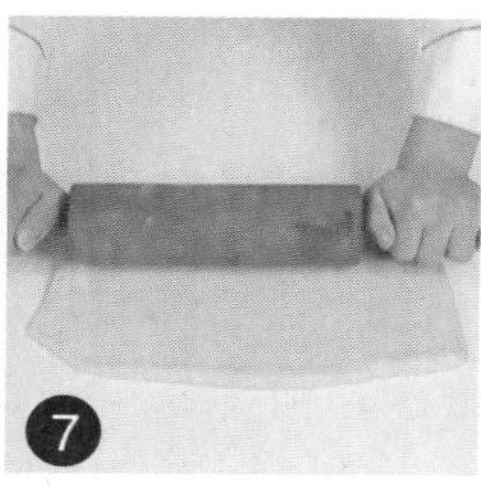

将面团擀成薄片，放上酥油片，将面皮折叠，把面皮擀平。

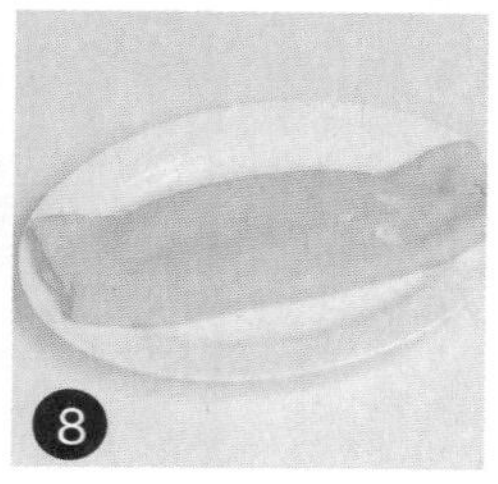

将三分之一的面皮折叠，再将剩下的折叠起来，冷藏10分钟。

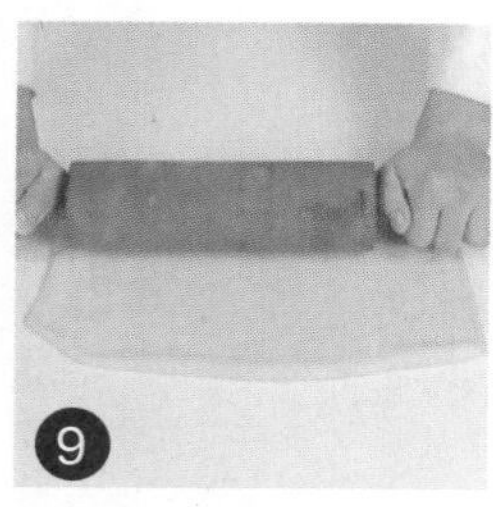

取出，继续擀平，将上述动作重复操作两次，制成酥皮。

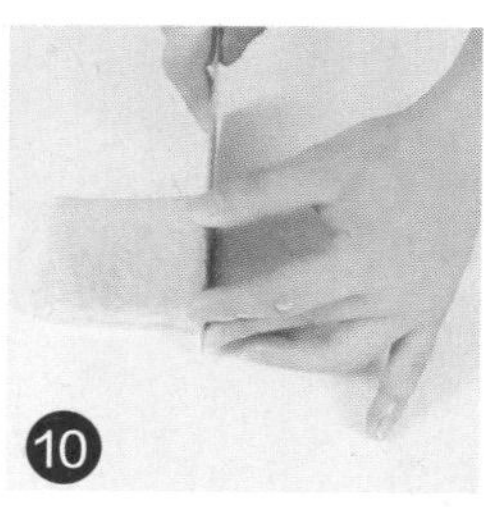

取适量酥皮，将边缘切平整，切成两个方块状面皮。

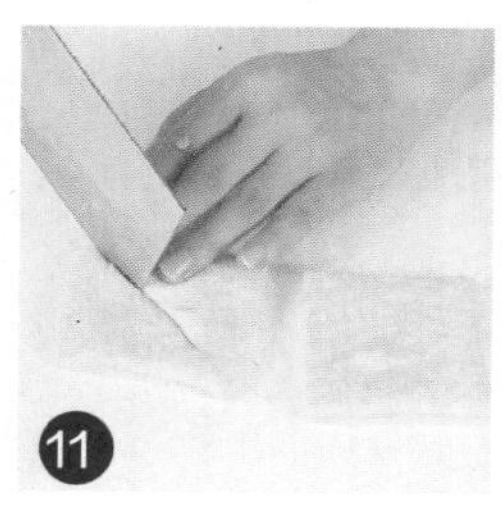

取其中一块酥皮，沿着对角线方向在中间切开一道口子。

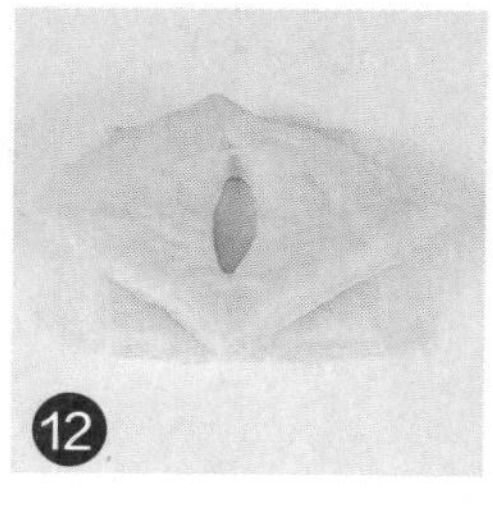

切有口子的酥皮四角错开地叠放在另一块完整的酥皮上方。

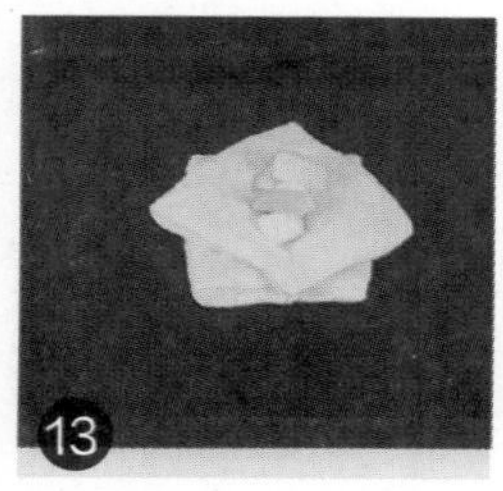

将酥皮放入烤盘，在切口中放上适量菠萝果肉粒，发酵至2倍大。

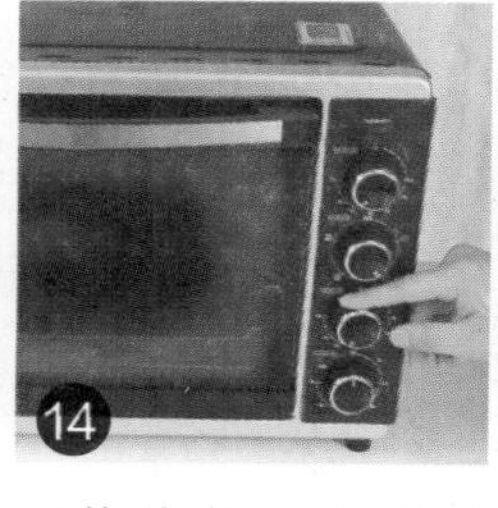

预热烤箱，温度调至上火200℃、下火200℃。

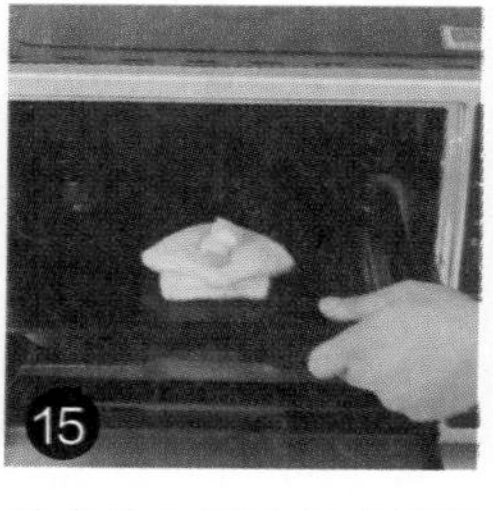

烤盘放入预热好的烤箱中，烤15分钟至熟。

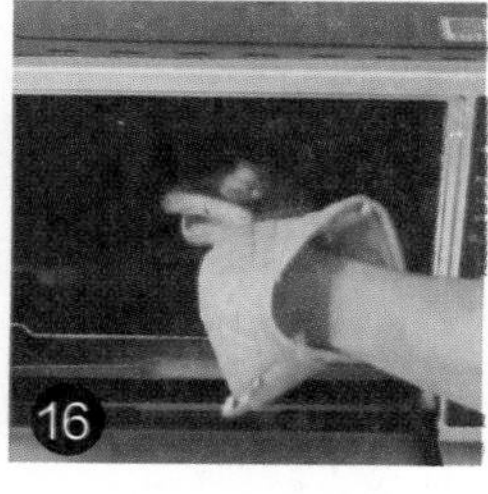

取出烤盘，将烤好的面包装盘，撒上适量糖粉即可。

☆ Point　面团发得稍微硬一些，这样会更容易定型。

火腿可颂

烘烤时间

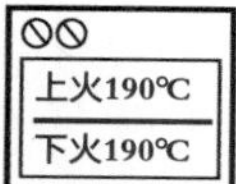

烘烤温度

一杯咖啡加一个可颂面包是欧洲人最常见的早餐。外酥里软，充满着奶油香气，吃起来酥软可口的火腿可颂，配上香浓的咖啡，领略一下异国早餐，也是不错的享受。

原料

高筋面粉170克
低筋面粉30克
细砂糖50克
黄油20克
奶粉12克
盐3克
酵母5克
水88毫升
鸡蛋40克
片状酥油70克
火腿4根
蜂蜜适量

工具

玻璃碗、刮板各1个
擀面杖1根
量尺1把
油纸1张
刀1把
刷子1把
烤箱1台

做法

1 将低筋面粉倒入装有高筋面粉的玻璃碗中，混合匀。

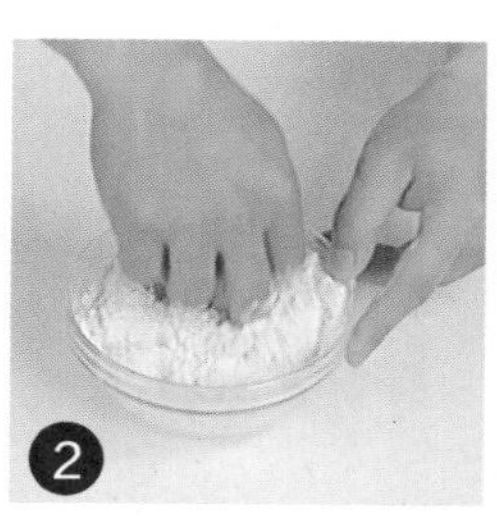
2 倒入奶粉、酵母、盐拌均匀。

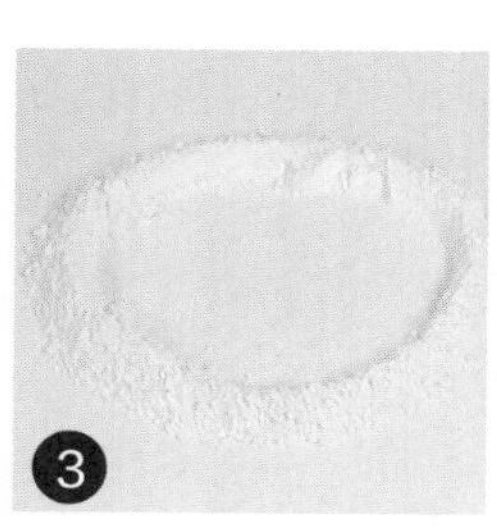
3 倒在案台上，用刮板开窝。

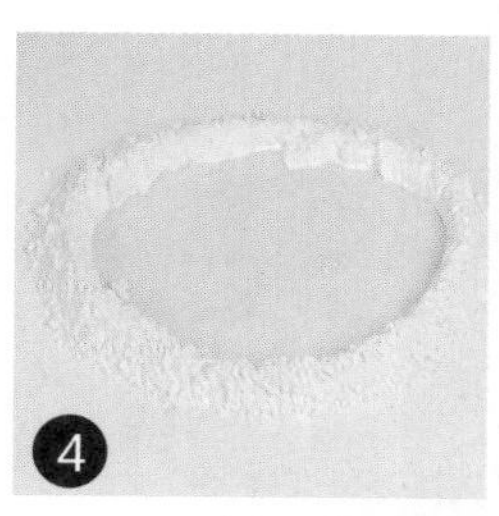
4 倒入水、细砂糖，搅拌均匀。

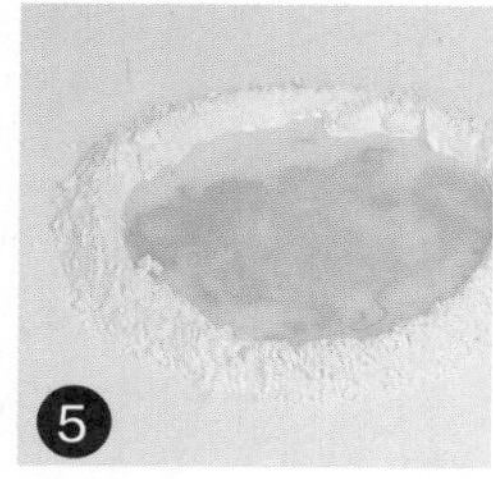
5 放入鸡蛋，拌匀。

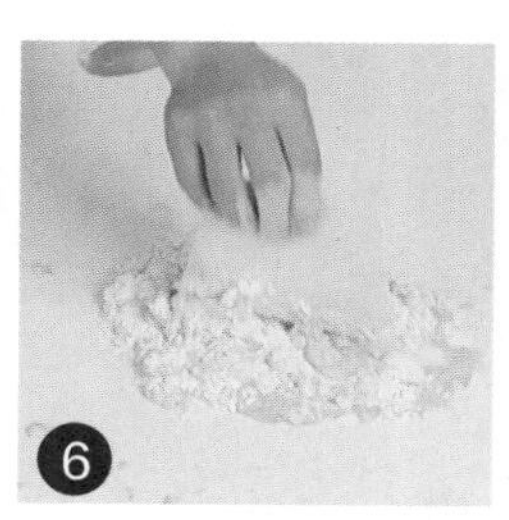
6 将材料混合均匀，揉搓成面团。

7 加入黄油，混合匀，揉搓成纯滑的面团。

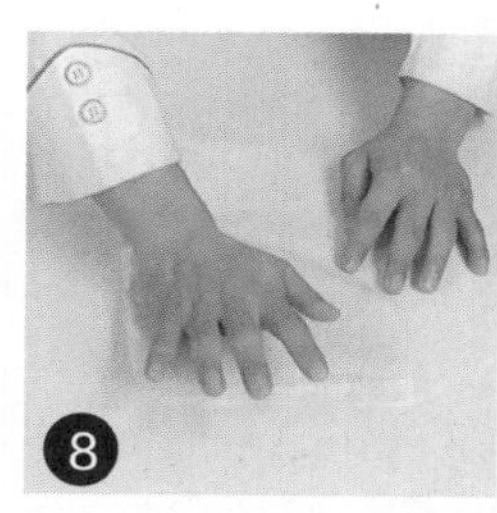
8 将片状酥油放在油纸上，对折油纸，略微压一下。

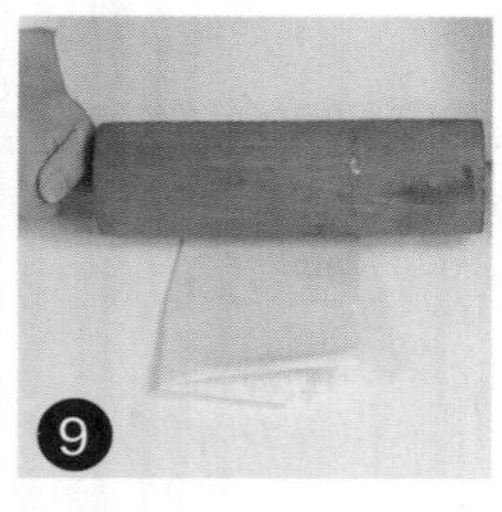

再用擀面杖将片状酥油擀成薄片，待用。

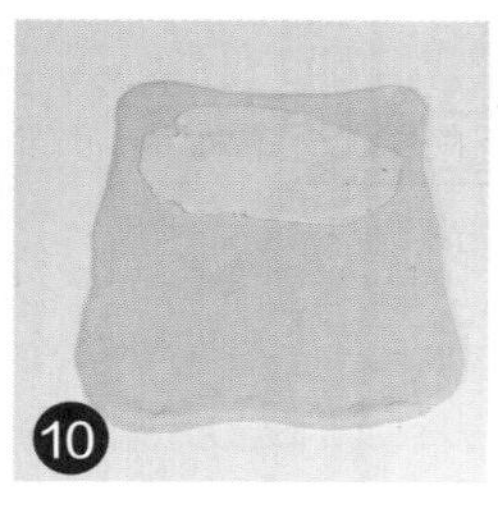

将面团擀成面皮，整理成长方形，放上酥油片。

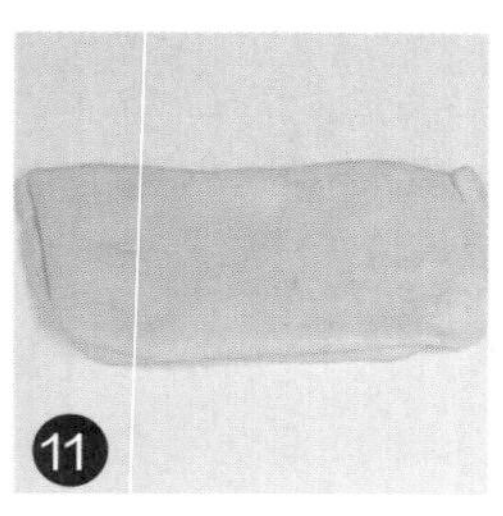

将面皮盖上酥油片，把面皮擀平。

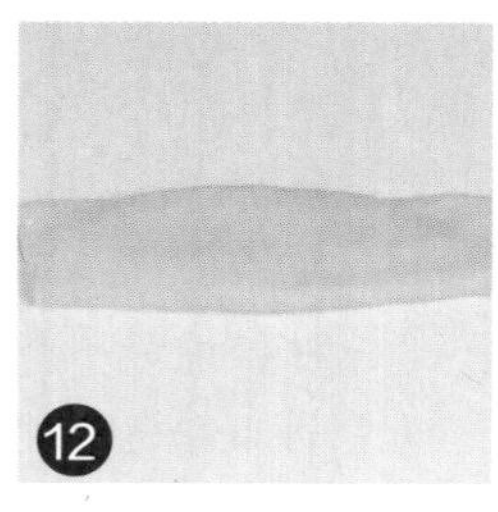

将面片对折两次，放入冰箱，冷藏10分钟。

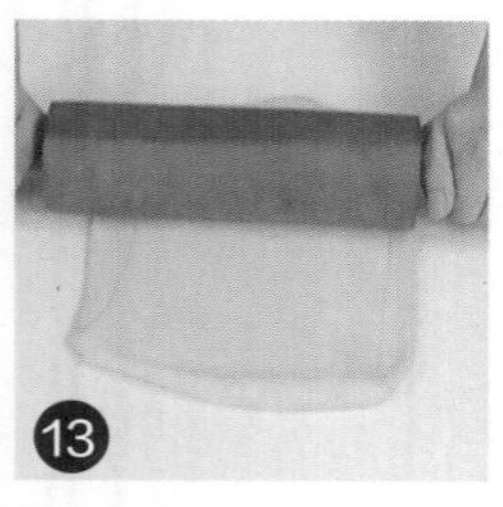

取出冷藏好的面团，继续擀平。

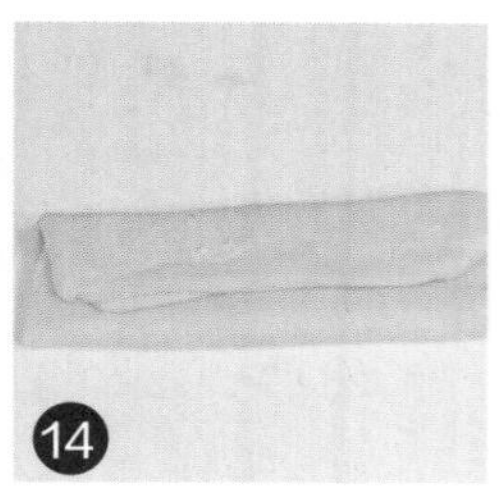

再对折两次，放入冰箱，冷藏10分钟。

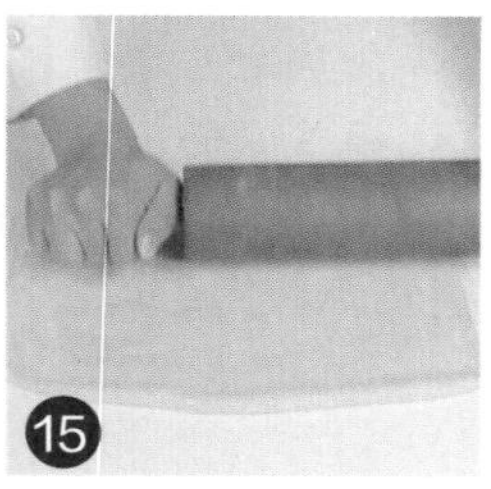

取出冷藏好的面团，再次擀平。

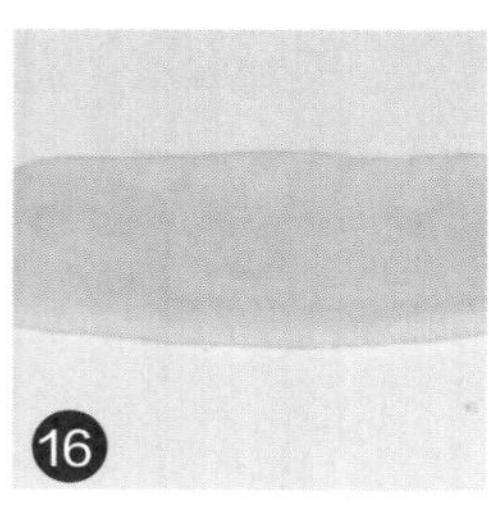

继续对折两次，即成面团。

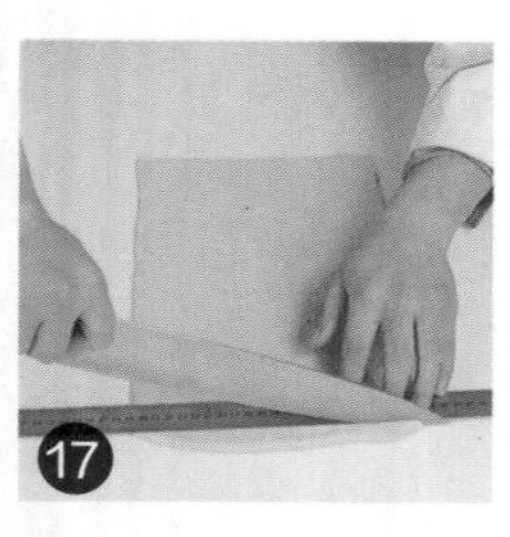

用擀面杖将面皮擀薄，将面皮四周修整齐。

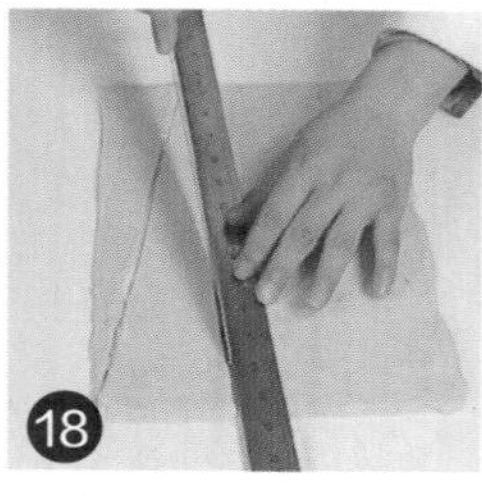

用量尺量好，用刀切成长三角形。

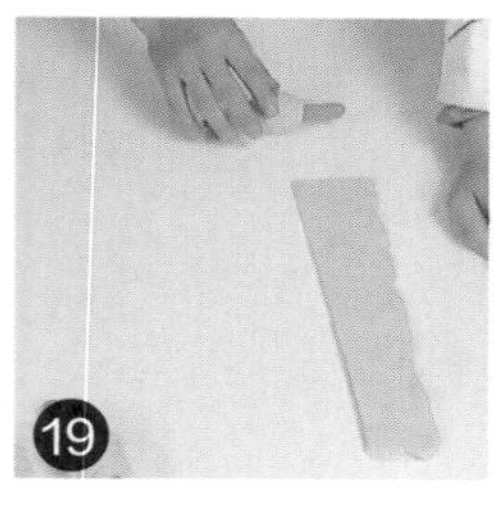

将火腿放到三角形面皮底部。

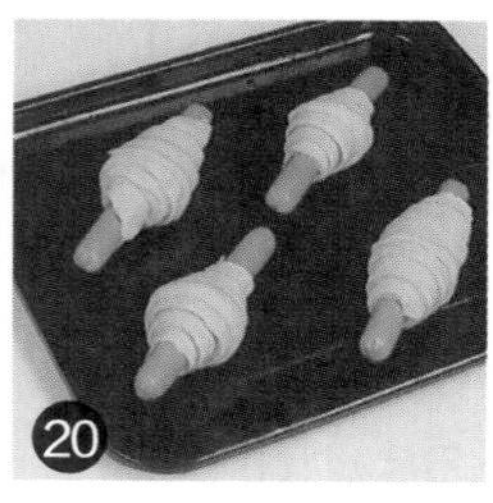

慢慢地卷成卷，制成火腿可颂生坯，放入烤盘发酵90分钟。

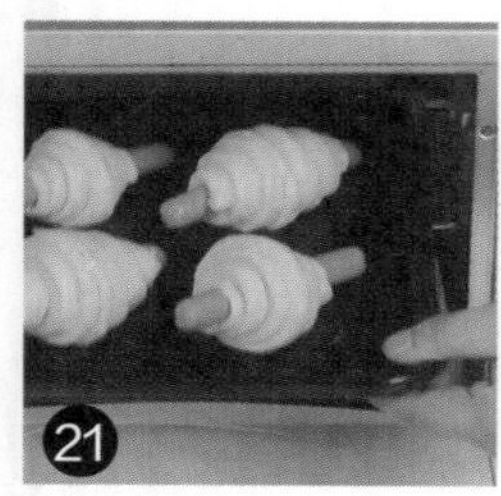

将烤盘放入烤箱，温度调为上火190℃、下火190℃。

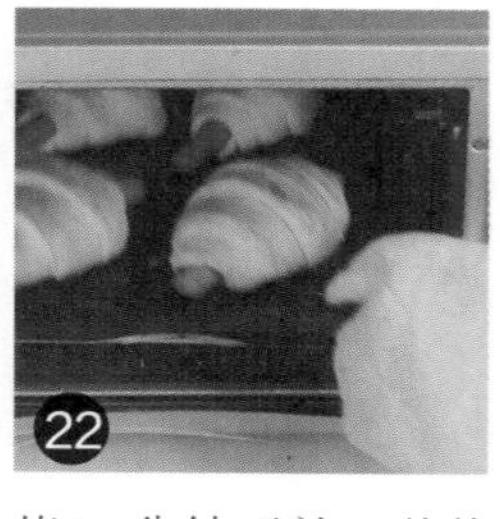

烤15分钟至熟，从烤箱中取出烤盘。

将烤好的火腿可颂装入盘中。

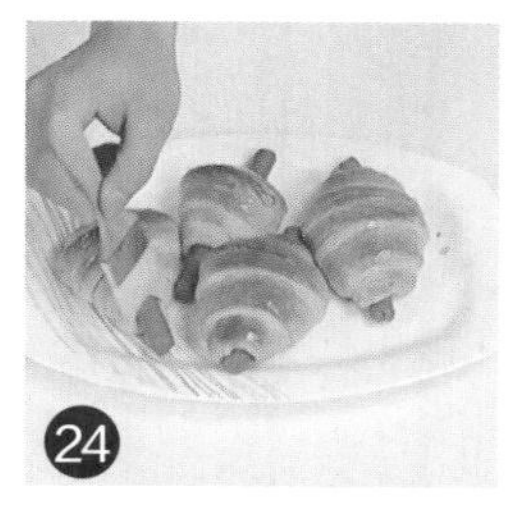

在火腿可颂上刷上适量蜂蜜即可。

芝麻可颂

烘烤时间

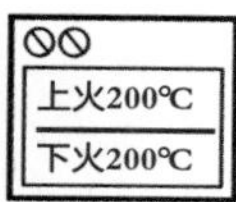

烘烤温度

芝麻可颂虽然高油高热，却难挡它香酥可口的魅力。自己做，用好油，安全放心。当作下午茶，再配一壶“至交”普洱，有那么一点“小资范儿”。

原料

高筋面粉170克
低筋面粉30克
细砂糖50克
黄油20克
奶粉12克
盐3克
酵母5克
水88毫升
鸡蛋40克
片状酥油70克
黑芝麻少许
蜂蜜适量

工具

玻璃碗、刮板各1个
擀面杖1根
量尺、刀子、
刷子各1把
油纸1张
烤箱1台

做法

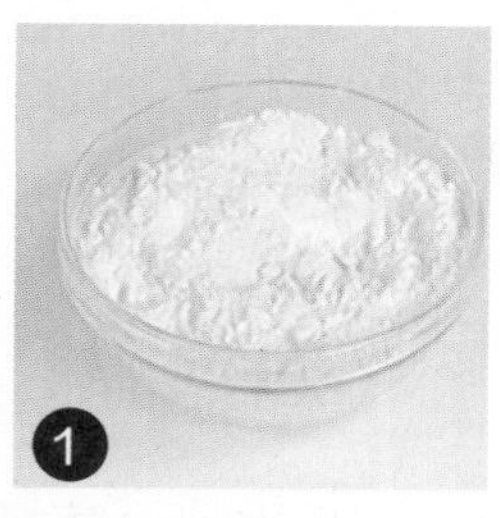

1. 将低筋面粉倒入装有高筋面粉的玻璃碗中，混合匀。

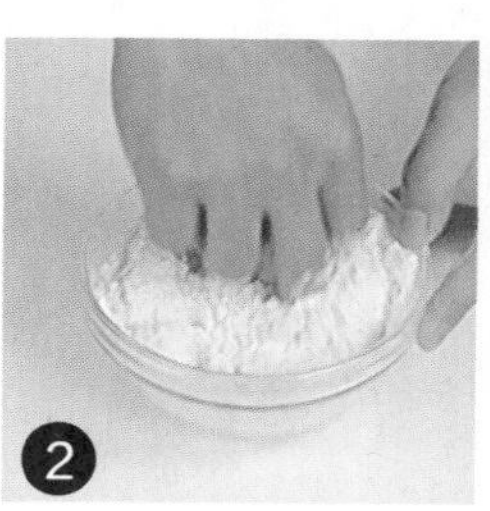

2. 倒入奶粉、酵母、盐，拌匀。

3. 倒在案台上，用刮板开窝。

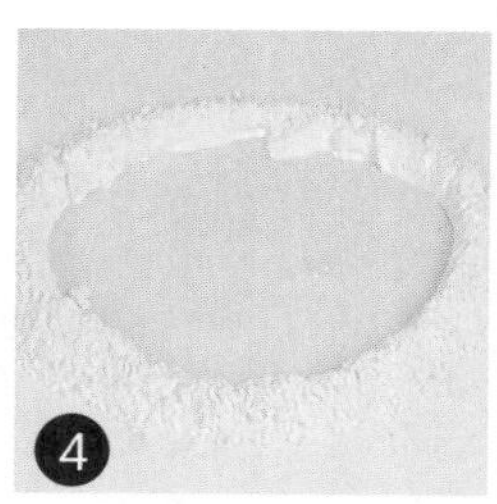

4. 倒入水、细砂糖，搅拌均匀。

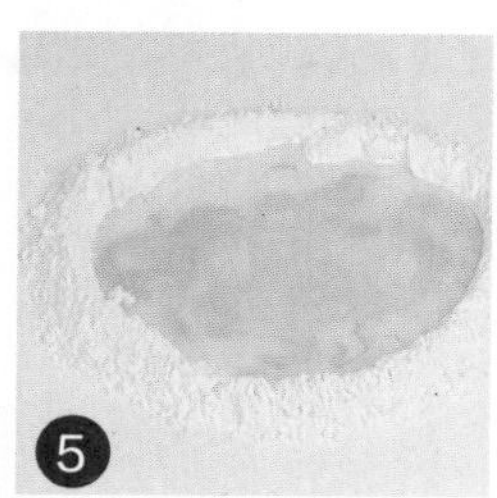

5. 放入鸡蛋，拌匀。

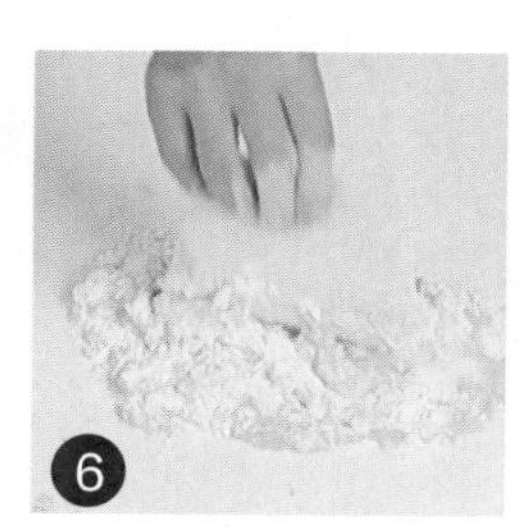

6. 将材料混合均匀，揉搓成面团。

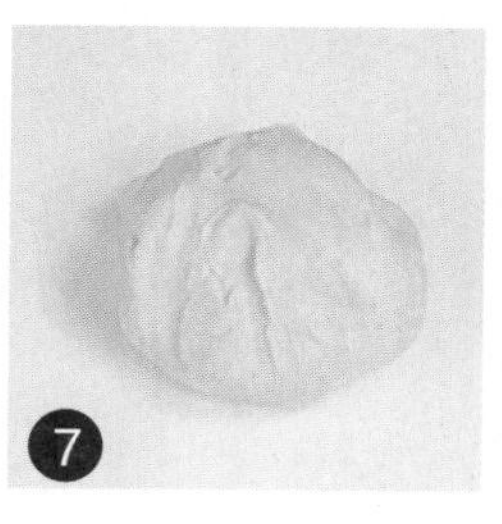

7. 加入黄油，混合匀，揉搓成纯滑面团。

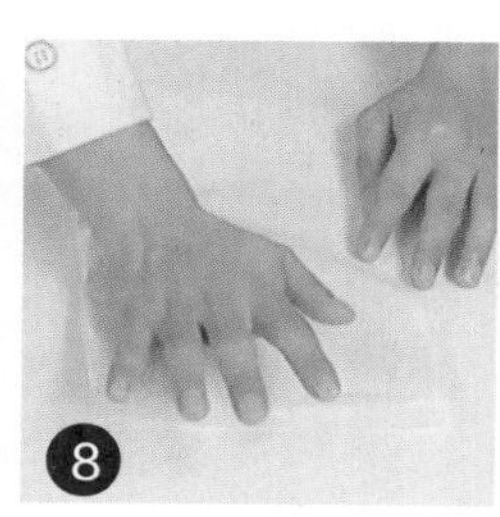

8. 将片状酥油放在油纸上，对折油纸，略压一下。

☆ Point 生坯制作好后，可再轻轻揉搓一下，这样不易散开。

做法

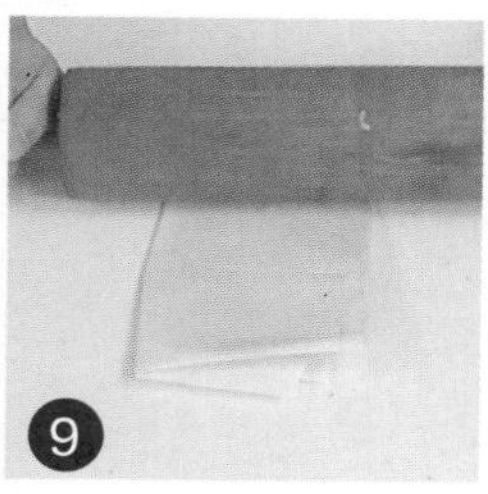

9 再用擀面杖将片状酥油擀成薄片，待用。

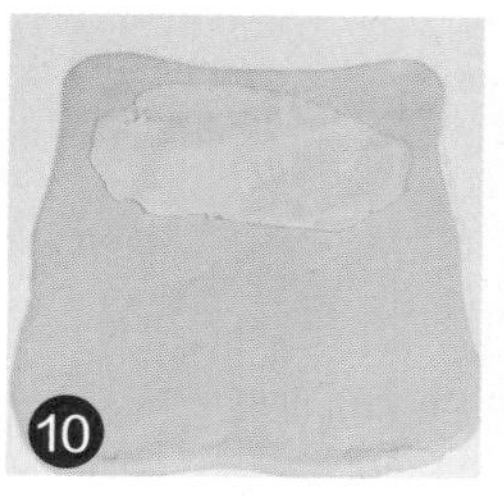

10 将面团擀成面皮，整理成长方形，放上酥油片。

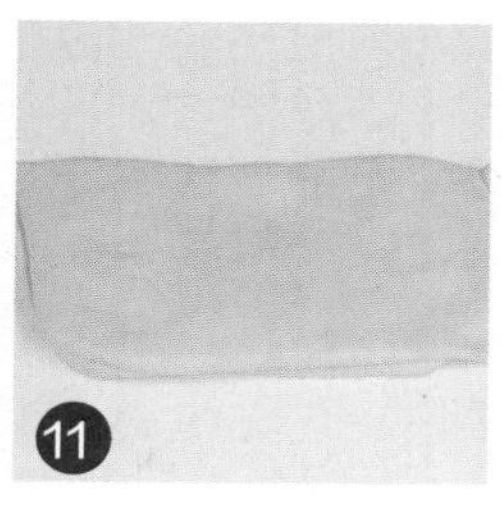

11 将面皮盖上酥油片，把面皮擀平。

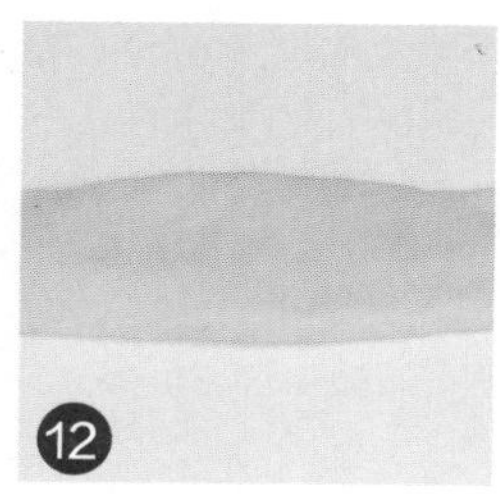

12 将面片对折两次，放入冰箱，冷藏10分钟。

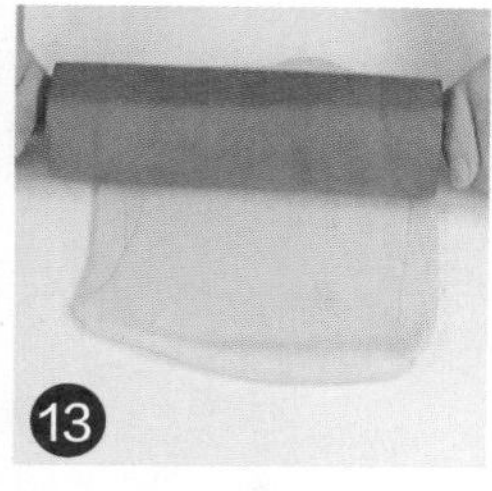

13 取出冷藏好的面团，继续擀平。

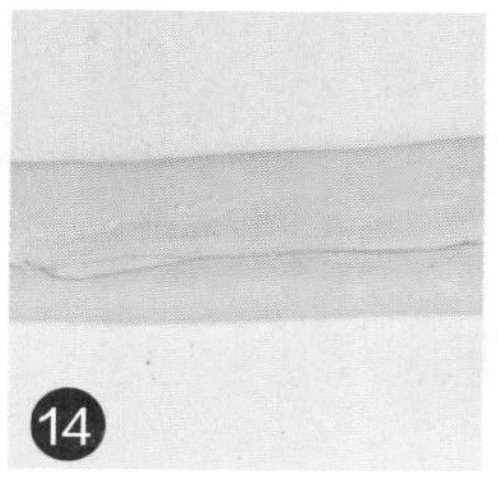

14 再对折两次，放入冰箱，冷藏10分钟。

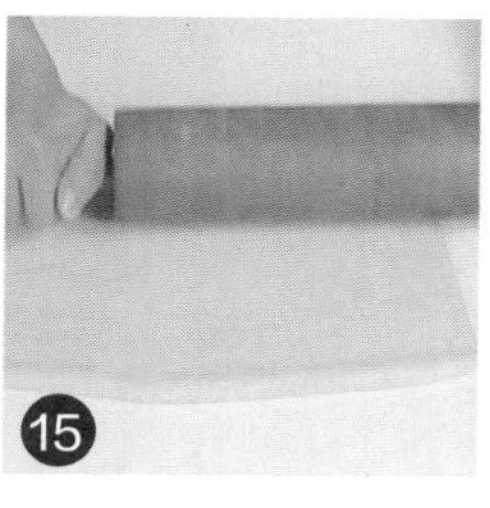

15 取出冷藏好的面团，再次擀平。

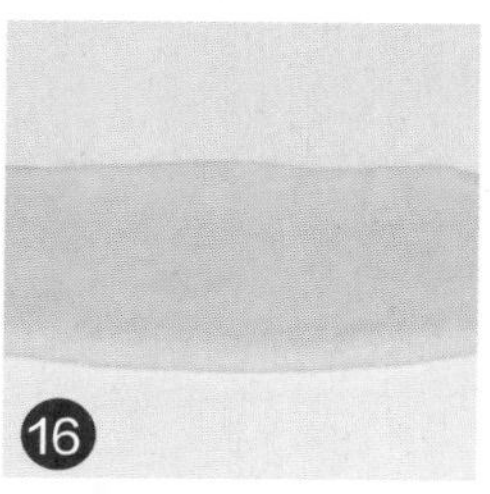

16 继续对折两次，即成面团。

17 用擀面杖将面皮擀薄，用量尺量好，将面皮四周修整齐。

18 切成三角形，在面皮上撒入少许黑芝麻。

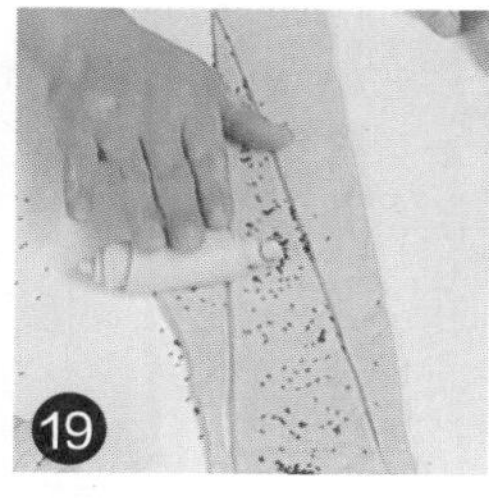

19 从底部卷起，慢慢地卷成卷，制成芝麻可颂生坯。

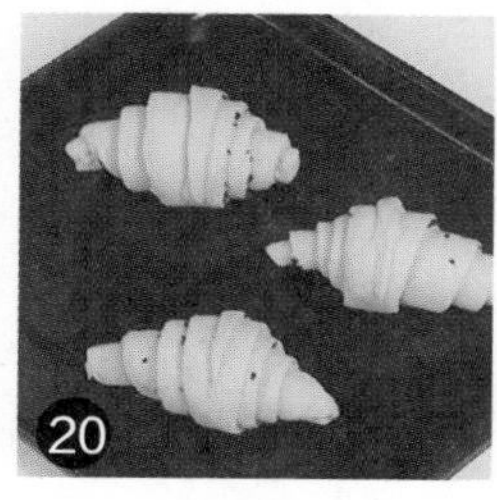

20 把芝麻可颂生坯放入烤盘中，使其发酵90分钟。

21 将烤盘放入烤箱，以上火200℃、下火200℃烤15分钟至熟。

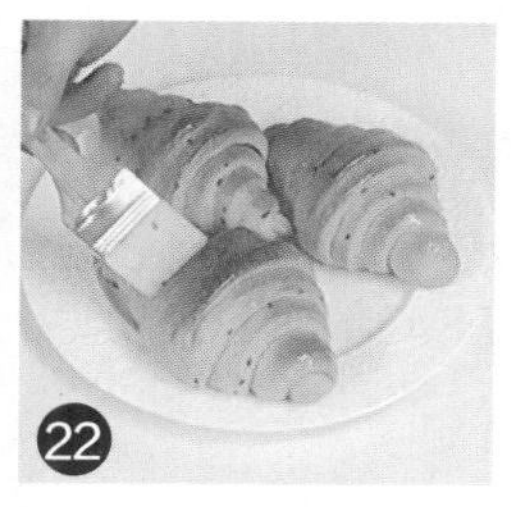

22 将烤好的芝麻可颂取出装盘，刷上适量蜂蜜即可。

+备注+

黑芝麻含有B族维生素、不饱和脂肪酸、卵磷脂、氨基酸、铁、磷等营养成分，具有补肝益肾、增强免疫力、健脑益智等功效。

Part 8 天然酵母面包

用酵母粉做面包虽然方便简单，但总归是缺了点味道。时间充裕的话，就试着自己发酵，用天然酵母去做各种面包，绝对会别有一种风味。本章就介绍了天然酵母的做法，以及数种用天然酵母做的风味面包。只要掌握了天然酵母这最基础的做法，想做什么面包就由您自由发挥啦！

天然酵母

原料
- 第1份：高筋面粉50克，水70毫升
- 第2份：高筋面粉50克，水50毫升
- 第3份：高筋面粉50克，水50毫升
- 第4份：高筋面粉100克，水170毫升

工具
- 刮板1个，保鲜膜1张，玻璃碗4个

天然酵母能使面粉充分吸收水分，熟成时间长，而且是由多种菌培养而成，在烘焙时，每一种菌都会散发不同的香味，让面包的风味更加多样化。

☆ Point 天然酵母是本章所有面包的基础，掌握了天然酵母的做法，可做各种天然酵母面包。

做法

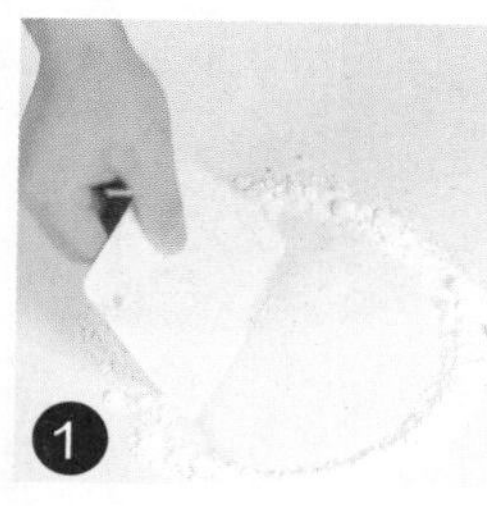

将第1份的50克高筋面粉倒在案台上，用刮板开窝。

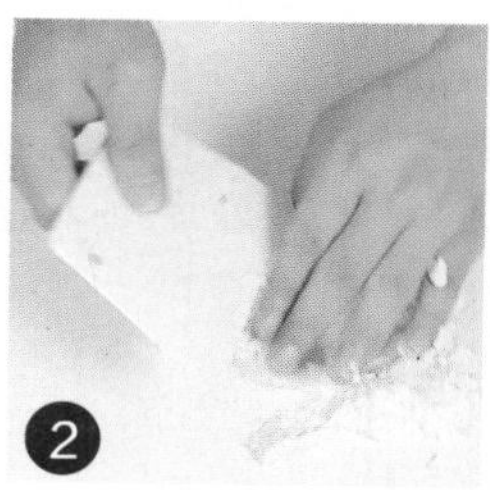

倒入70毫升清水，混合均匀，揉成面糊A。

将面糊A装在玻璃碗中，静置24小时。

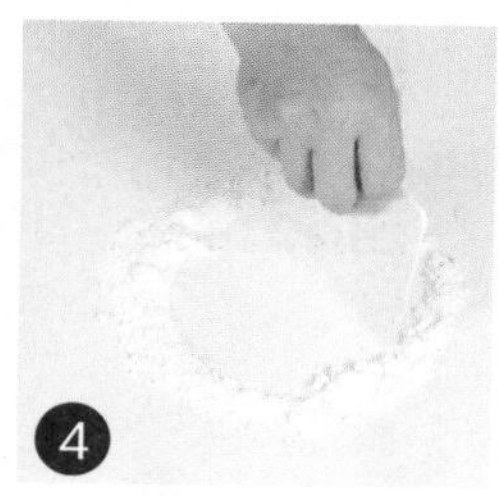

取第2份的50克高筋面粉，倒在案台上，用刮板开窝。

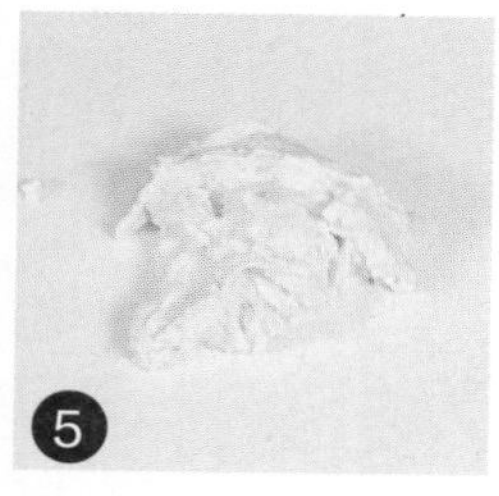

倒入50毫升清水，混合均匀，揉成面糊B。

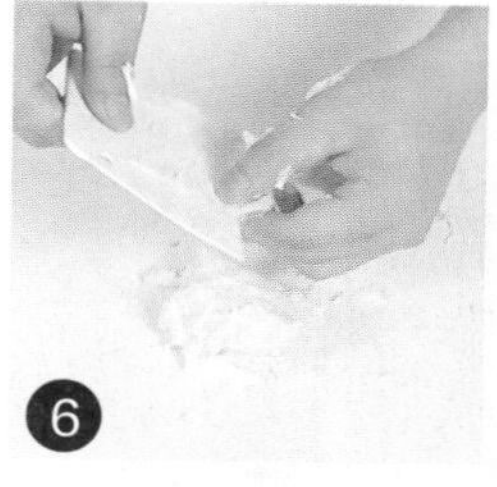

再加入一半面糊A，混合均匀，揉成面糊C。

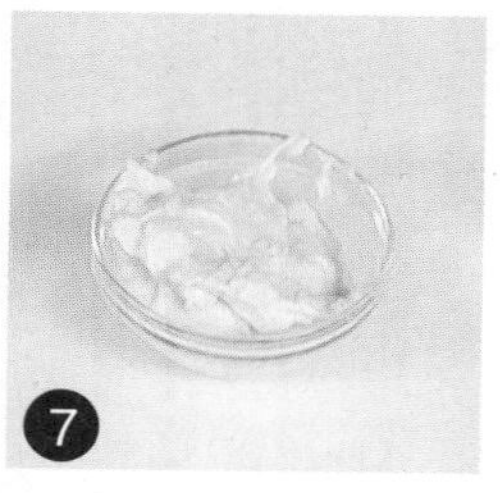

将面糊C装入玻璃碗中，静置24小时。

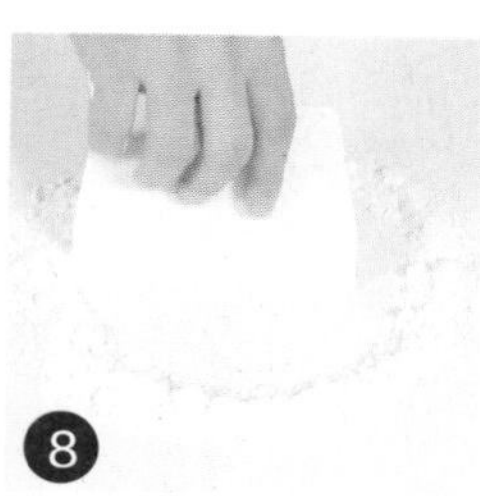

取第3份的50克高筋面粉，倒在案台上，用刮板开窝。

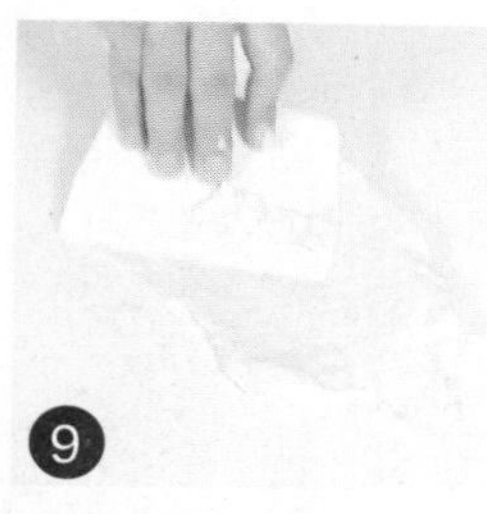

倒入50毫升清水，混合均匀，揉成面糊D。

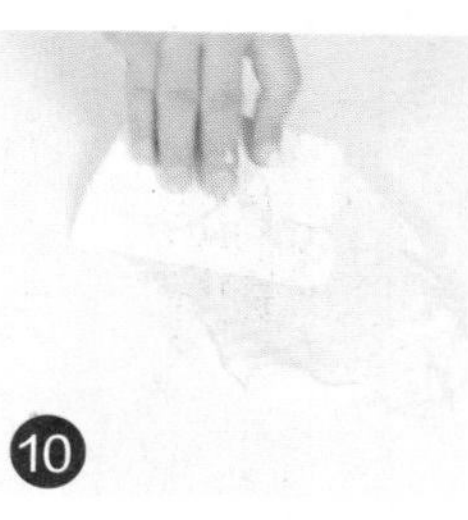

加入一半面糊C，混合均匀，揉成面糊E。

将面糊E装入玻璃碗中，静置24小时。

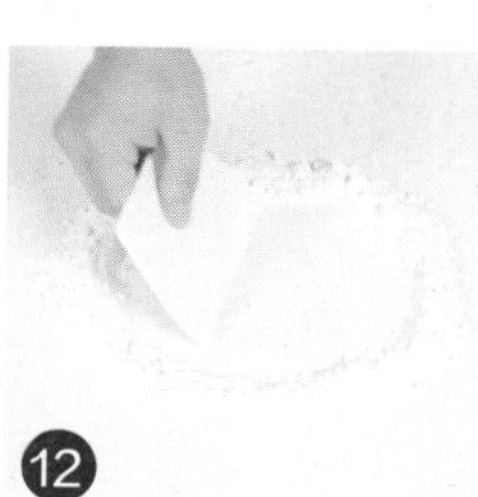

取第4份的100克高筋面粉，倒在案台上，用刮板开窝。

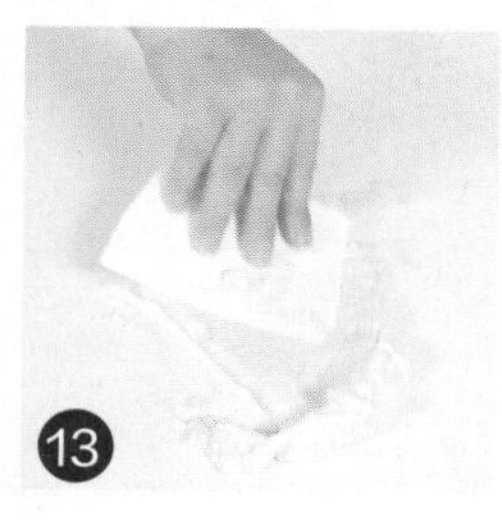

加入170毫升清水，混合均匀，揉成面糊F。

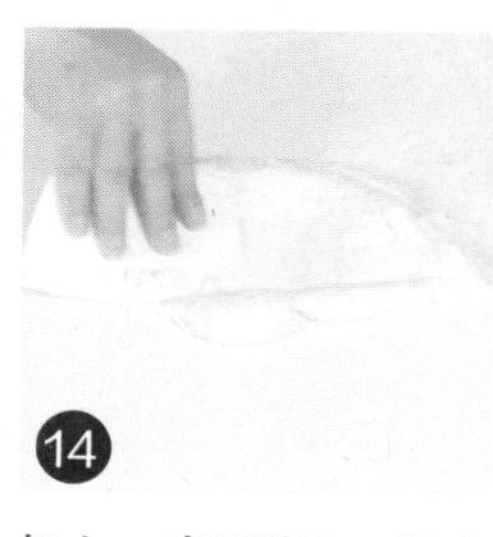

加入一半面糊E，混合均匀。

将面糊装入玻璃碗中，用保鲜膜封好，静置10小时。

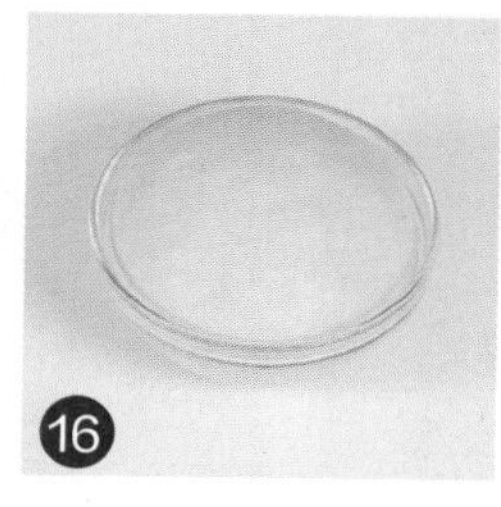

天然酵母制好，去掉保鲜膜。

一位奥地利的面包师为了表达对波兰皇帝从土耳其的入侵中解救奥地利的敬意，特别用酵母发酵的面团做成了最早的贝果圈圈饼。

☆ Point　**事先将黄油溶化成液体状，可以更好地与面糊混合。**

天然酵母原味贝果

烘烤时间

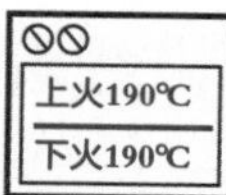

烘烤温度

原料

天然酵母：详见P190

主面团：高筋面粉200克，细砂糖30克，黄油20克，水60毫升

工具

刮板1个，擀面杖1根，烤箱1台

做法

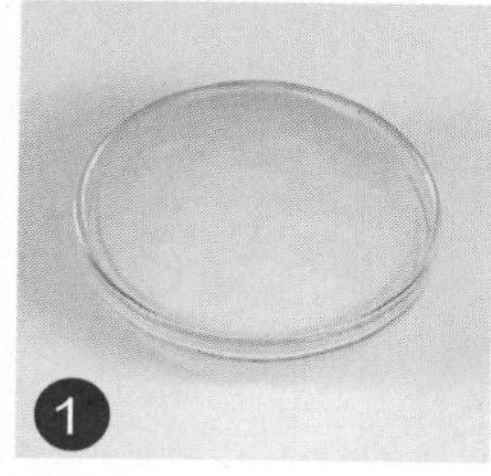
1 制作天然酵母，详见P190。

2 把200克高筋面粉倒在案台上，用刮板开窝。

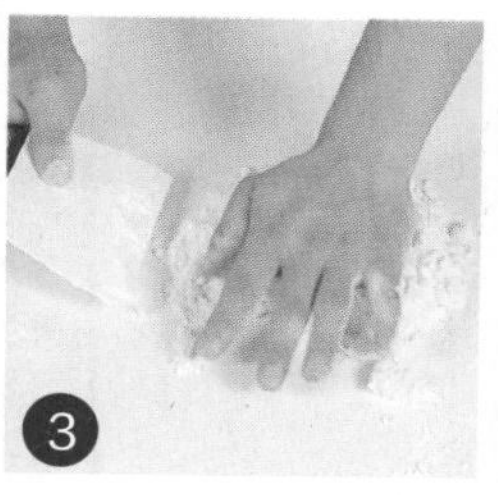
3 倒入60毫升水、细砂糖，搅匀，刮入高筋面粉，混合均匀。

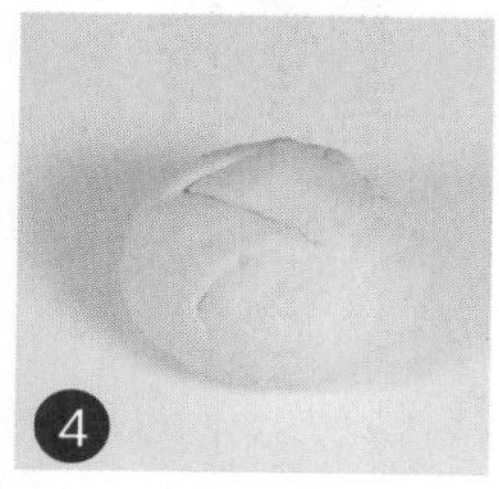
4 加入黄油，继续揉搓均匀，揉搓成光滑的面团。

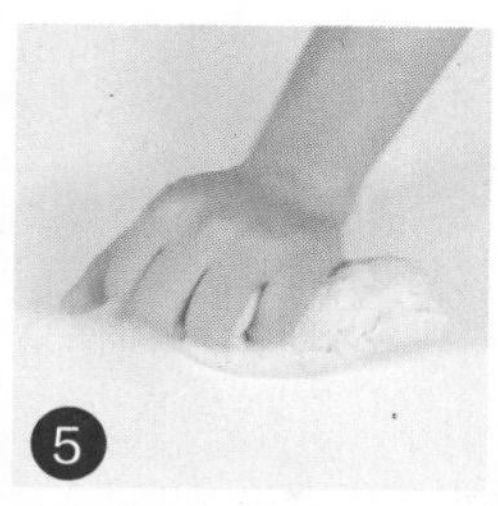
5 取适量面团，加入少许天然酵母，混合均匀。

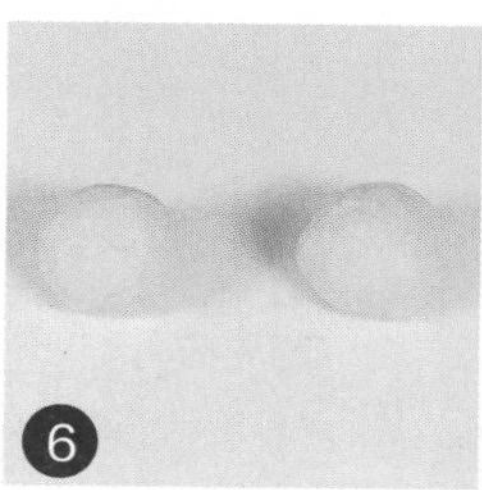
6 把面团分成两个等份的剂子，分别搓圆。

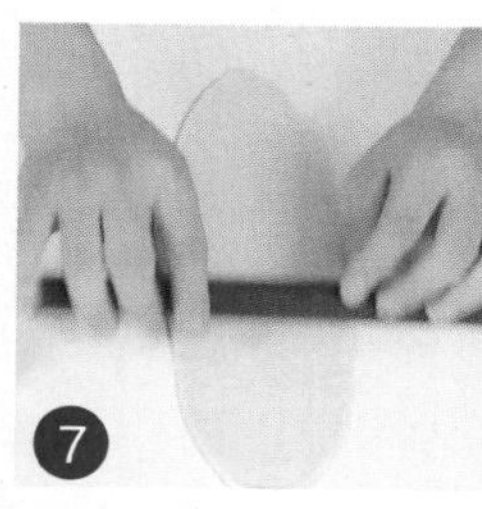
7 将剂子压扁，擀成面皮。

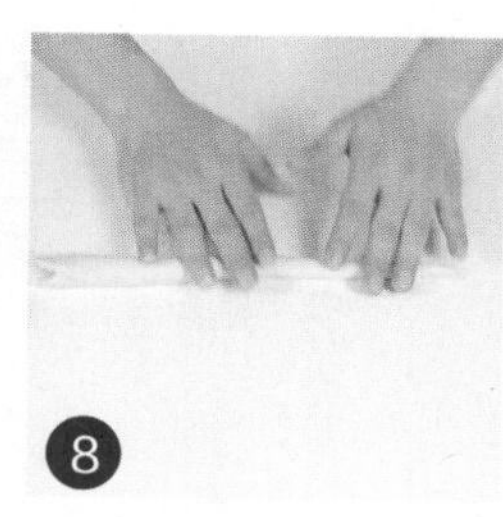
8 把面皮翻面，卷成长喇叭状，首尾相连，制成生坯。

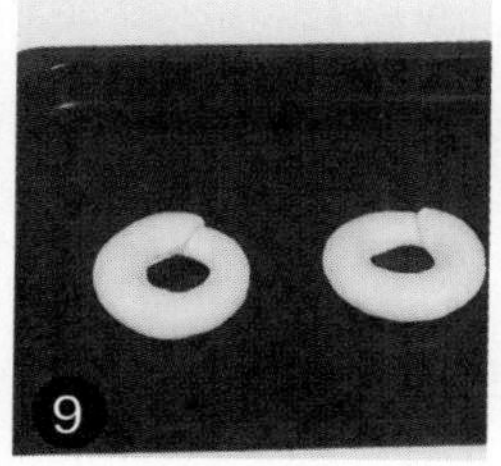
9 把生坯装入烤盘，待发酵至2倍大。

10 关上箱门，将烤箱上下火均调为190℃，预热5分钟。

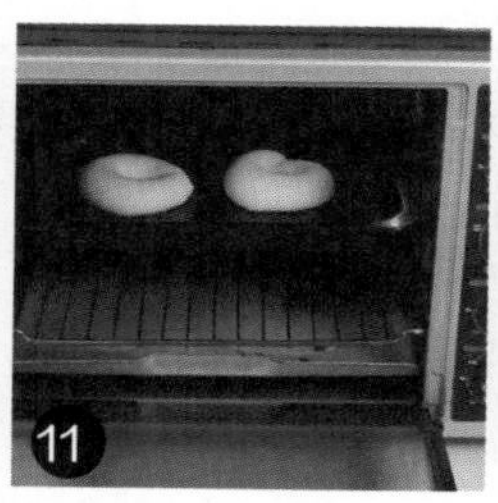
11 打开箱门，放入发酵好的生坯。

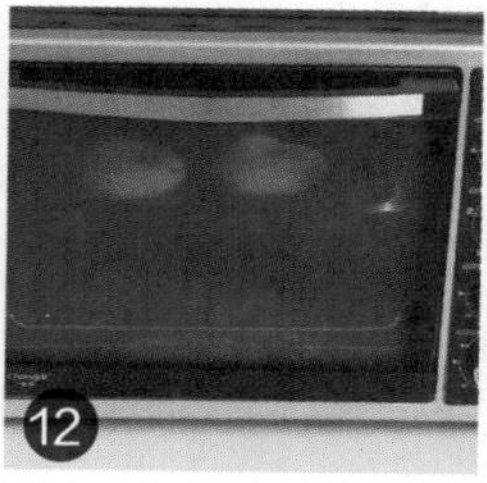
12 关上箱门，烘烤10分钟至熟，取出面包即可。

天然酵母鲜蔬面包

烘烤时间

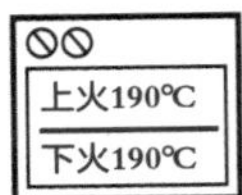

烘烤温度

美味营养的蔬果，配上风味多样的天然酵母，带给你不一样的体验。忙碌有序的清晨，来一个鲜蔬面包，配一杯牛奶，营养又美味。

原料

天然酵母： 详见P190

主面团： 高筋面粉200克，细砂糖30克，黄油20克，水60毫升

馅料： 黄瓜粒50克，西红柿粒60克

工具

刮板1个，擀面杖1根，烤箱1台，刀片1把

☆ Point

生坯上的花纹不宜划得过深，以免影响成品外观。

做法

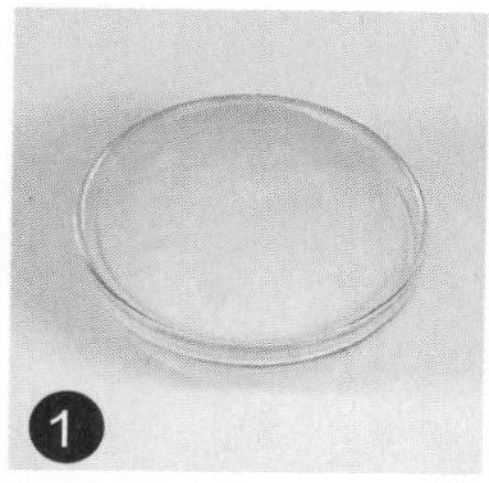
1 制作天然酵母，详见P190。

2 把200克高筋面粉倒在案台上，用刮板开窝。

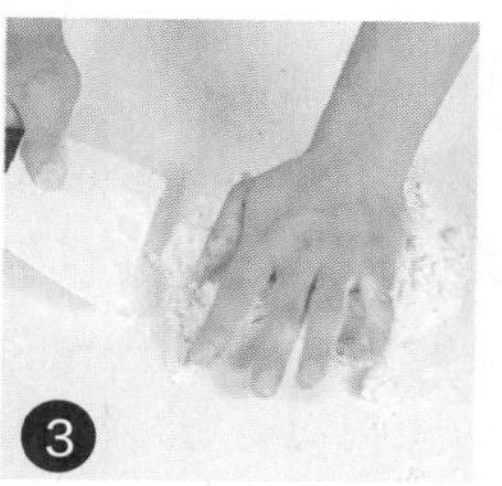
3 倒入60毫升水、细砂糖，搅匀，刮入高筋面粉，混合均匀。

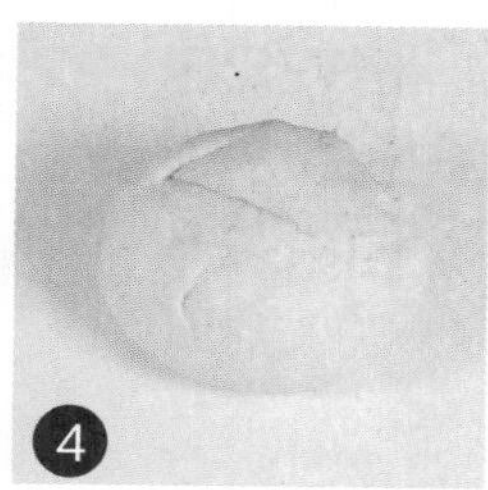
4 加入黄油，继续揉搓均匀，揉搓成光滑的面团。

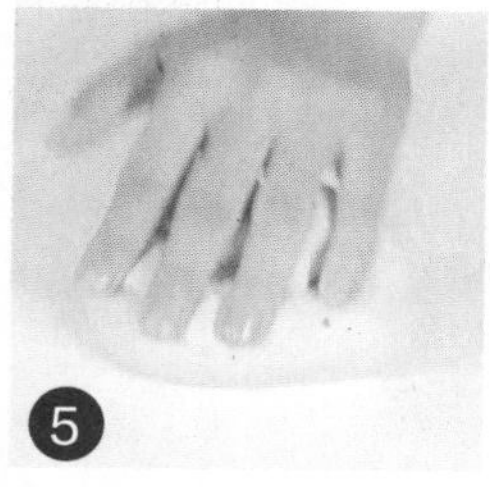
5 取适量面团，加入少许的天然酵母，混合均匀。

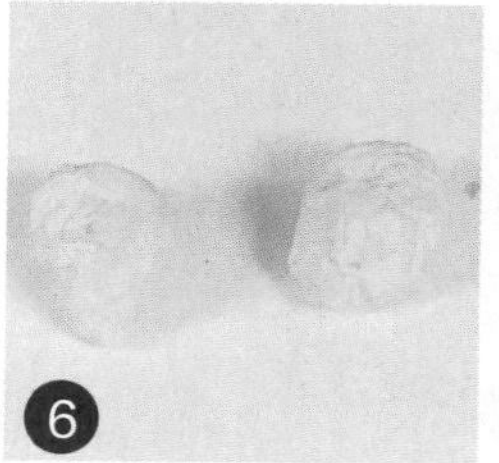
6 把面团分成两半，取其中一半分切成两等份剂子。

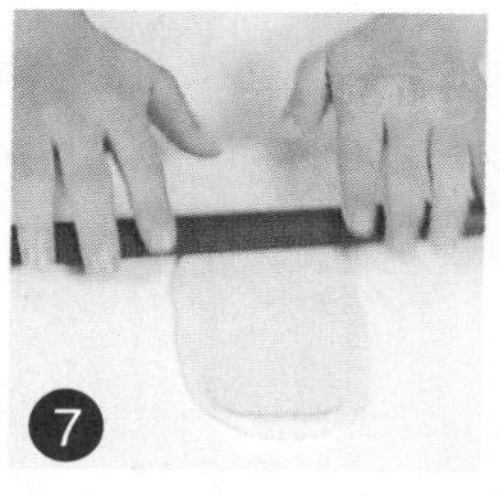
7 将剂子搓圆，再将小面团压扁，擀成面皮。

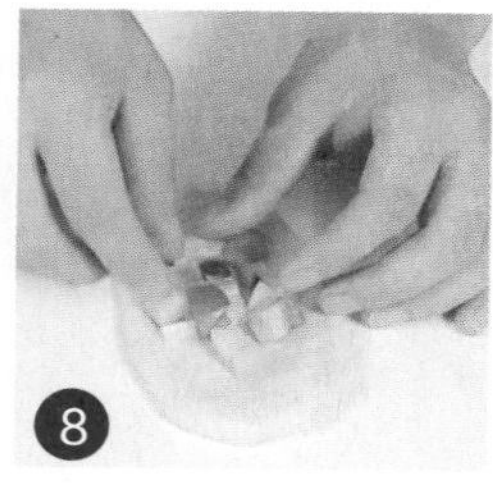
8 面皮翻面，放上西红柿粒、黄瓜粒。

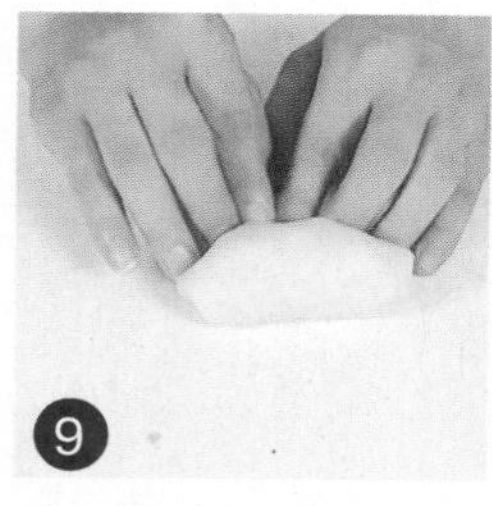
9 将面皮卷成橄榄状，制成生坯。

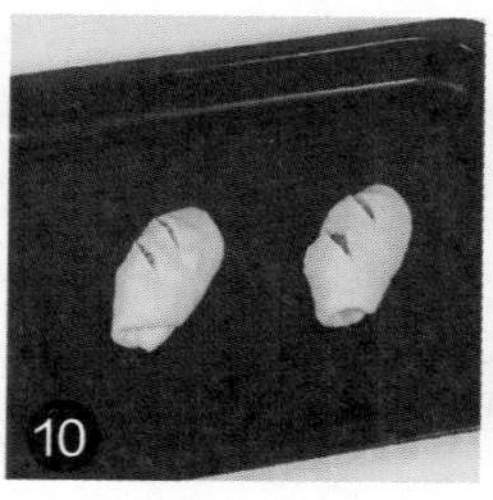
10 把生坯放入烤盘，用刀片划上花纹，待发酵至2倍大。

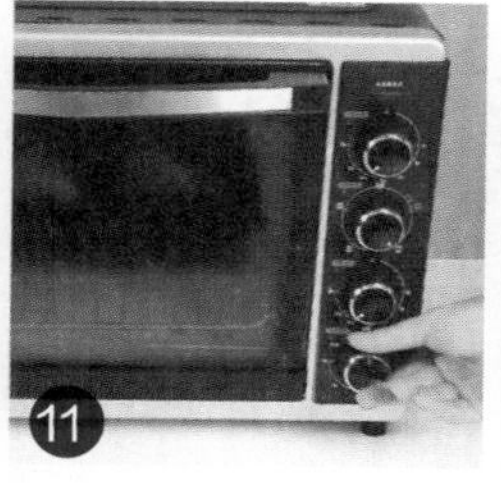
11 关上箱门，将烤箱上下火均调为190℃，预热5分钟。

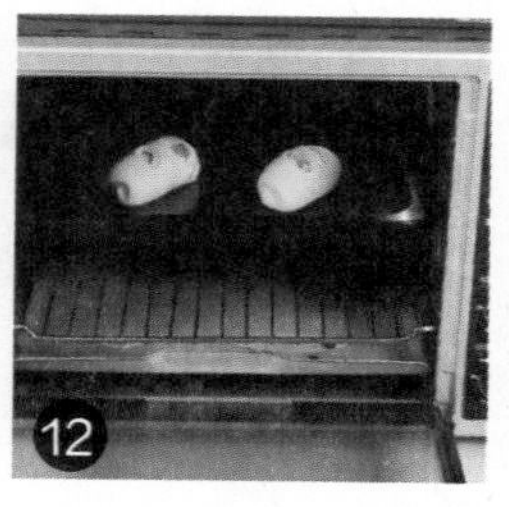
12 打开箱门，放入发酵好的生坯。

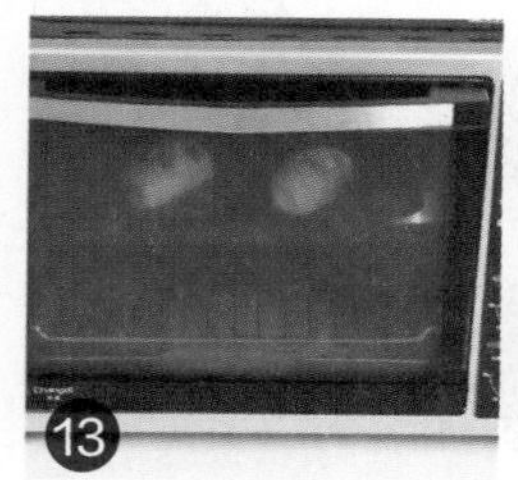
13 关上箱门，烘烤10分钟至熟。

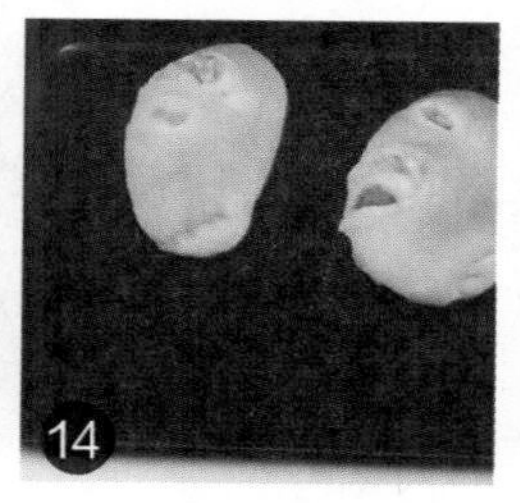
14 戴上手套，打开箱门，将烤好的面包取出。

+备注+

西红柿富含胡萝卜素、维生素C、B族维生素以及钙、磷、钾等多种元素，具有健胃消食、生津止渴、清热解毒、凉血平肝等作用。

表面装饰着卡仕达酱的面包，散发着诱惑的味道，当作正餐或零食皆可，做起来简单上手。还等什么，马上做给自己和家人尝尝吧。

☆ **Point** 卡仕达酱既可以挤到生坯上，还可以包入生坯中。

天然酵母卡仕达酱面包

烘烤时间

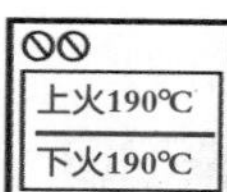

烘烤温度

原料 **天然酵母：**详见P190
主面团：高筋面粉200克，细砂糖30克，黄油20克，水60毫升
馅料：卡仕达酱100克

工具 刮板1个，裱花袋1个，剪刀1把，烤箱1台

做法

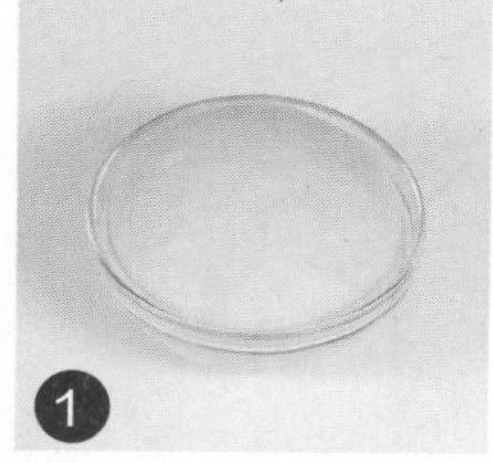
制作天然酵母，详见P190。

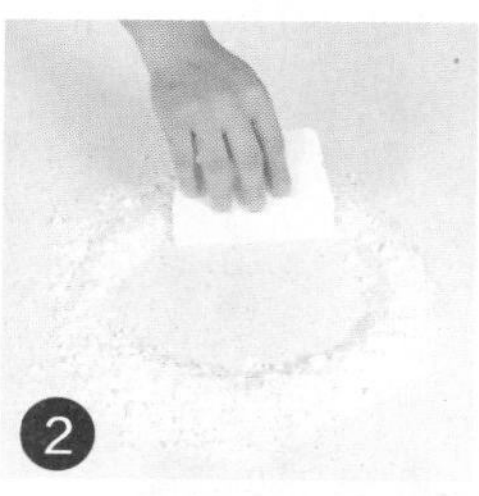
把200克高筋面粉倒在案台上，用刮板开窝。

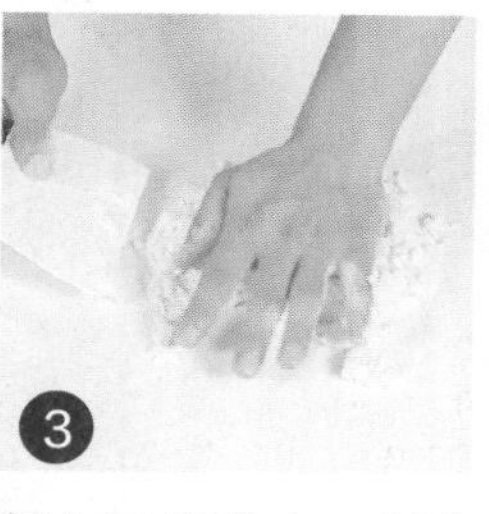
倒入60毫升水、细砂糖，搅匀，刮入高筋面粉，混合均匀。

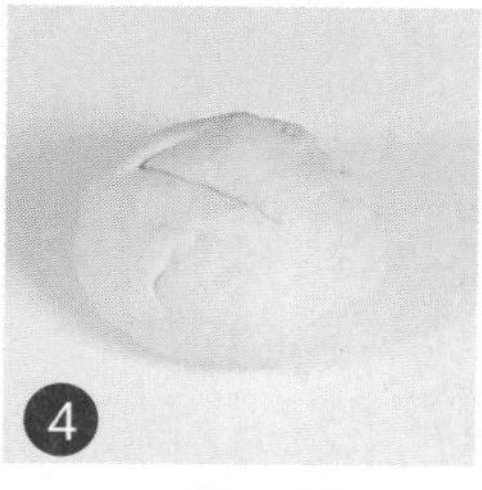
加入黄油，继续揉搓均匀，揉搓成光滑的面团。

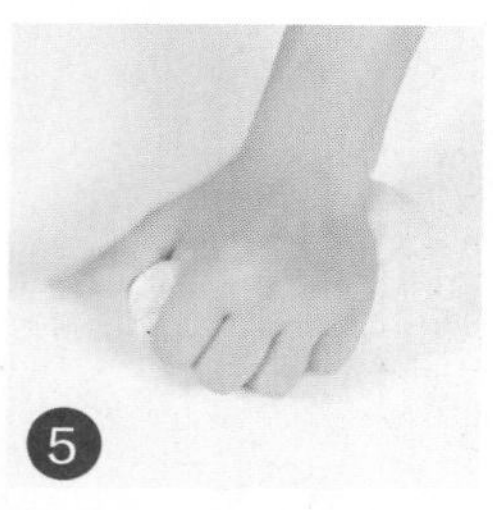
取适量面团，加入少许天然的酵母，混合均匀。

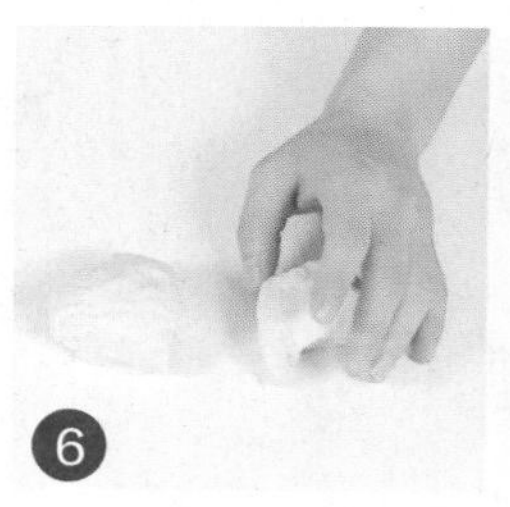
把面团分成两半，取其中一半分切成两个等份的剂子。

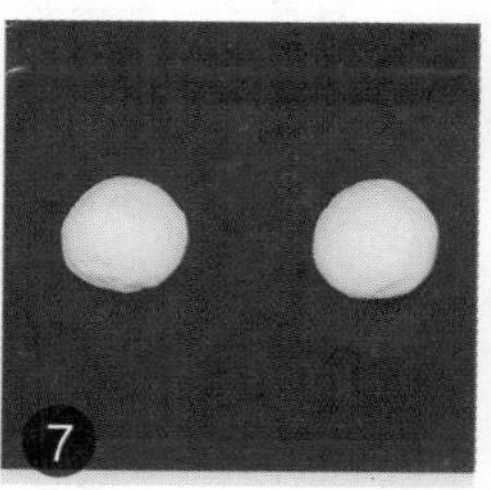
把剂子搓成圆球状，将面球装入烤盘。

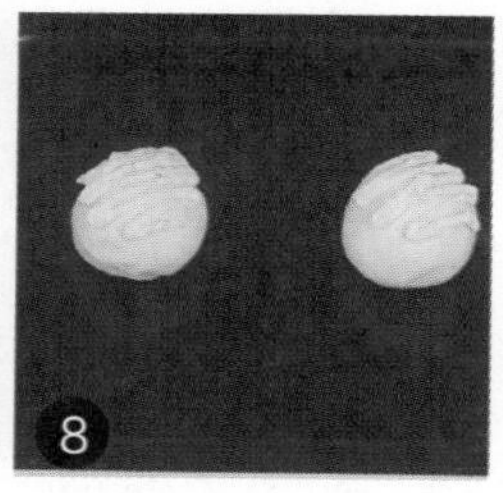
把卡仕达酱装入裱花袋，剪开一小口，挤在面球上，制成生坯。

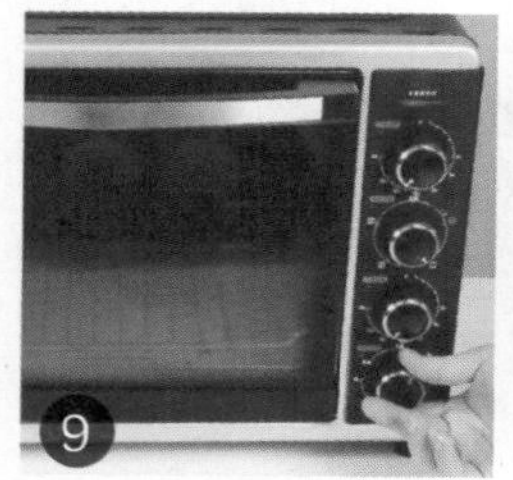
关上箱门，将烤箱上下火均调为190℃，预热5分钟。

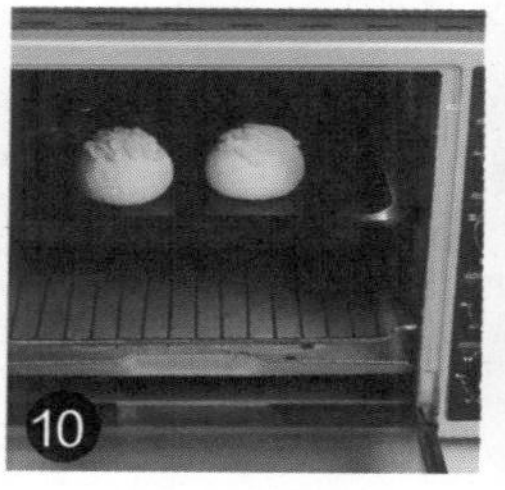
打开箱门，放入发酵好的生坯。

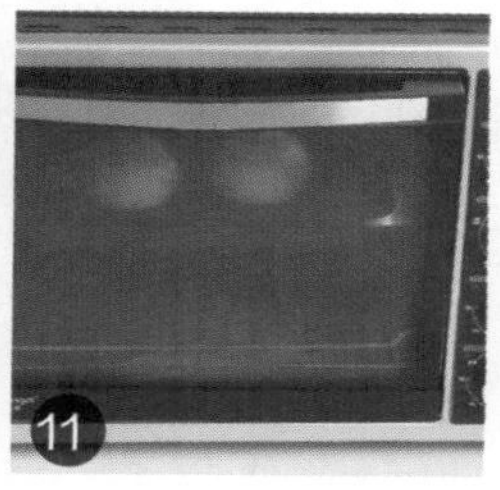
关上箱门，烘烤10分钟至熟。

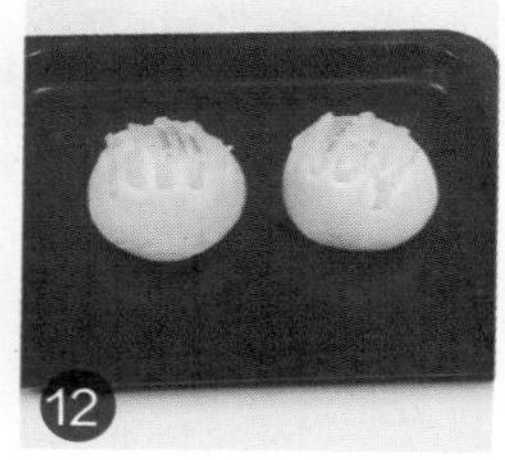
戴上手套，打开箱门，将烤好的面包取出即可。

简单可爱的天然酵母小圆面包，表面均匀地刷上一层细腻的蜂蜜，摇身一变，成为可口的蜂蜜面包，丝丝甜蜜沁入心头。

☆ Point　蜂蜜遇到高温，其营养成分容易被破坏，因此要等到面包出炉后再刷。

天然酵母蜂蜜面包

烘烤时间

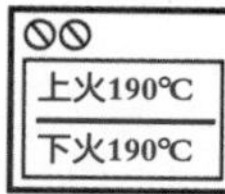

烘烤温度

原料 **天然酵母：**详见P190
主面团：高筋面粉200克，细砂糖30克，黄油20克，水60毫升
调料：蜂蜜30克

工具 刮板1个，面包杯2个，刷子1把，烤箱1台

做法

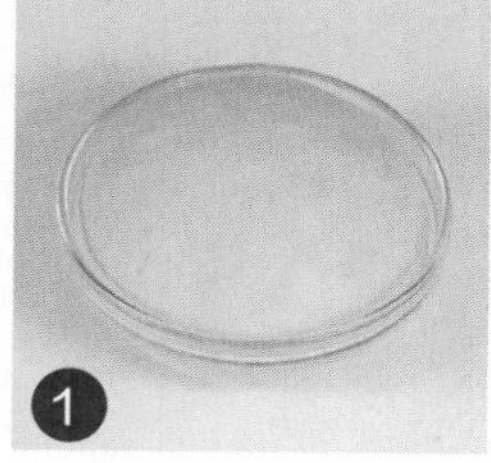
1 制作天然酵母，详见P190。

2 把200克高筋面粉倒在案台上，用刮板开窝。

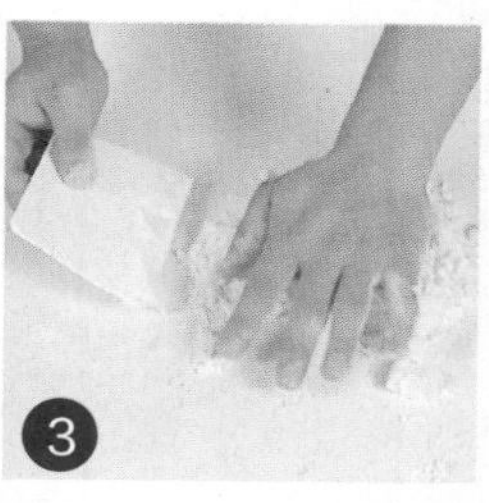
3 倒入60毫升水、细砂糖，搅匀，刮入高筋面粉，混合均匀。

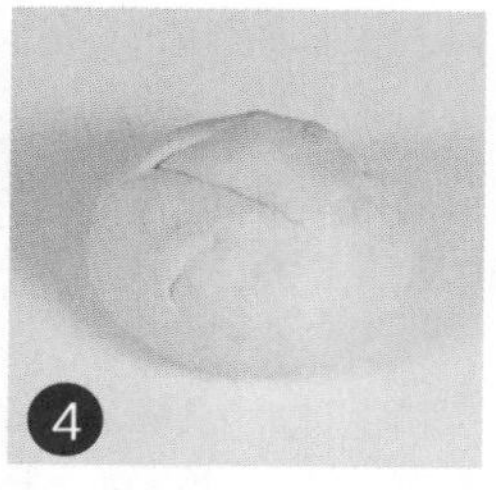
4 加入黄油，继续揉搓均匀，揉搓成光滑的面团。

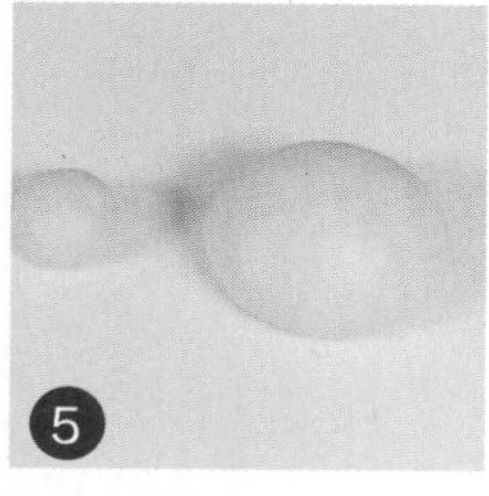
5 取适量面团，加入少许天然的酵母，混合均匀。

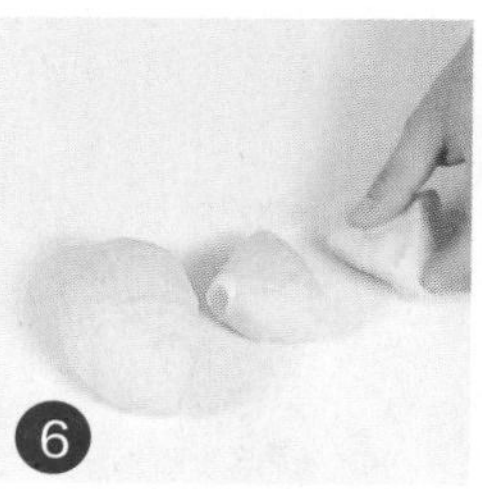
6 取一半面团，再分成两份，取其中一份再分切成两个等份的小剂子。

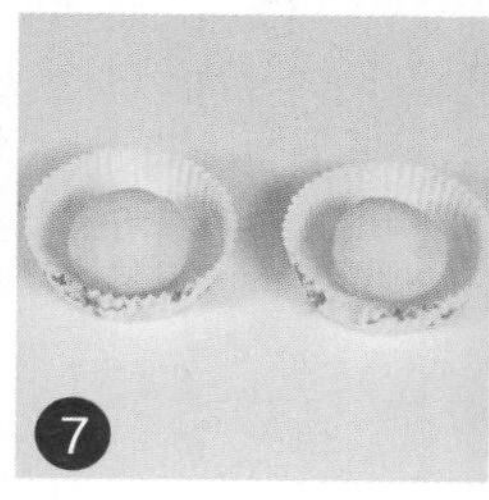
7 把剂子搓圆，制成生坯，装入面包杯，待发酵至2倍大。

8 把发酵好的生坯装入烤盘。

9 将烤箱上下火均调为190℃，预热5分钟。

10 打开箱门，放入发酵好的生坯。

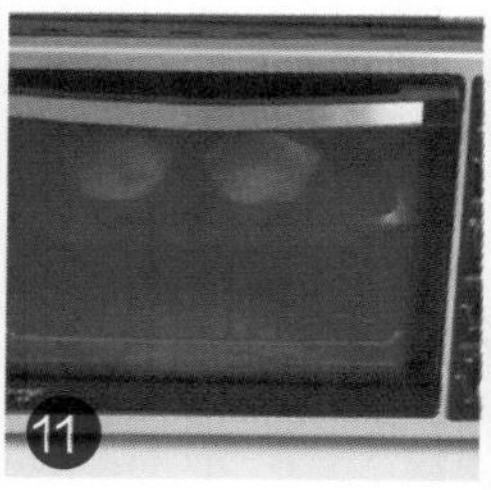
11 关上箱门，烘烤10分钟至熟。

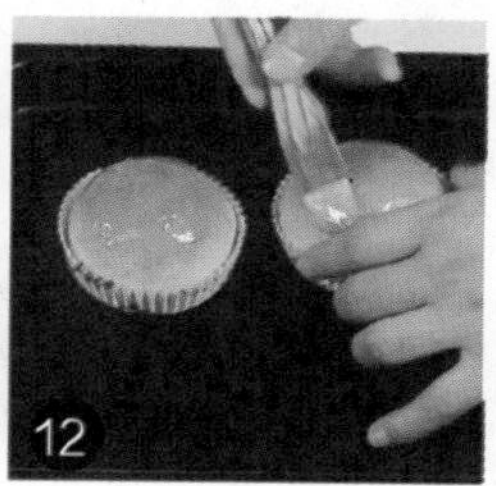
12 戴上手套，打开箱门，取出面包，刷上一层蜂蜜即可。

用天然酵母做面包，需要耐心，会有一种等待的幸福感。再卷入核桃和红枣，又多了一份内涵。带着等来的小幸福咬一口，心里满满的都是甜蜜。

☆ **Point** 核桃仁压碎点，口感会更好。

天然酵母果仁卷

烘烤时间

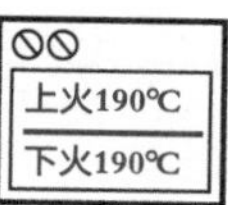

烘烤温度

原料

天然酵母：详见P190

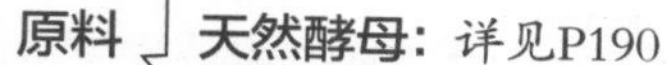

主面团：高筋面粉200克，水60毫升，细砂糖30克，黄油20克

馅料：核桃碎20克，红枣碎20克，黑芝麻10克

工具

刮板1个，擀面杖1根，烤箱1台

做法

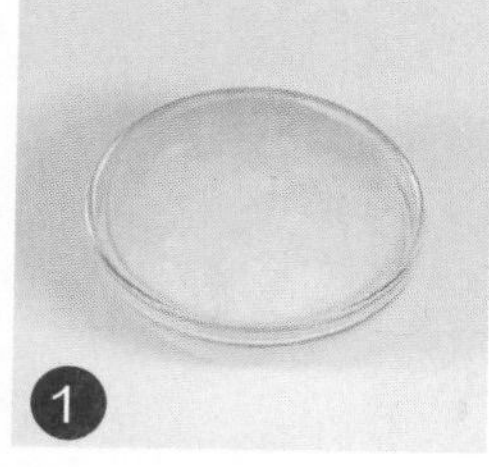

1 制作天然酵母，详见P190。

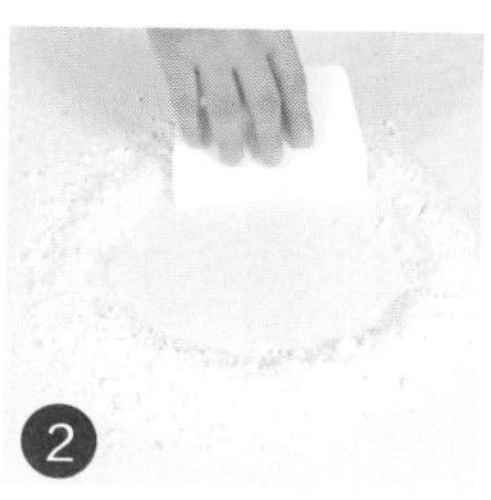

2 把200克高筋面粉倒在案台上，用刮板开窝。

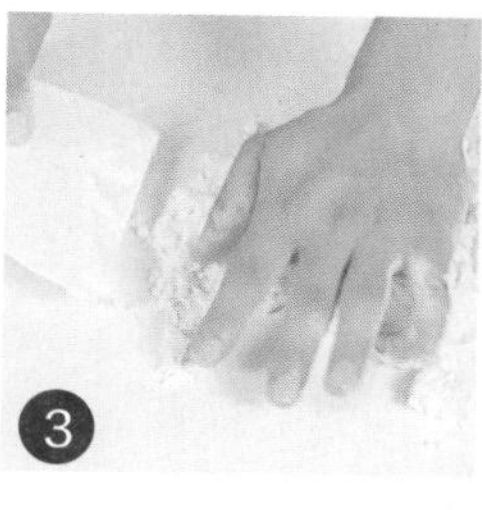

3 倒入60毫升水、细砂糖搅匀，刮入高筋面粉，混匀。

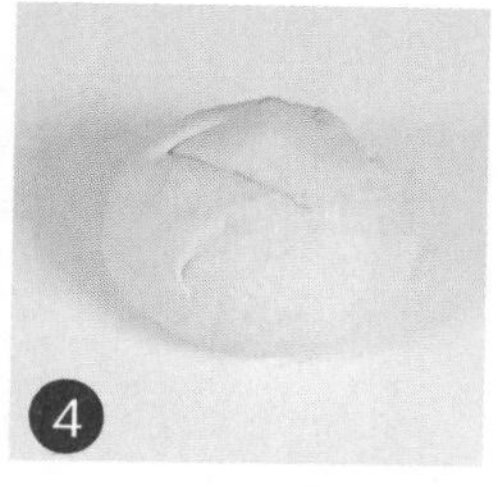

4 加入黄油，继续揉搓均匀，揉搓成光滑的面团。

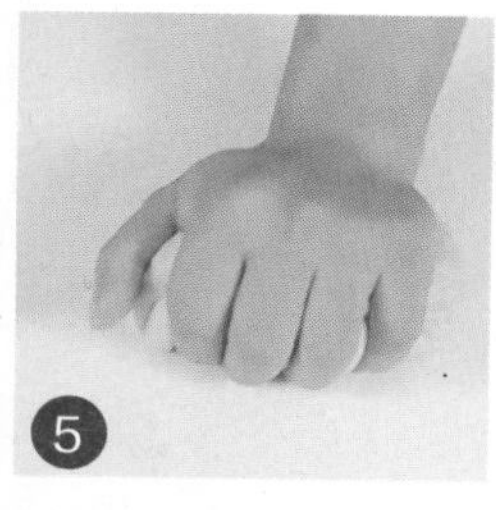

5 取适量面团，加入天然酵母，揉匀，切成两等份。

6 用擀面杖擀成面饼，均匀地撒上核桃碎、红枣碎。

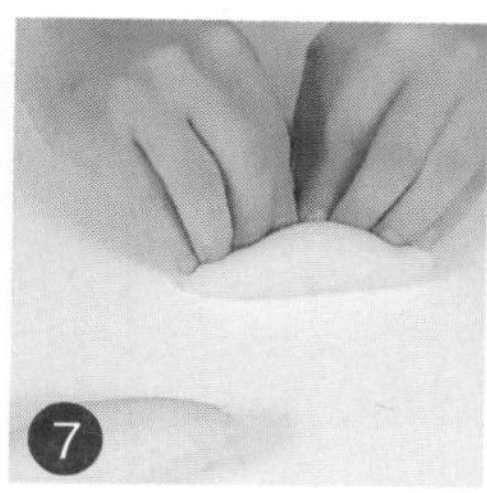

7 将面皮卷起，卷成橄榄状。

8 案台上铺撒适量黑芝麻，轻轻滚粘到面包生坯上。

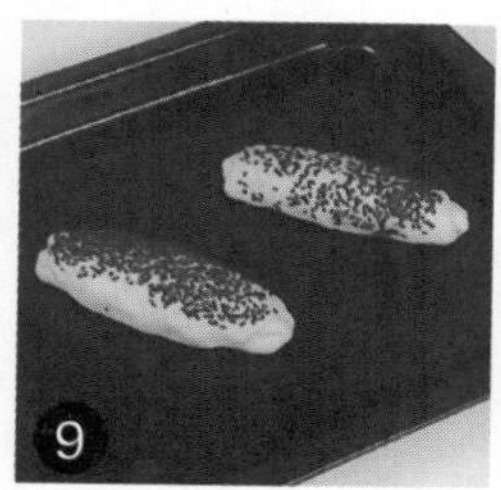

9 将生坯放入烤盘，常温下发酵2个小时。

10 将发酵好的生坯放入预热好的烤箱内。

11 将烤箱调为上火190℃、下火190℃，烤10分钟至松软。

12 戴上隔热手套将面包取出即可。

经典面包一览表

面包	材料	分割重量	发酵	烤箱温度	烘焙时间	详见页码
牛角包	高筋面粉500克，黄油70克，奶粉20克，细砂糖100克，盐5克，鸡蛋50克，水200毫升，酵母8克，白芝麻适量	60克	90分钟	上火190℃ 下火190℃	15分钟	28
法式面包	高筋面粉260克，黄油25克，鸡蛋1个，酵母3克，盐适量，水80毫升	100克	120分钟	上火200℃ 下火200℃	20分钟	30
奶酥面包	高筋面粉500克，黄油100克，奶粉20克，细砂糖130克，盐5克，鸡蛋1个，清水200毫升，酵母8克，低筋面粉70克	60克	90分钟	上火190℃ 下火190℃	10分钟	32
亚麻籽方包	高筋面粉250克，酵母4克，黄油35克，水90毫升，细砂糖50克，鸡蛋1个，亚麻籽适量	480克	120分钟	上火170℃ 下火200℃	25分钟	37
奶香桃心包	高筋面粉500克，黄油70克，奶粉20克，细砂糖100克，盐5克，鸡蛋50克，水200毫升，酵母8克	60克	90分钟	上火190℃ 下火190℃	15分钟	40
白吐司	高筋面粉500克，黄油70克，奶粉20克，细砂糖100克，盐5克，鸡蛋1个，水200毫升，酵母8克，蜂蜜适量	450克	90分钟	上火170℃ 下火220℃	25分钟	44
丹麦吐司	高筋面粉170克，低筋面粉30克，细砂糖50克，黄油20克，奶粉12克，盐3克，酵母5克，水88毫升，鸡蛋40克，片状酥油70克，糖粉适量	450克	90分钟	上火170℃ 下火200℃	20分钟	50

面包	材料	分割重量	发酵	烤箱温度	烘焙时间	详见页码
全麦吐司	高筋面粉200克，全麦粉50克，清水100毫升，奶粉20克，酵母4克，细砂糖50克，蛋黄15克，黄油35克	350克	90分钟	上火170℃ 下火200℃	20分钟	52
葡萄干炼乳吐司	高筋面粉350克，酵母4克，牛奶190毫升，鸡蛋1个，盐4克，细砂糖45克，黄油35克，葡萄干70克，炼乳35克	400克	90分钟	上火170℃ 下火170℃	25分钟	61
椰香吐司	高筋面粉250克，清水100毫升，白糖50克，奶粉20克，酵母4克，黄油55克，蛋黄15克，椰蓉、白糖各20克	350克	45分钟	上火170℃ 下火200℃	25分钟	68
汉堡包	高筋面粉500克，黄油70克，奶粉20克，细砂糖100克，盐5克，鸡蛋50克，水200毫升，酵母8克，白芝麻、生菜各适量，熟火腿40克，煎鸡蛋4个，沙拉酱少许	60克	90分钟	上火190℃ 下火190℃	15分钟	72
腊肠肉松包	高筋面粉500克，黄油70克，奶粉20克，细砂糖100克，盐5克，鸡蛋2个，水200毫升，酵母8克，腊肠50克，肉松35克，白芝麻适量	120克	120分钟	上火190℃ 下火190℃	10分钟	82
墨鱼面包	高筋面粉100克，食用竹炭粉4克，黄油16克，奶粉8克，改良剂1克，蛋白12克，酵母2克，水44毫升，细砂糖24克，盐2克，沙拉酱、肉松各适量	60克	90分钟	上火190℃ 下火190℃	15分钟	84

面包	材料	分割重量	发酵	烤箱温度	烘焙时间	详见页码
香葱芝士面包	高筋面粉500克，黄油70克，奶粉20克，细砂糖100克，盐5克，鸡蛋1个，水200毫升，酵母8克，芝士粒、葱花、火腿、蛋液各适量	60克	120分钟	上火190℃ 下火190℃	10分钟	86
菠菜培根芝士卷	高筋面粉500克，黄油70克，奶粉20克，细砂糖100克，盐5克，鸡蛋1个，水200毫升，酵母8克，培根粒40克，芝士粒30克，菠菜汁适量	60克	120分钟	上火190℃ 下火190℃	10分钟	88
肉松墨西哥	高筋面粉500克，黄油120克，奶粉20克，细砂糖100克，盐5克，鸡蛋1个，水200毫升，酵母8克，肉松适量，糖粉50克，全蛋50克，低筋面粉50克	60克	120分钟	上火190℃ 下火190℃	10分钟	92
红豆面包条	高筋面粉500克，黄油70克，奶粉20克，细砂糖100克，盐5克，鸡蛋1个，水200毫升，酵母8克，红豆馅20克，蜂蜜适量	60克	90分钟	上火190℃ 下火190℃	15分钟	96
雪花面包	高筋面粉500克，黄油70克，奶粉20克，细砂糖100克，盐5克，鸡蛋1个，水370毫升，酵母8克，植物鲜奶油200克，吉士粉45克，低筋面粉50克，玉米淀粉50克	60克	90分钟	上火190℃ 下火190℃	15分钟	102
吉士面包	高筋面粉500克，黄油70克，奶粉20克，细砂糖100克，盐5克，鸡蛋1个，水300毫升，酵母8克，吉士粉60克，玉米淀粉40克，糖粉适量	60克	90分钟	上火190℃ 下火190℃	15分钟	105

面包	材料	分割重量	发酵	烤箱温度	烘焙时间	详见页码
辫子面包	高筋面粉500克，黄油70克，奶粉20克，细砂糖100克，盐5克，鸡蛋50克，水200毫升，酵母8克，杏仁片适量	60克	90分钟	上火190℃ 下火190℃	15分钟	108
蘑菇面包	高筋面粉500克，黄油70克，奶粉20克，细砂糖100克，盐5克，鸡蛋1个，水200毫升，酵母8克，色拉油适量	60克	90分钟	上火190℃ 下火190℃	20分钟	110
核桃柳叶包	高筋面粉500克，黄油70克，奶粉20克，细砂糖100克，盐5克，鸡蛋1个，水200毫升，酵母8克，核桃碎30克	60克	90分钟	上火190℃ 下火200℃	20分钟	114
鼻烟壶面包	高筋面粉500克，黄油70克，奶粉20克，细砂糖100克，盐5克，鸡蛋1个，水200毫升，酵母8克，色拉油适量	60克	90分钟	上火190℃ 下火200℃	20分钟	116
黑森林面包	高筋面粉200克，红糖粉30克，奶粉6克，蛋白20克，改良剂1克，酵母3克，细砂糖10克，盐2.5克，焦糖4克，黄油20克，纯牛奶20毫升，水60毫升，提子干适量	60克	90分钟	上火190℃ 下火190℃	20分钟	118
爆酱面包	高筋面粉500克，黄油370克，奶粉20克，细砂糖100克，盐5克，鸡蛋2个，水250毫升，酵母8克，蜂蜜适量，白砂糖200克，朗姆酒30毫升	60克	90分钟	上火190℃ 下火190℃	15分钟	121

面包	材料	分割重量	发酵	烤箱温度	烘焙时间	详见页码
哈雷面包	高筋面粉500克，黄油70克，奶粉20克，细砂糖160克，盐5克，鸡蛋1个，水200毫升，酵母8克，色拉油50毫升，低筋面粉60克，吉士粉10克，巧克力果膏少许，鸡蛋55克	60克	90分钟	上火190℃ 下火190℃	15分钟	129
意大利面包棒	高筋面粉500克，黄油70克，奶粉20克，细砂糖100克，盐5克，鸡蛋1个，水200毫升，酵母8克，橄榄油适量	250克	90分钟	上火190℃ 下火200℃	20分钟	134
凯萨面包	高筋面粉500克，黄油70克，奶粉20克，细砂糖100克，盐5克，鸡蛋1个，水200毫升，酵母8克，白芝麻适量	250克	90分钟	上火190℃ 下火200℃	20分钟	136
拖鞋面包	高筋面粉520克，黄油70克，奶粉20克，细砂糖100克，盐5克，鸡蛋1个，水200毫升，酵母8克，橄榄油15毫升，黑胡椒8克	100克	120分钟	上火190℃ 下火190℃	10分钟	138
乡村面包	高筋面粉520克，黄油70克，奶粉20克，细砂糖100克，盐5克，鸡蛋1个，水200毫升，酵母8克	950克	90分钟	上火190℃ 下火200℃	20分钟	140
布里欧修	高筋面粉500克，黄油70克，奶粉20克，细砂糖100克，盐5克，鸡蛋1个，水200毫升，酵母8克	60克	90分钟	上火190℃ 下火200℃	20分钟	142

面包	材料	分割重量	发酵	烤箱温度	烘焙时间	详见页码
德式裸麦面包	高筋面粉500克，黄油70克，奶粉20克，细砂糖100克，盐5克，鸡蛋1个，水200毫升，酵母8克，裸麦粉适量	60克	120分钟	上火190℃ 下火190℃	10分钟	144
咕咕霍夫	高筋面粉500克，黄油70克，奶粉20克，细砂糖100克，盐5克，鸡蛋1个，水200毫升，酵母8克，葡萄干25克，柠檬屑10克	适合模具	120分钟	上火190℃ 下火190℃	10分钟	148
意大利比萨	高筋面粉200克，酵母3克，黄油20克，水80毫升，盐1克，白糖40克，鸡蛋2个，黄椒粒、红椒粒各30克，香菇片30克，虾仁60克，洋葱丝40克，炼乳20克，番茄酱适量，芝士丁40克	200克	60分钟	上火200℃ 下火200℃	10分钟	150
丹麦牛角包	高筋面粉170克，低筋面粉30克，细砂糖50克，黄油20克，奶粉20克，鸡蛋40克，片状酥油70克，清水80毫升，酵母4克	100克	90分钟	上火200℃ 下火190℃	15分钟	160
肉松起酥面包	高筋面粉170克，低筋面粉30克，细砂糖50克，黄油20克，奶粉12克，盐3克，干酵母5克，水88毫升，鸡蛋40克，片状酥油70克，肉松30克，鸡蛋1个，黑芝麻适量	150克	90分钟	上火200℃ 下火200℃	15	166
丹麦樱桃面包	高筋面粉170克，低筋面粉30克，细砂糖50克，黄油20克，奶粉12克，盐3克，干酵母5克，水88毫升，鸡蛋40克，片状酥油70克，樱桃、糖粉各适量	60克	90分钟	上火200℃ 下火200℃	15分钟	178

面包	材料	分割重量	发酵	烤箱温度	烘焙时间	详见页码
丹麦菠萝面包	高筋面粉170克，低筋面粉30克，细砂糖50克，黄油20克，奶粉12克，盐3克，干酵母5克，水88毫升，鸡蛋40克，片状酥油70克，菠萝果肉粒、糖粉各适量	120克	90分钟	上火200℃ 下火200℃	15分钟	180
火腿可颂	高筋面粉170克，低筋面粉30克，细砂糖50克，黄油20克，奶粉12克，盐3克，酵母5克，水88毫升，鸡蛋40克，片状酥油70克，火腿4根，蜂蜜适量	100克	90分钟	上火190℃ 下火190℃	15分钟	182
天然酵母	高筋面粉250克，水340毫升					190
天然酵母原味贝果	高筋面粉200克，水60毫升，细砂糖30克，黄油20克，天然酵母少许	120克	120分钟	上火190℃ 下火190℃	10分钟	192
天然酵母果仁卷	高筋面粉200克，水60毫升，细砂糖30克，黄油20克，核桃碎20克，红枣碎20克，黑芝麻10克，天然酵母少许	100克	120分钟	上火190℃ 下火190℃	10分钟	200